沉积构造

（第四版）

［挪威］约翰·可林森和［英］奈杰尔·蒙特尼 著
李元昊 译

中国石化出版社
·北京·

著作权合同登记　图字 01-2023-0359 号

First published in English under the title
Sedimentary Structures（Fourth Edition）
by John Collinson and Nigel Mountney

图书在版编目（CIP）数据

沉积构造：第四版 /（挪威）约翰·可林森（John Collinson），（英）奈杰尔·蒙特尼（Nigel Mountney）著；李元昊译．—北京：中国石化出版社，2023.3
书名原文：Sedimentary Structures（Fourth Edition）
ISBN 978-7-5114-7007-2

Ⅰ．①沉… Ⅱ．①约… ②奈… ③李… Ⅲ．①沉积构造 Ⅳ．① P583

中国国家版本馆 CIP 数据核字（2023）第 044140 号

中国石化出版社出版发行
地址：北京市东城区安定门外大街 58 号
邮编：100011　电话：(010) 57512500
发行部电话：(010) 57512575
http：//www.sinopec-press.com
E-mail：press@sinopec.com
北京捷迅佳彩印刷有限公司印刷
全国各地新华书店经销
*
787 毫米 ×1092 毫米 16 开本 21.75 印张 473 千字
2023 年 12 月第 1 版　2023 年 12 月第 1 次印刷
定价：168.00 元

前言

PREFACE

《沉积构造(第四版)》具有四个重要的标志性进展。第一，这是达尼丁学术出版社(Danedin Academic Press，DAP)出版的第一版。在罗杰·琼斯(Roger Jones)不幸去世后，达尼丁学术出版社登上了特拉出版社的榜单。我们感谢达尼丁学术出版社的Anthony Kinahan在整个准备过程中给予的耐心和友好的鼓励。第二，这是第一次在没有David Thompson直接参与的情况下编写的，David Thompson于2013年去世，本版献给他；他的大部分哲学思想和工作仍然保留。第三，该版第一次采用彩色绘画和数码照片。这就需要进行全面的重新起草，我们也借此机会大大扩展了照片内容。第四，本版首次推出了电子版的《沉积构造》。

本书主要是为理解沉积构造形态和形成过程提供了一个基础的参考书，包括常见的和鲜为人知的沉积构造。这些例子既有来自现今的沉积环境，也有来自古代的地层序列。本书主要是为地球科学家准备的，但对其他学科领域的非专业人士了解沉积物和沉积岩结构的起源和过程也具有一定的参考价值。希望本书能为更深入地研究沉积作用及通过相分析认识古沉积环境提供可靠的依据。

不可避免地，任何关于沉积过程的严肃讨论都需要一些基础的物理和化学知识，对于遗迹化石，还需要一些基础的生物学知识。虽然我们试图尽量减少方程的使用，并且只包括那些我们认为对描述和理解关键过程至关重要的方程，但笔者认为，即使是最怕方程的读者也会从我们提出的少量的重要方程式中受益。

与第三版相比，本版稍做修改。为了更好地使我们对颗粒搬运和沉积物不稳定性方面的理解，新增补了大量相关内容。我们还重新组织了第六章，以便更好地整合有关风成作用的章节。为了让读者进一步了解岩相分析和环境解释，在最后一章进行了延伸扩展。因此，本章为其他全面介绍这些概念的书提供了入门知识。

在整本书中，我们推荐了一些简单的实验，这些实验有助于加强对所讨论地质过程的理解。我们希望这只是野外和实验室进一步研究的起点。在现今的多个沉积环境中，正在进行的沉积过程是有着富有想象力和指导意义的巨大实验空间。虽然本书并没有明确提出作为一本野外手册，但可以这样使用。然而，我们希望通过本书中对化学构造及命名过程的梳理，使读者能够在这本书中首先理解并发展他们自己的化学构造。为纳入更多的最新文献，参考清单和参考文献已经修改，但我们避免提及网站，因为有些网站是昙花一现，有些准确性值得怀疑。

我们希望这个以彩色呈现的新版本，相比早期版本有显著的改进。多位朋友和同事在准备书稿过程中提出了建议：Brian Rosen在珊瑚礁方面提出了建议；Stephen Lokier为化学和生物化学起源的构造提供了许多指导；Jeff Peak提供了关于水流过程和沉积控制的讨论；John Pollard在第三版上的大量工作很有价值并基本上保持不变。我们还要感谢所有提供照片的同事（在其他地方得到充分认可），以及所有允许我们使用他们出版物中插图的作者和出版商。

约翰·可林森
奈杰尔·蒙特尼
2019年1月

译者的话

TRANSLATOR'S WORDS

沉积岩是地球上三大类岩石之一，地表分布面积最大，成因类型及内部构造特征多样，不同成因类型沉积物其沉积构造成因机制及特征不同。如何快速地识别沉积岩类型、判断其沉积环境是地质人员特别是做沉积类矿产的研究人员必须掌握的基本技能，而沉积构造的认识和分析能力就显得十分重要。

在长期实践和教学工作中，深感沉积构造对地质工作的重要性，特别是在研究生和本科生的培养中体会更深，即沉积学入门容易，但学好到达一定水平很难，需要长期实践和总结。在课堂教学中，虽对常见沉积构造进行了讲解，限于学时，学生学得不够深入，往往是理论模式见得较多，但与实际结合不够，一到野外或岩心库就不那么自信了。多进行野外考察当然是最有效的方法，但绝大多数高校没有太多时间和经费支撑大量的野外实地观察，对于从事地质工作不久的企事业员工也面临同样的窘境。因此，需要一本既有一定理论深度又有丰富野外照片的工具书式的参考资料，便于自学和提高。

2020年初次看到《沉积构造（第四版）》时，便眼前一亮，这和以往期望中的书十分吻合，是一本较理想的参考资料，便有翻译下来的冲动。因平时事情较多，断断续续，经过一年多的时间总算完成了。总体上，该书有以下几个特点：一是沉积构造类型齐全，常见的各种环境沉积构造都有涉及，如流水、风成、冰川、软沉积物变形、化学、生物等，具有工具书的功能。二是既有理论解释又有野外典型照片和学习技巧推荐；不同于编写基础沉积理论的书那么晦涩，此书更加偏重于应用；在提供基础理论的同时，不过多探讨深层成因机制；同时配了大量彩色照片，现代沉积和古代沉积都有，使读者更容易理解和应用。三是把沉积构造与环境解释相结合，提高了沉积构造的实际应用价值；包括解释制图方法和应用技巧甚至思维方式，便于读者学习应用。总之，通过阅读此书，能够快速提高沉积学方面的理论水平和实践认识能力，为进一步的地质研究奠定基础。

该书的翻译工作主要由西安石油大学地球科学与工程学院李元昊副教授完成；

其中硕士生郭鹏初译了第九章，并对书中一些图表进行了清绘，后期在文字编辑等方面做了大量的工作；硕士生马婷钰初译了第四章；硕士生王曼、段祎乐、王首良、郭雅倩、李昂、杨龙华在一些图件清绘、排版等方面做了一些工作。李元昊对全书进行了统稿、校正和审查。

本书出版得到西安石油大学优秀学术著作出版基金资助。

翻译中虽力求“信、达、雅”，但由于译者水平有限，时间紧张，译文难免存在纰漏或错误之处，敬请读者批评和指正。

目　录

CONTENTS

第一章

沉积构造研究简介

在过去的200年里，沉积岩的研究取得了长足的进步。在19世纪，沉积岩主要被视为化石出现的基质，就其研究而言，主要与地层学的理解有关。显而易见，沉积岩是通过各种方式随时间而沉积的，但很少有人注意它究竟是如何沉积的。人们普遍认为，古代的沉积过程和沉积条件可能与当今普遍的沉积过程和沉积条件（现实主义和均变论）相似，但需要进行详细的研究。除了几个显著的例外，人们专注于将岩石描述为物质，而不是动态过程和环境的产物。这种看法一直盛行到20世纪中叶，尽管当时的开创性研究已将沉积构造用作变形序列中顶部和底部（向上）的指标，并作为推断古水流方向的手段。

20世纪下半叶，沉积学这门独特的学科得到了发展。试图从沉积物搬运和沉积过程、岩石的沉积环境以及埋藏期间影响沉积后变化的过程等方面对沉积岩进行详细解释。这些发展最初是由石油工业勘探油气藏的需要推动的，导致人们对沉积物的生成、搬运和沉积的物理、化学及生物过程有了更详细的了解。这也使人们对沉积环境有了更深入的了解，并建立了用于描述和预测不同环境下产生的沉积序列结构的模式（相模式）。同时，详细研究了动植物对沉积物的改造作用以及沉积颗粒与周围孔隙水之间的化学反应作用。20世纪80年代以来，沉积学与地层学在层序地层学中有了重要的结合，围绕相对海平面和可容纳空间概念，试图从更宏观的角度来解释沉积序列的控制因素。20世纪八九十年代，这种方法强调识别海侵（海岸线向陆地后退）和/或加深的"关键面"，或海退（海岸线向海延伸）和下切谷以及沉积物的垂直堆积模式，把注意力从沉积物本身移开。这种趋势现在基本上已经得到了重新平衡，并且我们生活在这样一个时代：沉积学和地层学的全面结合能够对盆地范围充填到孔隙空间的所有规模的沉积序列的历史产生更深刻的理解。

在这种背景下，沉积构造在沉积过程的解释中起着关键作用，而沉积构造又为沉积环境和古地理解释提供了一个起点。在本书中，我们考虑沉积构造对沉积岩的几乎所有解释。许多沉积构造本身就具有迷人和美丽的特征。他们的研究汇集了物理、化学和生物学的各个方面，通常是以意想不到的独特方式进行的，它要求将观察、想象、直觉、推理和科学理解结合起来。

1.1 本书的性质

为了让你了解这本书的内容，看看你能在多大程度上用你目前的经验描述和解释图1.1所示的一系列地质构造和关系。你可能还会想：这样的构造对地质学家勘探和开发经济资源有什么意义？无论你在这个练习中获得了什么样的经验，你很可能已经遵循了有经验的沉积学专家在解决同样的问题时会采取的方法和步骤。希望你通过阅读这本书，更完整、更详细的分析能力得到发展。

但首先，在处理图1.1时，你可能会采取以下方法。

（1）根据你的日常经验，你已经识别并描述了几个特征。这为你提供了一个有价值的信息基础，但它本身显然不足以让你完成提问。

（2）你将观察、比较、分类、推断并可能预测某些特征和关系。本书能使你完善、扩大描述和解释的技能与技巧。

（3）你可能根据你对现今物理、化学和生物过程的理解来解释这些特征。在做解释的时候，你将应用一套当前关于自然的理念，认为它是有序和统一的。换句话说，应用了这样一个观点，即现在是解释过去的钥匙。这是由查尔斯·莱依尔（Charles Lyell）在19世纪早期提出的均变说，即将今论古观点：自然规律的一致性可以通过仔细观察和推断得出，现今的地质过程可以应用于古老岩石的解释。

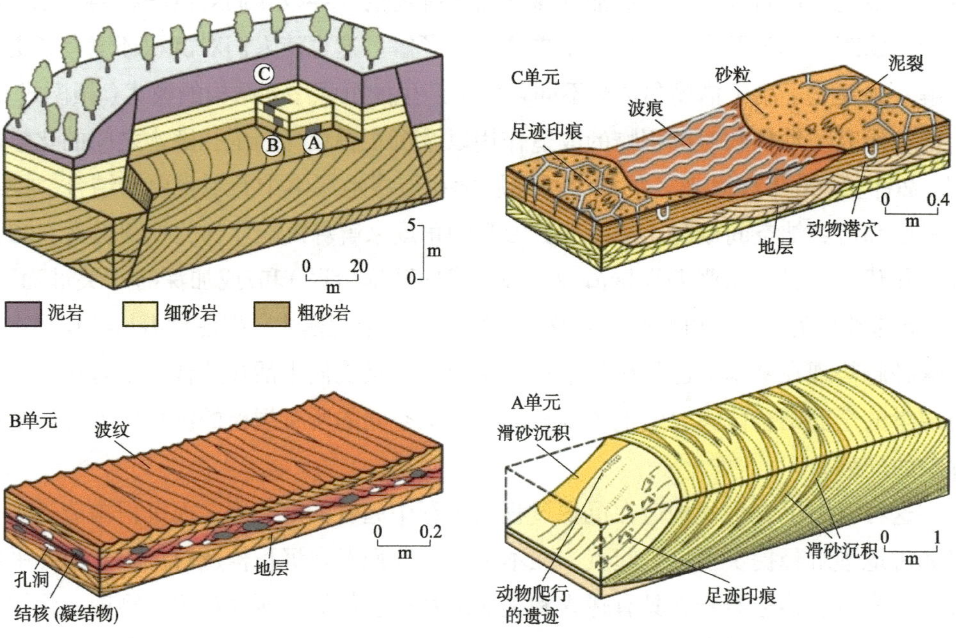

图 1.1　假设 A、B 和 C 单元代表采石场 3 个区块中出露的沉积构造

（注意块体的比例及其在采石场内的方向）

（4）你试图将大量特征归为时空关系：特定地点事件的历史排序过程，这是地质科学的核心技术，有助于将其与其他科学区分开。

1.2　沉积构造具有更广泛的地质背景

沉积学是研究现代和古代沉积物的性质和来源的学科，它包括沉积岩石学（对沉积物成分、沉积物组构和颗粒结构的描述）。沉积学与地层学特别是与层序地层学密切相关。层序地层学是根据沉积物供给量和速率的变化以及为沉积物堆积的可容纳空间（可长期保存），将沉积层划分为各种尺度上的相关成因单元。在层序地层学中，沉积学为确定对比的关键面提供了重要的标准，通过它可以建立古地理演化的动态图。沉积学吸收并促进了地球化学、地球物理、矿物学、古生物学和构造地质学等地质学分支学科，以及生物、物理、化学、土木工程、气候学、流体力学、地貌学、海洋学和土壤科学的发展。

沉积构造可以通过所有这些分支学科的加入来理解，它是由各种成分的材料产生的，是物理、化学和生物过程的产物。尽管某些作用过程在当今的许多环境中很常见，但具有特定方向的过程组合可能局限于特定环境，因此，沉积构造可以成为古环境重建的基础。在当今的环境中，过程的组合因亚环境的不同而在种类和强度上横向变化。我们如果学会阅读描述岩石记录中不同单元的沉积构造，就可以推断出过去类似的过程变化。然而，岩石单元的完整特征不仅仅基于沉积构造，还涉及古生物、成分和结构特征，其中一些特征只能通过实验室观察分析来确定。这种特征描述允许将相似的岩石单元归类为“岩相”（通常只是“相”），这意味着不同的岩相或一系列岩相可以根据特定环境的系列过程进行解释。

重要的是要认识到，相的定义和相的岩石单元的分配不是由绝对标准决定的，而是由特定调查的目的和情况决定的。虽然相分析的详细讨论超出了本书的范围，但第十章介绍了一些方法，通过这些方法，沉积构造和过程的研究可以发展为相和环境的评估，尤其是为了古地理环境重建。

1.3　沉积构造与科学

从本章开头的例子可以清楚地看出，地质学的分支学科与基础理论学科的不同之处在于，它们不一定涉及生成和检验普遍规律。在地质学中，既定的规律被认为是理所当然的，并被用来发现和解决与特定时间和特定地点发生的事件有关的特定问题。地质学涉及很久以前形成的产物（岩石）的解释过程。几乎可以肯定的是，这些过程虽然只记录了实际发生的一部分，但成果仍然令人满意，而对于这些过程，没有办法用绝对值来检验解释。从这个意义上说，科学可以被视为“实践的”而不是“理论的”。在某些方面，地质学与刑事侦查工作有很多共同之处，在刑事侦查工作中，一个故事必须从零碎的证据中重建，而且大部分程序涉及排除其他可能的解释。

沉积学研究人员遵循一套由所有科学家持有的原则，其中许多原则可能隐含在你处理最初练习的方式中。

（1）决定论：自然对其规律是不变的，科学规律在时间、空间和环境方面是不变的。换言之，我们有理由相信，例如重力、力学原理、化学反应的性质，总是以同样的方式运作的。这些思想的应用通常被称为现实主义。

（2）过程的一致性：目前的过程，无论是直接观察到的还是有把握地推断出来的，都足以解释我们在岩石记录中观察到的现象。不应该为了解释岩石单元而选用今天无法看到的过程。这就是统一主义的哲学，莱依尔在19世纪早期特别提出了这个观点，现在被认为有点缺陷。它最重要的一点是，它坚持地质时期过程的速率保持不变，岩石记录必须用渐进变化（“渐进论”）来解释。

重要的是要认识到，统一主义是现实主义的一个受限的子集，其原则是受到一致认可的。莱依尔的渐进统一论与灾变论相反。灾变论认为，重大的突发事件极大地改变了地质历史的进程，尤其是化石记录。早期人们广泛接受莱依尔的主张，虽然有助于解决许多问题，但从长期来看是局限的，而且自莱依尔时代以来，人们逐渐接受了地质记录中不时出现“灾变性”事件。在最大范围内，这包括小行星撞击和火山活动的主要阶段，它们通过相关的次级气候效应，导致了全球化石记录的变化，特别是大规模生物灭绝。这样的重大事件在岩石记录中是罕见的，而且间隔较长。然而，在更小、更局部的尺度上识别灾难性事件确实会影响日常沉积学。地震、海啸、火山爆发、海底和陆上滑坡都会产生罕见但与众不同的沉积物或不和谐，而在不太壮观的规模下，大洪水或风暴会产生“事件层”。很明显，渐进论和灾变论的方法在“反常”事件的尺度和规模上都有一个完整的范围。

（3）连续性：自然界在空间和时间上是连续的。

（4）简约原则（奥卡姆原理或剃刀）：最简单的假设或理论最有可能解释事实。

此外，沉积学专家使用的流程可能是你在图1.1相关的练习时采用的。他们试图提出以下思路。

（1）猜想或推测：关于观察到的现象之间关系的快速构思、直观的想法；根据手头的证据来检验直觉。

（2）假设：利用逻辑方法对未经检验的观察结果进行解释。根据这些，你可以根据现有的证据推断出你解释的关键方面是否错误，哪些方面暂时可以接受并值得进一步检验。好的假设可以预测很多结果，其中许多可以通过多种方式来进行测试，或许可以通过实验来验证。初始假设通常是试探性的，在大多数调查中，有必要建立多个工作假设

（关于问题解决方案的几个可能想法）。这避免了被一个单一的解释蒙蔽，从而冒着追求它进入死胡同的风险。任何假设的地位都会随着证据的增加而改变，任何解释的批判性预测都会根据现有事实进行检验。科学的“真理”，以成熟、长期存在的假设的形式，仍然需要根据进一步的数据进行不断审查和修订，而且不是绝对的。

（3）理论：一组相互协调的自洽假设，每一个假设都经过多次检验，仍然对观察结果是有效的解释。一个仍然有效的理论不应该有任何例外（或极少数例外）。然而，要注意这样一个事实，即由于社会原因，许多理论的持续时间比事后看来更合理的要长（例如，莱利–达尔文渐进主义或大陆的固定性）。理论可以相互包容和取代。

（4）模式（型）：为帮助理解现象和过程之间的复杂关系而建立的理想简化模型，通常用于说明工作假设。我们可以在现代环境（如沙漠）的基础上，利用撒哈拉某一特定盆地的数据，绘制实际的模型，也可以根据综合撒哈拉多个盆地的特征建立模型（如沙海和沙丘主导的沙漠）。我们可以制作比例化的实验模型（以便在可控条件下）比如在风洞中，检测特定构造的过程和变量（例如风成沙波痕和平坦的底床）。数学模型试图模拟复杂的地质过程。在沙漠例子中，风向和强度的改变、沙流量的增加和粒度的变化对沙海、沙丘和其中较小构造的影响，可以从所建立的模型中得到预测。可视化模型，无论是图解式的还是现实的，都有助于我们了解描述过程、结果和环境之间的关系。模型可以是静态的，也可以是动态的。静态模型描述的是过去某个特定时期，如古地理图中所示等，但仍能预测许多关系。动态模型显示一段时间内过程和环境的变化模式或动态平衡，或同一时期内的稳态平衡。许多沉积过程，从单个颗粒的运动到整个盆地的填充，现在都由计算机模拟。随着对物理和化学过程的理解和量化，模型的复杂程度也在不断提高，允许地质学家玩复杂的“如果……怎么办”游戏（一种采用回答方式玩的具有一定挑战性、趣味性的小游戏），以便更好地理解共存过程的相互作用，并经常证明特定的结果没有唯一的来源，可能是不同的环境组合产生的。

相模式在解释一系列沉积物时尤为重要。这是对沉积序列中观察到的岩相纵向和横向关系的概括和简化。这通常是为了减少关系的自然“噪声”，并揭示一种潜在的、常见的模式，然后将其与从当今环境研究中得出的预测性实际模型进行比较。尽管这种方法超出了本书的范围，但沉积构造通常对建立相方案至关重要，因此是预测沉积学的基本组成部分之一，可用于提出相模型。

在某一特定领域工作的科学家分享价值观、实践（方法论）和信仰（哲学）。这些构成了一种范式，有助于建立科学共识。1785~1860年，通过詹姆斯·赫顿和查尔斯·莱尔等先驱者的思想，可以对沉积构造进行正确解释的一般地质范式诞生了。沉积学范式的基本原理可以追溯到亨利·克利夫顿·索比和约翰内斯·沃尔特1850~1900年的工作，但直到20世纪50年代才得到充分发展。

关于索比和沃尔特的名字有两个主要的见解。亨利·克利夫顿·索比（1826~1908）配得上沉积学之父的美誉，因为在1850~1908年，他开创了我们在本书中提出的大多数方法。他认识到了从过程的角度来理解古代沉积物的问题。首先，必须根据对过程的透彻理解，通过进行敏锐的实地观察和仔细记录来确定关键问题。为了辅助观察，他制作了薄片，并使用偏光显微镜。为了更好地理解过程和结果，他进行了实验，例如在实验室条件下通过水流作用产生波痕和交错层理。他是第一个在野外测量交错层理等构造方向的人，最重要的是，他利用自己的理解进行了环境重建，并将其置于古地理环境中。

相比之下，约翰内斯·沃尔特（1860~1937）在《地质学作为一门历史科学的导论》中，汇集了许多关于现代沉积物和过程的零散观察，并含蓄地展示了现实主义方法作为解释沉积岩基础的力量。此外，他还建立了一个强大的地层学原理：沃尔特的相序列原理（1894年）。这表明，除非证据另有说明，否则我们应该预期横向相邻的过程和环境由垂直地质柱中彼此非侵蚀性继承的相表示（见第十章）。

可叹的是，索比走在时代的前列，在某种程度上是与世隔绝的，而沃尔特则用盎格鲁-撒克逊世界不易理解的语言写作。直到20世纪下半叶，他们的思想才开始得到发展，并以严格而广泛的方式应用于沉积序列。

推荐参考文献

[1] Allen, P. A. 1997. *Earth surface processes*. Discusses the physical basis for the main types of natural processes that act to erode, transport and deposit sediment.

[2] Blatt, H., G. V. Middleton, R. C. Murray 1980. *Origin of sedimentary rocks*（2nd edn）. A very sound and clear general textbook.

[3] Boggs, S.（Jr）, 2016. *Principles of sedimentology and stratigraphy*. A comprehensive and thoroughly updated text book.

[4] Bridge, J. S., & R.V Demicco. 2008. *Earth surface processes, landforms and sediment deposits*. Detailed coverage of many aspects of sedimentology, including an overview of common sedimentary structures.

[5] Friedman, G. M. & J. E. Sanders 1978. *Principles of sedimentology*. A very extensive reference list ; if you cannot find an early reference, look here.

[6] Jones, S. 2015. *Introducing sedimentology*. A succinct and simple introduction to the discipline of sedimentology and a useful book for those wanting to gain a basic understanding.

[7] Middleton G. V.（ed.）2003. *Encyclopedia of sediments and sedimentary rocks*. A series of short articles on most major topics in sedimentology ; a good starting point for many investigations.

[8] Leeder, M. R. 1999. *Sedimentology and sedimentary basins : from turbulence to tectonics*. A comprehensive textbook suitable for advanced-level undergraduates and covering sedimentology from the grain scale to the basin scale.

[9] Nichols, G. 1999. *Sedimentology and stratigraphy*. An introductory text that covers the essential elements of the discipline at a basic level ; illustrated with very simple diagrams suitable for first-year undergraduate students.

[10] Prothero, D. R. & F. Schwab 2014. *Sedimentary geology*. An introduction to sedimentary rocks and stratigraphy.

[11] Reineck, H. E. & I. B. Singh 1980. *Depositional sedimentary environments*. A beautifully illustrated book

with good photographs of modern structures ; a rather patchy treatment of sedimentary environments.

[12] Selley, R. C. 1976. *An introduction to sedimentology*. A lively introduction to the subject ; idiosyncratic in parts, but worth reading.

[13] Stow, D. A. V., 2005. *Sedimentary rocks in the field*. A colour guide. An accessible and well illustrated introduction.

[14] Tucker, M. E. 2001. *Sedimentary petrology*. A very sound introduction to petrography ; particularly useful for developing more detailed ideas about carbonate sediments.

[15] Tucker, M. E. 2003. *Sedimentary rocks in the field*. An excellent pocket guide for use in the field.

第二章 层理

层理（Bedding）是沉积岩最显著的特征之一，通常与本书中讨论的许多沉积构造的发育有关。因此，对层理性质、成因和识别的广泛理解是研究沉积岩的一个重要起点，无论是从地层学、沉积学还是沉积后构造变形的角度研究沉积岩，本章都从更宽泛的沉积序列等方面进行了评论，这些方面对于理解特定沉积构造的背景非常重要。

2.1 层理的性质

2.1.1 从哪里开始：地层的识别

当你接近出露的岩石时，你可以先问以下问题。如果你不能对所有的问题都给出明确的答案，尤其是你经验有限的话，不要气馁。不过，希望你在研读完此书之后，能够更有信心来回答更多的问题。

（1）岩石中是否有任何迹象表明它们是层状的（排列成层状的堆积体）？

（2）是否有其他证据表明沉积成因？

（3）如果证据表明它们是沉积成因的，是否有证据表明哪个是层序的顶部，哪个是底部？请注意，除了极少数例外情况，这只是明显强烈变形岩石的相关问题。

（4）是否有特征表明了特定的沉积过程或环境，例如具有侵蚀性、河道状基底的地层？

（5）岩石中是否存在表明随时间或空间变化的垂向和横向变化，例如，岩层明显的垂向或横向变薄或变厚？这种变化是否表明了特定的沉积环境？

2.1.2 基本方法：现今层理的起源

在试图回答上述问题时，研究一下简单的实验来检测沉积物成因，以及在现代沉积环境中可以观察到的过程是很有帮助的。通过简单的观察可以确定，如果物理条件和沉积物供应保持稳定（时间恒定），则沉积物在成分和质地以及内部层理的性质方面都是均匀的。当自然条件或沉积物供给随时间变化时，就会形成具有不同性质的沉积物层。这些层之间的边界可以是突变的，也可以是渐变的，这取决于过程或沉积物供给的变化方式，以及构成这些层的沉积物的最终结构特征（见图2.1）。实际上，许多沉积层具有底面和顶面，并且厚度横向分布非常广泛。这意味着沉积物分布在一个很宽的区域，并且沉积在地势较低的表面上，例如在河流漫滩上。其他沉积物层在横向上受到较大的限制，可能反映出不均匀的沉积过程（空间不恒定），例如，由于河道相对狭窄，部分填充物受到限制。

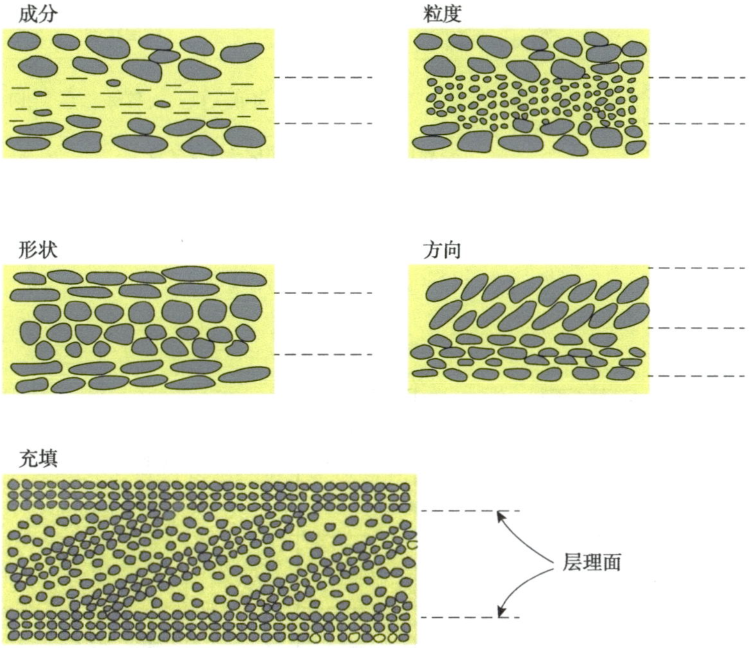

图 2.1 层理是不同颗粒成分、粒度、形状、方向和充填组合的产物［据 Pettijohn 等（1972）和 Griffiths 等（1961），略修改］

厚度大于1cm的沉积单元称为层，当层边界清楚时称为层理或边界面，下界面通常被称为底面，上部被称为上层理面（见图2.2）。在边界更具层次性的地方，层理的定义就不那么精确了。术语“层”和“地层”在不严格时用作“层理”的同义词，但“地层”也可以在更大的范围内使用，包括整个组成层的序列。厚度在1cm以下的沉积单元称为纹层——层序中最小的可见单元。出现在层内并与主层理表面成一定角度的纹层和地层被称为交错层（包括交错纹层和交错层理）。一般倾斜层被称为交错纹层或交错层理，这取决于规模（见第六章）。一组相似的层理可以形成层理组或层理系，可以是简单的，也可以是复合的（见图2.2）。

在一些古老的沉积序列中，岩石内部均匀，但沿着平行于层理的表面出现分裂，在这种情况下，应使用术语“分开面”或“分离面”，因为表面不一定对应于层面（见图2.3）。

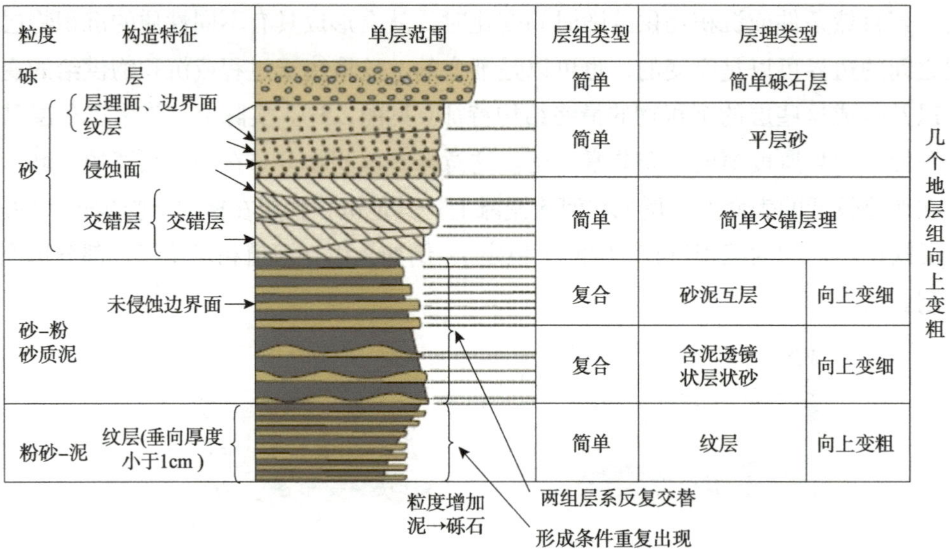

图 2.2　说明用于描述沉积单元术语的示意图［据 McKee 和 Weir（1953）、Campbell（1967）以及 Reineck 和 Singh（1973），略修改］

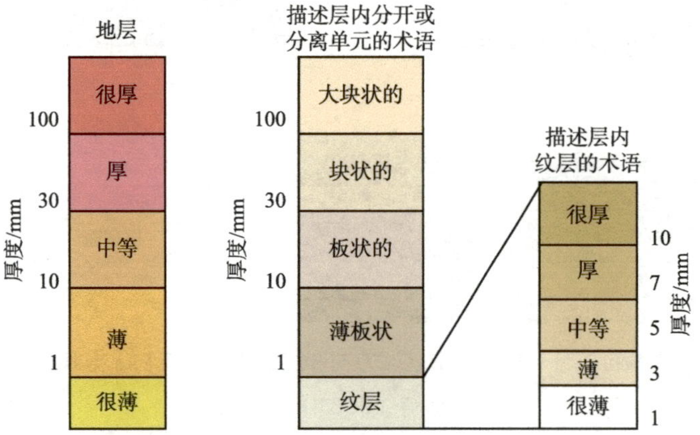

图 2.3　岩层厚度术语和通常风化后地层分开或分离而形成的单元描述［据 Ingram（1954 年），Campbell（1967 年），Reineck 和 Singh（1973 年），略修改］

许多地层和地层组在横向相当大的距离内保持厚度稳定，当追踪足够远时，无论是逐渐变薄还是突变，最终都会变薄或消失。穿过河漫滩、河口或海滩沉积物的垂直剖面，如在探槽中看到的或在迁移河道的侵蚀性河岸中出露的那样，显示了一系列典型的地层，其中每个地层记录了一组特定的形成条件。地层的垂向序列通常记录地层厚度、成分或粒度的系列变化（见图2.4）。

沉积构造的剖面特征，例如，河道下切水平层（见图2.5），必须在侵蚀之后形成。同样在这种情况下，老地层上的碎片可能会掉入较年轻的地层中并与之结合。在后期构造变形强烈的地方，可以根据地层切割关系和包含的碎屑区分新老地层。

(a)平行状厚层砂岩夹薄层泥岩
(北威尔士，寒武纪，地狱之口砂砾)

(b)夹薄层平行状连续砂岩的泥岩层
(西威尔士，下志留世，阿伯里斯特威斯砂砾。
图片由吉尔伯特·凯林提供)

(c)由于层间结构差异(粒度和分选)，
河流砾石中发育大致平行的层理
(冰岛中部，科维克费约尔，现代)

(d)砂岩中的大型槽状交错层理(前景)
被水平层理的细粒沉积物(背景)覆盖
这两个主要单元之间的边界代表了沉积条件的显著变化
(犹他州南部，二叠纪，森达梅萨砂岩和奥跟组)

(e)泥岩夹薄层砂岩
(南威尔士，布罗德海文，石炭纪)

(f)厚的平行状砂岩层，与薄的、
黑色的泥岩互层。横向追踪，一些薄泥岩消失
(西爱尔兰，上石炭纪，罗斯组)

图 2.4　各种沉积序列中的层理实例

(a)

(b)

图 2.5　侵蚀早期层理的沉积构造剖面特征

注：具有侵蚀基底的河道单元，下伏地层较老。视野宽度约为 80m。美国犹他州侏罗纪卡恩塔组。白线突出了限制河道基底的侵蚀面。

2.1.3 基于现代现象的地层学基本原理

通过对现今沉积过程和沉积物的观察，我们可以建立一些地层原理，帮助我们识别地层，并了解它们在受到构造扰动的古代沉积序列中的结构意义。这些地层原理包含以下方面。

（1）原始地层的水平度：大多数地层要么与地球水平面平行，要么与地球水平面夹角很小。在例外情况下，原始沉积倾角高达40° 的岩层可通过其相关沉积构造来进行识别。

（2）原始稳定地层的连续性：单个地层或地层组通常横向延伸较广，并在很长距离上保持其厚度和连续性。在短距离内，单个地层比地层组更可能呈透镜状。

（3）地层的叠加性：较新的地层以一种称为层序或沉积序列的排列方式在较老的地层之上沉积。

（4）地层顶底：地层顶底可通过其相关的沉积构造来进行识别，这些构造位于上、下两层边界表面或岩层内部。

（5）包含的碎片（最常见的是碎屑）：较老沉积物的碎片可包含在较年轻的沉积物中，反之并不亦然。

（6）切割关系：切割（如侵蚀）地层必然比被切地层年轻。

（7）地层可通过其包含的化石来进行识别和对比：地层可根据其内部动植物化石和组合确定年代并进行对比，尽管精度各不相同。化石可能存在于地层中或层理表面。

2.1.4 将地层学原理应用于古代沉积系列

原始水平性、原始连续性、叠加和横切关系的原则，构成对从原始产状倾斜较小的岩石进行初始调查的基础。如果怀疑岩石有强烈的变形，利用地层顶底特征和化石序列可以判断出倒转的岩层。在这种情况下，术语“年轻”用来表示层序顶部的方向。例如，一个沉积序列可以被称为“向东变年轻”。应用原始连续性、横切关系和包含的碎片的原则也可以识别断层、不整合面和河道等特征。

识别两侧结构不协调的类似岩层序列，可以估计断层的性质和位移（断距）。如果断层上单个岩层的厚度变化很明显，这可能表明断层在沉积过程中是活跃的（同沉积断层）。

连续层的截断表明后期遭受了侵蚀。如果侵蚀面是平坦的，并且上面的岩层与地表一致，则可以推断出存在不整合面；地表上下存在明显不同年龄的化石群将强化这种推断。如果不整合面下方和上方的岩层之间存在角度不一致，则两组地层的沉积之间一定发生了一段倾斜和侵蚀时期。在许多情况下，不整合所代表的时间间隔可以从不整合上下的化石来确定。

如果截断发生在起伏不平的表面，且上下岩层大致平行，则可能存在某种形式的河道。无须推断内部倾斜，侵蚀面上的时间间隔可能很小。然而，不应假设这一点，应尽可能尝试使用化石进行检查。

2.1.5 层理的初步观察和记录

对层状沉积物可进行多个级别的观察和调查，从大范围、远距离扫描出露层对确定岩层的总体产状和方位效果较好。这也有助于在早期阶段确定连续沉积方向，以及在哪里可以找到更老和更年轻的地层。在许多情况下，地层会稍微倾斜，如果有倾斜的话，可以从水平方向和顶底面分析出来。如果有问题，可以通过在一定距离内建立识别横切特征（如大型河道）。然而，最可能通过仔细的观察来证实。通常，可从远处观测并给出以下问题的初步答案：

（1）是否可以确定顶底方向？大视域下地层底部都是非常不平整的吗？有主河道切入下部的地层吗？

（2）这些地层在整个出露过程中是否形成了一个连续的序列？是否存在倾角不同的岩层群，或者其中一组的横向延伸被第二组终止？因此，是否存在长时间间隔的可能性，即不整合？

（3）重要层面的大致间距是多少？如此定义的岩层厚度是否一致？连续的地层向上变厚还是减薄？在层序中是否存在垂向上层厚变化的重复模式？

（4）是否有垂直序列中粒度变化的相关趋势？有没有地层或地层组总是“向上变细”或“向上变粗”？

（5）是否怀疑岩性的垂直变化，例如石灰岩－页岩－砂岩－砾岩？这种变化有规律吗？

（6）是否可以将连续地层划分为可对比的单元？垂直层序是否存在层厚、粒度和成分等方面的系统变化？

（7）单个岩层或岩层组横向厚度是否有变化，如果有，如何变化？粒度和岩性横向上是否也有变化？

一个行之有效的方法是，养成记录这些初步观察结果并练习估计较大地层尺寸和地层序列的习惯。从这种初步分析中，通常会形成从何处开始详细工作、在何处取样以及在何处标定关键特征和表面位置的工作模式。

2.1.6 详细观察和记录层理：方法和原则

虽然本节主要针对露头的观测，但讨论的大多数方面也适用于钻孔岩心的观测。

1）地层产状

露头的详细工作应首先在具有代表性的地点测量岩层空间的产状（走向和倾角）。如果整个相关区域的倾角非常稳定，少量测量就足够了；如果构造复杂，则可能需要进行多次测量，确保在地图或露头草图上的定位。将这些数据记录在地图上和笔记本上，有必要对测量剖面进行校正及对野外记录的沉积构造排列重新定位测量。通过观测，这些构造可以（在立体网上）恢复到其原始的沉积状态和方向（见附录1）。通常这种修正只对倾斜层是必要的，但有时也需要考虑倾斜程度。

2）地层序列

对大多数沉积岩序列进行研究的最初目的是，准确而简洁地观察和描述它们，并将它们划分为地层和地层组。在可能的情况下，测量并记录相同间隔内的几个横向等效垂直截面，以记录初步观察中任何有疑问的横向变化。这使局部变化与区域变化得以区分，确保以适当的视角看待更大范围的趋势。确保厚度测量垂直于地层，或者由于无法接近测量，可通过简单三角法将任何倾斜测量调整为真实垂直厚度（TVT）。

将露头或岩心划分为可测量的单元可能相当随意。测量工作的详细程度随岩石问题的性质和规模以及地质学家的经验而变化。在所有情况下，应努力应用一致的标准，并以具有代表性的方式取样（见图2.6）。

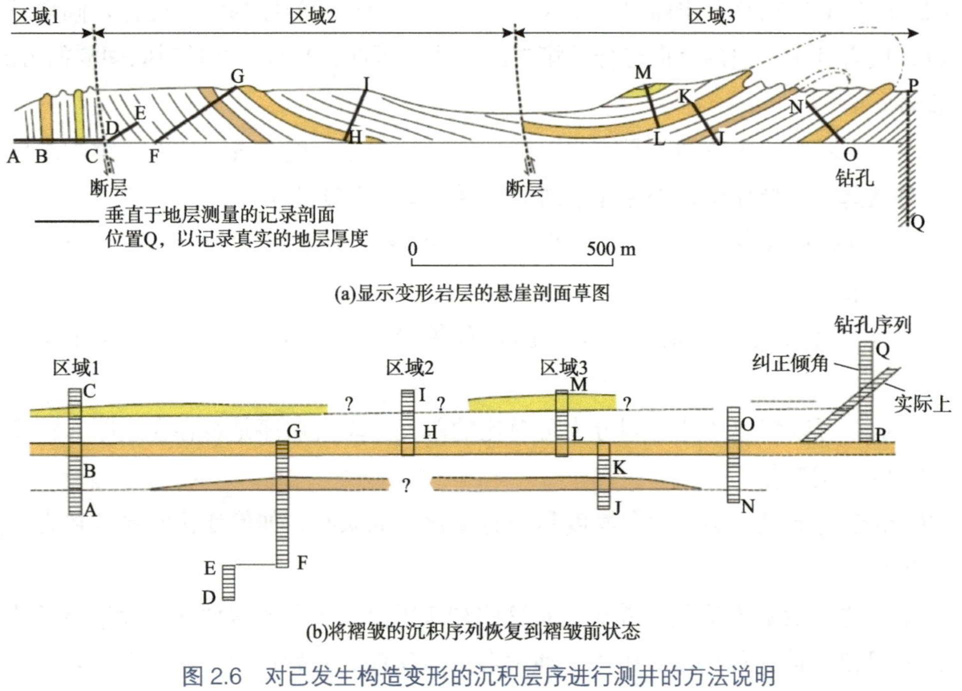

图 2.6　对已发生构造变形的沉积层序进行测井的方法说明

注：（a）显示变形岩层的悬崖剖面草图。注意，该段划分为3个区域，每个区域以一个主要断层为界。另外，还要注意剖面右端的倒转地层。垂直于地层测量的测井，以便记录真实的地层厚度。根据出露程度和可接近程度，可能需要建造几个测井段。在这种情况下，独特的、横向展布的标志层可用于地层对比。（b）将褶皱的沉积序列恢复到褶皱前状态。注意，特定区域某些单元的缺失是如何通过地层尖灭引起的侧向变化来解释的。

重要的是根据已经确定的地层学原理采用完善的工作流程。沿地层或岩层横向观察，看其连续性和厚度发生了什么变化：首先查看岩层单元下方，其次是内部，最后是顶部；垂向上从最老地层开始观察，逐渐向年轻地层拓展。有条不紊的测量和记录习惯会增强观察能力，更容易识别模式；然后，在数据中寻找模式就成了第二天性。其中许多观点将在后面进行扩展和说明，特别是在第十章中，其中讨论了测量地层序列的解释方法。

在某些情况下，识别层理和确定上下边界层可能很困难。层理必须区别于构造引起的解理、节理和断层，以及由于成岩作用（沉积后变化）和风化而形成的色带，所有这些都可能影响沉积特征。成分或粒度的变化是识别层理的最佳指南，这些变化在风化表面通常更为明显。在新鲜岩石中几乎看不见的差异会随着不同的风化和侵蚀更加清楚。在其他情况下，深层风化作用掩盖了沉积结构。露头上一些突出的次平行分裂面或地层面可能是提供层理方向的第一线索。颜色、矿物成分、纹理（粒度、粒度变化、颗粒形状、孔隙度、填隙物、胶结程度、硬度）、内部结构（纹层、层理）和方向的变化可以用来确认或否定这种初始印象（见图2.1、图2.2、图2.6、图2.7）。在岩心中，颜色通常是粒度的指南，通常较粗沉积物的颜色较浅，而越细的沉积物颜色越暗，例外的情况不多。

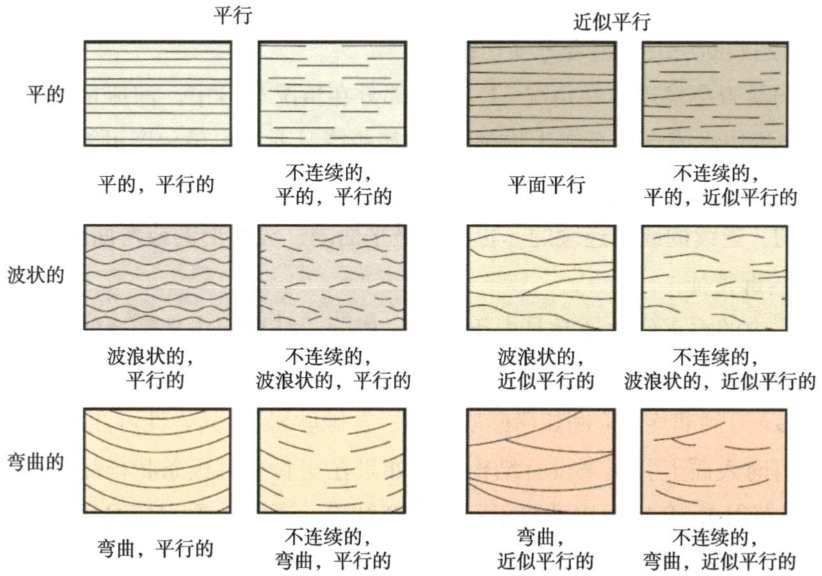

图 2.7 常用的层理－纹层术语［据 Campbell（1967）、Reineck 和 Singh（1973），略修改］

图2.6所示的方法是一种基本的一维工作方法：剖面测井。然而，从露头和垂直的位置拍摄一组二维岩层效果更好。这种方法可以将重叠的照片拼接起来从而得到全景图，绘制出更重要的地层结构。对露头进行后续检验有助于将注意力集中在关键细节上，特别是当地层横向变化时这种方法特别有用。如果露头处有拐角和凹陷或被植被覆盖，绘制出露头几何形状的比例图至关重要。在某些情况下，使用数字激光扫描设备（激光雷达－光探测和测距）可以帮助完成这项工作，立体摄影测量在某些情况下也可以使用无人机获取。

3）沉积单元厚度

使用标准国际单位（m）测量地层厚度时，应靠近选定的垂直线（垂直于地层）。这条线的位置通常由出露的可达性决定，如在陡峭的悬崖形成的路段。在其他露头中，决策可能是选择性的，也可能只是随意的。在测量岩心时，在将厚度恢复到其真实值，重要的是要考虑任何构造倾角和与垂直方向的井偏差。在边界/层理面突变的地方，单元边界是清晰的，但在渐变的情况下，通常需要主观决定。在岩石倾斜且通道受限的地方，如在悬崖脚下，则可编制一系列短截面，其厚度由可接近性决定，从而得出狗腿形截面。尽管这样的剖面在一个地方并非完全垂直，但只要岩性或厚度没有快速横向变化，这一点就无关紧要。

4）横向变化

通过横向追踪，可以确定河床的整体形状或几何形状，从而检验原始连续性的原理。如果层位终止，它们会通过以下4种方式之一终止：

（1）通过上层理面和底部的汇聚及合并，因此它们可以被称为透镜状；

（2）通过对河床成分的横向分级，使边界面的限定消失；

（3）被水道等横切特征截断；

（4）通过遇到断层或不整合等横切特征。

有时横向检查会发现，在情况（1）中，部分在情况（2）中，河床重叠并覆盖先前的结构（例如河道边缘或有机丘或生物礁）。在某些情况下，覆盖角度可能非常低，因此其关系非常微妙；在其他情况下，可能会通过沉积后的差异压实而加剧。顶底面可以是平行的或发散的，连续的或不连续的，也可以是平面的、波浪形的或弯曲的（见图2.7）。

5）地层内部特征

单个岩层内的垂直变化通常是由于粒度、成分、结构或内部构造的变化造成的。地层和地层组可以是均质的或不均质的、韵律的、递变的。从均质（例如均匀的分选良好的砂岩或粉砂岩）到非均质（例如粉砂质泥岩、含砾砂岩），其岩性可能不同。

均质层有时表面上看起来没有结构，但如果在实验室对板条状样品应用特殊技术分析（如X射线照射），会揭示出意想不到的内部结构。通常，湿水情况切割岩心，在其表面能更清楚地揭示其内部结构。由于成分或粒度不同的沉积物（如粉砂和砂、粉砂和泥）被分选成重复的夹层，一些地层成为杂岩（见图2.2）。

成分和粒度的系统变化，比如一些层段从底部砂岩变到上部的泥岩，反映了多期水流速度递减沉积的特征。除了粒度、成分和结构的变化外，岩层的内部特征通常是沉积层理的规模和样式（见图2.7）以及各种类型的有机和无机沉积后扰动。地层内部特征的完整描述应包括上述所有属性。总之，这些可能是沉积相定义的起点（关于这一想法的拓展，见第十章）。

6）地层接触的性质

在记录连续地层时，应特别注意地层接触的性质，这种接触可以是突变的也可以是渐变的（见图2.4）。它们的特点可能是成分和颜色、结构和构造发生细微或突然的变化。突变可能是非侵蚀性的或侵蚀性的。侵蚀层接触以截切关系为标志，如在河道底部或上覆岩层底部有向下突出物的地方。

一些地层接触面可能代表长期未沉积的间断面，并可能导致胶结、生物深潜穴或古土壤剖面的发育。确定此类表面的重要性可能涉及大范围的相关性，通常只能在单个截面的基础上做出临时判断。

7）地层（组）之间的关系

有时，露头和地震反射剖面上的地层关系显示出角度不一致，如一些不整合面。一般术语上覆、下覆、上超和下超可用于描述不同类型的地层关系（见图2.8），这些关系是由在很大范围内各种类型的堆积（如进积、迁移和填充）形成的。

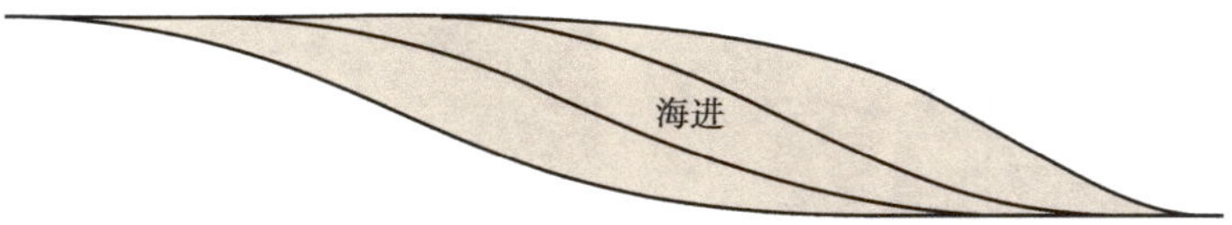

(a)与进积有关的术语。在进积过程中沉积的倾斜地层的整合序列。每一个地层都在横向上被更年轻的单元继承，标志着进积发生的方向。这种关系通常与海退有关，即海岸线（湖或海）因进积而退向盆地

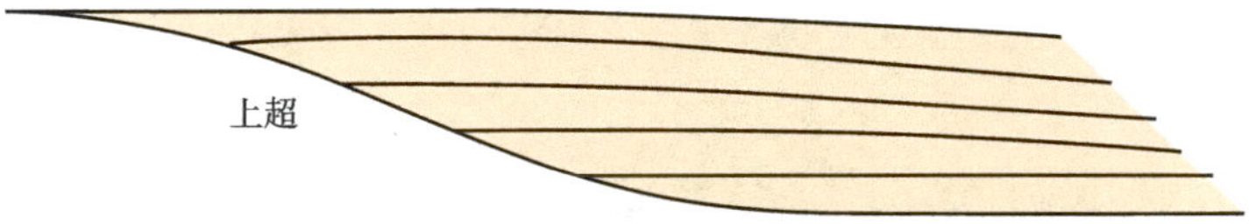

(b)倾斜度较低的地层上覆到更陡的边缘上

图 2.8　不协调地层之间关系的术语（这些术语的范围很广，小到露头大到地震剖面）

8）沉积序列模式

在厚度、粒度、成分或沉积构造有序变化的地方，出现了地层和地层组间的垂向变化模式（如图2.2）。常见的纵向变化如下：

（1）粒度向上逐渐变细，例如，从底部的粗砂岩到顶部的粉砂岩和泥岩（如一些曲流河沉积序列）；

（2）粒度从泥岩向上变粗为粗砂岩（如一些三角洲沉积序列）；

（3）岩性重复垂向变化模式，如页岩–砂岩–煤或石灰岩–页岩–砂岩（如其他类型的三角洲层序）；

（4）包括碳酸盐–硫酸盐、含水和无水硫酸盐、硫酸盐和卤化物单元的模式（如化学沉淀蒸发岩序列）；

（5）层厚变化模式（如向上变厚或变薄的序列）。

这些类型的模式出现在从几米到几十米甚至几百米的各种垂直尺度上。

提高野外或岩心中有效描述沉积序列的技能，不仅需要有组织的工作实践，而且要使用新的术语。开始可能会让人望而生畏，但经过实践和与他人的讨论，可以迅速澄清问题并建立信心。如果露头或岩心不易获得，通常可以通过描述照片取得进展（见图2.9）。对于某些沉积物，特别是石灰岩，需要收集样品并在实验室中进行薄片鉴定，以确定颗粒成分，这些颗粒通常是最能判断沉积条件的。

尽可能全面描述4个例子中每一个地层性质，看你能否描绘出所示沉积序列沉积期

间地质过程并给出初步解释。然而，描述本身不是目的，只是了解沉积物沉积过程和环境的一个步骤。本书以这样一种方式解释沉积特征，理解沉积过程，然后逐步推断可能的沉积环境。

(a)

(b)

(c)

(d)

图 2.9　横穿照片（a）中心的是一条水泥路，（b）最厚砂岩层厚约 5m，（c）的悬崖大约有 25 米高，照片（b）由 Gilbert Kelling 提供

2.2　层理的意义

2.2.1　引言

单个地层要么在基本恒定的物理和化学条件下沉积，要么在变化的条件下沉积。突变的岩层接触面、直的层理面和边界面代表着沉积条件的变化，在某些情况下涉及非沉积、侵蚀或转换到完全不同的地区。然而，其他接触更具渐变性，因此可能反映地质过程的渐进变化。纹层通常是由于地层局部准稳态的微小波动引起的。简单的地层组或层

系组是地质条件重复变化的结果，复合地层（见图2.2）表示两种不同条件的地层重复交替出现。地质记录一部分的地层和地层组的保存潜力并不一定与它们形成的时间长短有关。在较大范围内，必须以净沉降条件为准，区域内的侵蚀活动必须相对次要才能发生堆积。侵蚀期较长才能在地层序列中出现较大规模的时间间隔（以不整合面为代表），其中一些可能是由构造事件引起的。然而，一些沉积环境也具有这一特征，例如部分侵蚀的河道。由于这些特征造成的侵蚀面会产生层序的中断，但它们却是整个自然堆积的组成部分。弄清侵蚀层面形成时间并不容易，当然，在许多情况下也不可能知道侵蚀事件中搬运了何种类型和厚度的沉积物。一般来说，环境中地势较高部分的沉积物比低洼处（例如河道底部）的沉积物更容易受到侵蚀。

2.2.2 沉积的基本过程

有几种作用过程有助于观察地层特征，它们是物理、化学、生物和成岩作用。在后面的章节中，我们将对其中的许多问题进行详细讨论，但在这里，我们只对它们进行简要概述。

1）物理作用

大多数沉积岩是由低含沙量的水流以单个颗粒的形式悬浮或在河床附近（在牵引作用下）搬运的物质沉积而成的，尽管有些来自浓度更高的水流，或者极端情况下来自黏性泥流。另一些则是风搬运的沉积物形成的。搬运沙的过程和强度取决于泥沙及流体的性质。粒度、形状和密度是沉积物的重要特性。流体的密度和黏度、流速、波的强度和深度也是重要的控制因素。这些参数中的任何一个变化都会影响沉积物的性质，可能会形成新的地层或者会引起侵蚀。

爆炸性的火山喷发会把大量的热的、可能是熔融的物质抛到大气中，并可能导致一套复杂的过程，包括火山灰降落和火山碎屑流，后者与其他重力流一样与流经的基底相互作用。因此，加速区和减速区决定了侵蚀和沉积区的位置（见图2.10）。

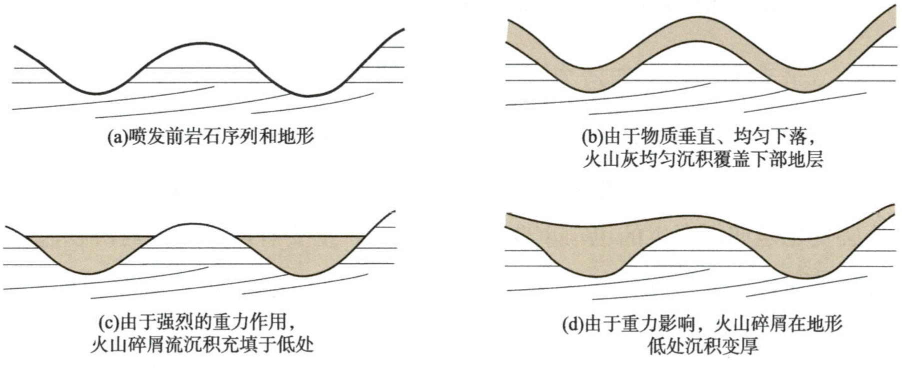

图 2.10 不同类型火山作用产生的总层厚变化［据 Wright 等（1980）］

注：其他（非火山碎屑）类型的沉积物碎屑和重力流也会产生类似的几何形状层理。

除了通过流体搬运，沉积物也可以通过冰川进行搬运；还可以在重力作用下搬运，如雪崩或岩崩。

2）化学作用

许多物质都是可溶解的，特别是在海洋和一些闭流的湖泊（那些没有出口的湖泊）中。在有利条件下，由于温度、二氧化碳、压力或离子浓度的变化，这些溶质可能以矿物的形式沉淀在盆地底部，或以悬浮颗粒（晶体）的形式沉淀。沉淀物容易在物理作用下重新结晶，淡水流入溶液浓度降低则溶解。

3）生物作用

构成石灰岩和现今碳酸盐沉积物的大部分碳酸钙是由生物体（包括动物和植物）活动造成的，它们在代谢过程中沉淀碳酸钙。其他生物分泌二氧化硅（如海绵和硅藻）或磷酸盐（如脊椎动物），这也可能是沉积物的来源。优势生物类型及其丰度的变化可能导致沉积物的变化，并可能导致地层的形成。地层基本上是由留在原地的生物体的坚硬部分形成的，但骨骼物质在最终沉积之前常被波浪和洋流重新分配。有机活性的变化通常反映物理或化学条件的变化。有些生物，如珊瑚和藻类，靠自己的力量建造大型结构。在这些礁或暗礁中，骨骼基本上被保存在它们生活的地方，几乎没有物理改造。除了产生沉积物质外，动植物也可以通过挖洞和根系扰动破坏地层和纹层，形成次生、沉积后构造。

4）成岩作用

地层柱状图中某一层的最终特征不仅与它的沉积条件和早期生物扰动有关，而且还与后期埋藏过程中的历史有关。沉积后变化（成岩作用）的过程随初始沉积物成分、埋藏深度（影响压力和温度）以及地层水化学性质而变化。因此，一些截然不同的“地层”可能是由于成岩作用的差异造成的，而不是沉积过程的变化。

实际上，许多地层是由这些不同类型的过程组合而成的。例如，生物活性可能取决于化学和物理条件。同样，成岩过程可能在不同的地层中有所不同，这可能反映了与沉积物理条件有关的原始沉积物结构的差异。因此，层理的研究应着眼于沉积及沉积后的整体过程，这些过程在形成连续沉积地层方面往往十分活跃。

2.2.3　垂直序列、过程变化和地层生成

当我们在垂直序列中记录一系列的岩层及其接触面，并理解每个岩层记录了一个地质过程的变化时，我们就有了推断沉积环境的依据。然而，在使用垂向沉积序列之前了解垂向地层变化是如何产生的也很重要。一般认为，主要有两个变化对沉积起作用，二者在不同的尺度上共同作用。

1）横向迁移引起的变化

如果你观察到一个沉积物在堆积的现今环境，通常很明显，在环境的不同部分进行不同的沉积过程，并产生不同的沉积物。如果在足够长的时间内绘制这些沉积的分布图，那么就能记录分布模式的逐渐变化。例如，曾经沉积砂的地区，以后可能会成为沉积泥

的地方，如果砂沉积占优势，在该地点挖掘的沟槽中会找到一层覆盖在砂层上的泥层。换言之，在稳定条件下，亚环境的横向迁移会在垂直序列中（地层）产生变化。这一观点是沃尔特岩相序原理的精髓（见第1.3节），将在第十章中进行更详细的讨论。

2）时间波动引起的变化

与上述稳态横向搬运机制不同，由于沉积环境之外的地质活动，许多岩层反映了时间上的变化。例如，在湖底，粗粒沉积可能反映了河流高流量时期，而夹层泥岩则是平静时期沉积的。同样，在浅海底，粒度和沉积结构可能会波动，记录了风暴期和平静期。在这两个例子中，环境并没有发生变化，而沉积物的垂直序列记录了环境自然变化的过程。

在某些情况下，区分正常地层和事件地层是合理的。典型例子是深海大陆边缘环境，在正常情况下，细粒沉积物是从悬浮物中稳定沉降堆积的。然而，这一持续的过程偶尔会被灾难性的密度流中断，它携带着产生于大陆斜坡或大陆架边缘更粗的沉积物，这样的事件可能会在几个小时内沉积大量的砂层，但在数百年甚至数千年内可能不会再次发生。然而，由此形成的沉积序列中，砂层可能比正常泥岩更为丰富和明显。因此，瞬时的灾难性事件对岩石记录的贡献与持续时间不成比例。

2.2.4 层面的重要性

地层之间界面的重要性已经强调，有些是渐变的，而另一些是突变的。如果将观测结果用于环境重建，那么记录地层边界的性质与记录地层的特征同样重要。渐变边界预示了稳定状态下地质过程的侧向迁移，而突变面暗示灾难性事件。如果观察到由于河道作用而形成的大规模突变，或者有理由怀疑是不整合，标志着开始了一种完全不同的沉积模式。

层理与时间的关系值得思考。我们可以识别出哪些一定是很快堆积起来的沉积物：树桩在部分腐烂后，在倒下之前被淤泥覆盖和填充；洪水、沙尘暴和火山灰沉积的河床。这些岩层通常是较厚序列的一部分，在更大范围的观测中是一致的，但如果确定年代，它们似乎是在相当长的地质时期（也许是数百万年）中积累起来的。这种相对快速沉积的岩层，组成了代表数百万年的地层序列，导致了诸如“98%的地质时间必须由层理面来表示”的悖论。突显了在看似连续的沉积序列中存在明显时间间隔的重要性。某些遗迹化石和一些早期成岩固结体（古土壤和硬底）的性质和分布（见第九章）有时使我们有信心做到这一点。

2.2.5 不整合面

不整合面是由地质条件变化引起的在相当长一段时间内停止沉积而出现的地层序列中断。通过分析平面层理，可识别出各种类型的不整合（见图2.11）。沉积岩上覆火成岩或变质岩（不整合）最容易识别和确定，或位于先前褶皱和侵蚀的地层上（角度不整合）。然而，在某些情况下，如果平面层理覆盖着一组非常大的交错层理，可能会错误地怀疑为角度不整合。在这种情况下，比较交错层组下方和上方地层的产状可以解决问题。时间间隔不容易定义，事实上，如果没有化石证据通常无法被识别。在一个看似整合的局部地层序列中，如果两组明显整合的岩层仅通过沉积物类型的变化（不整合）来区分，甚至沉积物类型实际上是相同的（假整合）时，可能会出现明显的时间间断。在许多情况下，只有在化石序列的某些部分被证明不存在的地方，才能令人满意地识别不整合面和准整合面。在其他情况下，这些表面可能与强烈的洞穴、成熟土壤或树根等生物结构有关，而树根在非沉积期间花了很长时间才形成。在许多层序中，化石的保存潜力不高，比如在红层中，缺乏以这种轻松方式分析的条件，尽管在某些情况下，磁性地层学和化学地层学等更复杂的方法可能会解决这一问题。

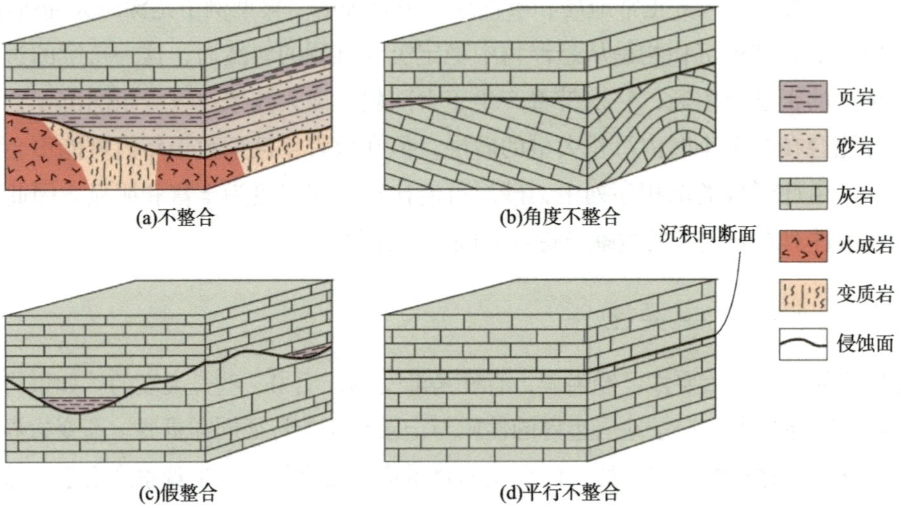

图 2.11　4 种不整合类型［据 Dunbar 和 Rogers（1957），略修改。请注意，与不协调层理关系有关的术语（如超覆、明显截断）可适用于某些不整合面上方和下方的岩层］

一些大型侵蚀面，例如冲积漫滩上河流侵蚀的基底，或侵入泥岩的潮汐水道，可能与真正的不整合面混淆（具有显著时间间隔的不整合面）。在没有化石和层面时间确定之前，可能需要进行详细的沉积学分析。

看似连续的序列可能包含许多时间间隔。仔细观察和记录任何可疑“不整合”上下的细节特征和关系，因此，生成和评估几个工作假设非常重要。记录中代表时间间隔如此之短，以致低于化石进化变化分辨率，称为沉积间断面，在没有其他证据之前，将潜在的不整合和假整合视为沉积间断面是明智的。

2.3　学习技巧

1）野外经验

实际上，任何地质考察都将涉及对岩层和层面的观察和识别，以及在三维空间中测量它们的厚度和产状。介绍野外经验的书籍很少建议如何学习层理，学生可能不得不依赖教科书以及野外导师的指导。粗粒沉积地层边界通常以碎屑成分、尺寸、形状、方向或填充物的细微变化为特征；在野外初步勘察时，通常很难识别此类边界（见图2.4）。砂–粉砂岩混合的地层边界通常表现出明显的层间面，具有平稳地面或不规则表面特征。河床或沿海岸线的湿润剖面，为研究细粒岩类型提供了良好的出露条件。

2）室内经验

可以设计简单的物理实验来研究层理发育和地层边界的成因。将100~200g松散砂与水充分混合在一个罐子中，将混合物倒入一个1L的量筒中，让其沉淀。使用第二种砂/水混合物重复该过程，并将其添加到量筒中，注意不要干扰早期沉积物。使用不同粒径和分选特征的砂，对更多的砂水混合物重复该过程。如果相邻砂层分选良好，且具有相似的平均粒度特征，则地层边界将分散或难以识别。如果相邻砂层分选较差或具有不同的平均粒径特征，则很容易识别出地层边界。尝试用平均粒径相同但碎屑形状明显不同的砾石样品重复试验。

推荐参考文献

[1] Ager, D. V. 1981. *The nature of the stratigraphical record*（*2nd edn.*）. A concise and well-written book that considers the completeness（or otherwise）of the stratigraphic record.

[2] Brenchley, P. J. & Williams B. J. P.（eds.）1985. *Sedimentology：recent developments and applied aspects.* A collection of review papers on many aspects of sedimentology and its applications.

[3] Brookfield, M. E. 2003. *Principles of stratigraphy.* Oxford：Blackwell. A good discussion of the application of stratigraphical techniques in sedimentology.

[4] Doyle, P., M. R Bennett & A. N Baxter 2001. *The key to Earth history：an introduction to stratigraphy.* A well-illustrated introductory text that demonstrates the application of simple techniques in stratigraphy in the analysis of sedimentary successions.

[5] Ingram, R. L. 1954. *Terminology for the thickness of stratification and parting units in sedimentary rocks.* A landmark paper from which much of present terminology flows.

[6] McKee, E. D. & G. W. Weir 1953. T*erminology for stratification and cross stratification in sedimentary rocks.* The basis for much of the current terminology used in the classification of beds and bedding.

[7] Tucker, M. E., 2011. *Sedimentary rocks in the field.* A practical guide. Considers how to describe, classify and interpret the environmental significance of bedding relationships.

第三章
流体、水流和沉积的基本性质

3.1 引言

为了了解在沉积岩中观察到的许多沉积构造的形成过程，有必要对侵蚀、搬运和沉积的流体的物理性质和力学有一个基本的了解。大多数过程都是流体运动引起的，通常是水，也包括空气和冰（虽然不是真正的流体，但确实表现出一些类似的行为特征）。例外情况是重力直接作用于松散颗粒和水混合物，通常在斜坡上移动。在重力作用过程中，水的作用是润滑剂或作为支撑颗粒移动的介质。在这种情况下，无论有没有水，颗粒的移动都显示出塑性行为。流体和塑性行为之间的区别很重要，本章后面将对此进行解释。

了解沉积颗粒本身的物理性质也很重要，无论是单颗粒还是多颗粒。在自然沉积物中发现颗粒大小、形状和密度的变化明显地影响了水流对其侵蚀、搬运和沉积作用。

因此，本章将探讨流体和塑性流的一些特性，并说明这些特性如何影响它们的运动方式。同时，还考虑了沉积物的物理性质，并揭示了某些沉积过程中颗粒和流体是如何相互作用的。

这一章理论性稍强，但主要描述了一些常见现象。许多特征可以通过简单的实验和日常的经验来解释。在可能的情况下，尝试对所描述的各种过程的物理现象做出思考。我们认为，实验有益，只要稍加想象，就可掌握我们提出的流体和流动特征模式。

3.2 低黏度流体和流动的性质

3.2.1 流体的基本性质

水和空气是地球表面沉积物搬运的两种常见流体。冰也是沉积物搬运的重要方式，因为在长时间尺度上观察冰的行为时，它是以塑性形式流动的。此外，碎屑和水的混合物在斜坡重力作用下基本上表现为塑性变形移动特征，如泥浆和泥石流。

水和空气在某些物理性质上差别很大，特别是密度和黏度。流体密度（ρ_f）决定了作用在流体内部和层面上力的大小，特别是当流体在重力作用下沿斜坡向下移动时。密度还决定了波在流体中传播的方式，并通过影响有效密度（ρ_s–ρ_f）（其中ρ_s是固体颗粒的密度）来控制流体中颗粒上的浮力。例如，水中的石英颗粒的有效密度为1650kg/m^3，而空气中的有效密度为2650kg/m^3，这一差异极大地影响了不同流体搬运颗粒的能力。

黏度（μ）描述了流体流动的能力。它被定义为剪切应力（τ，即剪切力/单位面积）与流体中该剪切力所承受的变形率（du/dy）之比：

$$\mu = \frac{\tau}{\mathrm{d}u / \mathrm{d}y} \tag{3-1}$$

流体的黏度不是恒定的，其大小随温度而变化（例如热糖浆和冷糖浆）。

用最简单的方式，我们可以通过一个被限定在两个相对运动的平行平板之间流体模型来观察流体流动。流体可以设想为一堆平行的薄板。这些薄板以均匀的速度相互移动，由于剪切作用，垂直于板的初始直线将变为倾斜的直线（见图3.1）。黏度反映了产生特定变形速率或假想薄板滑动所需的力。黏度的增加需要更大的剪切应力来产生相同的变形速率。

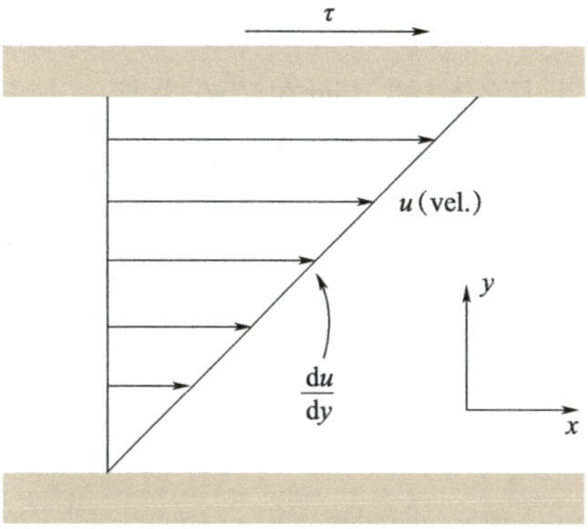

图 3.1　黏度定义图

注：两个刚性平行板包围着流体。剪切应力（τ）平行于流动中的“薄板”，建立了斜线所示的稳态速度剖面。箭头的长度与相对于下板的速度（u）成比例。

由于密度和黏度在决定流体特性方面都起着重要作用，因此通常将它们合并为一个术语，即所谓的运动黏度（v）：

$$v = \frac{\mu}{\rho_f} \tag{3-2}$$

3.2.2　层流和湍流

流体流动的一些基本特征可以通过简单的实验来研究。将一股稀薄的染料注入一个流动非常缓慢、狭窄的通道中的黏性流体中（如甘油），仔细观察注入点下游的染料形态。以流速逐渐增加或黏度逐渐降低的流体重复该步骤。你会注意到，在低流速和高黏度的情况下，染料会保持一致且流线较直，而当速度增加或黏度降低时，流体会分解为一系列团状变形运动，其中部分流体垂直于整个流动方向（见图3.2）。

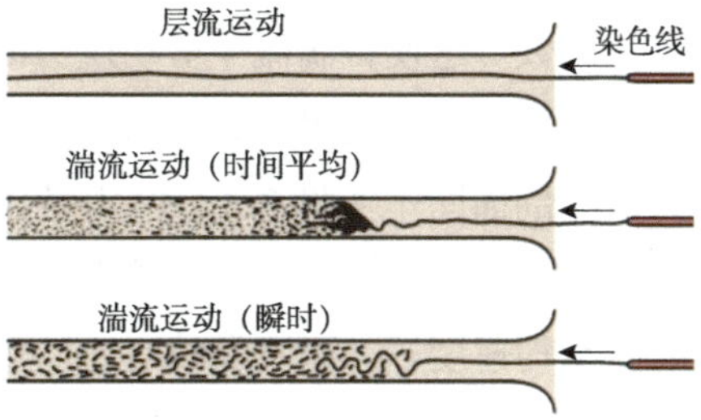

图 3.2　说明层流和湍流之间差异的雷诺实验
［据 Allen（1968）］

注：根据流体的速度和黏度差异，从点源注入流体中的染料表现出不同的方式。

在低流速和高黏度的情况下，流动符合

第3.2节中概述的模型，并称为层流。随着流体流动的加速或黏度的降低，流动不再被视为一系列平行的薄片或细丝，而是明显地具有某种形式的二次运动叠加在单向流上，这种流动就是非常重要的湍流现象。

3.2.3 湍流

湍流的认识对于理解后文描述的许多沉积构造的起源和样式至关重要。在光滑的河道中，水流中的紊流明显是叠加在整个水流上的流体团的随机运动。通过充分减慢流动速度或增加流体的黏度，可以消除这种随机运动，达到层流的条件。然而，在自然条件下几乎所有涉及空气或水的流动都是湍流（见图3.2）。在层流中某一点测得的速度在时间上是恒定的，而在湍流中某一点上的速度在时间平均值附近波动很大。这两种类型之间的区别表明，可以使用某些流动特性的组合将它们的边界条件分开。

通过综合控制湍流水平的因素可以得出流动的雷诺数（Re），这是一个无量纲数，表示与流动程度与速度相关的惯性力（会促进湍流）及黏性力（倾向于抑制湍流）之间的比率：

$$Re=\frac{\bar{U}L\rho_{\mathrm{f}}}{\mu}=\frac{\bar{U}L}{\nu} \tag{3-3}$$

式中，$\bar{U}$ 为水流的平均流速；L为表征水流范围的长度（例如水流深度、水道直径）。

雷诺数无量纲，在比较不同的例子或设计比例模型时很有用。从层流到湍流的转变发生在雷诺数的临界值处，该临界值取决于流动的边界（例如水道的侧面和底部）。湍流的存在对流动特性有着重要影响。由于湍流中涡流的产生和维持会吸收能量，因此在湍流中比在层流中需要更大的剪切应力来保持特定的速度梯度。考虑到湍流，必须修改式（3–1）为：

$$\tau=\left(\mu+\eta\right)\frac{\mathrm{d}\bar{u}}{\mathrm{d}y} \tag{3-4}$$

式中，η为所谓的涡流黏度，是一个附加项，用于说明维持湍流所需的额外剪切应力；$\bar{u}$ 为时间平均速度。

然而，涡流黏度不是流体的常数，而是取决于流动中的湍流水平；换句话说，它取决于雷诺数。这使得湍流中剪切应力的计算相当复杂。

湍流的另一个后果是，通过湍流的速度分布与通过层流的速度分布具有不同的形状。尽管层流剖面图［见图3.3（a）］是任何时刻速度的真实表示，但湍流剖面图［见图3.3（b）］是随时间平均的，以消除湍流引起的波动。出于同样的原因，式（3–4）中使用的是时间平均速度$\bar{u}$，而不是瞬时速度u。紊流中速度的瞬时值在时间平均速度上有方向和叠加分量。速度的变化通常与时间平均值本身的顺序相同，这种现象解释了在过急流或站在强风中出现的不规则抖振现象。湍流出现在河流的水面上，特别是在洪水期间，当反射减弱时［见图3.4（a）］，可以看到“沸腾”上升到水面，特别是在柔和的光线和雨水中，清水和浊水的混合区也是观察旋涡结构的好地方［见图3.4（b）］。

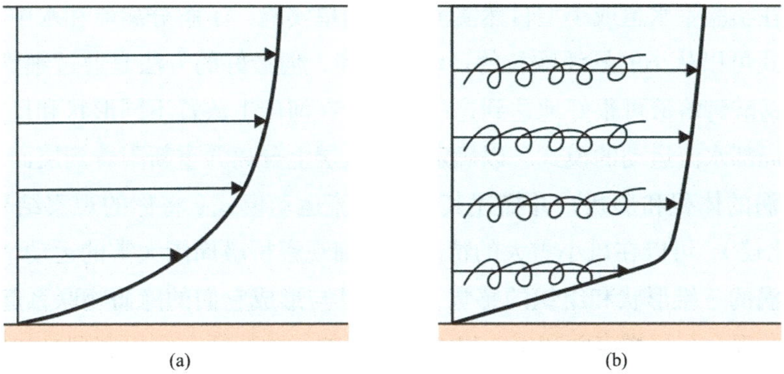

图 3.3 较大宽度明渠中（a）层流和（b）湍流的垂直速度剖面。
在湍流剖面中，速度是时间平均值，只有在靠近底床的地方才会出现接近层流的运动模式

(a)在高水位时河水上表面的“沸腾”现象，表示了水流为大范围的湍流。英国斯塔福德郡，特伦特河

(b)在两股溪流的交汇处，清水和浊水之间的小尺度湍流混合。注意水团的离散，它们的移动方向与流动方向成大角度相交

图 3.4 层流和湍流平面图

注：其中离散的水以高角度向水流方向移动。

紊流结构的这些细节有时对理解沉积构造很重要，但更重要的是与流动边界形状相关的局部涡流。固定在水流边缘的障碍物和不规则物产生旋涡，旋涡的形状结构与障碍物的形状和主水流条件密切相关。有时，“受控”的流体在障碍物的背面旋转，其他情况下螺旋旋涡则流回主流。此时，水流被称为在分离点或分离线处与边界分离，在附着点或线处重新附着向下流动（见图3.5）。

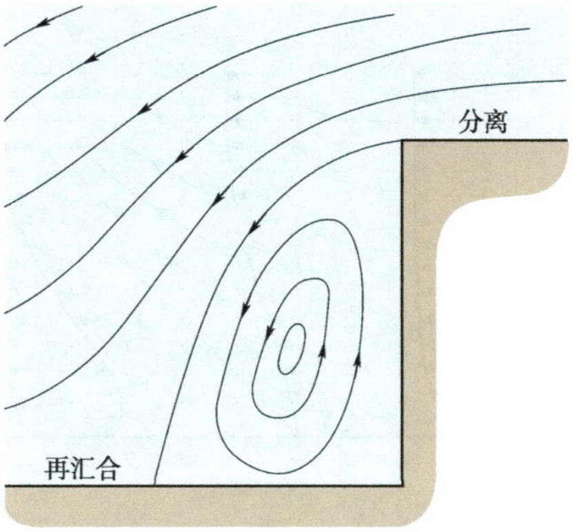

图 3.5 台阶低洼处流动边界的分离和再汇合，旋转流体的局部被困在分离涡或“气泡”中［据 Allen（1968）］

你可以在实验室水道或小型自然溪流中做简单实验，了解分离流和水中旋涡的结构。水的运动模式可以从小的悬浮颗粒的运动中看到，但最好的方法是通过细管在选定点注入染料，高锰酸钾溶液可很好地达到这一目的。在河床上放置不同形状和尺寸的障碍物，并仔细观察局部水流运动的模式。以确定水流从层上分离并重新附着到层面上的点或线，试着确定旋涡的体积和形状，并描述其中的水流运动模式（将你的观察结果与图3.6和图3.7进行比较）。可以在风小雪大的情况下仔细观察桥墩周围大雪的运动情况。试着培养一种对旋涡的三维形状和组织的感觉，并将其与形成它们的障碍物联系起来。这将有助于你了解在现今沉积物表面和露头岩石中发现的侵蚀特征和沉积底型是如何形成的。

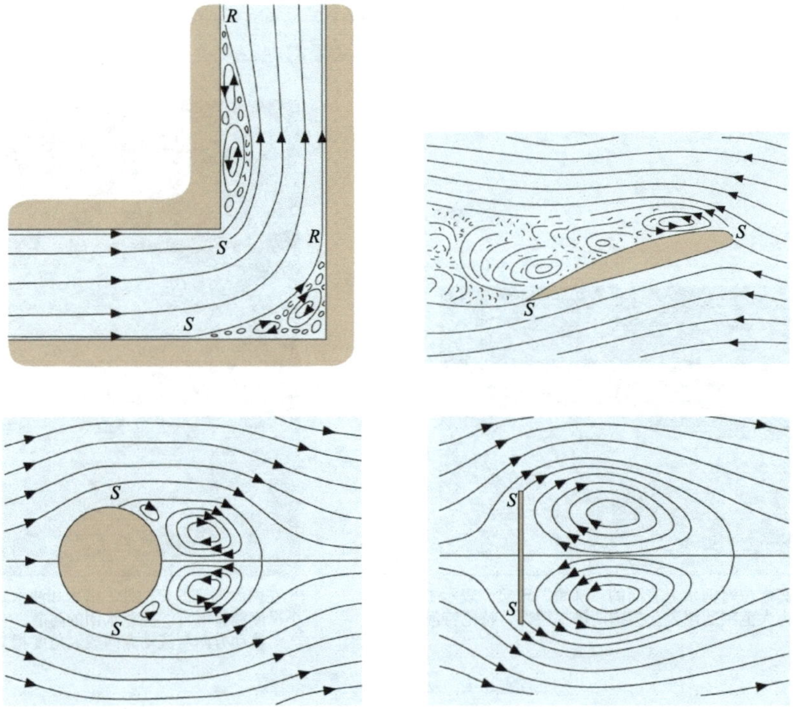

图3.6　障碍物周围水流分离和再汇合模式示例以及不同形状的特征［据Allen（1968）］

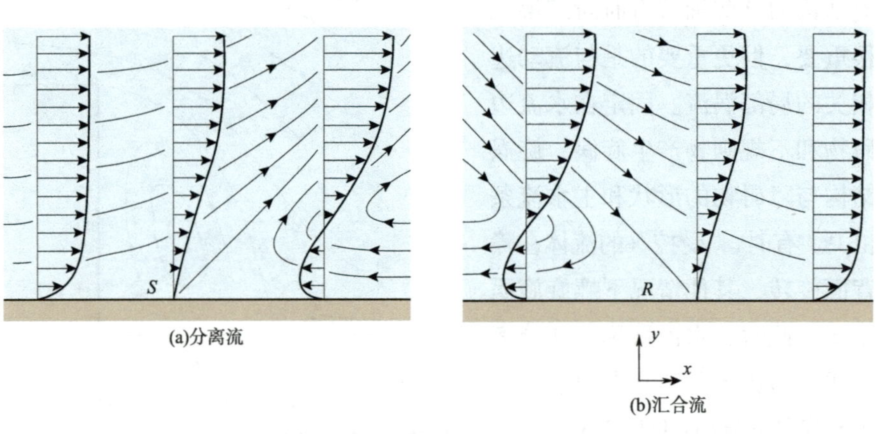

图3.7　与分离流和汇合流相关的流速剖面［改自Allen（1982）］

3.2.4 河床的粗糙度（Bed roughness）

水流边界上的障碍物会产生涡流，影响湍流的总体水平。障碍物越大，越丰富，产生的湍流越多，吸收的能量也越多，从而减缓了流动。这里引入河床粗糙度的概念，它表达了水流边界（例如河床）对水流的摩擦效应。当边界由松散的可移动颗粒组成时，粗糙度由两部分组成（见图3.8）。颗粒本身构成一部分（颗粒粗糙度），它们的摩擦效应是颗粒尺寸的函数。然而，如果沉积物分选不好，大颗粒可能被更细的物质包裹，它们的摩擦效应会降低，颗粒特征是关键因素。第二部分是河床，泥沙被水流塑造成河床（形状粗糙度）。这些河床形态在很大程度上取决于水流条件，而水流条件又在一定程度上取决于河床粗糙度。因此，在河床和水流之间建立的平衡非常敏感（见第六章）。

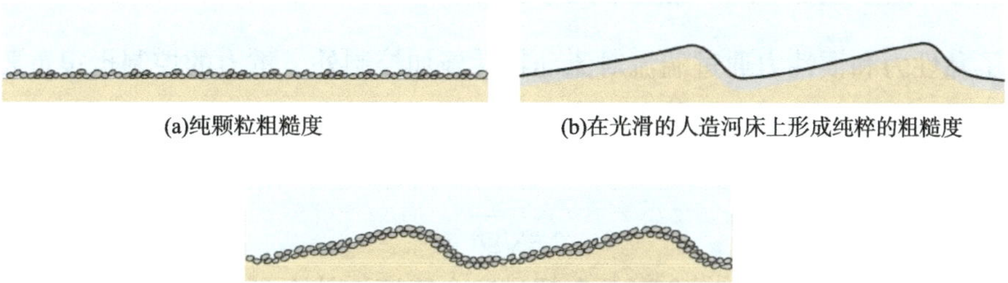

(a)纯颗粒粗糙度　(b)在光滑的人造河床上形成纯粹的粗糙度

(c)天然河床上的颗粒和形状粗糙度

图 3.8　颗粒粗糙度和形状粗糙度之间的区别

当水流边界处的起伏非常小时，粗糙度不会产生涡流，而河床被描述为平滑的。该条件适用的临界泄压由主要流量条件决定。在光滑床层的正上方和完全紊流的下方，有一较薄的地层，其中流动的湍流要小得多，即黏性子层，其厚度取决于总流的深度、速度和黏度。如果河床起伏超过这个厚度，就不可能存在黏性下层，下层对细粒沉积地层很重要。现在我们知道黏性层并不像之前所想的那样呈现层流；相反，它的特征是流动速度更快和速度较慢的流体条纹，平行于流动方向，周期性地爆发成“湍流”。流体条纹在颗粒运动的开始和波痕的形成、某些流线理论的产生及悬浮沉积的细粒沉积物中的层理发育中至关重要（见第五章和第六章）。

3.2.5 边界剪应力

水流下方河床上沉积物的行为主要取决于水流对河床的作用力。边界剪应力（力/平行于床层的单位面积）是深度（h）、坡度（S）和流体性质的函数，间接地是流速的函数。边界剪应力τ_0的计算比较复杂。它取决于雷诺数、地层的摩擦特性以及靠近地层的水流速度剖面形状。

从图3.9中的理想情况中可以得到宽明渠边界剪应力的简单近似值，其中副作用可忽略不计。对于计算风的剪切力这种方法显然不适用，因为深度是不确定的，如同在非常深的水中。为了更准确地估计边界剪切力，需要了解靠近河床的速度剖面形状细节。

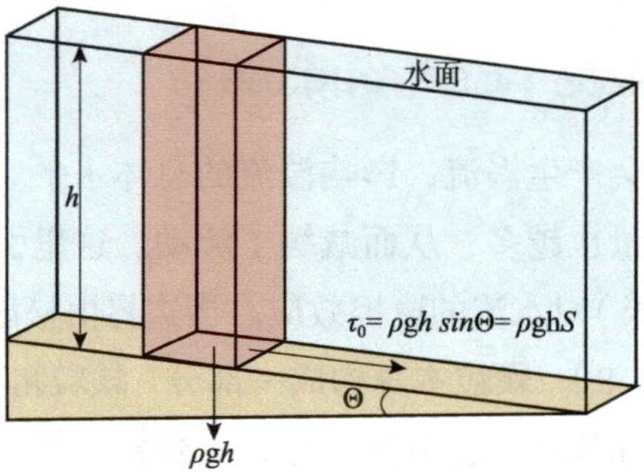

图 3.9　明渠水流下流水层面剪应力计算定义图
（作用在床层单位面积上的力已标出，g 是重力引起的加速度）

3.2.6　重力的作用：急流和平静流

除了黏性力和惯性力通过湍流对流动特性施加控制外，重力的控制也很重要。特别是重力作为一个整体作用在流体上的力，影响着流体传播表面波的方式（更多细节见第3.3节）。波浪在浅水中传播的速度由以下等式给出：

$$c = \sqrt{gh} \tag{3-5}$$

很明显，对于流动的水，会有一个超过这个速度波就不可能向上游移动的速度。这个临界速度将两种截然不同的流体分开：平静缓流和急流。这一区别通常是通过参考另一个无量纲数弗劳德数（Fr）得出的，弗劳德数由流体中惯性力与重力之比给出：

$$Fr = \bar{U} / \sqrt{gh} \tag{3-6}$$

当$Fr>1$时，是急流，波不能向上传播；当$Fr<1$时，有可能是平静缓流。

弗劳德数和这两种流动类型的区别是只适用于液体。在亚音速的情况下，重力波的速度并没有用压缩速度来表示。在平静的水流中，由于湍流单元自由移动导致水面紊乱。在快速流动中，水面看起来更像玻璃，水流看起来像“条纹状”，湍流受到一定程度的抑制。当这两种水流在底部遇到障碍物时，它们的反应不同（见图3.10）。

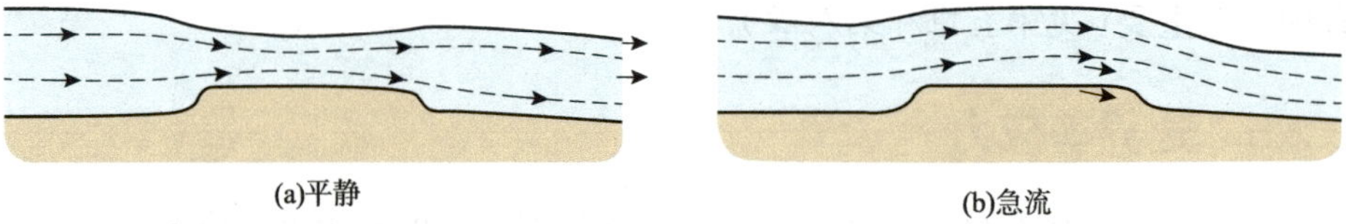

图 3.10　在平静（a）和急流（b）条件下，水面形状和河床上凸起障碍物上的平均流线形状

试着识别发生在小溪、河流、排水沟的雨水流或实验室渠道中的水流是哪种类型。在坡度较大的地方，最有可能出现急流。当急流顺流而下进入平静缓流时，两种状态之间的急剧转变很常见。由此产生的破碎波或水跃标志着深度的突然增加和速度的降低（见图3.11）。这种现象的小规模样本可以通过将一股水垂直向下喷射到平坦、光滑、水平的表面上，例如从水龙头到水槽或浴缸的地板上。水流类型的这种区别与系统中的任

何沉积物无关。然而，它与砂层上发育的河床形态所定义的上、下流态的存在有关（见第六章）。

(a)冰岛北部，约库拉

(b)马尔代尔桑，冰岛南部

图 3.11 上游对面的破碎波指示了流域快速流动的位置

3.3 波浪

到目前为止，我们已经考虑了流体中的单向流，但是水也通过波的运动来传递能量。例如海边的波浪，或是你把石头扔到池塘里，然后观察产生的同心圆的波浪图案。最简单的波浪包括水的局部垂直和水平运动，而不发生位移。浅水中的波浪行为可以在小型实验室波浪水槽中进行研究。用简单的波浪能够测量波浪的长度、高度、速度和频率，以及水深，分析这些属性如何相互关联。

描述水波的基本术语如图3.12所示。此外，任何波的特征都有周期T，即连续波峰经过某一点的时间，和波长L，即连续波峰之间的距离。由此可知：

$$c = L / T \tag{3-7}$$

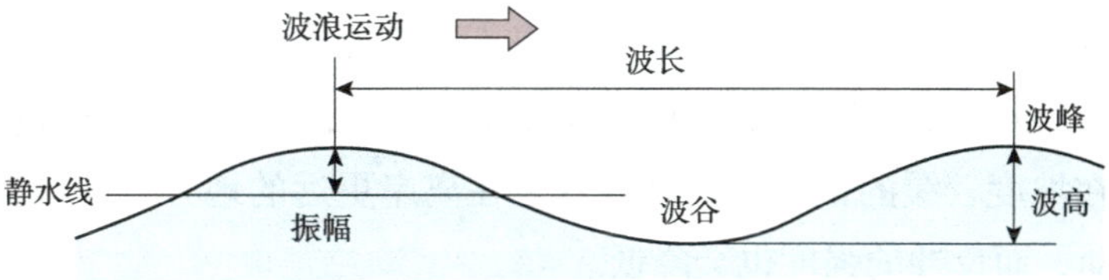

图 3.12 简单水面波主要物理性质定义图

然而，重要的是要知道波速c（传播速度或波动速度）是如何由水体的其他性质控制的。波动理论在数学上是复杂的，就我们的目的而言，它足以提供两个结果。根据两种不同的波高比理论，可以识别出两种不同的波高比。浅水波的长度至少是水深的20倍，而深水波的长度不到水深的4倍；当然，也有过渡形式。对于浅水波的情况，推导出了以下两种波速：

$$c_s = \sqrt{gh} = 3.1h^{1/2} \tag{3-8}$$

$$c_d = \frac{gT}{2\pi} = 1.55T \tag{3-9}$$

式中，c_s和c_d以m/s为单位，g（重力加速度）以m/s^2为单位，h（水深）以m为单位，T以s为单位。对于过渡波，关系相当复杂。这些关系最明显的一点是，对于深水波，波速与深度无关，表明波浪行为不受河床的影响。而对于浅水波，水深是主要的控制因素，波浪可以“触碰”到底部并对其做出反应。

与速度差异相关的是与波浪通过水流运动模式的差异。使用珠子，其中一些漂浮一些下沉，可以想象出波浪经过一个点时水的运动模式。珠子在水面附近有一个椭圆形的运动模式，但在靠近河床的地方，下沉的珠子可能会呈现出线性往复运动模式。这种所谓的“轨道”运动是所有水分子的特征，但是轨道的性质随着水柱深度和位置的变化而变化。在深水波中，圆形轨道的直径随着深度的增加而减小，直到消失（见图3.13）。在浅水波的作用下，轨道的形状从表面的近乎圆形，逐渐变成靠近床层的线形（向前和向后）。这种振荡运动在泥沙运动和浪成波痕发展中至关重要（见第六章）。

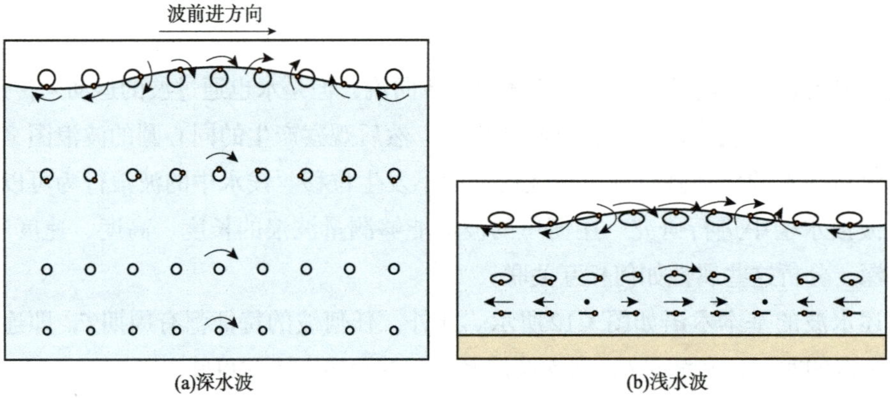

图 3.13　与表面波有关的单个水质点的运动模式

当波浪接近海岸时会变得更陡，最终变得不稳定而破碎，破碎的方式随海滩的坡度而变化。在陡峭的海滩上，波浪在靠近海岸的地方剧烈下冲，造成短暂的上升（冲击）和强烈的反冲。在坡度较缓的情况下，破碎发生在离岸更远的地方，波浪会随着浪涌经过很长的距离移动，而反冲的强度也会降低。

这种对波动的描述是对大多数自然环境中发生的情况的简化，在这些自然环境中，不同长度甚至不同方向的几组波可能共存。这些可能会转化为水运动和沉积物响应中的干扰因素。

3.4　水流作用下沉积物的性质

被水流移动的颗粒有其自身的物理特性，这些特性会影响它们对水流的反应。最重要的特性是尺寸、形状和密度。关于粒度，需要强调几点。如果所有沉积颗粒都是球体、立方体或一些简单的几何形状，那么直径或边长等尺寸将是衡量尺寸的合适尺度。然而，自然沉积颗粒更加不规则和多样化。通常通过已知网眼大小的筛网筛分来测量粒度，通过使用一系列刻度筛，可以得出沉积物中落在任何两个筛孔之间的颗粒百分比（按重量计）。

筛网尺寸通常以1mm为起点，以$\log_2$为刻度。因此，每个筛网的筛孔尺寸为上覆筛网的一半，典型范围为4~0.068mm（1/16mm）。每个筛分的重量可用于创建柱状图和其他曲线图（例如累积曲线），以便可视化粒度总体的结构。由于粒度尺度是非线性的，使用对数标度会出现从图中读取中间值的问题。为了克服这个问题，并帮助计算导数性质（如中值、分选和歪度），对数标度通常被转换成φ标度，其中：

$$\varphi=-\log_2 d \tag{3-10}$$

式中，d为沉积物粒径，mm。

使用该标尺，1mm的值为0φ，2mm=−1φ，4mm=−2φ，0.5mm=1φ，0.25mm=2φ等。还可以用φ标尺表示平均值、分选等。有关粒度数据的表示和操作的更完整的说明可以在沉积岩相关的其他资料中找到。

筛分是获得沉积物粒度结构信息的有效方法。实际上，它测量了颗粒的最小横截面积，并近似地记录了它的中轴。这虽然有一定的用处，但真正需要的是测量一种能反映流体中颗粒行为的尺度，无须解释最小横截面积或者中间轴，从而准确地反映这种流水作用，因为这些参数对于显示不同形状的颗粒来说是相同的。

一个简单的实验显示了形状如何影响颗粒在流体中的行为。取两张完全相同的纸，把其中一张团成球，让两张纸通过空气落到地面上。未折叠的纸张落得更慢，并且有明显的左右运动，而纸球则直接下落，尽管两个“粒子”的体积和质量都相同。使用真实的沉积颗粒也可以沿着同一条线进行更真实和可控的实验。取4个玻璃瓶（最好是1000mL量筒），其中两个装满不同温度的水，一个装满甘油，另一个空瓶（充满空气）。通过选择不同尺寸、形状和矿物的沙子，了解颗粒通过不同流体的速度是如何受到颗粒直径、颗粒密度、颗粒形状和流体黏度的影响的。任何颗粒的行为都将由这些变量的某些组合来控制。然而，目前还不可能将测量的物理参数组合起来以描述颗粒的流体力学行为。相反，直接研究流体力学行为和测量一些直接反映物理参数综合效应的值更有效、更省时。通常的流体力学参数是粒子的下落速度，也就是在初始加速阶段之后，粒子在固定温度（固定黏度）下通过水柱下落时的稳定速度。

我们可以通过参考一个小的球形颗粒从静止的水柱中落下来说明这种平衡的性质（见图3.14）。在下降速度V_0，即球体在初始加速度后下落的恒定速度，向下作用于球体上的重力与流体施加在球体上的黏性阻力平衡，即：

$$\frac{4}{3}\pi\left(\frac{d}{2}\right)^3 g\left(\rho_s-\rho_l\right)=C_d\pi\left(\frac{d}{2}\right)^2\rho_l\frac{V_0^2}{2} \tag{3-11}$$

$$V_0^2 = \frac{4gd}{3C_d}\left(\frac{\rho_s - \rho_l}{\rho_l}\right) \tag{3-12}$$

式中，ρ_s和ρ_l分别为固体和液体的密度；C_d为一个阻力系数，它取决于颗粒形状和颗粒雷诺数Re（$=V_0d/v$），其中d为颗粒直径。对于低颗粒浓度和低雷诺数：

$$C_d = \frac{24}{Re} = \frac{24}{V_0 d / v} \tag{3-13}$$

也可以写成：

$$V_0 = \frac{1}{18}\frac{(\rho_s - \rho_l)gd^2}{\mu} \tag{3-14}$$

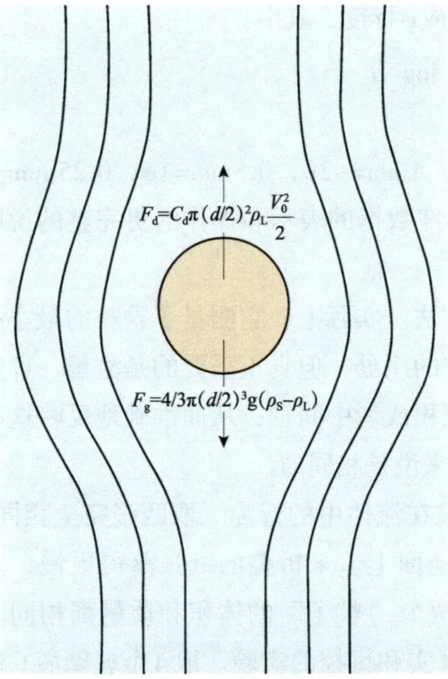

图 3.14　作用于穿过流体的球形颗粒的力

注：流线表明颗粒周围的流动是层流，因此流体的黏度很高，或者颗粒很小。

这就是斯托克斯沉降定律。换句话说，下落速度与颗粒直径的平方成正比，因此是颗粒尺寸的反应。

然而，斯托克斯沉降定律仅适用于粒度小（低雷诺数）的颗粒，可以假设颗粒周围存在层流。对于较大的粒子，会产生湍流，必须修改方程。一般来说，随着湍流的增加，速度与颗粒直径的减小率成正比。此外，式（3–11）~式（3–14）仅适用于孤立或高度分散的颗粒，颗粒之间的沉降速度较慢。尽管存在这些缺点，但是使用落差速度作为描述粒度的一种方法仍是有用的，并且在某种程度上有助于解决粒度、形状、密度和水力特性之间棘手的关系。

测量颗粒的下落速度是一个相对简单的实验过程，无论其形状如何，都可以根据测量的速度计算出与该粒子以相同速度下落的球体的直径。如果我们将球体的密度（ρ_s）标准化为石英的密度，则可以用等效石英球体的直径来表示任何颗粒的有效尺寸，无论其形状或密度如何（水力当量）。

就泥沙对水流的响应而言，重要的是分散颗粒的性质，而不是单个颗粒的性质。在沉积岩石学的许多标准文献中，详细总结了描述粒度总体特征的各种统计方法（例如中值、平均值、分选、歪度等）。这些测量方法在描述沉积物时很有用，但在解释沉积过程和沉积环境方面提供的帮助有限。对累积粒径分布曲线的研究表明，可以识别自然沉积物中的亚群，这些亚群可能对应于不同的搬运模式，如悬浮、间歇隆悬浮推移质和牵引荷载（见图3.15）。然而，其他因素，如不同成分、不同形状和密度的颗粒，会带来显著的额外复杂性。因此，仅从粒度分布来展开分析，不可能分辨出反映特定过程或环境的沉积物。

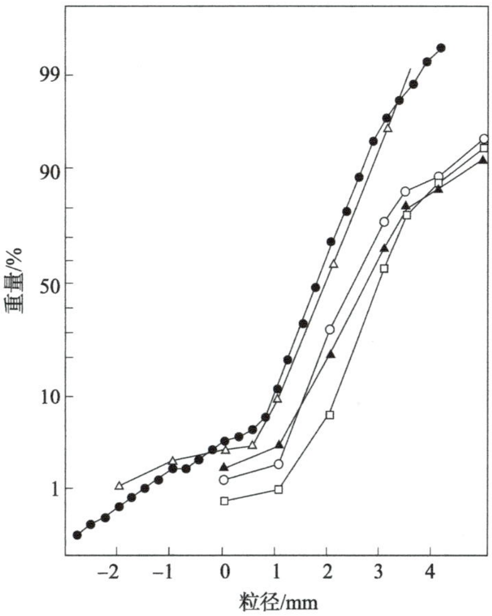

图 3.15 按概率标度绘制的累积粒径曲线

注：图中显示的直线段，可能是由于悬浮泥沙含量、间歇性悬浮推移质泥沙和牵引荷载泥沙含量造成的。符号与筛分砂的特定样品有关。本图引自 Middleton（1976），略修改。

3.5 侵蚀作用

颗粒在受到水流剪切作用时的行为对于理解沉积构造非常重要。在某一点上，随着边界剪应力的增加，层面上的颗粒开始移动，称为发生侵蚀。详细了解颗粒实际开始运动的条件至关重要。

以朱尔斯特罗姆–桑德伯格曲线为例，该曲线描绘了粒度与临界侵蚀速度的关系（见图3.16）。从这张图中可以看出，如果地层上方的流速逐渐增大，可以确定已知成分和粒度的颗粒开始移动的速度。然而，我们不仅要了解颗粒大小和侵蚀临界速度之间的总体关系，而且要考虑单个颗粒在运动时周围发生了什么。

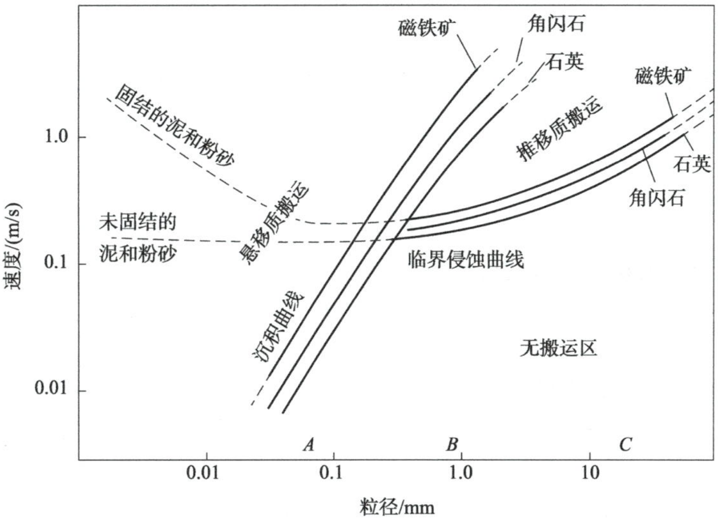

图 3.16 不同密度颗粒开始运动时，颗粒尺寸对底床上方 1m 流速的朱尔斯特罗姆 – 桑德伯格（Hjulström–Sundborg）曲线图。显示了一旦发生侵蚀，搬运机制的性质［据 Sundborg（1956）；Ljunggren 和 Sundborg（1968）］。例如，粒度为 *B* 的石英颗粒将以 0.12m/s 的临界侵蚀速度开始作为推移质移动，并以 1m/s 速度进入悬浮状态。减速时，颗粒会以类似的速度从悬浮液中沉淀下来。尝试预测粒度为 *A* 和 *C* 的颗粒在类似的加速和减速循环中行为变化的阈值条件

我们看一个理想化的情况，就可能分离出其中的一些因素。考虑一个由类似颗粒组成的表面上大致相同的颗粒（见图3.17）。当流体在这个表面上移动时，4种力作用在颗粒上：颗粒的重力、相邻颗粒间的摩擦力、液压升力、切向剪切力（阻力）。

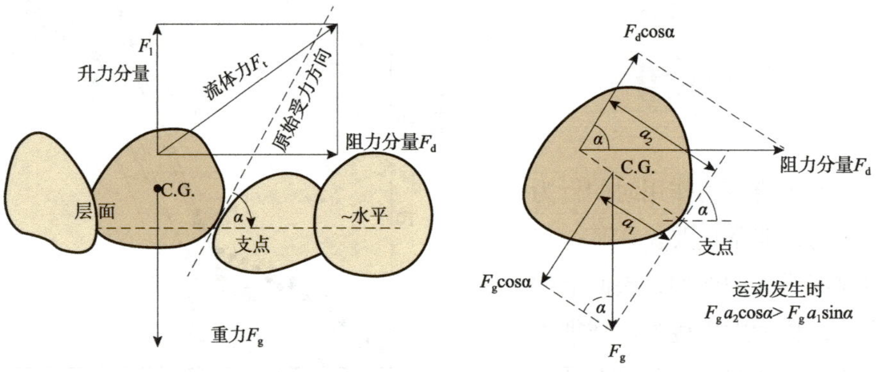

(a)在流剪切作用下作用于类似颗粒层上颗粒的力　(b)初始运动的力必须平衡；当$F_d a_2 \cos\alpha > F_g a_1 \sin\alpha$时开始运动

图 3.17　由类似颗粒组成的表面大致相同的颗粒

注：本图引自 Middleton（1977）和 Southard（1984）。

颗粒的重力和相邻颗粒间的摩擦力是阻止运动的力，而液压升力和切向剪应力是促进运动的力。依次考虑每一个：

（1）垂直向下作用的颗粒的重力（F_g），时刻试图与其围绕的一个或多个相邻接触的颗粒旋转。

（2）颗粒间的摩擦阻力与颗粒间的摩擦力有关，后者只对非常小的粒径（黏土）重要。

（3）水力提升力F_l，来自地层促使颗粒向上加速的力。颗粒上方的低压和下方的静水压力结合在一起产生一个向上的力，如飞机机翼。

（4）流动的边界剪切应力（τ_0）作用于暴露的颗粒上，可以设想为穿过颗粒中心的水平力。这将促进颗粒与周围相邻颗粒的接触点旋转。颗粒上的力（F_d）既取决于边界剪切应力，也取决于颗粒暴露于剪切应力的程度：

$$F_d = \frac{\tau_0}{N} \tag{3-15}$$

式中，N为单位面积上暴露的颗粒数。

一旦发生侵蚀，搬运机制的性质也会显示出来（桑德伯格，1956；容格伦和桑德伯格，1968）。

如果忽略摩擦力和液压升力，作为一个总的简化，那么对于颗粒运动：

$$F_d a_2 \cos\alpha \geqslant F_g a_1 \sin\alpha \tag{3-16}$$

在自然环境中，许多因素使问题复杂化。首先，天然颗粒并非都是等尺寸的，也不是均匀的。不规则形状的颗粒具有随水流方向和地层上颗粒堆积类型的变化而变化。自然沉积的颗粒往往停留在阻力和升力最小的地方。当扁平颗粒以10°~20°的角度向上游倾斜时，其最稳定，如海滩和河床上的卵石叠瓦现象（见第七章）。如果长轴与水流平行，细长颗粒最稳定；当与水流横向排列时，它们相对容易滚动。因此，临界边界剪切应力的实测值与简单的冲蚀模型预测的值有一定的偏差。

颗粒的堆积通常与整个粒度分布有关。与分选差的沉积物相比，分选良好的沉积物表现出与粒度和速度之间的经验关系更密切的行为模式。在这种情况下，由于细粒部分埋藏，大颗粒仅部分暴露于主剪切应力，而细颗粒则受到相邻较大颗粒的保护。颗粒尺寸与临界边界剪切应力或临界侵蚀速度之间的简单关系不适用于整个颗粒尺寸范围，如朱尔斯特罗姆–桑德伯格图所示（见图3.16）。对于直径大于0.6mm的颗粒，临界边界剪切应力和速度逐渐增加，在该尺寸以下，参数往往随着颗粒尺寸的减小而增大。这一出乎意料的结果归因于细颗粒沉积物中颗粒间力，尤其是那些在重力作用下沉降和压实了相当长时间的沉积物。随着颗粒尺寸的减小，比表面积与体积比增大，特别是许多片状颗粒，表面力成比例地增大，颗粒表现出黏结行为。除了提高临界边界剪应力外，黏聚力还使泥质和粉质沉积物在高角度斜坡上保持稳定，在某些情况下甚至超过垂直方向力。通常，这会导致它们被侵蚀成更大的碎块（见图3.18）。

水流中突出的颗粒提供了升力，并控制黏性层的存在或不存在（第3.2节），也将有助于确定颗粒何时移动。另外一个复杂的情况是，任何流动的自然湍流都会引起边界剪切应力瞬时值的波动。一些涡流可能会导致边界剪切应力和水力提升，虽短暂但大到足以夹带在平均条件下不会移动的颗粒，这使得很难定义颗粒何时开始运动。

图 3.18　黏性行为示例：砂质河道沉积中的泥屑，泥质碎屑的连贯性表明了它们的内聚强度较大（据挪威芬马克，全新世）

黏性层中的高速流条纹也可能使细粒沉积物中的初始颗粒运动局部化，并有助于在条纹喷发到上覆湍流边界层时使细粒沉积物悬浮。当波浪作用与水流共存时，会产生边界剪应力增大或减小的脉动，这些脉动可能比稳定的单向流更容易导致运动。

在自然环境中，泥和粉砂粒径范围内的黏性沉积物可能与朱尔斯特罗姆–桑德伯格曲线所显示的特性有很大的不同，这是由于侵蚀是通过去除颗粒块或颗粒团聚体（碎屑中的泥和粉砂）而产生的（见图3.18）。此外，当移动的颗粒撞击地层时，已经在水流中移动的颗粒可能通过“吹砂”（磨损）效应来促进或加速侵蚀。

由风引起的颗粒初始运动与水中大致相似。然而，已经运动的颗粒的出现大大降低了临界冲蚀速度。在亚临界风速的风中稳定的沙层，如果向沙床上抛撒（磨损）一些颗粒，就可以启动沙层。颗粒撞击引发新的颗粒运动，并引发顺风向运动的连锁反应。抛撒结束后移动很快停止。因此，风蚀有两个临界边界剪应力，一个是必须抛撒的冲击阈值；另一个是较高的颗粒临界值，高于该阈值，就不会发生任何地层移动。

3.6 沉积物的搬运方式

在回顾了引起颗粒运动的一些因素后，有必要简述颗粒运动的各种方式，可分为悬移和推移搬运两大类。

3.6.1 悬移搬运

悬移搬运要依靠悬移质，悬移质指由湍流支撑、流体中携带的与底层不接触的沉积物。泥沙的运动速度与流体的运动速度大致相同，这种运动是由于颗粒向下的重力和流体湍流产生的向上的力平衡产生的，这表明湍流具有向上的净能量通量。理论上，如果水流足够强，任何粒度的物质都可以悬浮在水中，但在大多数自然情况下，通常是粉沙和泥级较细物质以这种方式运动。事实上，在细粉砂以下粒径侵蚀时颗粒直接悬浮，没有推移质运动的中间阶段（见图3.16）。随着湍流度的增加，悬移质挟沙能力和水流能力（最大潜在可输沙粒径）增大。

负载的增加提高了流体的黏度和密度，较大的颗粒可以更容易地在悬浮液中移动。然而，这一过程是有限制的，因为泥沙浓度的增加对湍流产生了阻尼作用，直到接近泥流条件（见见3.7节）。

由低密度物质组成的沉积物颗粒可以悬浮在黏度和密度相对较低的水流中。其中的一个例子是卵石大小的低密度浮石碎屑，由水流悬浮携带。

3.6.2 推移搬运

连续或间断接触地层的颗粒运动可能是通过跳跃、旋转、滚动或蠕动进行的。跳跃描述了在剧烈的推移质运动中，颗粒在床面附近的跳跃和跳跃运动。颗粒遵循不对称的轨迹，这在水中通常因随机的湍流引起的波动而变得复杂。随着湍流变得更加剧烈，真实跳跃和悬浮之间存在着梯度。当下降的颗粒撞击床层时，它们可能会反弹回湍流中，移动床层上静止的颗粒，帮助它们运动，或者只是将动能分散到床层中。在空气中，碰撞比在水中更剧烈，因为颗粒的黏度更低，有效密度更高。如果太大而不能进行跃移的颗粒被临时提升到水流中，通常是由于进入的颗粒冲击，并在返回河床静止之前向下游跳一小段距离，则会发生翻腾。因此，在床上移动颗粒是一个重要的过程。在水中，冲击会发生总体阻尼，浮力在启动颗粒运动方面可能更为重要。

当颗粒与床层碰撞且不反弹时，其动能可能分散在床层上的几个颗粒中。因此，其中一些可能会被顺流或顺风短距离推动。这是一种蠕变现象，在风的输送过程中，它最多可占总推移质移动量的25%。当大或细长的碎屑开始运动时，就会发生滚动。如果较大的颗粒在较小颗粒的相对平坦表面上移动，则会更有利。如果一个颗粒被大小与自身相似的颗粒包围，并且依靠这些颗粒，那么它静止的可能性就会大得多。滚动还受到颗粒形状的影响，比如圆形等形状碎屑比扁平圆盘状碎屑更容易滚动。所有推移质运输方式都可以或多或少地共存。它们通常与河床沉积物表面的发育有关，通常以各种规模的重复模式出现在河床上。充分发展后，它们反映了水流强度和沉积物表面摩擦阻力之间的平衡。第六章和第七章描述了这些重要的沉积构造。

在非常强大的水流下，靠近河床的薄层可能具有快速的颗粒输送和高颗粒浓度，以至于颗粒间的碰撞是主要过程。这些层被称为牵引地毯或改良颗粒流，它们在悬浮携带大量沙粒大小物质的水流中非常重要。

3.6.3 加速流和减速流

为了使泥沙在相当长的时间内被侵蚀或沉积，通常有必要使水流加速（侵蚀）或减速（沉积）。加速流动有时被称为累积流动，因为这种流动往往使饥饿区接受沉积累积更多的物质。相比之下，减速流有时被称为消耗性的，趋向于超载从而耗尽其负荷。既不加速也不减速的水流通常带来稳定的荷载，而不会产生侵蚀或沉积。

加速和减速都可以在时间和空间中发生。随时间变化，局部水流在固定的地方改变速度，这种水流被称为“不稳定流”。典型的涌流如浊流，早期阶段可能有加速（侵蚀阶段）而后期阶段是减速（沉积阶段），通常与相对稳定的水流沉积有区别。水流在一个固定点上都是稳定的，但在该点的上游或下游都会发生变化，空间上速度在此会发生变化，这是对水流经过地形的反映。这种流动被称为“非均匀流动”。例如，沿着越来越陡的斜坡向下移动的稳定水流会加速；而在坡脚遇到较低坡度的水流会减速。类似地，一个在横向上越来越收缩的稳定水流，可能在它进入山谷或河道时，会经历加速，而横向扩张的水流，如在河道下游河口处，将减速并沉积一些泥沙（见图3.19）。

稳定/不稳定和均匀/不均匀的区别并不相互排斥，因此任何一种水流都可能在时间（以浪涌形式）和空间（在复杂地形上）上改变速度从而改变含沙量，使得侵蚀和沉积的预测更为复杂（见图3.19）。

3.7 重力流沉积

在适当的条件下，沉积物和水的混合物在重力的驱动下沿着斜坡向下运动。为了以流动的方式表现，沉积颗粒必须能够相对于其他颗粒和颗粒间流体（水或空气）移动。颗粒分离或支撑涉及一系列过程，理论上可以分为几种不同的机制。然而，在现实中，许多块体流都是混合支持机制，它们之间的平衡可能随着流动的发展而变化，包括颗粒间碰撞、颗粒间摩擦、湍流流体、黏性剪切以及流体与颗粒之间的相互作用（见图3.20）。流动机制的复杂性以及根据流动过程解释古代沉积等问题，导致了分析流动类型及其应用术语混乱，且常相互矛盾。

这里，我们首先讨论4种主要的颗粒支持机制，然后研究这些机制在沉积物重力流谱系中变化方式的相对重要性。

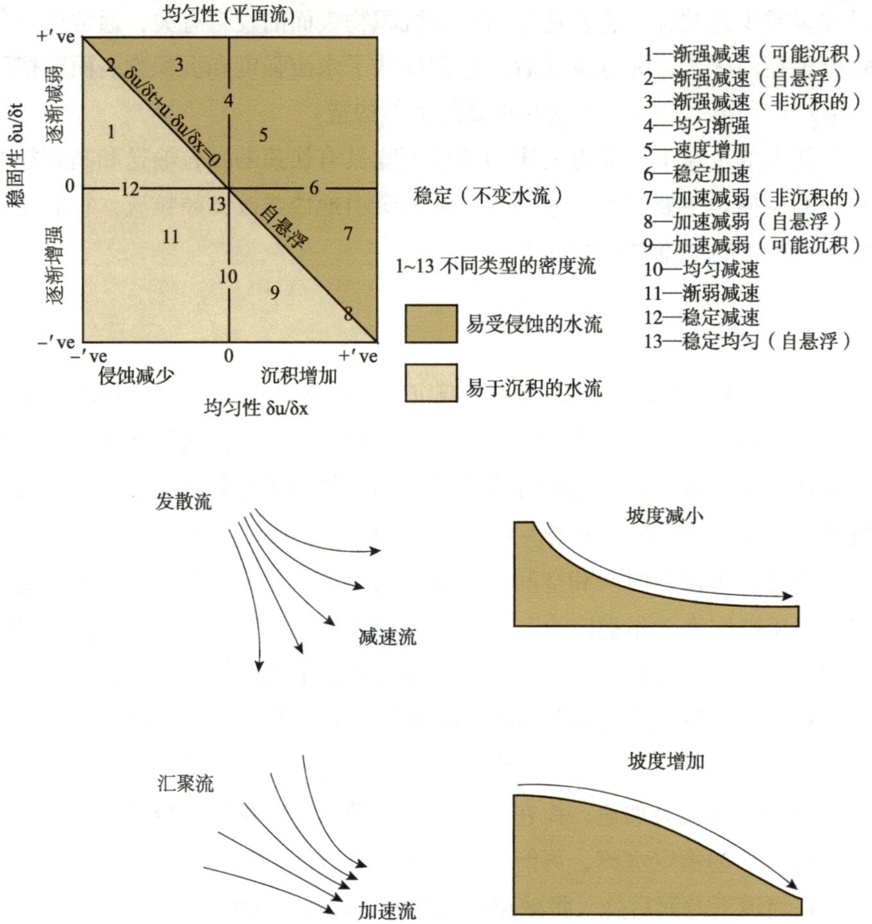

图 3.19　根据其在一个空间维度上的稳定性和均匀性分类的 13 种不同类型的浊流（向下流）

注：目前流行的浊流模型只是 13 种类型中的一种，它位于左下角，具有强烈的耗散性和极不稳定的特性。许多自然界的水流是混合的并从一个区域迁移到另一个领域。本图是减速流和加速流的草图，据 Kneller 和 Branney（1995），略修改。

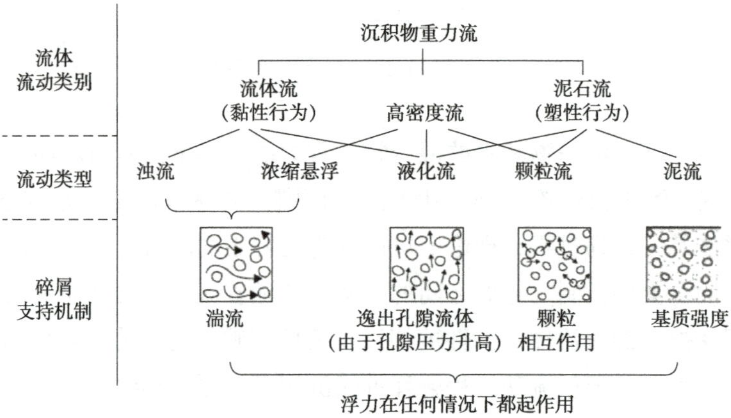

图 3.20　各种类型的沉积物重力流

注：其中水和沉积颗粒之间不同类型的相互作用产生了运动所需的流动性，据 Middleton 和 Hampton（1973），略修改。

3.7.1 颗粒支撑机制

1）杂基支撑

当沉积物–水混合物中含有大量黏土时，整个混合物具有强黏结度，表现为塑性。富黏土基质的高黏度支撑混合物中较大的碎屑，混合物在流动时通过剪切使内部发生变形。

受黏性过程控制的沉积物和水的混合物具有屈服（或剪切）强度，搬运首先必须克服这些强度才能开始，因此它们是塑性的，而流体在最小剪切下没有屈服强度和流动性（见图3.21）。泥沙和水的混合物的运动通常是由屈服强度的降低引起的，例如，通过暴雨向大量泥沙中加水。相反，当水流减速时，例如遇到较低的坡度或逐渐脱水时，存在一个点，在这个点上施加剪切力的重力驱动的物体力不超过黏性强度，然后水流会突然停止，“冻结”水流的内部结构，包括其中沉积物。

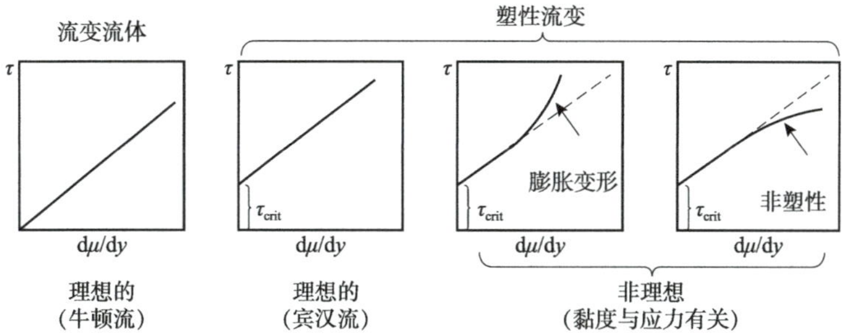

图3.21 显示具有不同流变特性的流动所施加的剪切应力（τ）和应变速率（du/dy）之间关系的图表

注：τ_{crit}是在发生变形或移动之前必须克服的临界抗剪强度。据Nemec和Steel（1984）。

2）颗粒支撑

在几乎没有泥质基质的地方，较大的颗粒只有在保持分离并由颗粒间碰撞支撑的情况下才能以高度集中的形式流动。这种非黏性流动需要施加一个能克服初始颗粒间摩擦的剪切力。从桶中或卡车后面倾倒砂糖或倾倒干砂就是常见例子。颗粒之间剧烈的碰撞使颗粒保持分离，因此可以相对自由地运动并产生所谓的分散压力，其大小取决于驱动流动的剪切力的强度。一旦施加的剪切力降到某个临界值以下，随着颗粒间摩擦的重新建立，分散颗粒层将坍塌并“冻结”。

3）浊流

第3.2节中讨论了湍流流体向上分量对悬浮颗粒的支撑作用，以这种方式支撑的颗粒形成悬浮泥沙。纯悬浮液在低含沙量下流动，随着浓度的增加，颗粒间碰撞变得更加频繁以阻碍沉降发生。严格来讲，斯托克斯定律将不再适用。

4）浮力

在所有流动类型中，单个颗粒都存在于由其他颗粒和流体组成的基质中。高密度流颗粒将“视”其周围的沉积物–流体混合物作为基质，提供上升浮力，从而降低颗粒的有效密度。对于低浓度水流，水将提供主要的上升浮力；而在高浓度水流中，较高的基质密度将进一步降低有效重量，从而搬运大颗粒在水流中流动。

3.7.2 重力流沉积类型

上述颗粒支撑机制有助于表征图3.22所示沉积物重力流谱系内的差异。在此基础上，可以在三大类别下分析重力流谱系。需要记住的是，存在重力流中间类型及重力流在空间和时间上演化与转换。

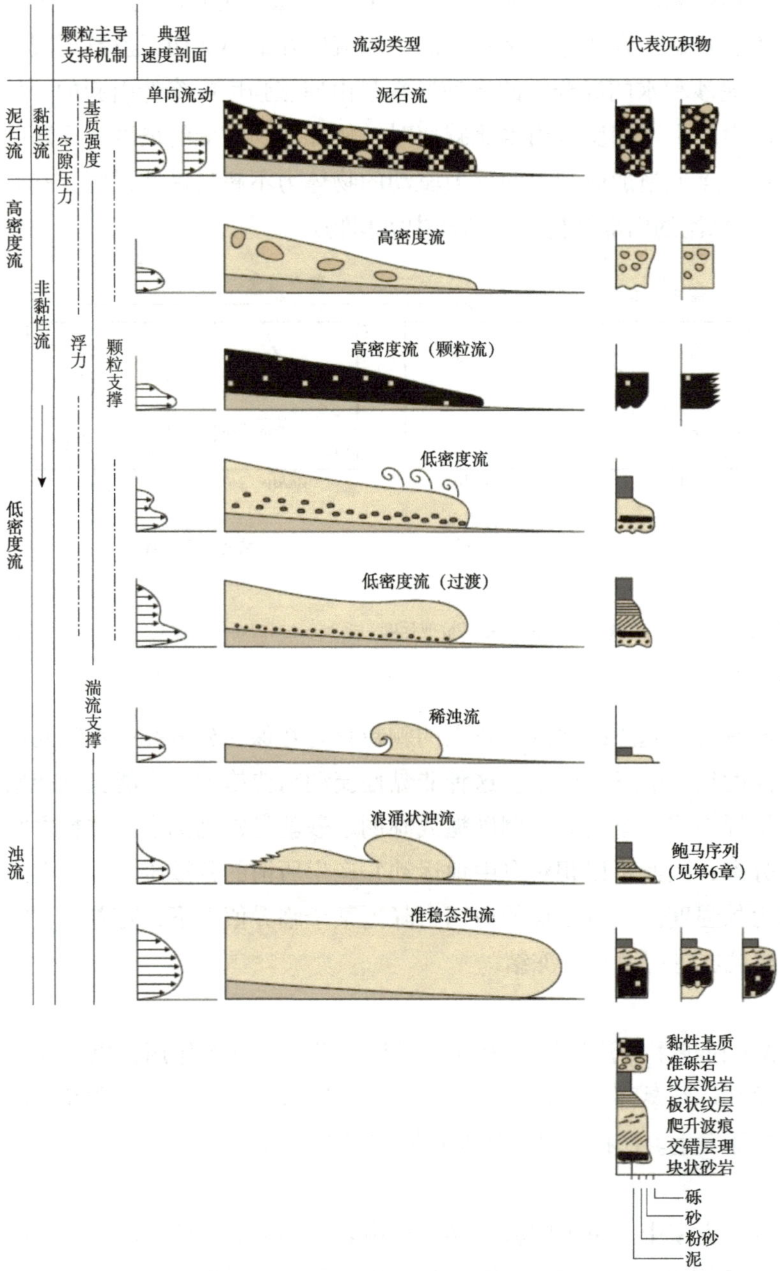

图3.22 重力驱动碎屑流类型的细分示意图，显示了不同的颗粒支撑机制及产生的沉积物
[据 Mulder 和 Alexande（2001）]

1）泥石流（Debris flows）

黏土含量高、基质黏度大、主要是颗粒支撑机制的流动，通常被称为泥石流或土石流。某些情况下也被称为“黏性泥石流”，以区别于“非黏性泥石流”，即本章中的高含沙量泥石流。泥石流在陆上和水下均可发生。陆上环境中通常发生在陡坡上，由于大雨或融雪水导致地层具有高含水饱和度。在水下环境中，它们可能由震动或斜坡上逐渐增加的沉积物堆积触发。泥石流为黏性运动，是近层流剪切作用的结果；剪切作用要么分散在流动中，要么集中在基底剪切层。在后一种情况下，流体上部可以作为非变形刚性块体流动。高密度的变形基质意味着其浮力的增加，这是泥石流的主要发生机制，因为这可以使非常大的砾石在泥石流中漂浮甚至从顶部露出来（见图3.23）。

描述此类变形层中剪切应变率的一般方程可写成：

$$\frac{\mathrm{d}\mu}{\mathrm{d}y}=\frac{1}{\mu}\left(\tau-\tau_{\mathrm{crit}}\right)^{k} \tag{3-17}$$

式中，μ为混合物的表观黏度；τ为剪切应力；τ_{crit}为临界剪切应力。屈服强度或塑性极限（k）是描述变形过程中应力应变关系的系数。对于大多数泥石流k接近1，接近理想（宾汉）塑性行为，但与该值存在偏差，其影响如图3.21所示。

在陆上环境中，泥石流可能因较多地表径流的增加变得稀释，黏度降低到颗粒接触（颗粒流）甚至变成湍流的程度，并转化为高密度流。在水下环境中，通过水流前部和顶部混合海水或湖水可以逐步稀释和转化。在极端情况下，这种稀释可能会转化为浊流，包括初始泥石流的细粒度部分（见下文“浊流”）。

泥石流也被称为泥流，在其形成的整个周期内保持黏性的泥石流最终将由于坡度下降或孔隙水的流失而减速。当重力下坡分量产生的剪切力低于沉积物-水混合物的主要屈服强度时将停止流动，流动的结构和碎屑将冻结在最后所形成的沉积物中（见图3.23）。

(a)现今的泥石流，斯瓦尔巴群岛　(b)多层巨厚泥石流沉积(碎屑岩)，西班牙塔伯纳斯中新世戈尔　(c)风成沙丘背风坡上的颗粒流，纳米布沙漠

图3.23　重力流类型及其沉积实例

通过在实验室中进行泥石流实验至少可以确定其中的一些特征。把黏土、沙子和水混合，得到不同黏度的混合物，观察它们在空气中或水下不同坡度和粗糙度的斜坡上是如何运动的。体积、速度、厚度和内部变形程度都应记录下来。为了保存内部变形的记录，可以将石膏注入混合物或将石膏添加到砂质流的基质中，随后对凝固体进行仔细切片，可以看到最后流动阶段发生的内部变形。

一般来说，泥石流和泥流沉积的特点是缺乏分层和颗粒分选。这是因为当流动停止时，所有颗粒或多或少都会在同一时间静止。我们将在后面的章节中看到，不同尺寸颗粒的选择性搬运和沉积在产生分级、分层和纹层方面更加有效。

2）高密度和高密度流（包括颗粒流）（Hyperconcentrated and concentrated flows）

作用在相对较低坡度上的自然高密度流和高含沙流显示了一系列颗粒浓度和相关的颗粒支持机制谱。在这样的流动中，湍流和颗粒相互作用共同产生了支撑颗粒运动的机制。在最高浓度下，颗粒间碰撞最为重要，而在较低浓度下，流体转化为仅湍流起作用的浊流。除了极低的泥沙浓度外，浮力也起阻碍泥沙沉降的作用。在富含砾石或沙子的水流中，由于颗粒碰撞可能占主导地位从而产生颗粒流。

纯颗粒流只发生在陡坡上，平时见的松散的干砂坡只有在一定坡度下才稳定，在斜坡角度增加后会触发沙子的流动（见图3.23）。将坡度降低到再次稳定时的角度称为休止角，特定休止角（雪崩也类似）的存在对于在空气和水中背风面上沉积倾斜层非常重要（见第六章），纯颗粒流在风成沙丘的陡坡面上最常见。

做一些简单的实验可以增强对这类沉积作用的理解。第一个实验，测量不同粒径、分选和颗粒形状的沉积物在干燥、潮湿和饱和条件下的休止角，观察颗粒大小和形状如何影响休止角。在空气中进行干燥沉积物的实验，如果可能，在水下重复测量。第二个实验是把一堆沙子的坡度变陡，看看休止角和滑动角之间的角度差，这个角度是如何随沉积物类型（例如不同形状的颗粒）和条件（例如干砂与少量水的湿砂）而变化的。

当超过休止角时，重力下倾分量产生的内部剪应力超过了粒间摩擦力。一旦开始滑动，膨胀的流动层通过剧烈的粒间剪切和碰撞从而产生分散压力，其作用之一是促使流动层中较大的颗粒向上移动。大家都有这样的经验，摇晃一碗糖会发现大的团块会跑到表面上。此外，在颗粒剧烈的运动过程中，较小的颗粒会向下通过分散层的粒间孔发生过滤，这一过程称为动力学筛分。这两个过程，无论是单独还是组合情况，都会促进剪切层中反粒序的形成（见第6.8节、第7.4节）。当剪应力降到临界值以下时，流动层将“冻结”而不会自行崩塌，因为颗粒间摩擦再次占主导使颗粒堆积更加紧密。

在较低坡度上运行的高浓度流中，其他支撑机制也有助于维持颗粒支撑。在密度流沉积过程中，靠近地层的颗粒浓度非常高，类似于纯颗粒流的条件。这些所谓的修正颗粒流或牵引毯取决于强大水流施加的剪切应力，可能是一个浊流或高负荷的悬浮泥沙（见图3.24、图3.25）。沉积物可以从悬浮液中逐步沉降形成粒序层，如果施加的剪切应力低于临界值，则可能会迅速冻结。流动层内也可以形成反粒序，当流动层突然冻结时，反粒序层也会冻结。然而，许多情况下沉积物是块状结构且厚度较大。

随着泥沙浓度的降低，紊流将在颗粒支撑中发挥越来越大的作用并向高浓度浊流过渡（见下文）。

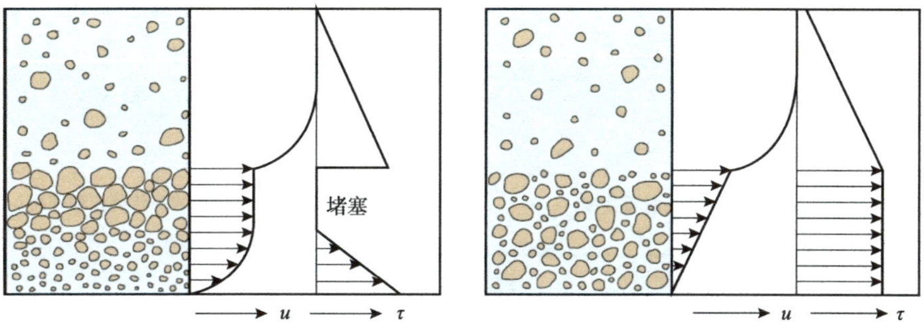

图 3.24　平均流速 u 和剪切应力 τ 剖面的比较

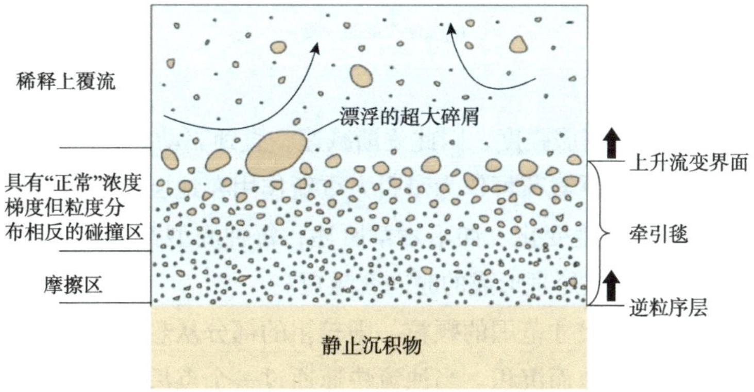

图 3.25　通过床层的逐渐沉积，形成的密度分层和粒度分级的牵引毯沉积［据 Sohn（1997）］

3）浊流（Turbidity currents）

浊流是将砂和粉砂级沉积物输送到深水环境中最重要的因素，流动性取决于湍流向上方支撑的沉积颗粒。浊流由超过周围清水密度的悬浮液的重力作用驱动。流动的各种性质高度相关，包括厚度、浓度、速度和梯度。任何一个属性的更改都会触发另一个属性的改变。浊流是将大量砂带入深海海底（海底扇和深海平原）的主要流动机制，当坡度或侧向限制导致流速降低时，水流携带泥沙的能力也降低进而发生沉积卸载。水流作为推移质还对河床施加剪切应力，早期沉积物可能会重新搬运（见第6.7节）。在最高浓度处，浊流逐渐转化为高密度流，其支撑机制变得越来越重要。

大型浊流通常是由斜坡顶部附近固结较差的物质滑塌引起的，通过海底峡谷输送到海底。随着顺坡流动加速，初始滑塌物与海水的混合增强而变得更稀，直到完全悬浮形成真正的浊流（见图3.26）。在这一过程中，水流可能会以泥石流和密度流的形式流过。在水下环境中，浊流和泥流之间的过渡流越来越为人们所认识。这些过渡流的沉积物被称为“混合事件层（HEB）”“碎屑层”和“泥浆层”（见第6.7节）。

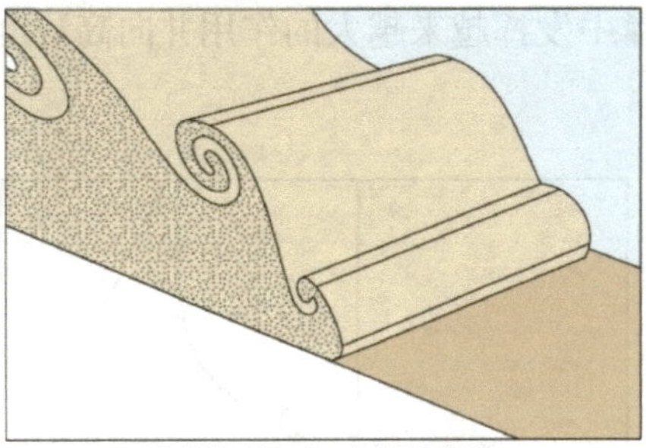

(a)巨型波(开尔文-亥姆霍兹波)

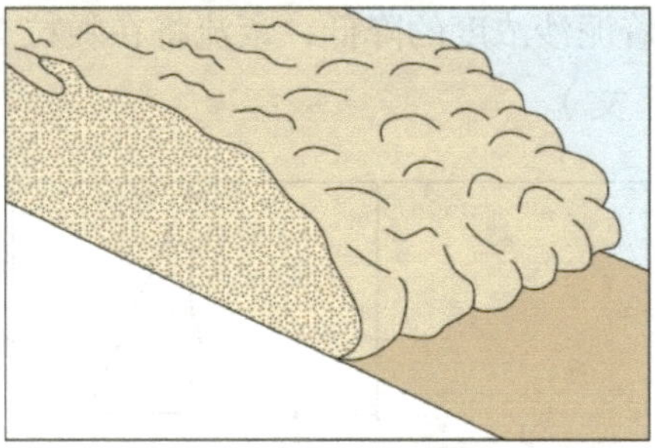

(b)在重力流前端顶部形成的头状突起和碎裂

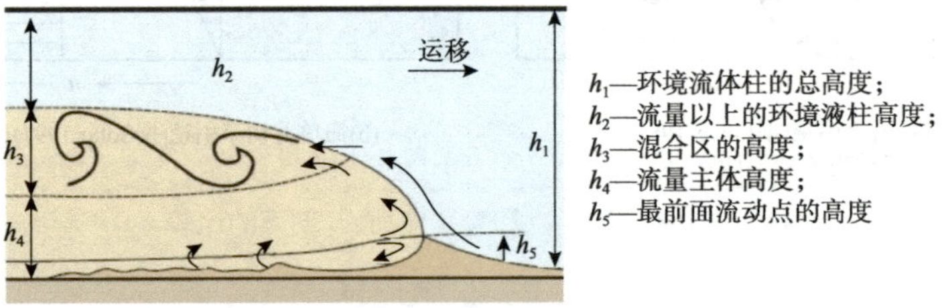

(c)浊流头部的一段

图 3.26　重力流前部的两种不稳定性，部分环境水混合到流体中［据 Simpson（1987），略修改］

因为浊流是流体没有屈服强度，因此逐渐减速，直到驱动它们的泥沙负荷耗尽为止。当水流悬移质下降时，悬浮载荷可作为牵引力重新作用在地层上并塑造地层形状，随着水流减速，其特性可能发生变化。如第六章所述，每种底型都会产生自己独特的纹层。沉积速度越快，底型和相关层理形成的时间就越短。

如果浊流中存在一定尺寸范围的颗粒，则较粗的部分从悬浮液中迅速沉降形成粒序层。浊流会随时空变化减速而沉积。当浊流快速通过一个点后减速而沉积负载，则形成时间上的减速。当恒定流通过较低的梯度或侧向限制处扩展时，例如在水道口处形成空间减速。在这种情况下，即使在沿其路径的任何一个地方，流速在时间上保持不变，但在下游方向流速也会降低。类似的考虑也适用于加速水流，这些水流往往能够增加其容量并具有侵蚀潜力（见图3.19）。

清水密度流独立于任何泥沙负荷，通常发生在低温河水进入温暖的湖水时。高密度的冷水在低密度的温水中骤降形成高密度驱动的底流，并可能在湖底造成泥沙推移质运移。在更大的尺度上，海水循环是由两极附近的水冷却引起的密度差和浮冰形成的盐度增加所驱动的。

由于温度或非常稀薄的泥沙悬浮，某些密度流的密度可能介于分层水柱的极值之间。在这种情况下，在水柱内的密度界面处形成的层内流能将细颗粒悬浮长距离搬运。

密度流和浊流尤其适用于简单的实验室实验。在理想情况下，建造或获得一个窄而深的玻璃或透明塑料侧罐，并在一端附近设置一个能垂直滑动、能防水的闸门，以形成一个小隔间（见图3.27）。将整个水箱装满水，并在小隔间的水中加入染料。拉起大门，观察彩色的水和清澈的水是如何相互作用的。在小隔间里加入一定量的盐，加入染料，用不同浓度的盐重复实验几次。引入水的盐度如何影响产生的水流模式和流速？通过使用一个小的浸没式加热器或者让冰块在小隔间里融化，重复这个实验，这样释放出来的水要比主水箱里的水热或冷。以此来了解温差如何影响水的相互作用。

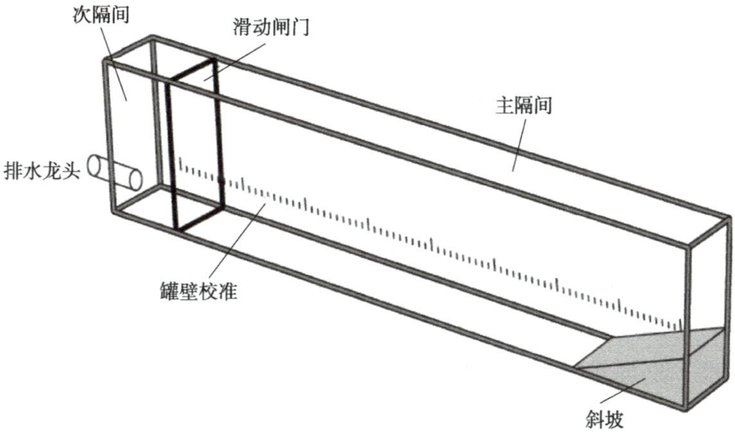

图 3.27　一个简单的用于研究密度对不同水体混合的影响透明塑料可控箱

注：通过提升两个隔室之间的闸门来实现混合。一个可移动的斜坡可以用来研究水流反射的影响。建议尺寸为：长 =2~5m，宽 =0.2~0.3m，高 =0.5~0.8m，水深 =0.2~0.4m。

在另一个系列的实验中，将细粉、黏土大小的矿物颗粒加入隔室中的水中，搅拌成悬浮液，然后将其释放到主水箱中。这些实验可以通过使用不同浓度的悬浮物质、不同密度的矿物（如高岭石、方解石和重晶石）来改变水槽设置坡度。如果水槽不可用且无法临时制作，则仍可以通过搅拌池塘边缘的泥浆，并观察由此产生的悬浮液的行为来了解其中的一些过程。

3.8　火山碎屑密度流

火山碎屑流是由火山颗粒和气体组成的不均匀混合物。它们流动的性质是由周围流体（通常是空气，有时是水）的密度和它们流动的梯度决定的。它们起源于岩浆爆炸，喷发物以流动、涌流或下落的形式进行搬运。火山碎屑流和涌浪是空气重力流谱系的末端成员，从密度流和平流到稀释湍流。火山碎屑坠落涉及空中喷发的颗粒通过空气沉降，然后通过水沉降，水可以是流水或静水。火山碎屑流的行为在一定程度上取决于喷发事件的性质，垂直喷发柱的重力崩塌、岩浆和岩石的爆炸性崩解、侧向倾斜的爆破和崩塌都是可能的触发机制。

许多火山碎屑流是由单个的、短暂的脉动喷发活动所产生的单一浪涌事件，这种脉动迅速上升然后迅速减弱。然而，由持续时间较长的喷发所引起的火山碎屑事件可能会维持数小时的火山碎屑密度流。在此期间，流动可能在准稳定状态和非稳定状态之间变化。火山碎屑密度流速的空间变化是由下游坡度、河床粗糙度和环境流体（空气或水）进入水流的速率等因素引起的。火山碎屑密度流在流动限制或下游梯度增加或两者兼而有之时为加速流。当流量发散或下游坡度减小或两者兼而有之时，它是减速流（见第3.6节、图3.19）。

3.9 学习技巧

1）野外经验

对沉积过程中涉及的许多变量可能的相互作用产生一种感觉很重要：不同介质（特别是空气和水）、质量、重量、密度、有效密度、温度、颗粒大小和形状、层流和湍流、黏度、涡流黏度、层面粗糙度（颗粒和层面粗糙度）、剪切应力、分散压力、温度、速度、临界冲蚀速度、波速、滑动角和休止角。对某些无量纲关系的理解也很重要，如雷诺数和弗劳德数。

野外方案应包括由导师和学生共同计划的调查，以观察和记录其在自然环境中发生的部分或全部过程。

（1）河流、溪流和河口河道：有组织的紊流（障碍物和河床周围；水流分离点和附着点；旋涡）；组织差的湍流（如沸腾）；平静而快速的水流；水力跳跃和条纹。

（2）排水沟和海滩：在非常浅的水流中流动；在黏性的下层形成条纹。

（3）颗粒流、泥石流、土壤蠕变（泥流）和雪崩：公路路堤或悬崖上的黏土或梯田的特征通常会发生这些现象。在雨后，可以观察和记录活动过程，尤其是那些以中速运行的过程。缓慢过程（如土壤蠕变）的记录需要长期的观察，而快速过程（如雪崩）通常是意外事件而非人为设计的，优先考虑安全。在观察结果和过程时，尝试识别层流、塑性和脆性变形（例如裂缝、节理和旋转剪切）的特征。

（4）沙丘或障碍物上风的流动：有组织或无组织的湍流（见第六章）；搬运机制（悬浮、跳跃、蠕动、滚动）；风向。

（5）密度和浊流：池塘边缘的淤泥流；温暖的空气或水；淡水下的咸水。

（6）池塘、湖泊和海滨的波浪：波长、波高、波速、波基、破波、斜冲/反冲。

2）实验室经验

可以设计许多物理实验，以便直接观察流体和流动的性质。这里概述了3个简单的实验，Allen（1985）讨论了更多的实验。

（1）水跃与急流到平静流的过渡：将一块玻璃片放在水平面上，使用软管连接到水龙头让水流垂直地落在玻璃片上，用水龙头控制水量。低流量时形成均匀且相对较厚的水流覆盖在玻璃板上。在较高的流量下，水流将被分成两个区域：靠近撞击玻璃的射流位置为内部区域，特征是小水流深度和大的流速（快速流动）；另一个是对比鲜明的外部区域，其特征是更深和更慢的平静流动。从急流到平静流的突然转变表现为水跃。

（2）颗粒沉降斯托克斯定律：向1L量筒内注入甘油，并添加一个砾石（直径5~8mm）。测量砾石通过甘油柱的沉降速率。用更多不同直径的颗粒重复实验。接下来，用高密度钢球重复实验。在量筒上放一盏明亮的灯给甘油升温，重复实验。注意颗粒大小、颗粒密度和流体温度对沉降速度的影响。将这些观察结果与式（3-14）联系起来。

（3）流体湍流与非黏性颗粒的运动：在透明塑料管（长0.5m，直径0.05m）的一端连接一根橡胶管，另一端保持开放。将管子竖直放置底部连接软管，并用低密度聚苯乙烯球体（直径2~5mm）填充一半。将空气从软管向下输送到管道底部（在理想情况下，一个可调节的空气瓶，可使一个人在软管末端吹气）。注意，当空气以越来越快的速度吹过聚苯乙烯球时，会达到了一个临界速度，在这个速度下，聚苯乙烯球彼此分离并"漂浮"，使混合物变成流体状。

推荐参考文献

[1] Allen, J. R. L. 1970. *Physical processes of sedimentation.* A clear account of the basic physics of sediment transport and deposition.

[2] Allen, J. R. L. 1982. *Sedimentary structures : their character and physical basis.* An encyclopaedic account of sedimentary structures and the physics of their development, as understood at the time.

[3] Allen, J. R. L. 1985. *Experiments in physical sedimentology.* Outlines a series of experiments concerning flows and sediment transport that can easily be conducted in a standard laboratory.

[4] Allen, P. A. 1997. *Earth surface processes.* A good general discussion of fluid dynamics in relation to sediment entrainment, transport and deposition.

[5] Amy, L., W. D. McCaffrey & P. Talling (eds) 2009. *Sediment gravity flows - recent insights into their dynamic and stratified/composite nature.* A thematic set of papers that consider the mechanics of sediment gravity flows and their resultant deposits.

[6] Ashworth, P. J., S. J. Bennett, J. L. Best & S. J. McLelland (eds) 1996. *Coherent flow structures in open channels.* Examines the behaviour of channelised flows and considers the nature of resultant deposits.

[7] Bridge, J. S. 2003. *Rivers and floodplains : forms, processes and sedimentary record.* A thorough account of river sediments with a strong emphasis on hydrodynamics and computer modelling.

[8] Leeder, M. R. 1999. *Sedimentology and sedimentary basins : from turbulence to tectonics.* A good general discussion of fluid dynamics in relation to sediment entrainment, transport and deposition.

[9] Leeder, M. & M. Pérez-Arlucea 2006. *Physical processes in earth and environmental sciences.* Consider fundamental physical flow processes and their deposits.

[10] McCaffrey, W. D., B. C. Kneller & J. Peakall (eds), 2001. *Particulate gravity currents.* A thematic set of papers that consider processes associated with gravity current and their resultant deposits.

[11] Middleton, G. V. & J. B. Southard 1984. *Mechanics of sediment movement.* A classic in its time and still one of the clearest accounts of the basic hydrodynamic principles.

[12] Mulder, T. & J. Alexander 2001. *The physical character of subaqueous sedimentary density flows and their deposits.* A clear and logical account of this often confusing topic.

[13] Pye, K. (ed.) 1994. *Sediment transport and depositional processes*. Explains the fundamental principles of sediment behaviour in flows.

[14] Talling, P. J., D. G. Masson, E. J. Sumner & G. Malgesini 2012. *Subaqueous sediment density flows : depositional processes and deposit types*. A state-of-the-science journal article that brings together much of the thinking developed in the previous two decades and develops novel models that represent a major step forward.

[15] Tennekes, H. & J. L. Lumley, 1972, *A first course in turbulence*.

[16] Tritton, D. J. 1988. *Physical fluid dynamics*.

第四章 侵蚀构造

4.1 引言

现今，大部分地区的泥沙沉积反映了侵蚀、搬运和沉积之间复杂的相互作用关系。即使在长期沉积的地区，沉积也可能被后期侵蚀打断。同样，大多数古代沉积序列也不是稳定、连续沉积的产物，而是沉积、过路和侵蚀交替进行的结果。本章重点论述已发生侵蚀的特征。

与大多数沉积构造（见第五章~第七章）一样，岩石记录中保存侵蚀构造的可能性非常小。为了保护侵蚀构造，侵蚀沉积物必须具有足够的黏性和强度以保持侵蚀地貌，直到被侵蚀事件发生后不久的沉积物掩埋。小规模侵蚀构造几乎总是被认为是直接覆盖在侵蚀表面上的河床底部的起伏构造。侵蚀也可通过在垂直剖面中侵蚀面以下沉积物中的层理或层理的截断来识别。如果侵蚀广泛存在，如某些不整合面，则可能不会保留任何明显的地貌，侵蚀的识别取决于间接证据。如果观察到侵蚀形成的起伏，但可能无法反映侵蚀总量。厚度大的沉积物的广泛侵蚀可能导致仅保留小规模特征。因此，观测到的起伏只反映了侵蚀沉积物的最小厚度。

许多侵蚀构造是判断地层“顶底”和古水流方向的有价值指标。因此，它们可以帮助进行构造和古地理分析，以及深入了解整个净沉积物积累期间活跃的地质过程。

侵蚀结构的分类方案不固定，因为不同类型的侵蚀结构相互穿插。此处采用的方案基于描述性和继承性标准（见图4.1），可分为如下三大类：

（1）在层间序列中较粗层基底上的底痕构造；

（2）在现代沉积物表面上看到的小型结构，在古代地层的上层理面上较为罕见；

（3）在古沉积物的垂直剖面中识别的大型结构（水道和滑塌痕）。

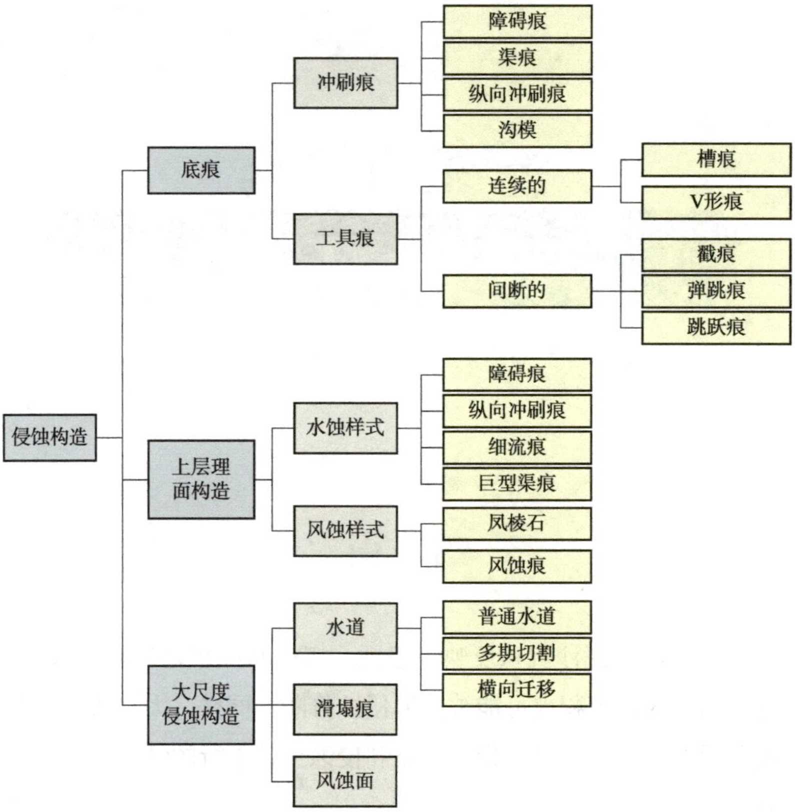

图 4.1　侵蚀沉积构造分类方案

4.2　底痕

4.2.1　保存

底痕（Sole marks）由一组不同的结构组成，这些结构出现在与泥岩互层的粗粒岩层底部。粗粒沉积物通常为砂岩，但例外情况下可能为石灰岩或砾岩。底痕来自黏性细粒沉积物的侵蚀，通常是泥，在侵蚀时为悬浮状态。沉积物的内聚强度能够保留侵蚀地貌的细节，直到被粗粒物质掩埋（见图4.2）。泥的侵蚀和较粗物质的沉积可能发生在同一水流的不同阶段，仅在短时间内分离。随后的成岩作用使粗粒沉积物比细粒物质更能抵抗最终的风化。因此，细粒沉积物优先被移除，露出砂岩层底部的侵蚀地貌。在没有任何粗粒沉积物沉积的情况下，恢复细粒沉积物的沉积，类似于被侵蚀的沉积物，通常不会提供在后期暴露和风化时识别构造所需的岩性对比。了解这种保存模式，并认识到观察到的结构是侵蚀地貌的负面印痕（自然铸型），这一点非常重要。

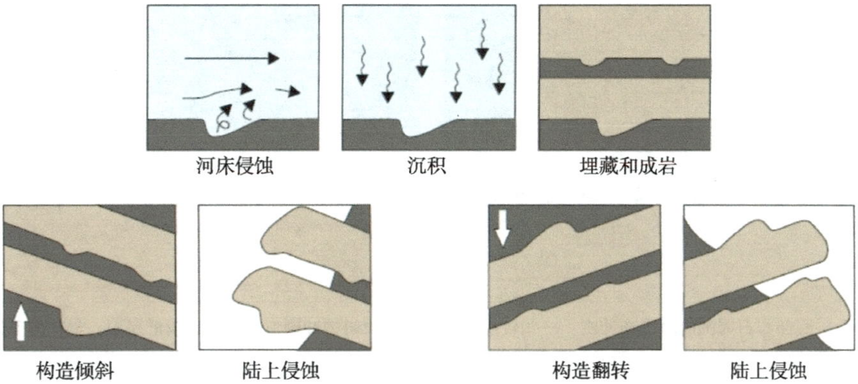

图 4.2 底痕发展阶段及其作为“顶底”指标的潜在用途［据 Ricci Lucchi（1970）］

底模通常是幕式沉积环境的产物。在“高能事件”中，泥的稳定背景被粗粒沉积物的突然流入打断，包括早期的侵蚀阶段和随后的沉积阶段。此类事件常见例子是浊流（见第3.7节）。曾经人们认为底模是诊断判别浊积岩的依据；然而，浅海的风暴潮、半干旱环境中的片流以及流入漫滩的决口扇等都能产生这种构造。在完全认识该构造之前，底模的初始解释应限于所涉及的过程，而不是事件类型或环境。

在这里底痕分为两大类，其主要区别在于结构的生成方式：湍流冲刷产生的结构（冲刷痕）；水流移动物体产生的结构（工具痕）。

4.2.2 冲刷痕（Scour marks）

冲刷痕通常以其光滑的形状和流线型外观来区分。它们可能以孤立的铸型出现，也可能成群地以有组织的样式覆盖层面。存在有各种各样的形状，可以把具有共同特征的归为一组。主要包含4种类型：障碍痕、槽模、纵向冲刷痕和沟模。

1）障碍痕（Obstacle scours）

大的碎屑，如卵石、木头碎片和更坚固的化石，有时出现在砂岩的底部岩层［见图4.3（a）］，与指向下伏岩层的独特砂脊有关。脊通常呈新月形或马蹄形，部分包围大碎屑，尾部在一个方向消失［见图4.3（b）］。这些脊是围绕大碎屑形成槽状的铸型。在沙滩或沙质河床上有相当强的水流，很容易地观察到这些构造。在河床上放一块卵石或其他障碍物，看看水流或波浪经过河床时会发生什么。新月形冲刷槽通常在障碍物周围形成，槽的最深部分位于障碍物的上游侧，尾部指向下游。冲刷槽是由障碍物周围的加速水流引起的，形状与加速产生的涡流模式有关。旋涡被有力地向下引导到障碍物上游侧的河床上，而螺旋旋涡在两侧脱落并在下游消失，产生了尾部（见图4.4）。可以使用染色的流体在障碍物周围辨别出这种构造（见第3.2节）。

障碍冲刷痕不是很常见的印模，如果存在的话，能很好地指示水流方向和“顶底”。在某些情况下，尽管障碍物本身已被清除，但仍可能发生障碍物冲刷痕；在这种情况下，马蹄形的脊孤立地出现，至于障碍物是什么只可想象。

(a)砂层底部卵石周围的障碍物冲刷。一些较小的鹅卵石也显示出它们自己的冲刷痕。水流从左上到右下。西班牙艾因萨，始新世圣维森特组

(b)障碍物冲刷痕迹保存在较低层面。最初的障碍可能是鹅卵石，但没有保留下来。流动方向应该是从图片的顶部到底部。美国犹他州，三叠纪莫恩科皮组

图 4.3　顺层面障碍物冲刷痕示例

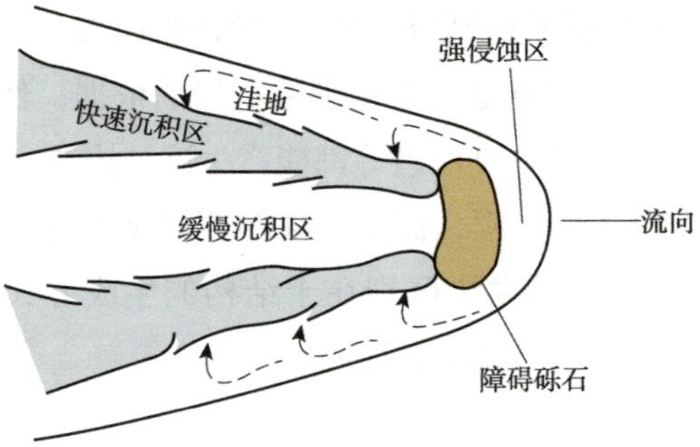

图 4.4　河床上与障碍物相关的涡流模式及其与障碍物冲刷的关系［据 Sengupta（1966）］

2）槽痕（Flutes）

槽痕类似于障碍物冲刷，既可孤立出现，也可集群出现，它们有着共同的起源，形成独特的模式。它们形状和大小各不相同，但在表面上往往非常相似。槽痕的特点是一个圆形，有时有紧紧弯曲的“鼻状”在它们的上游结束。最深的部分（最大的起伏）出现在靠近鼻状的地方，从这一点开始，特征逐渐消失。在层面上所有槽痕的“鼻子”通常指向大致相同的方向。槽痕长度一般在5~50cm，宽度在1~20cm，深度一般在几厘米间，个别有10cm。在形状上，随着纵向冲刷，从拉长状渐变较宽，有轻微弯曲的鼻状区称为横向冲刷模（见图4.5、图4.6）。一些槽痕有高度扭曲的形状［见图4.6（b）］，特别是靠近鼻状区，而其他槽痕是非常简单的流线型形状［见图4.6（c）、图4.6（f）］。一些槽痕的侧面呈现出小尺度台阶状，这些台阶通常与下伏沉积物中的层理或薄层理有关，由于粒径的细微差异导致了不同的侵蚀。

对槽痕的描述应包括尺寸、方向和指向的测量，对其整体形状的评论，以及关于槽痕是否以模式分布在层理面上。对此，从图4.7和图4.8可以看出线性模式出现在纵向排列的凹槽处，而其他模式的特点是“雁行”和“鱼鳞”排列。

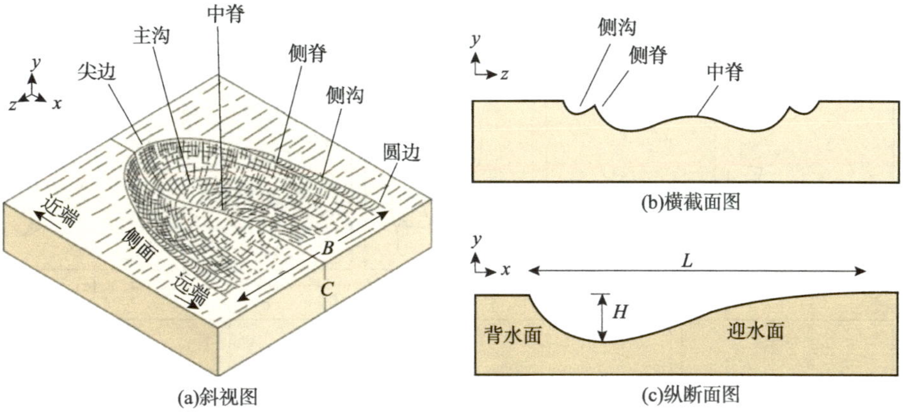

图 4.5 槽痕的形态特征［据 Allen（1982）］

图 4.6 砂岩层底部不同槽模样式示例

注：试着判断每种情况下的古水流方向。照片（c）和（e）显示槽模和工具模。照片（c）和（d）也显示了拉长潜穴断面。照片（a）和（b）由 Gilbert Kelling 提供，照片（f）由利兹大学收藏。

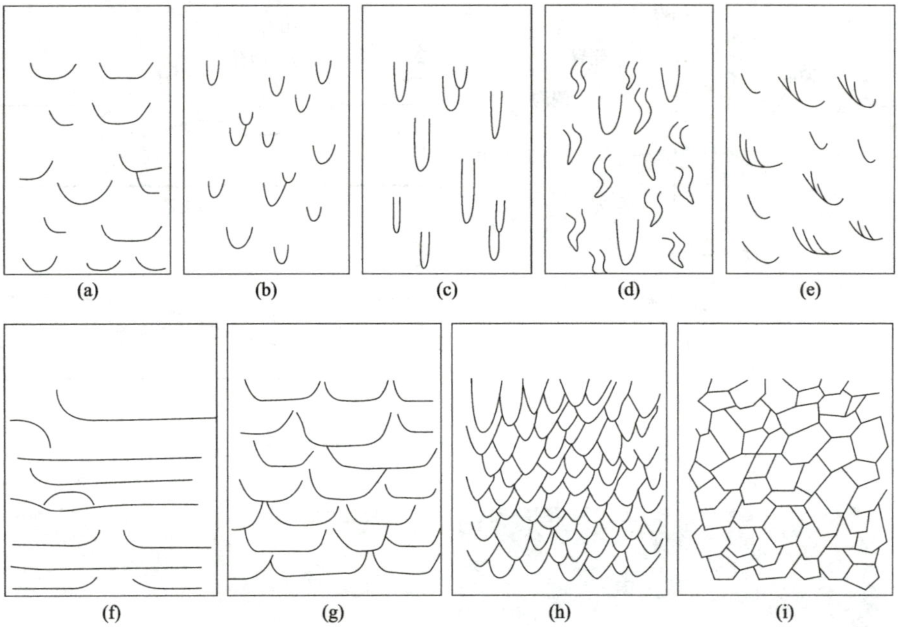

图 4.7　平面图中槽模形状示意图［每种情况都是水流从下到上，据 Allen（1971）］

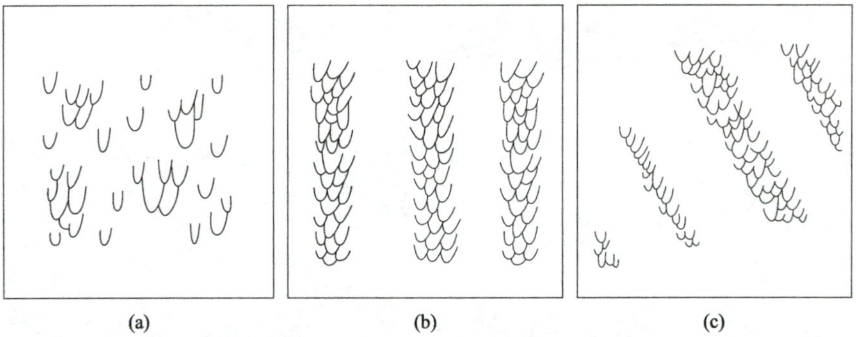

图 4.8　层理面上槽模的不均匀分布模式［据 Allen（1971）］

可以用水流通过黏性沉积物表面或微溶性基质的实验产生凹槽。底床上的小凸起和凹陷导致流动加速，从而导致水流分离。较高剪应力导致了侵蚀，而侵蚀反过来增强了附近表面的不规则性起伏，促进凹槽生长。只要维持适当的流动条件，分离的规模和侵蚀起伏就会继续增加。最终，初始的不规则证据被销毁。侵蚀最容易集中在凹槽前端附近，当涡流被吸收到流体中时，侵蚀从该处向下游消失（见图4.9）。槽痕的形状与鼻区涡的结构密切相关。

如果槽的冲刷和生长时间不长，其形状与初始不规则的形状和分布关系密切。在持续侵蚀的地方，凹槽可以反映侵蚀水流的强度和持续时间。除了以侵蚀形式出现在河床底部的凹槽外，凹槽也出现在基岩表面。基岩表面受到强烈磨损或被强大水流溶解，例如峡谷和洞穴的岩壁。在基岩为石灰岩且差异溶解反映局部湍流模式的地方，这种情况尤其常见。

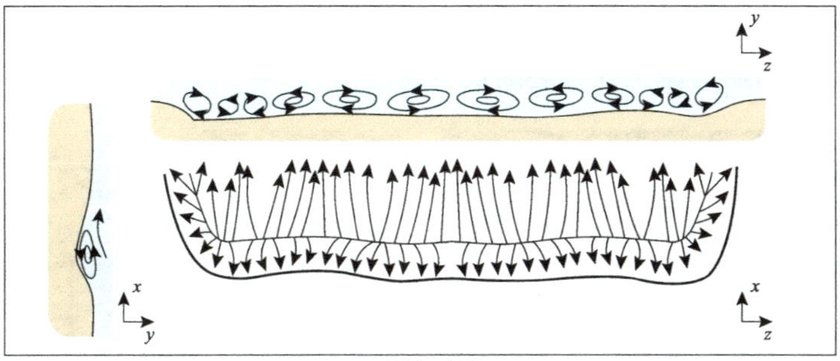

(a)横向冲刷

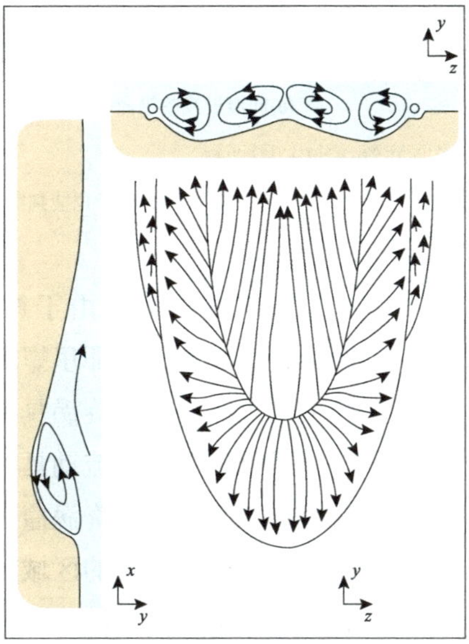

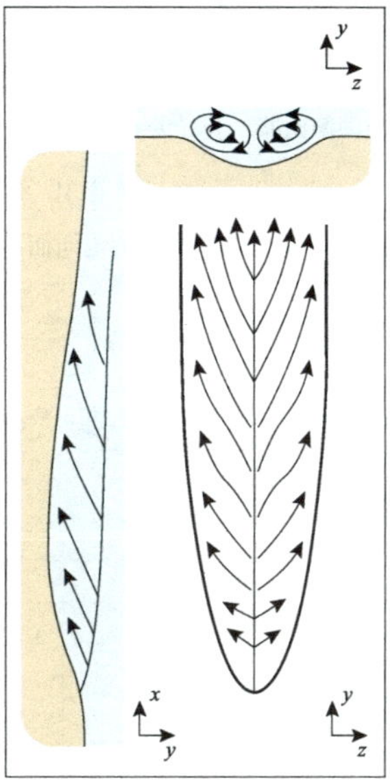

(b)不同宽度的抛物面凹槽1　(c)不同宽度的抛物面凹槽2

图 4.9　与不同形状侵蚀冲刷有关的水运动（涡流）的简化模式

注：在所有情况下都是自下而上流动。x 方向为下游方向，y 方向为垂直方向，z 方向为横流方向［据 Allen（1971）］。

并非所有的凹槽都是由底床最初的不规则性形成的。有些可能是由纵向冲刷的横向合并形成的。除了是判别变形层序中“顶底”的指标外，凹槽也是判别古水流方向最丰富、最重要的指标之一：紧密弯曲（在某些情况下是球状）的鼻端位于凹槽的上游端。

仅看层面可能会将横向冲刷与笔直或弯曲的波痕波峰混淆，从而导致对顶底方向和古水流方向的误解。如果存在任何不确定性，可尝试通过寻找相关的内部结构来解决。波痕通常显示内部交错层理（见第6.1节），而横向冲刷通常没有相关的内部结构。

3）纵向冲刷痕（纵向脊和沟）［Longitudinal scours（longitudinal ridges and furrows）］

纵向冲刷痕以紧密间隔的平行脊和沟的形式出现在砂岩层的底部。在横截面上，砂岩铸型的特征是向下的脊和非常尖锐的中间沟，显示出侵蚀泥岩表面的圆槽和尖锐脊（见图4.10）。脊的间距通常为0.5~1cm，起伏为几毫米。整体看脊与沟是平行的，但如果沿着足够长的脊追踪脊确实会消失。有些会因与相邻的结合而消亡，而另一些则呈现出圆形的末端，让人想起槽痕的鼻状。有些样式是平行的和连续的，而另一些则是明显的树枝状；宽脊和明显的鼻状区会逐渐发展成槽。

(a)英国德比郡，上石炭统曼托组　　(b)向槽过渡的纵向冲痕，位置未知

图 4.10　砂岩层底部纵向冲刷示例

注：在大多数情况下，只能判断水流的走向而不能判断水流的方向；有“鼻状”的例子也能判断运动的方向。照片由 Gilbert Kelling 提供。

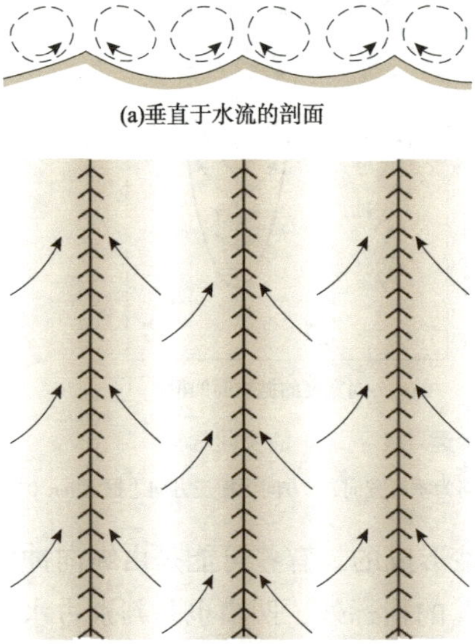

(a)垂直于水流的剖面

(b)底床上的平面图

图 4.11　与纵向冲刷痕发展相关的水流运动模式

注：部分源自 Allen（1971）。

纵向冲刷痕是由于靠近河床的小尺度旋涡造成的，在那里螺旋旋涡的轴线平行于水流。相邻的旋涡具有相反的旋转方向，因此床层处的流动具有向上和向下流动的交替区域。下降涡撞击河床的区域是高应力和快速侵蚀的区域，而上升涡下方的应力最小，侵蚀最小（见图4.11）。

一旦冲刷痕特征出现，旋涡就变得固定并使地形更为突出。在砂岩铸型有圆形鼻状物的地方，这些鼻状物是向上游凸出的，它们可能反映了类似于凹槽中出现的涡流模式，具有流动分离和涡流轴的局部横向分量。

纵向冲刷痕是判别地层“顶底”和古水流趋势的有用指示。然而，只有鼻状槽的例子才能说明古水流运动的意义（上游和下游方向）。

4）沟模（Gutter casts）

沟模通常在砂岩或粗粒石灰岩层的底面上以孤立的细长脊出现。它们从平坦的层理面突出到下伏细粒沉积物中，垂直剖面上呈U形或V形（见图4.12）。沟模通常是对称的，罕见的是一边比另一边陡的不对称沟模。一般宽达10cm，深度相似。如果粗粒沉积物在侵蚀面上方没有形成连续的地层，那么粗粒填充物在细粒沉积物中成为孤立的细长状保存。

(a)在下部的浊积砂岩底部可见沟模。
西班牙东南部，中新世，塔伯纳斯盆地

(b)沟模由下面松散的倒转的石灰岩铸模形成。
注意沟蜿蜒的形状和轻微的网状图案。
格陵兰岛北部，元古代，风铃组

图 4.12 沟模例子

平面图上，沟模通常是轻微到中度弯曲，延伸数米。有时可以看到它们的末端，这些末端可能非常陡峭，类似于槽，或者它们可能会逐渐消失。有些脊在平面上呈轻微弯曲。在这种情况下，弯曲的外缘通常较陡。更细的特征（通常为工具模）可叠加在沟模的岩壁和底面上，显示与沟延伸平行的方向。

沟模是流体冲刷的产物，可能由水流携带的粗颗粒的“喷砂”效应产生。它们似乎反映了螺旋涡流的样式，其水平轴平行于水流。成对的旋涡可能是主要原因，但在弯道上，旋涡可能会占主导地位，使外壁过度增厚，类似于蜿蜒河道的外岸，尽管规模要小得多。

4.2.3 工具痕（Tool marks）

工具痕与冲刷痕的不同之处在于，工具痕迹是由水流携带的物体造成的而不是流体本身产生的。工具痕迹的形状更为清晰，工具痕通常带有小规模地貌的图案，可依据形态对其简单分类，如表4.1所示。

表 4.1 工具痕的分类

类 型	特 征
连续的	不规则尖锐轮廓：沟模
	光滑圆状：V形痕
不连续的	单个：戳痕、弹跳痕
	重复：跳跃痕

1）沟模（Grooves）

沟模是砂岩层底部的细长脊，单独出现或以单个脊组成的群出现，所有脊都平行或接近平行（具有共同的方向）。在横纵剖面上，它们通常表现出明显的U形或V形凸起。在某些情况下，也有不规则的，较小的沟模和脊线叠加在较大的形状上（见图4.13）。较小的、叠加的特征倾向于与较大的特征平行，有时也会扭曲形成螺旋状。沟痕的端部很少见到，但它们可能是渐变或尖锐的，在沟模的末端很少发现泥片、植物碎片或化石。

(a)地势较低的沟痕，后期有虫孔。
西班牙比利牛斯，赫乔群

(b)大而清晰的沟痕。志留纪，苏格兰南部。
图片由Gilbert Kelling提供。注意锤子的比例

(c)当植物茎秆被水流携带时，可能在经过的
层面上形成较大的沟痕。石炭纪，马托尔砂岩组

(d)层面上大小不同但趋势相似的沟槽痕迹。
位置未知

图 4.13　砂层底部的沟痕例子

大多数有沟痕的层理面只显示一个沟痕趋势，但在某些情况下可明显出现多个趋势。仔细测量和记录沟痕的方向十分重要。在多个趋势明显的表面上，记录不同的方向并根据交叉关系将它们按时间顺序排列是很有价值的。

沟痕是由物体或工具挖出的起伏状侵蚀填充而成，并被水流拖过黏性基底［图4.14（a）］。更罕见的情况是，圆盘形工具滚动时留下的痕迹可能与软沙或泥中滚动留下的痕迹相似，从而产生沟痕。一些沟痕扭曲的外观反映了工具在底床上拖动时的旋转。工具通常是未知的，尽管在沟痕末端发现物体时，工具的性质和运动感都已确定。但是，对于大多数沟痕，只能判断移动趋势，因此测量值应记录为走向（例如120°~300°）。

2）V形痕（Chevrons）

比沟痕更为罕见的是V形的线性区域，在一个方向上不断闭合，形成V形图案（见图4.15、图4.16）单个线性区域的宽度很少超过3cm，起伏一般小于5mm。把棍子拖过软

泥或任何黏性很强的液体，也会产生类似的模式。人字形记录了非常靠近地层的工具通过时，软弱但黏性泥浆表面的小规模褶皱或“皱褶”[图4.14（b）]。V形山脊构成了V形痕迹，紧靠下游，因此对古水流测量既有意义又有趋势。与其他印痕一样，V形痕迹也是有用且可靠的判别地层“顶底”痕迹。

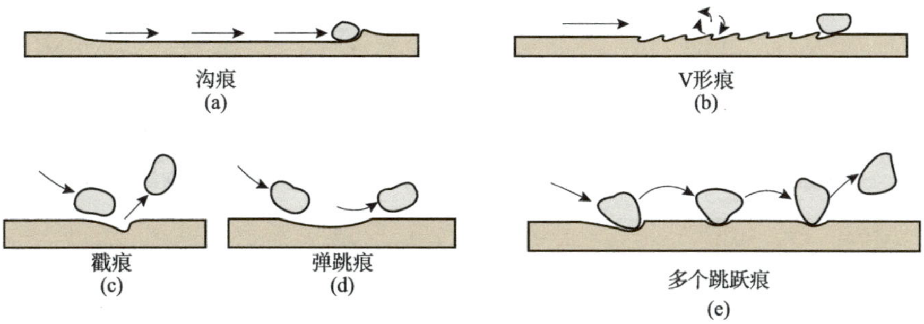

图 4.14　工具不同行为模式产生不同类型工具痕示意图

图 4.15　砂岩底部发育良好的人字形痕迹，水流方向是从照片的顶部到底部（志留纪，苏格兰南部。照片由 Gilbert Kelling 提供）

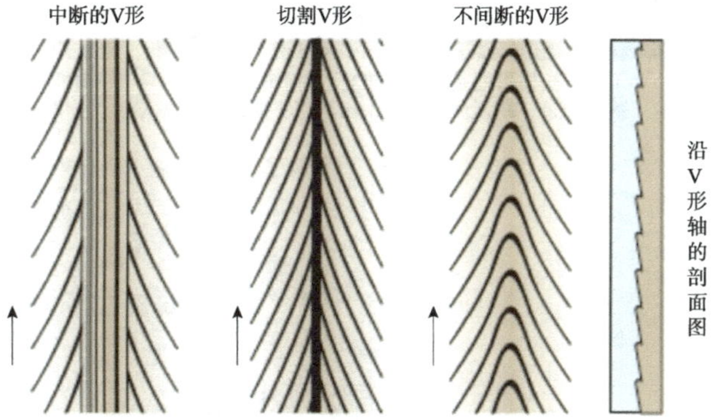

图 4.16　V 形痕的常见类型
[据 Craig 和 Walton（1962 年），略修改]

3）戳痕和弹跳痕（Prod marks and bounce marks）

许多砂岩层的下表面出现了清晰的、不连续的痕迹，具有拉长特征且方向一致，称为戳痕。痕迹在其延长方向上明显不对称，一端较深且界限清晰，而另一端呈渐变状，并向层理表面缓慢倾斜 [图4.17（a）]。另一些被称为弹跳痕，沿着其长度方向较对称，两端略微倾斜 [图4.17（b）]。

这两种类型的规模从几厘米宽、几十厘米长到非常规则的形状，长度不到1cm，宽度为1~2cm各不相同。深度与宽度大致成正比，最小的只有1~2cm深，更大的可能会叠加与沟痕上相似的起伏。

(a)戳痕，沿其长度方向不对称，深端上游。基尔大学收藏，位置未知

(b)弹跳痕，沿其长轴对称，由单一的对象生成。最大反弹痕约3cm长。波兰喀尔巴阡，渐新世，克罗斯诺组

(c)同一物体(可能是鱼的脊椎)反复撞击造成的跳跃痕迹，跳跃间距约为3cm。克罗斯诺层

(d)可能是由水流携带的植物枝条刺入沉积物基质而产生的戳痕。利兹大学收藏，地点不详

(e)同一物体(可能是一个贝壳)反复撞击造成的跳跃痕迹。利兹大学收藏，地点不详

图 4.17　砂岩底部显示的戳、弹跳、跳跃和相关工具痕示例

在野外描述和记录这些痕迹时，要测量其大小和方向，始终确保记录纵向上不对称的现象。

戳痕和弹跳痕记录了较大物体对底床的冲击。戳痕中，这些物体与底床的接近角相当大，在受到撞击时会深深地插入泥中，后来被水流快速拉出带走，在下游端留下一个钝“鼻”状痕迹［见图4.14（c）］。特别要注意的是，插入物与凹槽的不对称性相反，凹槽的“鼻子”位于其上游。弹跳痕迹反映出工具与底床的接近角较低，在再次抬升前弹跳工具会缓慢地钻入泥中［见图4.14（d）］。因此不会产生不对称，只能推断水流的趋势。大多数情况下无法识别到底是哪种工具形成的，尽管有一些非常独特的例外。例如，它们可能与鱼椎骨、贝壳或留下独特树皮痕迹的木片有关。

4）跳跃痕（Skip marks）

跳跃痕是弹跳痕系列中的一种，通常线性排列、等间距分布。单个痕迹可能不完全相同，但很相似，表明它们是由同一工具生产的［见图4.17（c）］。在某些情况下，跳跃痕的间距可能非常小，几乎形成沟槽痕。

跳跃痕表示同一工具在底床上方的重复弹跳，其形状的差异有时可能与工具弹跳时发生了旋转有关［见图4.17（e）］。如果痕迹连续且接近沟槽，则工具可能为圆盘状，类似于车轮向下滚动和跳动。

5）工具痕的分布和联系

几种工具痕通常组合出现，如沟痕和戳痕一起出现。沟痕长且大，能够更好地测量方向；戳痕的不对称性体现了动感。此外，工具痕很少与冲刷痕共同出现在同一表面。在许多层序中，尤其是浊积岩，工具痕更常见于薄砂岩层底面，而冲刷则更常见于较厚地层的底面。这表明，工具痕代表相对较弱或较短的水流造成的表面侵蚀，冲刷痕记录了河床更大规模的摆动迁移，可能会侵蚀下部泥层，也表明水流更强、更持久。

4.3 现代和古代沉积物表面的小型构造

侵蚀构造在现今的砂质和泥质沉积物表面上相当常见，但在岩层的上表面保存很少。水和风都会侵蚀沉积物表面。水蚀产生障碍痕、纵向脊沟和细流痕；风蚀主要导致侵蚀残留物，但也可能侵蚀暴露砂中原始沉积结构的内部。

4.3.1 水侵蚀形式

1）障碍冲刷痕（Obstacle scours）

其主要特征以及障碍物冲刷的性质已参照底痕进行了描述。在砂质和泥表面均可发育，常以马蹄形槽的形式出现在卵石、冰块、贝壳或植物碎片周围，其大小与障碍物的大小有关（见图4.18）。

通常在上游或障碍物侧面最深，并在下游消失。在波纹沙上，冲刷槽和障碍物可能会局部扰动波痕图案。如果沙的矿物不同，则矿物分选性可能会加剧冲刷，尤其是存在由不同密度矿物颗粒组成的地方。

2）纵向脊沟（Longitudinal ridges and furrows）

在平坦的泥区，特别是潮滩上，出现了纵向脊和平缓起伏的沟，长度和间距可变。特征不太明显，朝着太阳看可能会见到部分特征。它们与主流平行，可能与水中二次循环的螺旋模式有关（见图4.11）。

(a)河床上的巨石及其周围的相关冲刷痕。
注意巨石周围的沙脊沉积，这表明了
向下的水流方向。挪威芬马克，塔纳河

(b)河流冲积平原上的障碍物冲刷痕。
障碍物是一块后期融化的冰块。
小刀作为参照物。冰岛南部

(c)一块巨石，其上游侧有一个明确的冲刷槽，
两侧沙上有波痕。美国犹他州，短暂河床

图 4.18　障碍物冲刷痕示例

3）细流痕（Rill marks）

细流痕是几厘米宽的小规模树枝状水道，在现代砂和泥表面发现较多，但在古代沉积物层面上很少发现（见图4.19）。它们是由于水位下降后沉积物中出现孔隙水造成的。通常出现在低潮时的海滩和较大潮汐河床的侧面，在中大型河流河床的侧面和低水位水流时的河道边缘也有发现。细流痕常被上升水位破坏，因此很难保存，也没有古水流意义。

图 4.19　潮间带环境中砂质河道边缘下部的细流痕（在下降和枯水期，小树枝状河道的被砂内涌出的水切割。挪威塔纳三角洲）

4）巨型槽痕（Megafutes）

一些浊积岩序列中上部层面显示出广泛的大规模侵蚀特征，其形状类似于槽痕，但在几个方面与槽痕不同。首先，它们出现在厚砂岩层的上表面，清楚地反映了是砂而不是泥遭受侵蚀。其次，侵蚀地貌常由泥岩填充，有时有少量薄互层砂岩。最后，它们比普通的槽痕大得多，通常宽几米，长几十米，深1m左右。在平面图中限制性边缘弯曲明显，上游端强烈弯曲［见图4.20（a）］。冲刷的两侧陡峭，有时接近砂岩的角度。斜坡下部和底部构造通常用流水纹装饰，向下游方向特征逐渐消失。剖面中通常有似水道式的结构（见第4.4节），尤其是当剖面与构造轴交角较大时

［见图4.20（b）、图4.20（c）］。细粒物可覆盖冲刷边缘，使上部层变得接近水平。

(a)上部层理表面，显示巨型槽痕上游端的强弯曲。请注意周围层理表面和巨型槽痕上的水流纹

(b)巨型槽痕剖面图。注意侵蚀砂岩性质及巨型沟槽内充填物主要是泥

(c)巨型槽痕的详细剖面。侵蚀厚层砂岩，并由悬浮成因的泥填充。注意，层理的平行性在上覆砂岩中迅速恢复。全部来自爱尔兰西部上石炭统罗斯组

图 4.20 巨型槽痕例子

这些罕见的特征清楚地记录了水流消退使得砂层表面遭受了水流的侵蚀，且在安静的水体中侵蚀地貌被废弃，沉积了来自悬浮物的细粒颗粒。此类结构目前已知的唯一例子是深海海底扇的表面，已经被拖曳的声波成像设备绘制了地图。在古代层序中，大型槽痕常与浊积岩层有关，通常被解释为形成于深水斜坡和扇环境中。大型槽痕的发现有助于描述在沉积环境中活跃的系列过程，也可以作为指示古水流标志。

4.3.2 风蚀形式

强风吹过潮湿或低黏性的沉积物上，可形成侵蚀并在表面呈现出起伏形态。钝头指向上风处，尾巴指向下风处［见图4.21（a）、图4.21（b）］。在现代地表上，侵蚀遗迹通常位于卵石或贝壳碎片周围。一般宽几厘米，长几十厘米。常成群而非孤立出现，在岩石记录中相当罕见，可能与长沟痕混淆，从而提供误导性的“顶底”标准。

当强风吹过松散的沙土表面时，它们通常会剥离松散的沙土，形成侵蚀性的沙土收缩表面（也称为砾屑灰岩或砾漠）。表面可以是平的、不规则的和丘状的，或者覆盖着排列成规则图案的似浮雕扇贝。风蚀面通常出现在低起伏的沙表面［见图4.21（c）］，常有无法被风吹动的原始沉积物滞留的颗粒或卵石。

另一个特征是风棱石或巨砾，其表面因风载沙粒而磨损。风棱石（Ventifacts）的特点

是一个或多个尖锐的脊，将单个碎屑上的光滑面分开［见图4.21（d）］。锐脊通常朝向逆风方向，因此可用于评估主风向。风棱石容易保存，在古代沉积中能观察到，可以作为研究古风过程和方向的有用指标。

(a)沙滩上砂级颗粒的风蚀作用。较大的碎屑(贝壳)起到了障碍物的作用，在其背风面中沙子受到保护而免受风蚀。西班牙埃布罗三角洲。照片由Gilbert Kelling提供

(b)冰岛周围的砂级颗粒风蚀作用。卵石起到了障碍物的作用，防止背风面上沙子被风蚀。冰岛南部迈达山多

(c)具有风蚀表面的多个风棱石。纳米比亚瓦布盆地

(d)通过砂磨抛光形成的玄武岩风棱石。冰岛阿斯卡席状砂

图4.21　与风蚀特征相关的实例

4.4　垂向剖面侵蚀特征

沉积物堆积期间是否发生了侵蚀作用取决于早期地层表面是否发生截切。在大的范围内，这些特征最易在垂直剖面中看到而不是在岩层面上。显然，大规模广泛的露头大大增加了识别大规模侵蚀构造的机会，在有限露头或岩心中不太确定能否观察到。

4.4.1　下切沟槽

突然截切早期地层或层理的表面通常倾向于沉积水平面，如果长距离追踪则可能显示大型构造的一部分。大型构造的形式取决于侵蚀发生的方式。当观察到可疑侵蚀面时，有两个主要过程要考虑：

（1）冲刷造成的侵蚀，形成沿水流运动方向延伸的特征，例如水道、巨槽（见第4.3节）或风成沉积物中的“喷涌”；

（2）斜坡下的大规模运动造成的侵蚀，形成形状和方向不太明确但通常沿斜坡呈弧形的特征，即滑塌痕迹。

然而，这两个过程可以同时发生。例如，主要受水流冲刷侵蚀的河道，其河岸上可能有较小规模的滑塌痕。

无论起源如何，侵蚀特征都发生在较广范围，深度达数百米，宽达千米。要在一个露头看到这些最全的类型，需要异常多的出露，通常还必须通过地图来进行适当间距对比，以及相关良好的剖面或地下系列的地震反射数据来推断。

露头上最常见的侵蚀特征通常表现为中小尺度的沟槽，但可能具有多样的形状、方向和辅助特征，这些对于正确解释都很重要（见图4.22）。我们建议，在描述和衡量遇到的任何实例时，应考虑以下几组问题，而不要试图强加某种分类方案。

（1）侵蚀表面的整体三维形状是什么？曲面可能具有非常复杂的形状，包括平的和弯曲的，有必要针对具体的问题进行细分。表面是否连续向上凹，或者是否有明显的底部和侧面？如果它有侧面，最大倾角是多少？如果双方都能看到，它们是否相似？换句话说，横截面是对称的还是不对称的？通常，只能看到水道状表面的一个边缘，然后只能猜测看不见边缘的性质。观察到的横截面中的外观形状是真实形状，还是由于暴露于真实横截面的倾斜方向而扭曲？与真实横截面相比，垂直于水道轴的截面以外的截面具有更高的宽深比。为了重建真实的宽深比，需要一些估计水道轴方向的方法，下面将对此进行讨论。

（2）侵蚀表面的尺寸是多少？是否可以测量槽体的深度和宽度？请记住，当出露倾斜于真实横截面时，水道会显得更宽。在出露不完全的情况下，记录最大观测值仍很有价值。在某些情况下，观察到的沟槽可能代表侵蚀形态的全部深度，但在其他情况下，它可能仅为总深度的一小部分。即使是一个小而明显完整的水道也可以叠加在一个更大形状的地面上。

（3）侵蚀形态的方向是什么？如果河道形态已确定，了解其方向通常很重要，这有助于古地理重建。如果你能在露头中看到一个清晰的“水道”形状，这告诉你水道轴线或者沟槽与出露面形成了大的角度。然而，为了更精确一些，需要在露头周围踏勘，用肉眼判断小河道的方向。如果陡峭的水道侧出露，则很容易知道它们的走向与水道走向平行。叠加在底部或侧向上的小规模侵蚀结构也能提供帮助。沟槽底部的侵蚀性底痕或巨型沟槽的波痕很好地指示了沟槽趋势。然而，河道内水流方向的自然波动意味着单个测量可能不具有代表性，在理想情况下，应进行多次测量，从而计算出更具代表性的平均值。在广泛层面出露的情况下，例如在波浪切割平台或半干旱、沙漠风化条件下，可长距离追踪河道，从而建立非常可靠的趋势，甚至可以判断它的弯曲度。另外，如果怀疑存在河道砂体，从悬崖顶部向下观察层理表面是值得的（图6.66A），检查航空照片也很有价值。

(a)北威尔士安格尔西，下石炭统石灰岩

(b)含页岩砂岩，英国德比郡，上石炭统浊积岩

(c)砂岩充填河道。西班牙比利牛斯，始新世–渐新世坎波达贝群

(d)南威尔士上石炭统煤系河流

(e)美国犹他州，宾夕法尼亚二叠纪下卡特勒层。注意侵蚀性基底，大量填充物和人(圆圈里)的规模

(f)美国犹他州砂岩充填河道，侵蚀成层状、红色泥岩结核。美国犹他州宾夕法尼亚二叠纪下库特勒层。河道充填约1m厚

(g)多个堆积河道体，泥岩层分隔砂岩填充。美国犹他州，三叠纪孟科匹组

图 4.22　大中型不同水道边界和样式例子

4.4.2 侵蚀面上的叠加特征

并非所有河道横截面都具有简单的形状，尤其是侧面，通常会显示辅助特征，如台阶、阶地甚至外凸状。主要有两个因素控制特征的发展：基底的性质和侵蚀填充的历史。

河道一侧的台阶和阶地通常与被侵蚀沉积物的岩性密切相关。不同成分或粒度的河床对水流的反应不同，有些更容易被侵蚀。黏性强、粒度细的沉积物通常抗侵蚀能力较强，而粒度较粗、黏性较低的沉积物则优先受到侵蚀。在极端情况下，外凸状表明强黏性或部分成岩（胶结）沉积物的侵蚀。

野外看到的许多河道形态可能经历了一系列侵蚀和沉积阶段。图4.23显示了不同的“侵蚀和填充”顺序可以产生相似河道形状的方式。事件的顺序只能通过观察河道充填特征以及边界侵蚀面来推断。在基底和充填岩性对比明显的地方，很容易看到侵蚀面，在上下岩性均匀时不易观察到。充填的侵蚀面在某些情况下可能是一个突变的分离面，通常与层内碎屑（滞留砾石）的薄砾岩层相关。

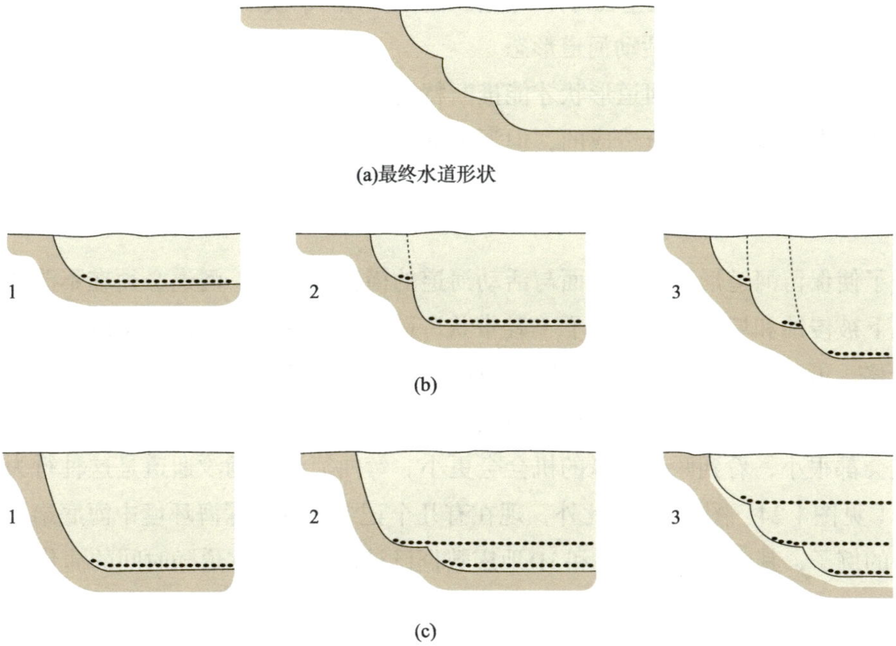

图 4.23 多次侵蚀和充填造成阶梯形河道边缘侵蚀的可能阶段

注：（a）最终水道形状。（b）和（c）两种不同的发展历史，通过这两种历史都可以实现最终形式。识别河道充填层内的侵蚀面对于了解河道发展的完整历史至关重要。

4.4.3 存在问题和复杂性

大尺度侵蚀特征至少有3个方面需要单独讨论：

（1）识别未发现起伏状侵蚀面的侵蚀作用；

（2）保存的“水道”形式与活动水道形状之间的关系；

（3）因水冲刷（水道）形成的样式与由块体搬运的样式（滑塌）之间的区别。

1）没有明显起伏的侵蚀面

表面没有明显起伏并不一定意味着没有发生侵蚀，甚至上覆沉积物不是河道成因。非常宽或非常大的水道可能需要非常大的露头才能确定其水道形状。平行于河道轴线的露头走向也可能限制了河道状的截面。然而，即使没有一个完全明确的答案，仍有一些线索可使我们提出一个水道的起源。

砂岩或砾岩单元突然出现在较细的沉积物单元上，其以前可能就沉积在河道中。如果粗碎屑层出现在其基底处或其正上方，则支持这种解释，特别是如果碎屑为层内（撕裂）成因，因此它们应该由位于水道下方的相同岩石组成。如果实际接触面出露，小规模的侵蚀结构（如凹槽或沟槽）可能会提供额外的冲刷证据。

然而，具有轻微侵蚀性基底和粗粒基底的砂席和砾岩也可能沉积在非水道化环境中。例如通过非限制性片状水流或大的浊流沉积，它们也可能是由于海侵引起的广泛的非水道侵蚀造成的。海侵侵蚀发生在海岸线向陆地迁移期间，波浪提供了侵蚀能量。

2）保存的河道形态和活动河道形态

不要认为只有观察到河道形状才能推断特定岩石单元是由河道形成的。当然，如果看到河道形态，肯定是河流造成的，但河道形态的缺失并不一定能排除沉积期间无河道活动。在许多河流沉积物中，保留了沟道边缘罕见的特征，该特征在活动水道中期变得明显。

为了使保留河道形态的横截面与活动河道的横截面相同，河道必须在不改变其位置的情况下被侵蚀和填充。这导致了“鞋带状”砂体的保存。如果河道持续活跃，通常会横向迁移，可能会摆动几个河道宽度的范围，同时仍保持其横截面形状。这产生了一个侵蚀面，虽然最终以河道边缘结束，但其横向范围可能非常广泛，以致看到任何一个边缘的机会都很小，看到两个边缘的机会会更小。弯曲河流或潮汐通道是这种行为最常见的例子（见图4.24、图4.25）。此外，现在有几个记录良好的深海环境中海底扇上横向迁移水道的例子，其中高质量露头和3D地震数据已被用于证明水道随时间的演化。

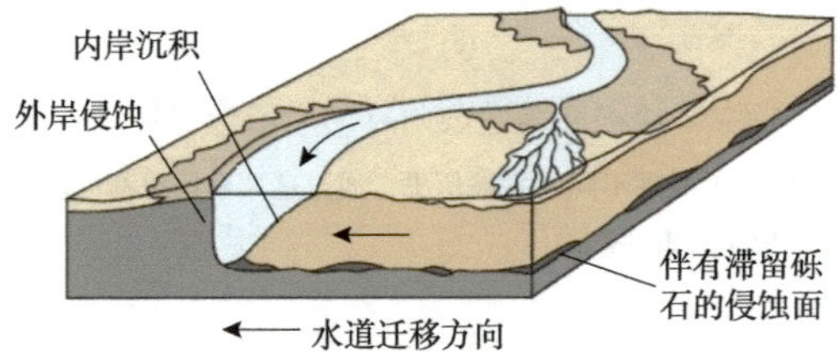

图 4.24　由于河曲的发展，河道的横向迁移可能会形成几乎没有起伏的近水平侵蚀面

注：可根据侵蚀面和由板状砂体表示的充填物的性质推断是否存在河道。只有在观察到废弃的黏土或泥栓时才能确定先前活动河道的宽度。参见第六章（见图 6.60~ 图 6.63）和第十章（见图 10.7~ 图 10.9），了解可能保存的沉积序列例子。部分基于 Allen（1964）。

图 4.25 潮汐水道的横向迁移

注：水道正在从右向左迁移。侵蚀河岸显示，黏性细粒河岸碎块落入河道中。河道最深的部分在水下，在迁移时会侵蚀接近水平的侵蚀面，并被沉积在右侧缓坡河岸上的砂质层序覆盖。南威尔士拉夫霍河口。

水道识别取决于上述标准，但确定活动水道的瞬时形状可能很困难或不可能。在某些情况下，侵蚀面上方河道沉积物的内部特征显示出侧向堆积面，这可能表明河道横截面的形状（见第6.2节）。在其他情况下，横向迁移的河道体可能会突然废弃，例如在裁弯取直情况下。这类废弃河道通常会慢慢被废弃沉积淤泥填满。如果泥质沉积物与周围沉积物形成明显对比，则会形成一个河道“泥栓”，显示废弃时河道的几何形状。

3）识别水道和滑塌痕

并非所有的岩石侵蚀横切面都是被水流或浊流冲刷形成的水道边缘。有些是由水下斜坡上的滑塌留下的滑塌痕，类似于山坡上的滑坡痕。区分滑塌痕和水道的能力对于解释沉积及沉积过程与环境、预测侵蚀面的可能范围及其与古斜坡的关系非常重要。

滑塌痕通常沿斜坡呈现宽的弯曲特征，而被水流侵蚀的河道沿斜坡向下是拉长的（见图4.26）。此外，除最强烈弯曲的滑塌痕外，所有滑塌痕都为单面特征，而水道有两面性特征。然而，部分保存和不良出露需要有其他标准来区分水道和滑塌痕。

在垂直剖面中，滑塌痕通常是平滑的、向上凹的表面，其倾斜角从近垂直到近水平不等。地表沉积物可能显示出与地表方向相似的小正断层，表明局部水平拉伸和二次重力塌陷。表面既没有小规模的叠加底模痕迹，如槽痕和冲沟，也没有冲刷水道中常见的台阶和阶地。另一个重要标准是滑塌痕上方和下方沉积物的性质。滑塌通常起源于斜坡上

图 4.26 现今密西西比三角洲斜坡上主要和次要滑塌痕的形态

注：大多数滑塌痕与等深线平行。据 Roberts 等（1976），略修改。

不稳定的细粒沉积物，它们通常在没有任何外部触发的情况下自发移动。沉积条件没变，随后类似的沉积物覆盖并逐渐消除滑塌痕地形。相比之下，河道的侵蚀意味着强烈水流的作用，这些水流不仅反映在侵蚀面上，也会反映在沉积于该面上方的较粗沉积物上。较粗的沉积物可能包括层内砾岩，这些砾岩不容易通过滑塌产生，也可能包括反映高能洋流的沉积结构。然而，如果河道突然被废弃，细沉积物可能会填充河道，从而难以与细粒河岸区分开来。有一些滑塌中大量的坍落沉积物可能移动不远，附近可能会出现变形的、无序层状的坍落沉积物。其他情况下也可能出现一系列次平行滑动面，滑动面之间有轻微移动但沉积物未受扰动。

尽管在这里进行了分开分析，但滑塌和河道冲刷通常共存。冲刷造成的河岸下部侵蚀导致块体或大量河岸物质滑入河道，并在此程中形成滑塌痕（见图4.25）。滑动面的坡脚可延伸至水道底部以下。滑塌后不久，河道若废弃，可能会在岩石记录中保留水道边缘的滑塌痕和水道内的滑塌旋转块。

4.4.4 风蚀剖面特征

剖面中所见的风蚀表面和冲刷痕的特征为：不规则的、尖锐的冲刷痕，起伏规模从几厘米到几米不等［见图4.27（a）］，或是尖锐的、横向延伸的平面，通常具有相关特征，如干燥裂缝、风棱石聚集，生物扰动或从地表向下延伸的根部痕迹［见图4.27（b）］。当未完全饱和气流（相对于其潜在携沙能力而言）吹过松散的砂时，就会形成成排的砂冲刷痕，并发生侵蚀。气流中的旋涡产生侵蚀性冲坑。地表直至降到风蚀面以下才不再发生侵蚀，否则风蚀长期存在，这可能是因为气流被沉积物饱和，或风速降低，或表面达到地下水位，限制了松散沉积物进一步侵蚀（见图4.28）。

(a)侵蚀性风积冲刷面，其下方和上方有交错层理风积沙丘沉积物

(b)大范围的风蚀地面。横向扩展和平面风蚀的面将两个风成沙丘分开。地表下方的白色斑驳地平线是一个根土带(根遗迹化石)。表面代表一种准整合

图 4.27　风成沉积物侵蚀面例子

注：这两个例子都来自美国犹他州二叠纪的雪松台地砂岩。

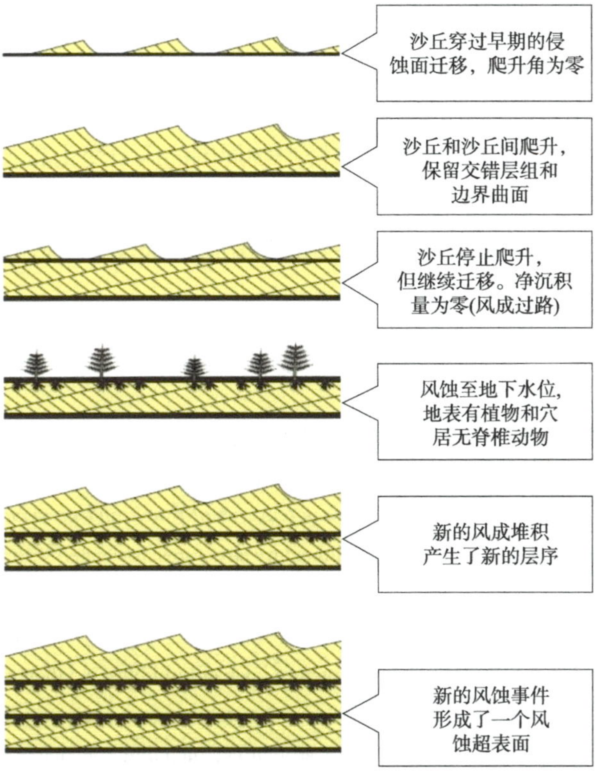

图 4.28 风成系统中间侵蚀面演变模型（其中风挟沙能力不饱和，侵蚀现有的沙面）

注：风蚀砂体导致较大剩余碎屑的集中，形成粗粒“滞后层”，来防止进一步侵蚀。或者，侵蚀可能会到达地下水位，在这种情况下，侵蚀表面的特征可能有发育广泛的根土（有根）层。据 Loop（1985），略修改。

4.5 学习技巧

1）野外经验

（1）当今环境。实地方案应包括对侵蚀、搬运和沉积相互作用区域的调查，这些区域的侵蚀记录应保持完整。冲刷痕迹，如水或风造成的障碍物冲刷，可在海滩、浅砂质河床、河口沙滩、风成沙丘间区域以及在强风吹散积雪后的障碍物周围观察到。黏性泥滩上可看到沟槽痕迹、纵向脊和沟。工具痕（冲沟、V形痕和戳痕）可以通过在泥滩或干塘上拖动棍子等物体来完成。细沟和枝状河道常见于海滩。在冲积扇、河流和潮间带，最容易观察较大的河道形态。航空和卫星照片有助于描绘不同类型的环境中大型水道的特征。

（2）古代环境。在地质记录中，底模构造在浊积岩中最常见。冲积扇、河流、潮间带、三角洲和一些浊积岩序列的岩石中河道最常见，在这些岩石中也可能出现巨型冲刷槽。滑塌痕常见于三角洲和浊积岩相。更大侵蚀构造的确定需要详细的调查，比如测量剖面、识别标志层和选择基准面，然后绘制沉积序列。从这些数据中可以明确部分缺失序列，使不显著的层理面作为主要侵蚀面而具有更广泛的意义。

2）实验室经验

在水槽和风洞中，很容易观察气流在障碍物周围的压力变化和涡流产生的侵蚀特征。在没有水槽的情况下，可以将软管中的水喷射到覆盖着淤泥和沙的沉积物地面上。在水道中放置大型障碍物，如砖块，并观察在泥沙冲刷时其周围冲刷痕的发展情况。

推荐参考文献

[1] Allen, J. R. L. 1982. *Sedimentary structures：their character and physical basis*. An encyclopaedic account of sedimentary structures and the physics of their development, as understood at the time.

[2] Dzulynski, S. & E. K. Walton 1965. *Sedimentary features of flysch and greywackes*. In spite of its rather dated title, a wellillustrated compendium of sedimentary structures associated with turbidites, especially sole marks.

[3] Julien, P. Y., 2010. *Erosion and sedimentation*.

[4] Mutti, E. 1992. *Turbidite sandstones*. A lavish picture book of turbidites and their structures.

[5] Pettijohn, F. J. & P. E. Potter 1964. *Atlas and glossary of sedimentary structures*. Beautifully illustrated with high-quality photographs of the main sedimentary structures, including sole marks.

[6] Petts, G. &. P Calow (eds.) 1996. *River flows and channel forms*. Considers the nature of channelised flow and how channels undertake erosion.

[7] Ricci-Lucchi, F. 1970. *Sedimentografia*. Good examples of erosional sedimentary structures

第五章 泥、泥岩和页岩中的沉积构造

5.1 引言

细粒硅质碎屑沉积物的术语相当混乱。一系列术语被过度使用，有时甚至模棱两可。大多数关于沉积岩石学的书籍都充分讨论了这些问题，我们在这里使用了以下定义的术语。

泥和泥岩：组分中颗粒不存在粒径大于4φ的松散和成岩的沉积物。如果粗颗粒明显，则可适当限定术语（如砂质泥、含砾泥岩）。术语中有更精确定义的术语，粉砂、粉砂岩、黏土和黏土岩，由于难以准确判断细粒沉积物的粒度，尤其是在变形或变质的地方，因此在野外非常有用。

粉砂和粉砂岩：这些术语的定义更为狭义，适用于含有4φ~8φ范围内颗粒占主导地位的沉积物。这些沉淀物在牙齿上或牙齿之间摩擦时，感觉粗糙。肉眼通常看不见颗粒，但可以用放大镜来分辨。

黏土和黏土岩：主要粒度小于8φ的松散和成岩的沉积物。这种沉积物摸起来光滑油腻，即使在牙齿之间也是如此。尽管许多黏土和黏土岩含有高比例的黏土矿物（水合铝硅酸盐），但粒度是定义的基础而非矿物。

页岩：是一个广泛且经常使用的不严谨的野外地质术语，通常指在风化过程中表现出明显页理和裂缝的泥岩。该术语不太令人满意，因为风化作用较局限，露头和岩心（岩心没有风化，页理不易看出）不易比较。

泥和泥岩在现代沉积环境和岩石记录中都极其丰富，在现代沉积环境中的纪录约占后者的60%。它们多来源于不稳定源岩（如基性火成岩）的化学风化和物理磨蚀产物。由硅酸盐矿物（石英除外）的化学风化产生的细粒碎屑主要由黏土矿物和绿泥石组成，而物理来源的沉积物其矿物含量取决于源区的岩石，例如冰川作用形成的“岩石粉末”。

尽管大多数泥岩是从悬浮沉积而来的，但也有一些可能是由于不稳定物源区的原位风化造成的。在后一种情况下，在岩石序列中发现的土壤剖面（古土壤）可能与沉积间断或不整合面有关。其他泥岩可能是由于原始悬浮泥浆的再沉积作用（见图5.1、图5.2）形成的。在许多情况下，这种运动导致较粗颗粒的加入，这些颗粒倾向于“漂浮”在以淤泥为主的沉积物中（见图5.2，另见第3.7节）。

图5.1　高孔隙水含量导致的高流化泥浆

注：注意输送流体、液化泥浆和从深层散发出的通道到达地表时形成的水逸出特征，还要注意凹陷边缘周围的小细沟痕迹。图片来自现代冰岛。

图5.2　加水后重新流动的小型活动泥流

注：由于卵石等随水流漂流，流体表面很不规则。现代的斯瓦尔巴特港卡尔斯岛。

此外，细颗粒沉积物可直接由爆炸性的火山活动产生，凝灰岩可以由大气和水流搬运的火山灰形成，以后可能被洋流或重力流（如火山灰流）再次改造。这种火山沉积物通过其独特的颜色和风化状态来识别。确认火山成因通常需要对黏土矿物进行实验室分析。高的火山喷发柱（所谓的普林尼火山喷发高度达数十千米）通过火山碎屑下落产生了非常广泛的火山灰层。火山灰从平流层沉降后，大气中的风导致了其分布更加广泛，甚至可以在世界范围内搬运；在地质记录中产生了极薄但横向分布广泛的地层，这对地层对比和年代测定非常有用。然而，由于爆炸较弱或雨水冲刷，火山灰可能落在火山中心附近。在此情况下，细粒灰中可能出现火山砾石。火山灰地层厚度由降雨模式而不由与喷发口的距离控制。

许多泥和泥岩也富含有机物，有机物要么以精细的有机碎片（最常见的是藻类）形式出现，或者以化学方式附着在黏土矿物颗粒上的有机分子形式出现。

很难像解释粗粒沉积物一样详细解释泥和泥岩沉积的物理条件（见第六章和第七章），主要有两个原因。首先，泥沉积期间的物理过程范围更为有限。其次，细粒沉积物，尤其是富含黏土矿物和有机质的沉积物，其初始孔隙度比大多数粗粒沉积物高得多，使得它们在埋藏时极易被压实，出现扭曲和压缩沉积结构，在某些情况下甚至完全消失。压实量随沉积物成分及其埋藏历史而变化。尽管一些碳酸盐泥似乎没有受到压实影响，但一些富含黏土或有机质的泥岩被压实到其初始沉积厚度的1/4甚至1/8也并不罕见。通过研究泥沉积不久的内部结构，可以观察到这种影响（见第9.3节）。早期形成的碳酸盐结核可形成抗压实沉积结构，如未破碎的化石。如果泥岩序列中存在结核则值得检查其内部结构，这可能有助于了解泥的沉积（见图5.3）。

构造运动对细粒沉积物的影响比对粗粒沉积物的影响大得多。在褶皱过程中，细粒沉积物通常表现出不协调的行为，并且很容易通过黏土矿物的旋转和重结晶形成解理，从而模糊和扭曲沉积结构和组构。如果劈理发育，虽在很大程度上叠加了主要层理特征，而颜色变化可能仍然存在，可作为识别原始层理产状和厚度的方法（见图5.4）。在劈理面上比在垂直于劈理面的剖面上更常见沉积构造。劈理泥岩中假定原始形状的结构变形可用于估算构造应变。例如，在变形之前，通常假设椭圆还原点为圆形（球形）。

图5.3 泥岩中的结核

注：如果它们形成得足够早，可以使层理保持在未压实状态（上石炭统，南威尔士彭布罗克郡）。有关结核的讨论，请参见第九章。

图5.4 劈理泥岩与较浅的细砂岩互层

注：泥岩中与层理成一定角度的劈理是一种叶理构造，因叠加在原始沉积层理上并使层理变得模糊（南威尔士彭布罗克郡，泥盆纪老红砂岩）。

5.2 结构和纹层

5.2.1 纹层观测

海岸峭壁、侵蚀河床、上漆的新鲜岩石板、自然抛光等为观察泥岩中的结构提供了最佳机会。结构通常规模较小，并根据不同类型的纹层进行描述。这些类型是过渡的，建议在实用的标准下描述。细粒沉积物粒度差异的观测通常基于颜色差异，因为颗粒本身通常不可见。一般来说，较浅的颜色表示粒度较粗的沉积物，但也有相反的情况。

5.2.2 极细纹层及破裂性

极薄的水平层理通常发育于黏土岩或云母粉砂岩中，风化时导致裂缝出现。在垂直于纹层的新切面上，常不能看到任何反映粒度差异的色带。平行于裂隙的表面通常光滑平坦。在描述这些泥岩时，判断岩石是否会分裂成特定厚度的层，或者在适当的设备和耐心下是否有可能无限期地继续破裂。如果存在极限厚度则应进行测量和记录，我们知道分裂性是风化历史的函数，这也是岩石的固有属性。在岩石破裂时，看看破裂面是否富含云母或有机物。术语页理有时被用来描述可以明显分裂的页岩。

细粒可破裂黏土岩中没有任何明显的粒度差异，这表明纹理排列方向是造成裂隙的原因。黏土矿物、绿泥石和云母通常以板状颗粒的形式出现，在压实时被挤压成平行方向。细黏土颗粒以悬浮状态被水携带，在湍流能量降低时沉积，通常是悬浮泥沙的水流进入较安静的水域时减速时实现的。在许多情况下，当海水进入沉积盆地时，例如河流入海时，海水盐度的变化有助于黏土从悬浮液中沉降。在河口和其他边缘海洋环境中，较高的盐度导致小黏土颗粒通过絮凝过程形成絮体。絮体比它们的组成颗粒大得多，而且它们沉降得更快。絮凝程度取决于颗粒浓度、流体紊流以及颗粒和入池水的化学性质。高度紊流的条件容易使絮体破碎，如波浪搅动。

5.2.3 具有粒度差异的细纹层

仔细检查某些泥岩的人工或自然抛光表面，通常会发现厚度1mm或以下的较浅和较深层的色带［见图5.5（a）］。利用放大镜仔细检查，可以发现细微的粒度差异。如果可以看到粒度的差异，则较粗的层至少属于粉砂等级。在这种情况下，单个层可能只有几个颗粒厚。尽量记录薄层的厚度，并判断其横向连续性和平行性。对于这样的薄层，最好用计算测量厚度内的层数来计算平均值且用其表示厚度，而不是通过测量单个层厚。纹层的水平度和连续性可能会有很大的变化。有些例子显示了极端的连续性，而有些例子具有横向收缩的薄层。

一旦确定纹层是由粒度差异定义的，则导致沉积的过程必然会发生波动（例如水流强度），尽管通常很难估计其时间尺度。

必须考虑两种可能的沉积过程。第一种是沉积物从整个水流的悬浮液中沉淀下来，或者从水面附近的较轻的浑水中沉淀下来。悬浮泥沙供应的波动将导致分层。第二沉积过程是，较粗的层是靠近河床流动的弱密度、稀释密度水流的产物，而较细的层记录了沉积物的背景沉降。如果层非常薄，则必须评估整个序列的其他特征。例如，如果纹层泥岩以浊积砂岩的形式出现在具有较大规模密度流的序列中，则可认为泥岩中的纹层是由于短期、弱密度流造成的。

一些细纹层也可能是由于持续水流的短期波动造成的。黏性层中的冲刷和突发过程（见第3.2.4部分）可能会将沉积物分为较粗和较细的层，尤其是在泥粒径范围内。

5.2.4 具有渐变边界的较厚层理或薄纹层

许多泥岩具有明显的“条纹”外观，从一毫米到几厘米厚，浅色层和深色层交替出现。此类分层通常由粉土级材料控制，尽管较暗、较细、较粗的颗粒层可能包含极细甚至细砂。在这种情况下，重要的是检查岩层或薄层是否主要由总体粒度控制，或者它们是否反映了成分（如云母、粉碎的植物碎屑或硅藻或放射虫）的波动。

(a)平行纹层或薄层理是粒度渐变的结果，表明水体沉积物含量长期波动

(b)粒度稍细和稍粗的粉砂岩呈薄层状，这可能是由于进入盆地的悬浮泥沙有规律(可能是季节性)波动的结果

图 5.5 纹层状粉砂岩例子

注：两个例子均来自南威尔士彭布罗克郡上石炭统倍思伯顿组泥岩地层。

这些单元通常与渐变边界平行［见图5.5（b）］。可以通过计算测量间隔内的纹层数来估计层厚度，或者通过测量每一层来估计其厚度。如果较粗层和较细层的厚度不同，并且如果怀疑在垂直序列中出现厚度变化的总体趋势或模式，则第二种方法很重要。在某些情况下，纹层可安排成规则重复的组（韵律），这些组以特定的顺序出现，并显示出独特的厚度。成对的是一个序列中重复的成对纹层，而三元组由三种不同纹层类型的排列组成。有时，在较大的重复周期内，可能会出现纹层的周期性重复组，形成对纹层组或三元纹层组。

这些泥岩反映了悬浮泥沙供应在时间尺度上的波动，时间尺度太长，无法归因于突发机制或稳定水流中的其他短期波动。季节性或其他气候因素可能会控制沉积物向三角洲、湖泊和河流流域的流入，而这些地区的细粒沉积物较为常见。渐变接触表明高流量事件逐渐增加和减少，而不是突然的“事件”，如滑塌引发的浊流。一般情况下很难判断悬浮泥沙是从整个水体沉降下来的，还是从漂浮的羽流沉降下来的，或是从波动但密度稳定的底流沉降下来的。在平静的湖泊环境中，季节性气候变化控制着水和沉积物的流入，具有渐变边界的薄互层组尤其常见。例如，在冰川边缘的湖泊中，在夏季常因冰川融化量大而接受较多沉积物，在冬季地表水冻结时沉积率降低，形成了季节控制沉积韵律序列的例子——纹泥。纹泥也可以通过其他机制来形成，例如受气候控制的有机物质生产速率的季节性变化。在较大的湖泊和海洋中，平行于斜坡底部的深水洋流是细粒沉积物运输的有效机制，并形成特征性的纹层等深岩沉积。

5.2.5 具有明显粒序的薄层

具有明显的暗色和灰色的泥岩通常具有较粗颗粒特征，具有突变的底和渐变的顶部（见图5.6）。与渐变条纹泥岩相比，暗层和灰色层的厚度变化更大。在这些泥岩中，岩层横向连续较好，粗粒岩层可能显示粒序变化。即使不能直接观察到，也可以从岩层的渐变顶部推断出来。较粗粒层的底面有时不规则，起伏达几毫米。

图 5.6 互层的泥岩和细砂岩

注：薄层砂岩为底部突变接触砂岩，内部纹层与 Bouma 层序底型有关（见第 6.7 节），因为其表面的波痕形态呈微透镜状。砂岩是幕式高能事件的沉积物。砂体间的泥岩为平静背景下的悬浮沉积（英国康沃尔北部上石炭统 Bude 组。图片由 Gilbert Kelling 提供）。

较粗粒层的清晰底面和清晰解释表明，它们代表了相对突发的事件，这些事件是在细粒度、较黑暗、更安静、更稳定的沉积背景下发生的。粗粒层的内部粒序表明，在沉积活跃期悬浮荷载减弱。底面上的小规模不规则形态主要是由粉砂岩在泥岩中的负载造成的（见第9.2节），有时也能观察到轻微的侵蚀底痕。

5.2.6 无构造泥岩

有些泥岩无论其风化状态如何，都没有明显的纹理、层理或裂隙。在某些情况下存在明显的裂缝，但有些情况下沉积物是完全块状和均质的，甚至破裂处见到了贝壳状断口。通常，这些岩石中没有什么可描述的，但仍值得仔细观察，因为缺乏纹层可能是由多种原因造成的。它能反映原始缺乏沉积纹层（持续稳定沉积），也可能是由于后来的纹层破坏。在一些明显均质泥岩的新鲜表面上，可能会看到类似基质的泥碎屑。

水洼中泥岩缺乏原始分层，可能是因为非常均匀且迅速的沉积或缺乏片状颗粒。悬浮液中泥的快速沉积并不少见；然而，岩石记录中的直接证据却相当罕见。在一些煤系泥岩中保持直立生长的树干是一个更令人信服的证据。空气中沉积的泥通常也缺乏分层。许多冰川边缘风吹（黄土）形成的厚而广泛的泥就是这方面的例子。如果源区泥石流中没有大型碎屑，泥流沉积也可能缺乏构造（见第7.4节）。仔细检查疑似泥石流沉积物，可能会发现高度变形的层，这些层阻碍了地层均匀化。

原始纹层可能会被各种机构破坏，如穴居生物、植物根系、蒸发和土壤的影响。尽管在某些情况下，可能会发现生物潜穴（见第9.4节）或泥岩（火黏土）中的植物根迹，垂向颜色变化或结核的发展可能支持土壤形成过程的观点。

厚泥层沉积后的大规模运动很常见，特别是在快速沉积的层序中导致的滑动变形（见第9.2节）。快速埋藏的泥会发生垂直和横向流动，形成底辟构造（见第9.2节）、块状或鳞片状构造。

5.2.7　泥帘（Mud drapes）

极细的泥或泥岩与干净、分选良好的砂或砂岩互层分布（见图5.7）。两种截然不同的岩性的比例从纯泥到纯砂不等，但它们都很清晰，没有混合物出现。在以泥为主的地方，砂以薄层和透镜体出现；而在以砂为主的地方，泥以连续或不连续的薄层出现。在许多情况下，泥以盖层出现在沙波痕上，或出现在沙内交错层理的前端。

(a)这两种成分明显不同，细粒泥和干净分选良好的砂。在以泥为主的部分，砂以薄层和透镜体的形式出现，而在以砂为主的部分，泥以薄而离散的形式出现，这些是典型的受潮汐影响的沉积物模式，其中沙记录了洪水和退潮时的强烈水流，而泥记录了在絮凝作用下悬浮下落的平静时期。(英国怀特岛，下白垩统下绿砂组)

(b)较厚泥岩层和较薄的极细粒砂岩互层。泥岩层记录了悬浮物中细粒沉积物的沉降，而砂岩层记录了牵引荷载的沉降，即弱水流在通过河床时减速沉积。(英格兰德比郡，石炭纪伊代尔页岩)

图5.7　泥岩和砂岩互层示例

高能（波痕砂或交错层砂）和低能（泥）产物的这种清晰分离通常与潮汐有关，其中砂代表高能落潮和洪流的产物，而泥代表这些高能事件之间的停顿。第六章将进一步讨论。

5.3　学习技巧

1）野外经验

（1）现今环境。对现今泥沉积区域的研究是徒劳的，因为当该区域被水覆盖时，悬浮黏土通常会掩盖沉积表面。潮水后潮间带泥泞区域的观察通常有用，但决不能忘记穿越泥滩的危险以及为通过泥滩所需做的努力。在清澈静止的池塘边缘，由于扰动了池塘边缘的少量沉积物，会产生泥质密度流（泥石流）。泥石流常出现在悬崖和挖掘后的泥岩处，大雨后接近它们应特别小心。

（2）古地理层。野外考察期间，通常会遇到来自许多环境成因的页岩和泥岩。解释这些岩石的来源过程比较受限制。古环境通常取决于遗体和遗迹化石证据，其他章节中将描述泥岩特征（例如沉积后构造，第九章）以及夹层沉积物的结构和特征。

2）实验室经验

有用的经验可以通过将悬浮泥和少量稍粗的颗粒引入长沉降管中获得，管中会产生纹层和正粒序纹层。应注意控制和测量变量的影响：介质（空气、水甚至甘油）、颗粒大小、温度、黏度、介质相对密度、颗粒相对密度、下落速度等。

推荐参考文献

[1] Millot, G. 2014. *Geology of clays*. Weathering, sedimentology, geochemistry. A standard reference on the topic, and still very useful.

[2] O' Brien, N. R., K. Nakazawa. & S. Tokuhashiu 1980. *Use of clay fabric to distinguish turbiditic and hemipelagic siltstones and silts.* An important attempt to interpret the deposition of clays in terms of process.

[3] Potter, P. E., J. B. Maynard & W. A. Pryor 1980. *Sedimentology of shale*. A useful source book.

[4] Stow, D. A. V. & D. J. W. Piper (eds.) 1984. Fine grained sediments ; deep-water processes and facies. A valuable compilation related to a particular depositional context.

第六章

砂及砂岩沉积构造

硅质碎屑或碳酸盐砂以及砂岩和钙质岩中发育的构造反映了各种搬运和沉积过程，它们是移动和沉积水流类型和强度的最清晰指标。搬运介质可以是水或空气。在本章中，首先考虑水搬运和沉积产生的构造，然后考虑风成过程产生的构造。

水流携带砂通常是在泥砂供应过多的水流稳定或减弱期间沉积，或者强水流减速悬浮的沉降物。从悬浮状态下沉后，砂粒在最终静止之前会继续以推移质移动。为了对砂构造分类，我们采用了一种半描述半解释性的方案。火山碎屑成因的砂级沉积物也可能形成本章所述的许多结构。然而，大多数火山碎屑沉积物的粒度较粗，如第七章所述。

6.1　水成波状交错层理

6.1.1　引言

波痕是在砂表面或砂岩层理面上相对规则的间隔波动。它们的间距（波长）通常小于0.5m，起伏很少超过3cm。尺寸较大的河床被称为砂丘或砂波（见第6.2节）。波痕形状多样，其中许多与特定的沉积过程有关，因此在解释沉积条件时很有用。

交错纹层是波痕迁移沉积的砂内形成的内部纹层样式。它可以在层理面和垂直面上看到。某些交错纹层形成于特定条件，因此有助于成因解释。

6.1.2　粒度条件

波痕和交错纹层主要是砂级沉积物颗粒的特征，细砂至中砂中最常见，但有时也出现在粗粉砂中，很少出现在比粗砂粗的沉积物中，除非是波浪或强风的作用。

6.1.3　波痕形态

波痕的特征表现在剖面和平面上（见图6.1）。对称波痕和非对称波痕的重要区别在于垂直于波峰线的剖面。一般而言，浪成波痕对称性较好，水流波痕非对称性较强，但实际情况却很复杂。波峰形状和连续性至少对成因解释同样重要。

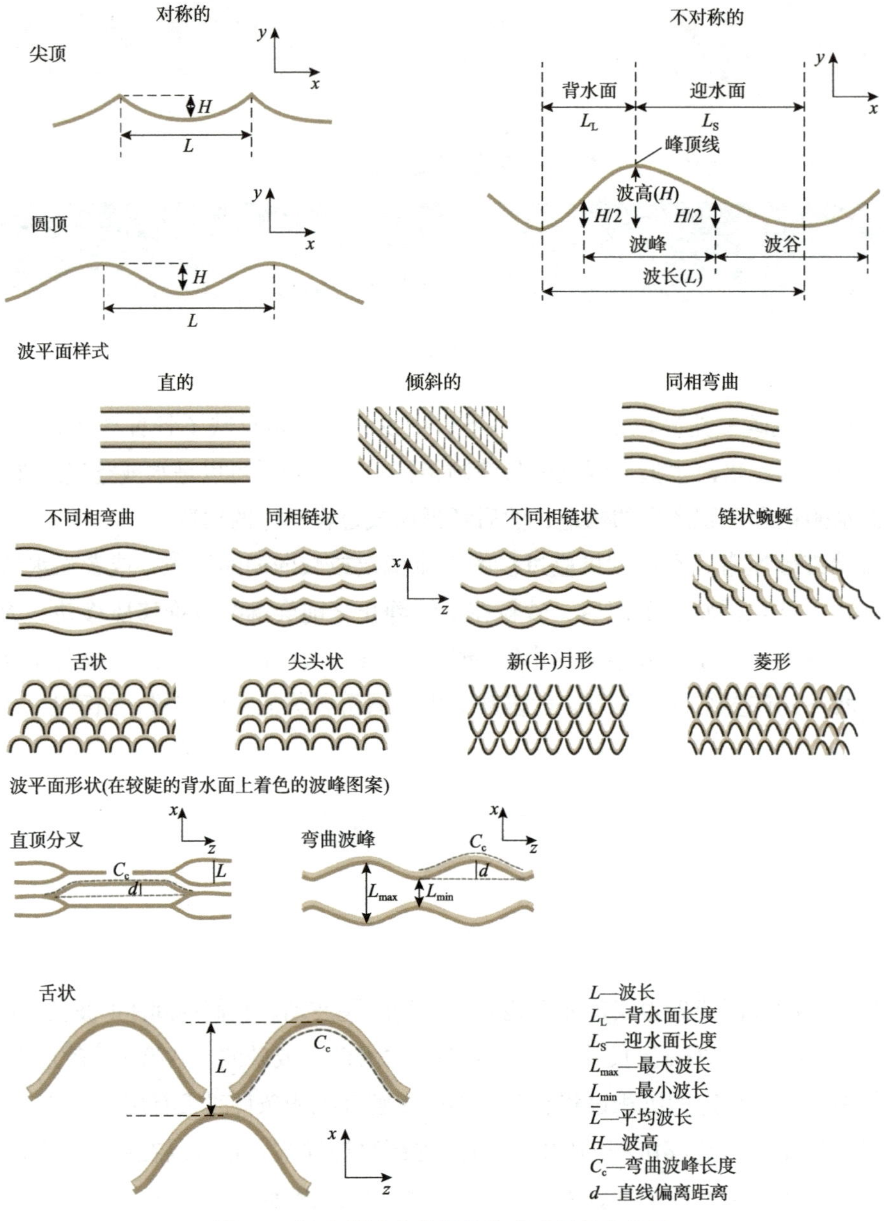

图 6.1　波痕描述中使用的许多术语的定义图

注：大多数术语也适用于较大的波状底形。参考轴 x 平行于水流，y 垂直于水流，z 水平并垂直于水流。阴影表示床形较陡背水坡度的位置。据 Allen（1968），部分修改。

在岩石露头、海滩、河床和潮滩上可以看到各种各样的波痕。详细测量和描述波痕形态可以提供非常丰富的信息，在任何重要的研究中都应该尝试这样做。即使解释可能仍然不明确，可以测量基本尺寸并将其组合，以产生指向主导过程的参数（见图6.2）。

轮廓对称性与波峰连续性及曲率之间的关系复杂。对称波痕通常具有直且连续的波峰（见图6.3），但并非所有直的或连续波峰的波痕都是对称的。一些直峰波痕显示出明显的不对称性（见图6.4）。

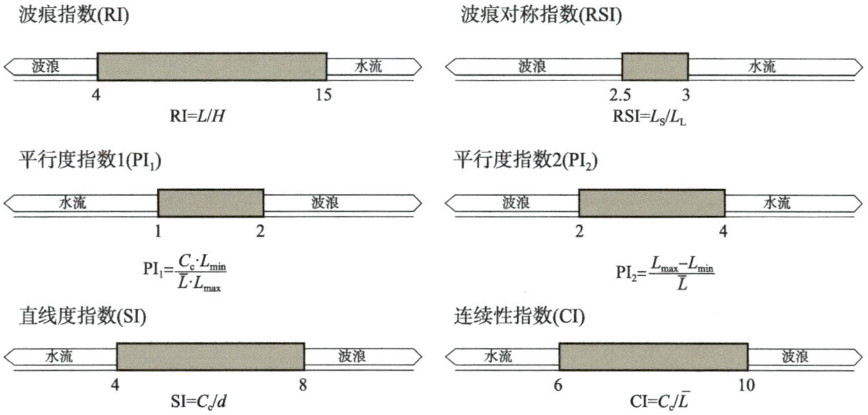

图 6.2 简单的波痕指数及其作为区分波浪和水流活动的方法

注：阴影区域表示指数重叠区。有关参数的进一步说明，请参见图 6.1。

图 6.3 圆形直顶对称波痕（挪威芬马克塔纳三角洲）

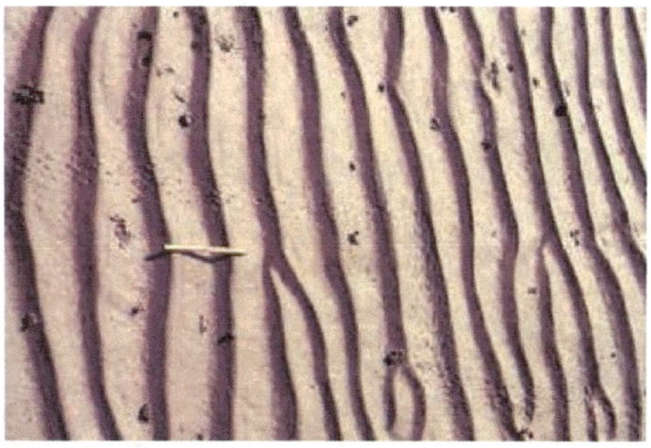

图 6.4 不对称直顶波痕（注意蠕虫印痕和螃蟹的足迹，苏格兰科克兰）

具有高度弯曲波峰的波痕［见图6.5（a）］和具有明显三维形状的波痕，如舌状波痕［见图6.5（c）]，通常具有不对称形态。水流单方向流动造成的波痕通常有陡的、向上凹的背水面和缓和向上倾斜的凸面，平面上从直波峰、蜿蜒波峰到舌形（见图6.5）均有。波痕底部的凸起和凹陷大致与水流平行。冲刷坑出现在波痕背水面，通常出现在波峰线下游的前面或两个舌状波痕之间的缝隙中。

在一些海滩上，低起伏的波痕形状具有非常明显的菱形平面形状，在沉积物表面呈现鱼鳞图案。这些菱形波痕在平行水流（通常是海滩上波浪的回流）方向拉长，间距为几十厘米，高度小于1cm。它们的不对称形态在下游处最明显，岩石记录中的例子很少。

对称波痕和连续波峰的波痕（见图6.3）与波浪作用有关。冲刷坑通常不发育，顶部呈之字形连接或音叉状分叉［见图6.6（b）]。形态上可以是平滑的圆形［见图6.5（c）］或非常尖锐的尖峰［见图6.6（e）]。复杂的浪成波痕显示多个波峰［见图6.6（a）]。另一些则表现出扁平的顶部或侧面的小台阶，通常由水体变浅产生。

在对称性和波峰线连续性的基础上，尝试区分流水波痕和浪成波痕是很重要的，但不应期望都能成功。具有直波峰线但明显不对称性的波痕可能由浅水波及类似方向的波和水流的相互作用引起（见图6.4，见第6.1节）。

(a)强烈的舌状不对称波痕，
短暂河床上带泥帘的砂(美国犹他州)

(b)波峰从笔直到弯曲的不对称波痕(挪威芬马克塔纳河)

(c)弯曲波峰异相不对称波纹
(冰岛南部马尔达尔桑达尔)

(d)波峰较直的不对称波痕，顶部音叉状连接(英格
兰迪伊河口)

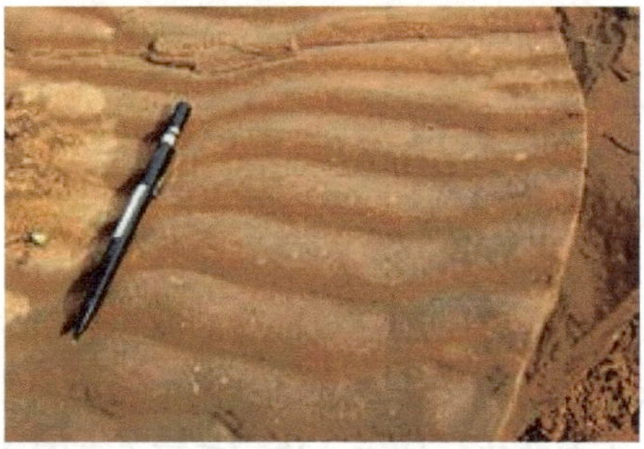

(e)波峰轻微弯曲的波痕，在层面上保持弱不对称，
波痕间距约为12cm(美国犹他州，三叠纪莫恩科皮组)

(f)层理表面形成的舌状不对称波痕(美国犹他州，
侏罗纪卡耶塔组)

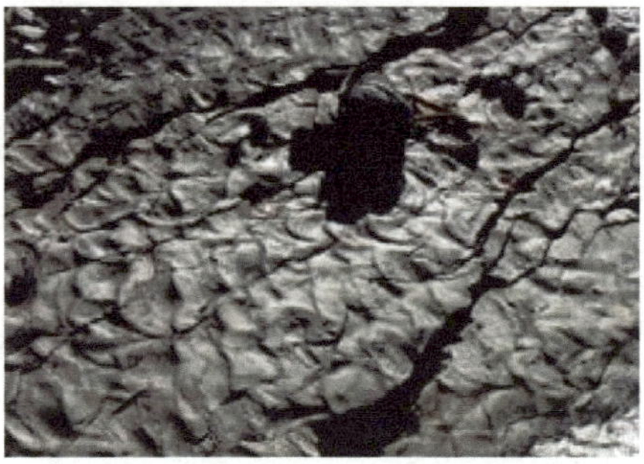

(g)厚浊积砂岩顶部的舌状波痕(爱尔兰西部，
上石炭统罗斯组)

(h)成对舌状波痕(格兰东约克郡，中侏罗世斯卡被组)

图 6.5　各种不对称形态的波痕示例

(a)多峰波痕(挪威芬马克，塔纳三角洲)

(b)较直波峰的对称波痕，连续性好，局部分叉(北威尔士巴茅斯)

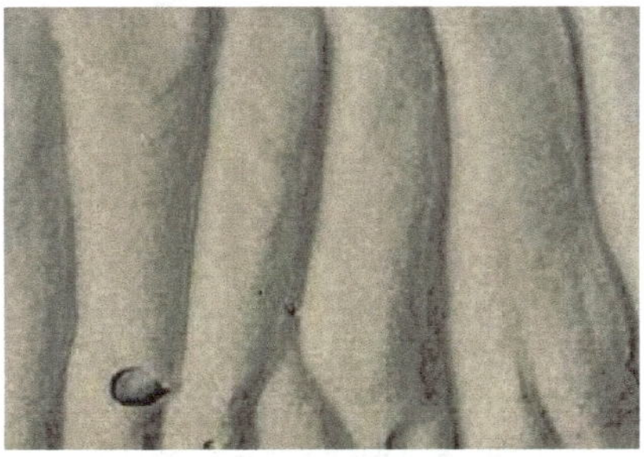

(c)具有圆形波峰的对称波痕(西威尔士巴茅斯)

(d)相当对称的波痕，但有尖顶。波痕间距约为10cm(挪威芬马克，塔纳三角洲)

(e)具有尖峰的对称波痕(西爱尔兰，上石炭统中克莱尔群)

(f)带有音叉交叉点的直波峰波痕(南威尔士，上石炭统煤系)

(g)蜿蜒的对称波峰(西班牙北部坎塔布里亚，志留纪)

(h)波峰相当直的对称波痕，波痕间距约为6cm(西班牙北部坎塔布里亚，志留纪)

图 6.6 各种对称形态波痕示例

由于一个以上波组之间或具有发散方向的波与水流之间的干扰产生的更复杂的图案，从一种主要波痕类型的轻微改变到复杂的干涉图形（见图6.7）。

(a)梯状波痕(挪威芬马克，塔纳三角洲)

(b)干涉波痕(挪威芬马克，塔纳三角洲)

(c)干涉梯状波痕及表面动物痕迹(斯瓦尔巴特斯匹兹卑尔根，下白垩统卡罗琳娜峡湾组)

(d)由大致相等且几乎正交的波组引起的干涉波痕(间距约5cm)而产生的干涉波痕

图 6.7　干涉波痕样式示例

为了提高描述和理解力，研究如图6.8所示的波痕表面的照片，更好的是调研现代的波痕环境，如海滩或河床，并描述、测量和解释在那里发现的波痕。

(a)

(b)

(c)

(d)

图 6.8　砂岩上层理面（a）和现今砂表面［（b）~（d）］的波痕示例

注：尽可能完整地描述这些波痕，并提出波痕产生的过程、水流和波浪方向有关的问题。

6.1.4　内部构造：交错纹理

在层理面或现今表面上出现波痕的地方，通常可以看到相关的内部纹层（见图6.9）。对纹层的认识在解释叠加层序时很有价值。在一些夹有砂和较细沉积物的层序中，沙纹孤立于细粒沉积物中，或保存在较厚砂层的顶面。这种单元称为层系组，形状和内部纹层之间的关系通常很清楚（见图6.9、图6.10）。然而，在许多砂岩中内部仅出现小尺度槽状交错层理，包括厚度不超过3cm的层系（组），每个层系单元由倾斜层（前积或交错）纹层组成（见图6.9）。纹层通常是向上凹的，具有切向下部的触点和尖锐的、削截的上部触点。层系组底部通常为槽形或匙形，强烈上凹，前积倾角柔和弯曲，平行于倾角方向。

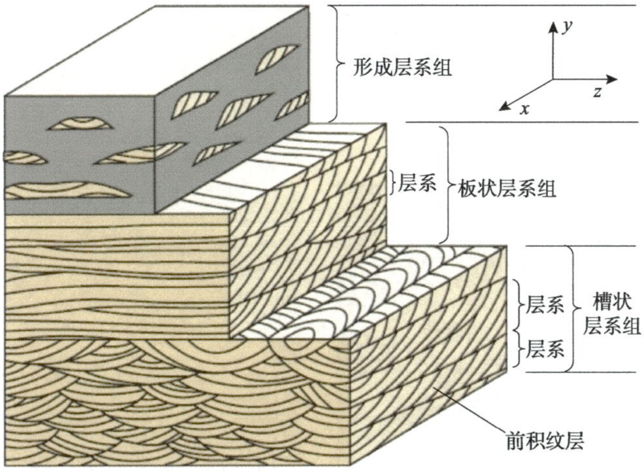

图6.9　交错层理基本类型的定义图［同样的术语也适用于更大尺度的交错层理，据Allen（1968）］

(a)水流方向从右向左(挪威芬马克塔纳河)

(b)水流从左到右(纳米比亚鱼河峡谷)

图6.10　保留波状交错层理的砂岩

注：在每一个例子中，交错层理沿河床底形迁移方向向下倾斜，反映波痕背水面的连续位置。层系边界在向上水流方向上以低角度倾斜，彼此“爬升”，形成“波状爬升交错层理”。

在古代中细粒砂岩中，暴露的风蚀砂岩表面和许多层理面显示出一种独特的弯曲纹层样式，以平行的形式向岩层倾斜（见图6.11）。平面上看，纹层通常呈下凹状，8cm宽，

20~30cm长，但某些情况下更长。这种模式被称为脊和沟，它是水流波痕迁移期间产生的槽状交错层理的水平特征（见下文）。较直的交错层理与层面相交并向相反方向倾斜不常见。这种交错层理是由某类型浪成波痕产生的，通常伴随着波峰处纹层的干涉和波峰的覆盖（见图6.12~图6.14）。交错层理只能通过充分了解其三维性质来理解，因为不同方向垂直截面的（即暴露）显示不同的纹层样式。最好通过参考方框图（见图6.9）来理解不同方向的垂直截面中纹层的特征。

(a)西爱尔兰，上石炭统中克莱尔群

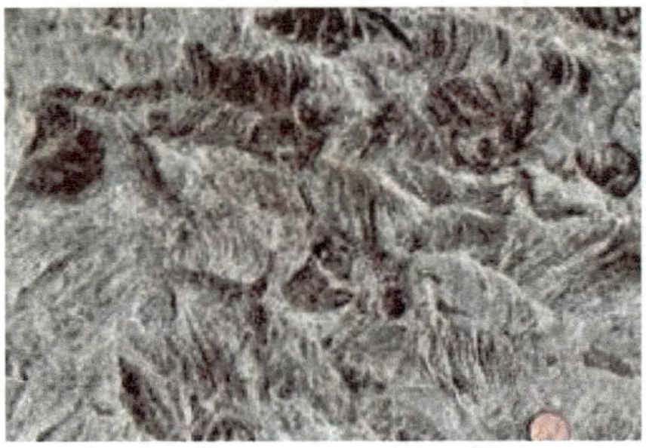

(b) 英格兰诺森伯兰，上石炭统煤系

(c)英格兰诺森伯兰，上石炭统煤系

图 6.11　砂岩层理面上显示的“脊和沟”，槽状交错层理的水平显示

注：将该结构与图 6.9 中最下部所示的理想图进行比较，从而确定水流方向。

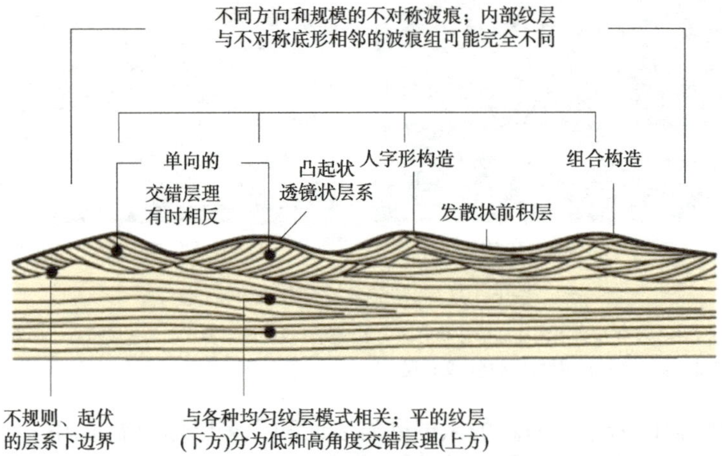

图 6.12　有助于判别浪成波状交错层理的一些特征［据 De Raaf 等（1977）］

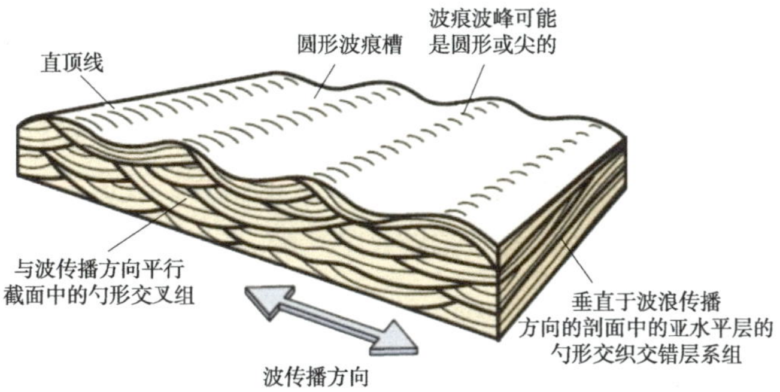

图 6.13　波浪振荡产生理想的地层三维结构［据 Boersma（1970）］

(a)浪成波痕内部纹层。
浪成波痕层理发生在风暴生成的砂岩中，
与浅海泥岩互层(斯瓦尔巴
群岛斯匹次卑尔根，白垩纪卡罗琳娜峡湾组)

(b)浪成波痕内部纹层及表面形状
(西爱尔兰，上石炭统中克莱尔群)

(c)波纹交错层理砂岩的较厚单元，
受一定的波浪影响。
(英格兰诺森伯兰，上石炭统煤系)

(d)浪成波状层理，有轻微的
洞穴扰动(利兹大学收藏，地点未知)

图 6.14　与波浪作用相关的内部纹层样式

有两种重要类型的交错层理需要单独讨论。

1）爬升波状交错层理（波痕迁移）［Climbing ripple cross lamination（ripple drift）］

在大多数交错层理沉积物中，连续层系组之间的边界具有侵蚀性且大致水平。然而，在一些例子中，层系组之间的边界是倾斜的，并不总是侵蚀的。它们的倾斜方向与交错纹层的倾斜方向相反，且角度不同（见图6.15、图6.16），这是爬升波状交错层理（波痕迁移）。波痕组的爬升角由下游波痕迁移率和河床垂直沉积率之间的比率决定（见图

6.15）。在大多数情况下，与迁移率相比，沉积率很小，爬升角很低。在这种情况下，当波痕沿水流向下移动时会截断序列中前积纹层的上部，仅保留其底部，形成一组爬升交错层理。临界爬升发生在爬升角度与波痕坡度完全匹配的地方，这样整个河床底形才得以保留。超临界爬升发生在攀爬角度大于波痕坡度的地方，此时，背水和迎水斜坡处沉积物堆积，层理可以在层系组之间连续追踪。

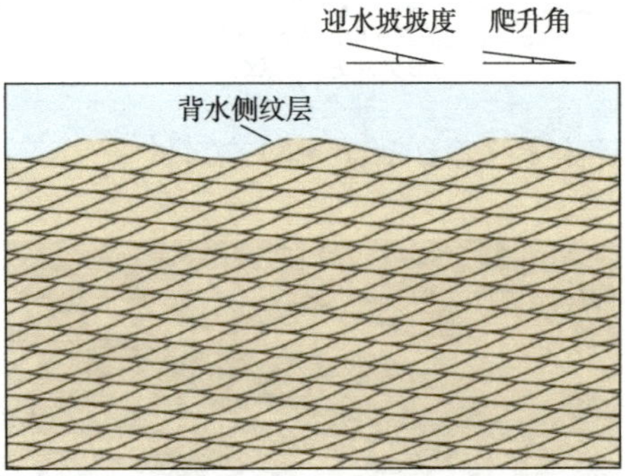

(a)亚临界爬升，即迁移后爬升角度小于波痕和组间侵蚀的迎水坡坡度的角度

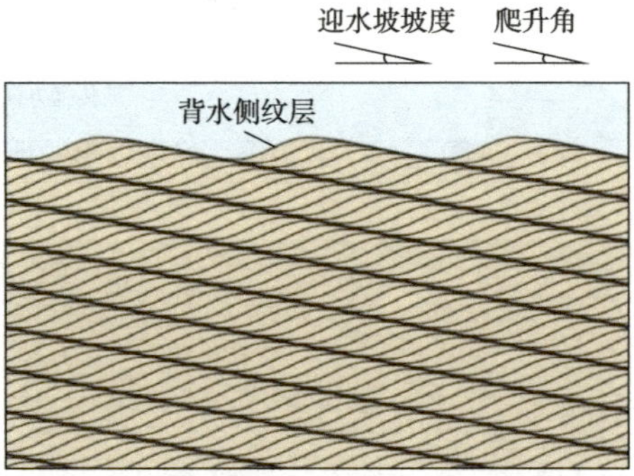

(b)临界爬升，爬升角度等于波痕的迎水面斜率的角度

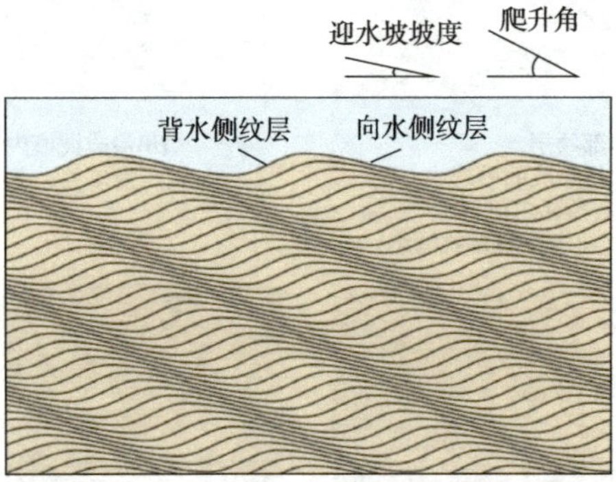

(c)超临界爬升，即爬升角度大于迎水坡坡度的角度，从而保留迎水坡层。在每种情况下，产生的波痕具有相同的几何形状和形态。此处所示的爬升波痕的命名法也适用于较大的河床底型

图 6.15　不同类型爬升（“波痕 – 漂移”）交错层理示意图

(a)亚临界爬升波状交错层理，沿水流方向层系组增厚和变薄。仅保留了前积体的下部，层系组顶部厚度似乎是递减的(美国犹他州，侏罗纪基恩塔组)

(b)近临界爬升波状交错层理(美国犹他州，三叠纪莫恩科皮组)

图 6.16　不同角度的河床爬升产生的爬升波状层理示例

(c)超临界爬升波状交错层理，某些地方保留了迎水面纹层(美国犹他州，侏罗纪凯恩塔组)

(d)亚临界波浪爬升，仅保留前积层下部。本例中，向左变为波痕层系组，每组约6cm厚(冰岛中部，现代河流沉积)

(e)超临界波浪爬升，波浪形态的背水坡和迎水坡均堆积。从向下倾斜至右侧看背水坡沉积物较短。波浪迁移方向向右(冰岛，河流沉积)

(f)可变爬升波痕，从亚临界上升至超临界。波痕迁移方向向左(挪威芬马克塔纳河，河流沉积)

图 6.16　不同角度的河床爬升产生的爬升波状层理示例（续）

记录层系组侵蚀边界的倾斜度很有用。在迎水处保存的纹层，重要的是记录相同波痕波峰连续位置线的倾斜度。当河床垂直度增大时，测量记录波痕向下游移动时的轨迹（见图6.15）。因此，交错层理的几何结构表明了河床垂直沉积的速率，与最高沉积速率相关的陡峭爬升角（超临界）表明了沉积速率（见图6.17、图6.18）。

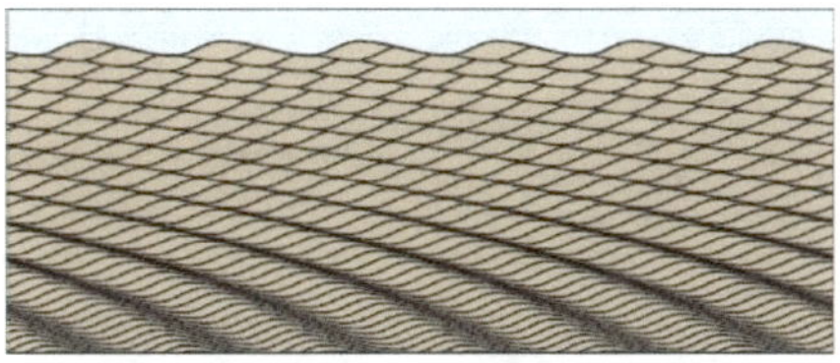

(a)从底部超临界到顶部亚临界，爬升角减小

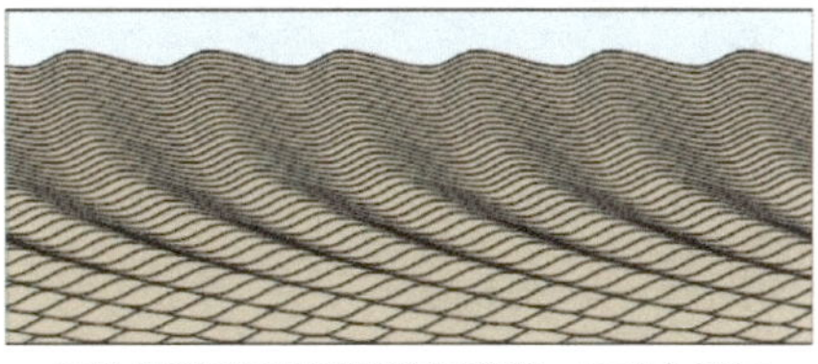

(b)从底部亚临界到顶部超临界，爬升角增加

图 6.17　计算机生成的浪成交错层理模式，显示了底床爬升角度变化对保留的地层样式的影响

图 6.18　波状交错层理实例，其经历了从下部亚临界到上部超临界的爬升角增加（冰岛中部，现代河流沉积）

2）脉状、透镜状和波状层理（Flaser，lenticular和wavy bedding）

在一些波状交错层理砂单元中，原有模式被更细粒沉积物（粉砂和泥）的夹层和透镜体打破（见图6.19、图6.20）。在砂占主导地位的地方，如脉状层理（另见第5.2节），泥质沉积物以薄层形式出现，通常不连续，覆盖波痕形成或限于波痕槽内［见图6.21（a）］。在细粒沉积物占主导地位的地方，砂以孤立的波痕状出现［透镜状层理，见图6.21（c）］。砂和细粒沉积物的比例存在连续级配，通常用“波状层理”来描述砂和泥比例中等的单元［见图6.21（b）］。对混合区间的任何描述都应估算不同成分的相对比例。

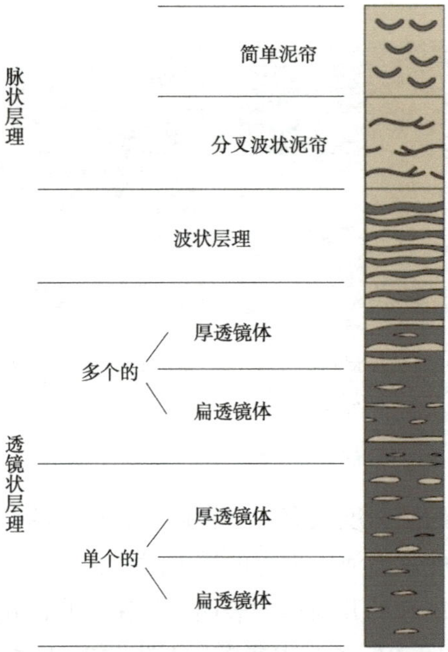

图6.19　砂和泥的混合岩性导致的交错层理和层间作用的变化［据Reineck和Singh（1973）］

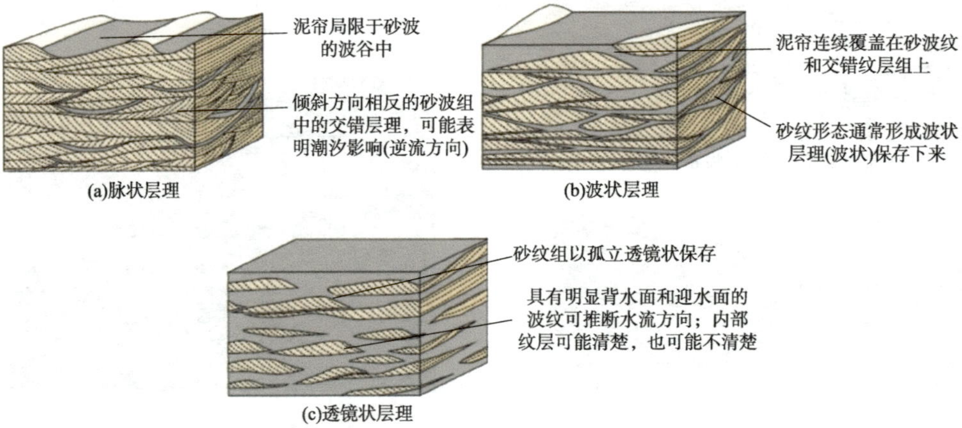

图6.20　砂泥混合岩性中的夹层类型［从（a）到（c）的系列是由于流速的降低及泥含量增加。据Reineck和Singh（1973），略修改］

(a)杂岩地层中受波浪改造相关的脉状和波状层理(英格兰诺森伯兰，上石炭统煤系)

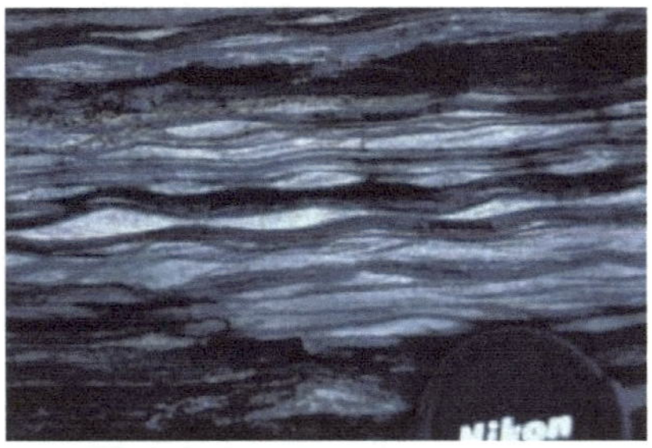

(b)波状层理，泥完全覆盖砂质，波浪影响形成的波痕(西爱尔兰，上石炭统中克莱尔群)

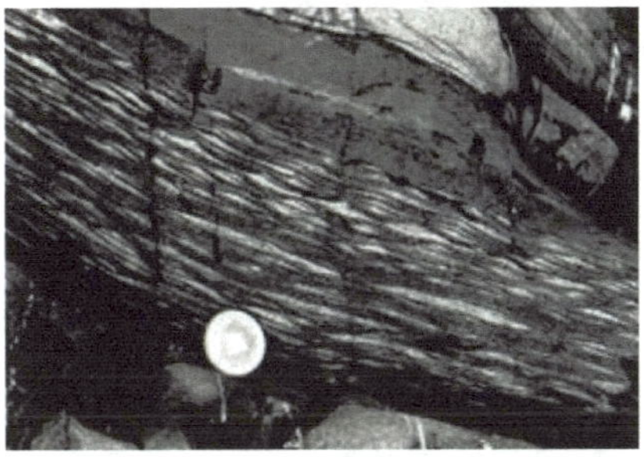

(c)透镜状层理，具有尖顶和孤立的对称波痕组(英格兰北德文郡，上石炭统诺瑟姆组)

(d)深色粉砂岩，带有波浪影响的波痕，波峰尖，横向纹层倾斜方向不同 。图片中描绘的宽度约为0.4m(西爱尔兰，上石炭统中克莱尔群)

图 6.21 砂泥混合岩性产生的各种交错纹层结构实例

6.1.5 流水波痕的形成和沉积过程

水在砂质底床上的运动，如单向流、振荡波或两者的组合，都可能形成波痕。

1）单向水流

当流过砂床的水速超过某一临界值时，颗粒开始移动（见第3.5节）。随着直径小于0.6mm的颗粒广泛移动，不对称波痕几乎立即形成（见图6.22）。最早的波痕通常是直的，连续不断有波峰，但随着速度的逐渐增加，波痕会转变成更多的三维模式，最终形成舌形。与水流平行的脊和沟在迎水侧变得更加常见，间距也更加紧密，顺水侧冲刷沟也变得更加清晰。因此，在平面图中，波痕的形状为流速提供了一个粗略的定性指南（见图6.23），尽管在浅层流动的情况下，水深也起着一定作用。

虽然随着流速的增加，波长略有增加，但对波痕尺寸的主要控制因素是沉积物的粒度，较粗的颗粒产生较大的波痕。海流波痕最容易在浅水中形成，但由于海底洋流的作用，也能在深水中产生。浊流（见第3.7节）也会引起波痕和交错层理。在洋流减速期间，从悬浮物上落下的沙子和淤泥可能会在河床上重新形成波痕。

波痕形状的变化可能与河床附近的水流紊流结构有关。波峰线与水流的平直波峰在波峰背水面上有旋转涡流，其旋转轴平行于波峰线（见图6.24）。随着流速的增加，轴向分量与流动平行的涡流变得更加重要，产生越来越多的三维波痕形状。波痕迎水面的隆起和下凹是与水流平行的涡流造成的。

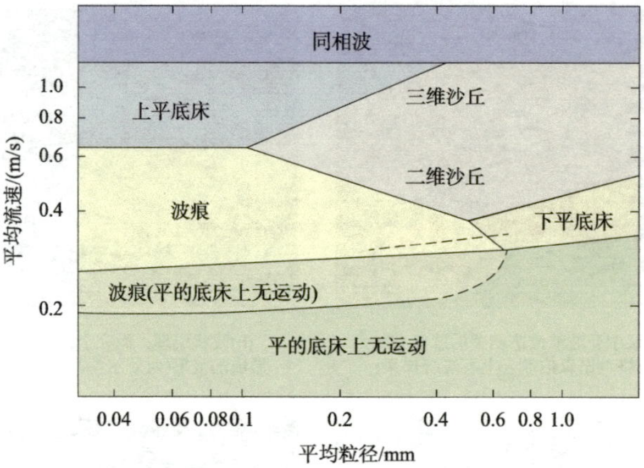

图 6.22　0.2m 水深时，不同河床的稳定性场与流速和粒度的关系 [据 Harms 等（1975）]

注：该图为对数刻度。对于其他深度，线的位置会发生移动，需要一个三维图来充分说明底床分布。

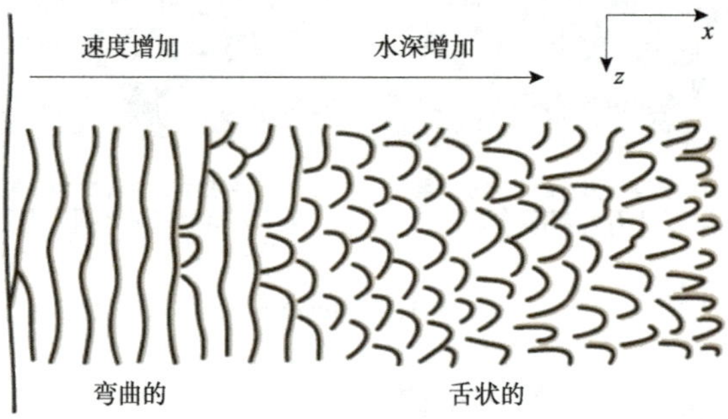

图 6.23　在没有波浪影响的情况下形成的不对称水流波痕，形状与水深和流速有关 [平面图，据 Allen（1968）]

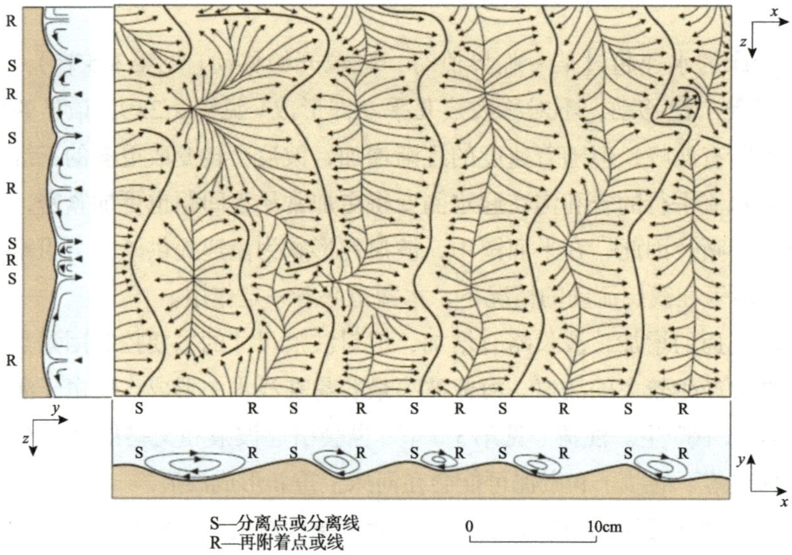

图 6.24　在不对称水流波痕场上靠近河床的水运动模式 [据 Allen（1970）]

注：平面图显示了河床上水的流向；较粗的线表示波峰线。箭头方向与颗粒运动方向相似。水流在波顶部分离，并在下游下一个波的背水侧重新作用。注意附着物是如何聚焦在下游的波峰线凹面的。

菱形波痕尚未得到广泛研究，此波痕似乎是在非常浅的条件下形成的，靠近波痕和上部平坦底床之间。波峰似乎与小规模水力变动有关（见第3.2节）。

在小溪或实验室河道中观察沙粒在波痕上的运动是有益的。应能够识别水流的分离和汇水区域，并查看水流如何汇聚以形成对下游波痕的冲刷。对于直顶波痕，汇水通常在连续区域内；但对于舌状波痕，汇水集中在冲刷坑内，颗粒从那里向各个方向被冲走。从冲刷坑吹出的一些砂粒向上游移动，与上游波痕背水处的沙子混合。这种混合有助于波痕的背水面具有相切的底面。从冲刷坑吹出的沙子大部分向下流动，以供应下游的下一个波痕。颗粒以不同的速度接近波峰线，移动相对缓慢的颗粒在波峰线处突然停止，并在背风面上堆积，使其坡度过大。当超过滑动角时，会发生滑落并发生颗粒流（见第3.7节）。在波峰线移动更快的颗粒会被抛到背水面上。颗粒的轨迹直接受波峰下游形成的强涡流的影响。这两个过程共同记录了波痕在背水面的迁移和交错层理。舌状波痕与冲刷坑背水面耦合的下游产生了槽状交错（见图6.9、图6.11）。更直的波峰产生槽形不太明显的交错纹层。

波状交错层理是由于波痕的迁移与河床上沉积物的积累共同产生的。在没有河床沉积的情况下，波痕会向下游移动，只有流动停止时才能留下来形成层系组。在高输砂率的情况下，随着波纹的迁移，河床将垂直沉积，产生爬升的波状层理（波痕迁移）。爬升角（轨迹）反映了垂直河床沉积速率和波痕迁移速率之间的平衡情况。对于给定的迁移速率，爬升角越陡，沉积速率越高。当爬升角角度超过波痕迎水面的坡度时，会发生超临界爬升，并保留迎水面的纹层（见图6.15~图6.18，另见第6.1节）。

2）表面波过程

所有对称的波痕以及许多具有直而连续的峰线的不对称波痕，都是表面波活动的结果，有时与水流共同作用。波痕形态和纹层与河床附近的水运动方式密切相关。这可以通过仔细观察海滩上的小的波浪作用或通过实验室水槽中的实验来理解。水槽底床上的高锰酸钾晶体将产生染色流，显示靠近底床的水运动模式（见图3.13）。主要有3种类型的波浪对沉积物响应有影响：自由重力波、强迫波和破碎波。

自由重力波在风力作用下产生的区域之上移动，任何水质点的移动模式几乎是一个闭合的回路（见第3.3小节及图3.13）。靠近河床的波浪轨道水平方向上变得平缓，首先是椭圆，最后是往复运动的线性运动。这种振荡运动产生了直峰波痕，波峰线与波前端平行。

首先形成的颗粒滚动波痕，其起伏度较低，反映了刚好高于临界侵蚀条件的运动。对于较强的波浪通过时会产生旋涡，并形成旋涡波痕（见图6.3、图6.6、图6.25）。

波浪产生的波痕的大小、间距和对称性由4个限定边界条件的因素控制：河床处的最大波浪轨道速度、河床处轨道速度的不对称性、平均粒度和波浪周期。最后两个因素主要影响波痕大小。当最大轨道速度介于不产生运动的轨道速度和产生水平层的轨道速度之间时，会产生浪成波痕（见图6.26）。轨道速度的不对称性决定了对称波痕和非对称波痕的边界，速度不对称性越大，波痕越不对称。在波浪变浅的浅海区域，局部有时可以识别出波浪类型（见图6.27）。

大多数波浪是由风在水面上的阻力引起的，过程很复杂，对泥砂响应几乎没有直接影响。然而，在浅水中，沉积物表面可能受到风驱动的波浪（强迫波）的强烈影响，水质点运动模式比自由重力波更复杂，包括轨道运动和单向流动。由此产生的波痕是不对称的，可能难以与浅水波或单向流的产物区分［见图6.5（d）、图6.5（e）］。

在波浪破碎的情况下，水流非常混乱。只有在波浪平缓时，冲刷区的涌浪和反冲才会产生波痕。在更活跃的条件下，形成菱形波痕或较平底床（见第6.1节、第6.3节，图6.26）。

对称波痕的形状在很大程度上是水深的函数。圆顶波痕出现在相当深的水域，而强烈的尖峰波痕在非常浅的条件下更为常见。

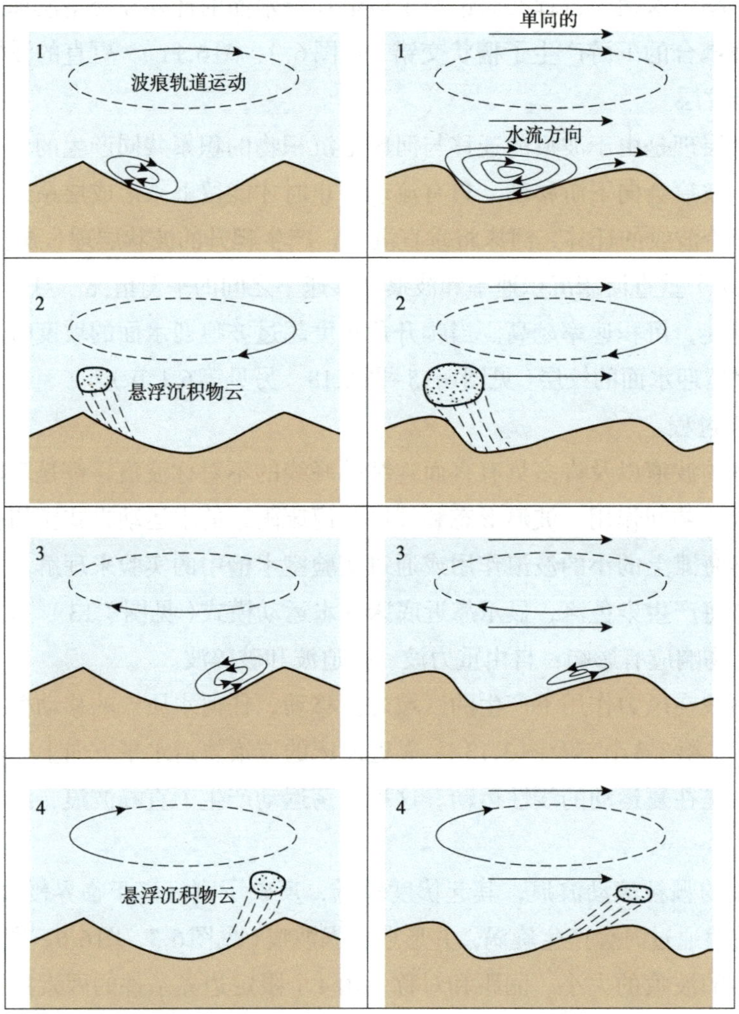

图 6.25　涡流波痕上的水和沉积物运动模式［据 Inman 和 Bowen（1963）］

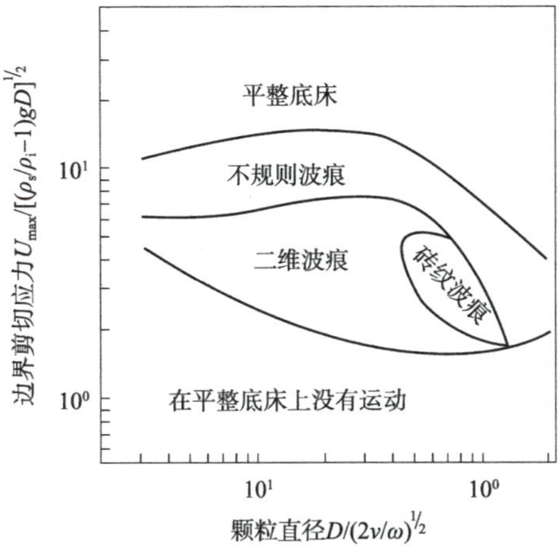

图 6.26　在不同的波浪强度和沉积物粒度条件下，波浪作用于直水道产生不同类型河床［据 Kaneko（1980）］

注：U_{max} 是靠近床层的最大轨道速度，D 是颗粒直径，ρ_s 和 ρ_l 是固体和流体密度，v 是流体的运动黏度，ω 是波的角频率。

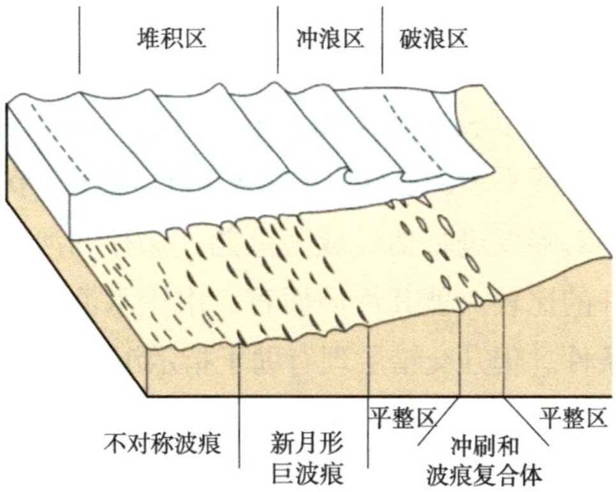

图 6.27　俄勒冈州高能海岸海滩离岸波浪产生的底形分区，不同能量状态的海岸线具有不同的分带模式［据 Clifton 等（1971）］

3）干扰效应

在许多情况下，波和水流或多个波组可能共存并相互作用。在波–水流相互作用下，产生的波痕图案取决于两个过程的相对强度和方向。如果它们朝着相似的方向运动，尽管不一定具有相同的运动感，也会产生直峰波痕。这些很难与浅水或强迫波产生的波浪区分开。波浪拉直了原本可能是波峰起伏的水流波痕的波峰。当波和水流方向不一致时，会形成干扰模式（见图6.7）。然而，并非所有干扰模式都意味着各种过程同时运行。在条件不断变化的潮滩上，不同过程在时间上的分离尤为常见。

当波浪运动叠加在洋流上时，靠近河床的水流速度瞬间增大，可能会超过临界侵蚀速度，河床可能在平均速度低于启动所需阈值的水流下形成波痕。

6.1.6　波痕和交错层理的应用

波痕和交错层理主要有三种用途。

1）判断顶底

波痕和交错层理是“顶底”最可靠的指标之一，尽管有3种方式可能被误认为“向上”意义不明确或相反的构造。在强烈变形的岩石中，层理解理相交有时会在层理表面造成小规模的波动，看起来非常像波痕。仔细研究解理和解理模式可以解决此问题，但当明显的波峰与褶皱轴或解理痕平行时应小心。在确定其沉积成因之前，应识别和“波痕”相关的交错层理。在保留波痕形态的序列中，层理下表面可能会将下伏岩层顶部的波痕保留为铸模。对波痕表面两侧地层内部结构的检查应显示出波痕下方的交错纹层。

表面上看，横向冲刷痕（见第4.2节）类似于水流波痕。然而，它们内部没有交错层理，可能与其他类型的底模有关。

2）分析沉积条件

波痕表示水流和波浪的沉积，其强度足以超过临界侵蚀速度，但不足以形成沙丘、沙波或平坦的底床（见第6.2节、第6.3节）。波痕对称性和波峰形状使得对水流和波浪的相对强度进行估计成为可能。保存的河床或内部结构的流体力学解释通常基于与平衡条件的比较。就其性质而言，由于水流减弱或扩大，泥砂供应过剩，所有沉积都是非平衡条件。爬升交错层理有助于指示沉积物供应，因为爬升角度随沉积速率而变化。

3）辨别古水流和古波浪方向

波痕形态和交错波痕都可以指示波浪和水流的方向。波痕对流动方向的局部或短期变化反应迅速，因此它们可能记录到与整体古斜坡或高水位流动不同的方向（见图6.28）。

(a) (b) (c) (d)

图 6.28　各种类型波痕交错层理的例子，就每种情况下的沉积过程解释是如何发生的

在理想情况下，古水流最好从层理面上的波痕或交错层理来测量，而不是从垂直剖面上的交错层理来测量。除了垂直剖面中的方向分量之外，很难判断任何东西。测量波峰方向（对于浪成波痕）、波痕趋势（对于水流波痕）或显示沟渠结构的层面上的槽轴。对于对称浪成波痕，可能无法判断波浪运动的方向。

6.2　水成沙丘、沙波、沙坝和交错层理

6.2.1　引言

许多地区的沙质河床、潮滩和水道，以及被潮流冲刷的沙质海底，显示出比水流波痕大很多倍的底床形态。这些较大的形状与波痕在高度和间距上都有明显的跳跃，尽管许多比例形状因素通常是可比的（见图6.29）。在3~10cm的高度范围和30cm~1m的间距范围内发现水下水流形成的河床是比较少见的。此外，较大的形状通常有较小的水流波痕叠加在其迎水侧。如果在河床或潮坪上看到这种叠加，很可能至少部分是由于河流水位下降或退潮减弱期间沉积物的持续运动造成的，当时大型沉积物不再活跃，而小型沉积物很活跃。然而，在受控实验中，在平衡条件下也会出现较大形式的波痕叠加。

在地质记录中，只有少量的小规模波痕例子出现在大型层理表面，最常见是从产生的交错层理模式中重新形成。

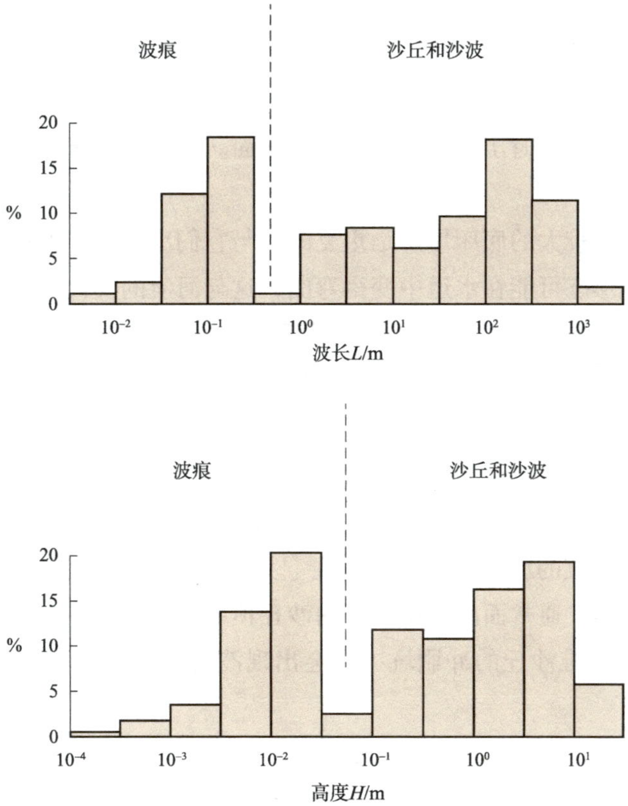

图 6.29　当今各种环境中波状水下底床的波长和高度统计直方图［据 Allen（1968）］

注：一个明显的间断将波痕与巨大床型分开，代表性形态包括沙丘和沙波。

6.2.2 物质条件

由迁移而形成的大型底床形态和交错层理最常见于中砂和粗粒沉积物中。它们也可能出现在含砾砂岩和细砾岩中。此外，在许多较粗的砾岩中发现了交错层理，其成因可能来自其他过程（见第七章）。砂岩中某些类型的大型交错层理也是大型地貌特征迁移的结果，与底床形态没有直接关系。

6.2.3 大型底床形态的尺寸、形状和分类

波长1m以上的大型沙质河床形态被描述为沙丘、沙波、巨浪、大规模波痕和不同类型的沙坝。由于缺乏一致性，导致术语应用有些混乱，尤其是以往的文献中。在这里，我们列出了描述这些形态时最重要的特征。大多数在低潮或河流水位较低时可见（见图6.30），但类似标准也可用于描述回声测深仪和其他声纳成像设备显示的水下特征。

关于大型沙质底床形态，首先要问的问题是：它们是否在底床上形成重复的形态？间距是否规则，高度是否一致？平面形式是否一致？如果是，记录波高和波长，并用与不对称波痕类似的术语描述（见图6.1）。

第二个问题是：是否只有一种尺寸的底床形态（简单底床），或者多种尺寸的底床形态（复合形式）共存？在复合形式的情况下，重要的是判断较小的是否仅限于大形底床的迎水面，或者它们是否同时出现在迎水面和背水面。记录所有床形尺度的尺寸及比较大小床形的方向。

在某些情况下，较大的底床形态是重复的，与它们出现的河道形态无关。在其他情况下，较大的底床形态可能在水道中变得弯曲，这与河流的决口和汇聚有关，在大河或河口做出最后的判断相当困难。爬山登高、驾驶无人机（如允许）或研究航空照片、卫星图像、详细地形图可能会提供大量信息（见图6.31）。在最大的体系中，不同尺度的特征可以叠加。

简单、重复、强烈不对称的形态，尺寸与河道宽度无关，一般称其为水成沙丘。三维上，在背水面上有蜿蜒的波峰线和发育良好的冲刷坑［见图6.30（a）、图6.30（b）］，或者是平缓弯曲或笔直的波峰，没有冲刷坑［见图6.30（c）］。水成沙丘通常在迎水侧有小规模的水流波痕，通常面向下游，朝向沙丘顶部。然而，在水成沙丘背水面的下游可能面朝上游。在三维沙丘的冲刷坑中也会出现波痕，波痕从坑中心扇状分布［见图6.30（b）］。

在一些受强潮流影响的区域，如潮下带，会出现大型且简单的河床。高达几米，波长数百米。最常出现在回声测深或侧扫声纳测量记录上，通常被称为沙波，形态不对称，波峰线直且连续，长达数百米。

沙波的方向与潮流方向垂直，不对称性在缩短后的回波道上非常明显，实际上很轻

微，尽管整个频谱从近对称形式到强不对称形式都存在。不对称性强时，陡坡（背水）侧可能为滑动面，不对称性减小时，陡坡侧的角度减小。

(a)从蜿蜒的波峰至舌状沙丘，显示了叠加的水流波，背水面上发育良好的冲坑(挪威芬马克塔纳河)

(b)同一沙丘的下游视图，背水面冲刷坑周围由于再次水流活动产生的径向波痕

(c)平直的低起伏沙丘，在潮滩上叠加有波痕。波痕方向记录了退潮期间的变化(荷兰哈林夫利特)

(d)海滩上弯曲波峰低起伏沙丘及叠加的波痕(西威尔士巴茅斯)

(e)弯曲波峰沙丘，地势较低，叠加的水流波痕可能在较大的床体停止移动后继续移动

(f)特写镜头(西威尔士马达奇河口)

图 6.30　广泛归类为“沙丘”的较大水下河床的实例

对于明显独立于河道宽度按比例缩放的复合床形，复杂或复合沙波等术语是合适的，尽管这些区域的出水面顶部可能被称为“沙坪”（见图6.31）。

如果床形在比例上与河道宽度相关，则用术语“坝”。根据坝与水道或深泓线的关系、是简单坝还是复合坝，以及坝是否具有滑动面，对坝进行适当的鉴别（见图6.31、图6.32）。

(a)大型低起伏沙丘，宽舌形，被称为舌形沙坝。随着河流下降波峰的形状有所改变。较小的沙丘出现在较大床形之间的低洼地区

(b)大型低起伏沙丘，宽舌形，被称为舌形沙坝。随着河流下降波峰的形状有所改变。较小的沙丘出现在较大床形之间的低洼地区

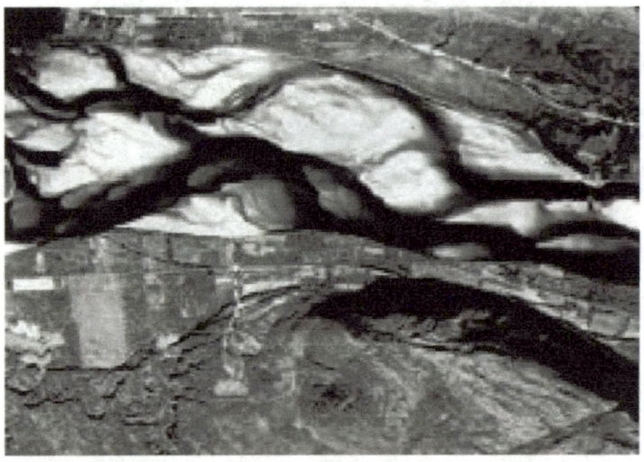

(c)砂质河床的一部分，有重复的、大规模的、舌状沙丘，呈梯队状构成与河岸相连的大沙洲。请注意图像顶部的弯曲波峰线

(d)砂质河床的部分航拍照片，大型舌状重复沙丘（舌状沙坝）叠加在更大的复合沙堆上，这些沙堆被称为沙坝。其中，一些沙坝出现在河道中部，而另一些沙坝则附着在河岸上(全部来自挪威芬马克的塔纳河,河床宽约1.5km)

图 6.31　有时被称为沙波或沙坝的大规模沙丘形式的例子

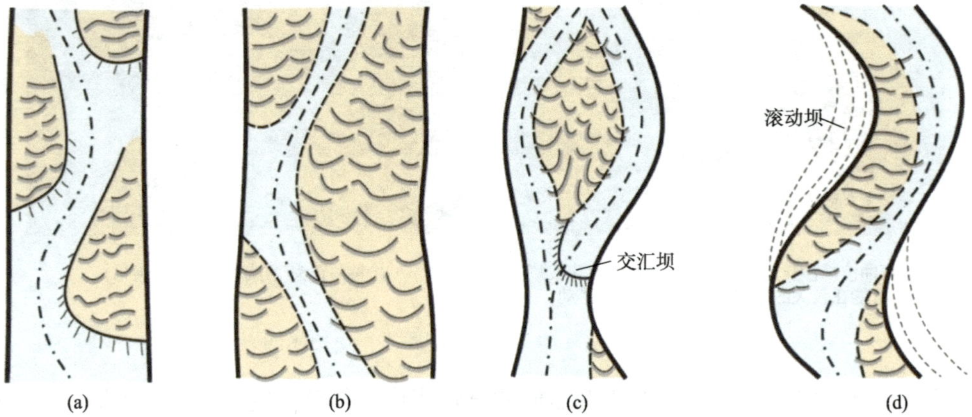

图 6.32　砂质河床上不同坝型的定义图

注：坝尺寸与水道宽度的关系。沙坝表面有重叠的重复河床（沙丘），其大小与河道宽度无关。(a) 具有大型滑动面的河岸侧积坝。(b) 没有自身滑动面的侧积坝。(c) 河道中间坝和可能的交汇坝。(d) 与水道曲率相关的点坝。垂直于平均水流方向的河道横向迁移产生滚动坝。

6.2.4 形成后的改造

低水位时暴露在河床上的大型底床形态通常显示出叠加特征，规模特征反映了其形成时的水流能量和速度。缓慢水退时有更多的时间对早期形成的底床进行改造。在波浪作用下，背水侧滑面和河床形态的波峰线变圆，波浪的冲刷可能使沙体波峰线向上游延伸（见图6.33）。同样的作用也可能降低滑面坡度，聚集重矿物，并将迎水面的水流波痕重塑为波浪或干扰波痕。在水位下降期间，河流或潮汐流可能会被河床底形分割，大型河床的顶部可能会被水流冲刷形成冲沟，其前方形成小三角洲朵体（见图6.31）。水流波痕方向会调整以反映此水流，并且在水流旋涡汇合处形成朵状沙体。快速水退的出现会降低影响，因为流动时间更短。在潮间带改造时间只有几个小时，较大的床形以相对未改造的状态保存［见图6.30（e）］。

图 6.33 通过突发水流进行改造。由于波浪冲破坝顶并将沙子输送到上游侧，形成了一系列扇叶。挪威芬马克、塔纳河

6.2.5 沙丘内部结构：中等规模交错层理

在沙丘中的探槽揭示了斜层理的模式，类似于波痕的交错层理，但规模更大，称为交错层理，以往的文献又称“水流层理”和“假层理”。尽管层系厚度通常大于10cm，但交错层理的许多术语（见图6.9）仍然适用。波峰直且长的沙丘产生板状交错层理，其板状层系横向范围较宽，而强烈的三维沙丘形成了带有扇形组合的槽形交错层理（见图6.34~图6.36）。这两种类型在岩石记录中都很常见，尤其是在中粗粒砂岩中。

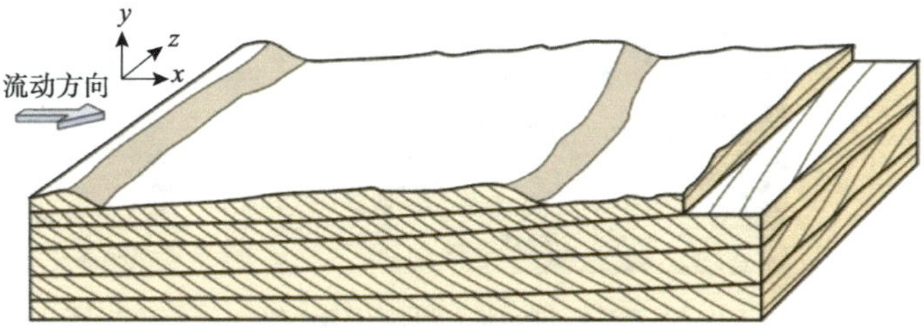

(a)直顶(二维)沙丘形成一组板状交错层理，在平行于沙丘顶部的剖面上变化较小

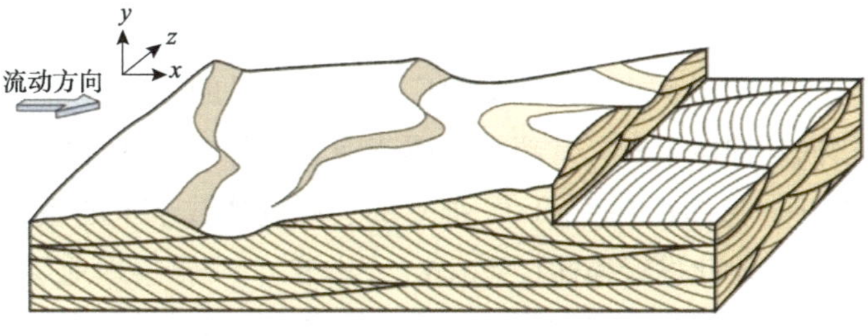

(b)弯曲波峰(三维)沙丘形成了一系列槽状交错层理，其中槽状、扇状或圆柱形冲刷痕中充满了与沙丘波峰平行的前积物。这些构造出现的尺度范围较广

图 6.34 不同平面形态沙丘迁移产生的交错层理模式

(a)大致平行于古水流的板状交错层理图。层系由波状交错层理的砂岩薄单元分隔。注意层系底部前积层的接触角度。测光计(8cm长)为比例尺(斯塔福德郡，上石炭统蟑螂砂岩)

(b)垂直于古水流的槽状交错层理砂岩。由于其弯曲的形状，前积层的方向明显相反(南威尔士上，石炭统彭南特砂岩组)。图片由吉尔伯特·凯林提供

(c)垂直于古水流的槽状交错层理砂岩。槽为不对称填充(苏格兰洛锡安，上石炭统)。图片由吉尔伯特·凯林提供

(d)角状出露的板状交错层理，两个面都倾斜于古水流。比例尺1m(斯瓦尔巴特群岛斯匹次卑尔根，白垩纪)

(e)与古水流近平行的槽状交错层理(格陵兰岛西北部英格尔菲尔德土地，元古代)

(f)在平行于古水流的剖面中，形成一套中等规模的交错层理。层系边界的顺流倾斜表明大型复合底床下游端的堆积作用。单层系厚度为10~30cm(英国诺森伯兰，下石炭统法尔砂岩)

图 6.35　剖面中见到的中型交错层理类型

板状层系的尺寸范围很广，但最常见的是厚度小于1m的层系。约1m厚的层系通常横向延伸数十米，常超出出露范围。当若干层系组叠加时，可能被波状交错层理的薄层隔开［见图6.35（a）］。孤立的、厚度达数十米的板状地层可能不是水下沙丘的产物，下文将对此进行描述（见第6.2.9小节）。交错层理地层的板状层系组几何结构相对简单，沿走向的变化相对较小，且前积笔直或轻微弯曲。然而，与波痕一样，具有相似形态的床形可以根据其爬升角度的不同形成不同的模式（见图6.37）。板状层系的前积层通常是渐进的（切基线）或板状的（根据角度）；外凸向上和反S形前积体相对少见（见图6.38）。

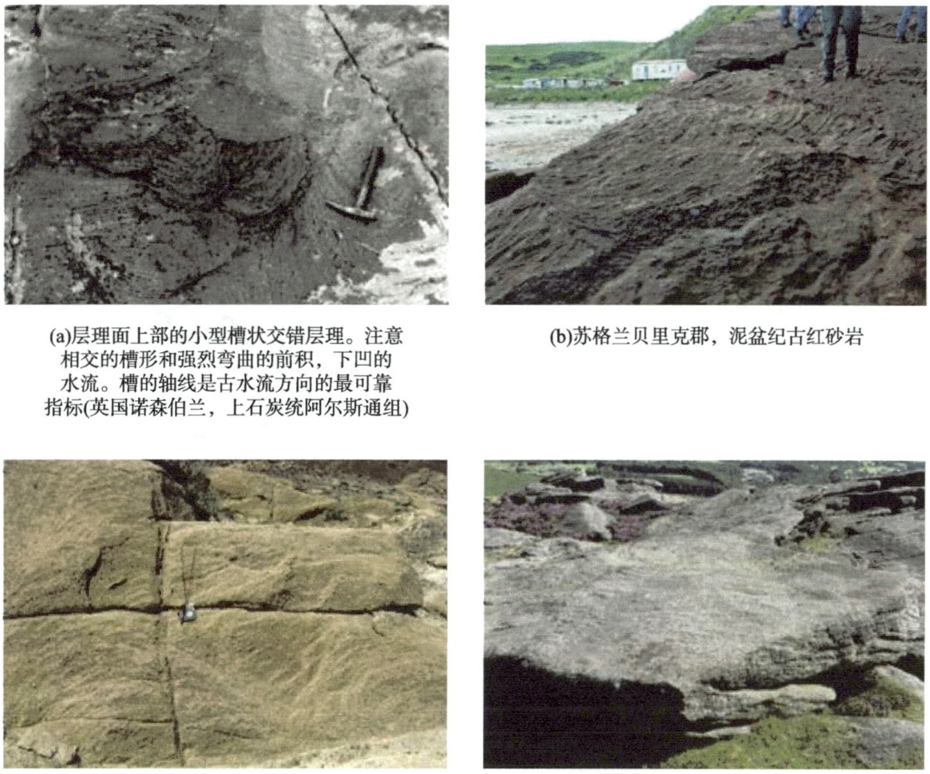

(a)层理面上部的小型槽状交错层理。注意相交的槽形和强烈弯曲的前积，下凹的水流。槽的轴线是古水流方向的最可靠指标(英国诺森伯兰，上石炭统阿尔斯通组)

(b)苏格兰贝里克郡，泥盆纪古红砂岩

(c)蒙古，白垩纪赛恩山组

(d)英国德比郡，上石炭统金德斯考特砂砾

图 6.36　平面上见到的交错层理类型

槽形层系组厚度很少超过1.5m，通常宽几米，长几十米。最常见是约30cm厚，1~2m宽，5~10m长。而强烈的三维沙丘形成了带有扇形组合的槽形交错层理。在平面图中，槽状交错层理显示了放大版的“脊和沟”（见图6.36、图6.11）。垂直于水流方向的剖面有时被描述为槽状交错层理［见图6.35（b）、图6.35（c）］。跨地层的槽形层系组的几何结构比板状层系组更为复杂，因为沿不同走向的层系组的前积方向不同，形成了不同角度爬升的交错层理模式（见图6.39）。此外，连续波峰弯曲的平面或相位也对交错层理的几何结构具有控制作用（见图6.40）。

在垂直剖面中，应注意正确解释填充槽形层系组的横向地层的几何结构。需要注意的是，横穿槽轴的露头剖面通常会显示出明显与槽底一致的前积［见图6.41（a）］，而倾斜于槽轴的剖面将明显以不对称方式进行前积，并向下搭接到槽底［见图6.41（b）］。

在交错层理的层系组内，层系之间的界面通常接近水平，尽管在小型露头中，可能难以判断沉积水平面的方向。然而，在一些大范围出露中，组之间的边界面本身被视为倾斜界面，从而定义了更大范围的倾斜单元。如果有疑问，需要确定倾角大小和方向，包括倾斜层与交错层理前积倾角以及（如果可能）与真实沉积水平的关系。所有类型关系都是可能的，其中上升（上游堆积）、下降（下游堆积）及沿斜坡（侧向堆积）都是结束单元。

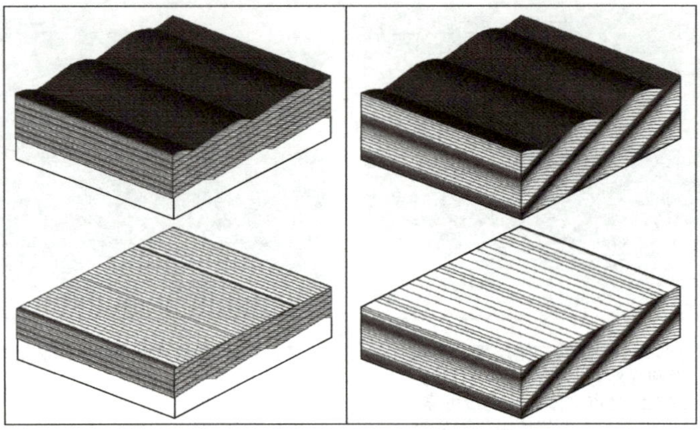

(a)亚临界爬升角和水平剖面　　(b)超临界爬升角和水平剖面

图 6.37　二维（直顶）河床迁移产生的交错层理形式示意图

注：采用 Rubin（1987）、Rubin 和 Carter（2006）的"底床"软件生成的计算机模型。

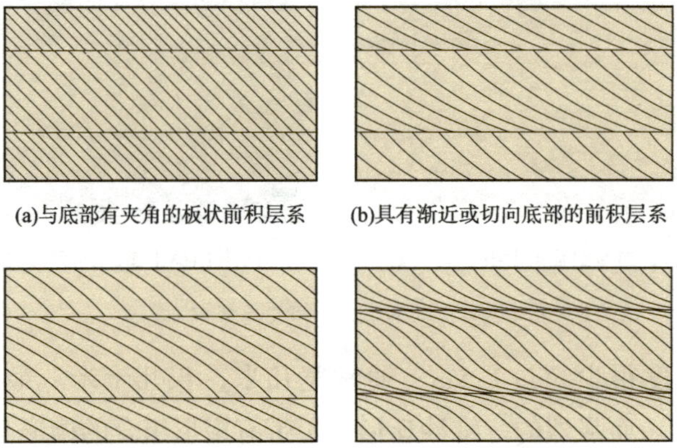

(a)与底部有夹角的板状前积层系　　(b)具有渐近或切向底部的前积层系

(c)外凸的前积层系　　(d)反S形前积层系

图 6.38　平行于水流的板状交错层理中的理想截面

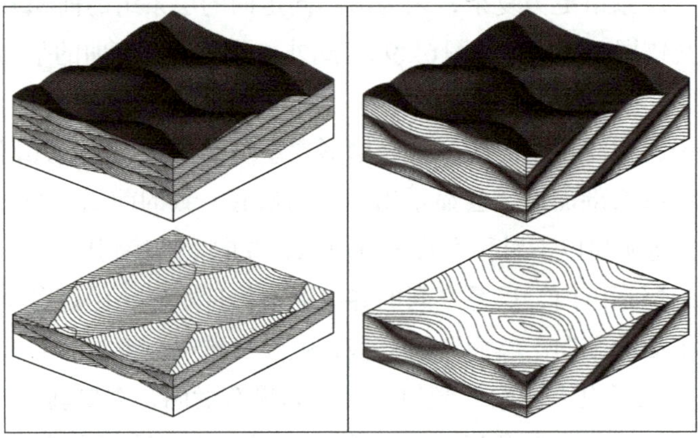

(a)亚临界爬升角和水平剖面　　(b)超临界爬升角和水平剖面

图 6.39　三维（弯曲波峰）河床迁移产生的交错层理形式示意图

注：生成的计算机模型使用 Rubin（1987）和 Rubin 和 Carter（2006）的"底床"软件。

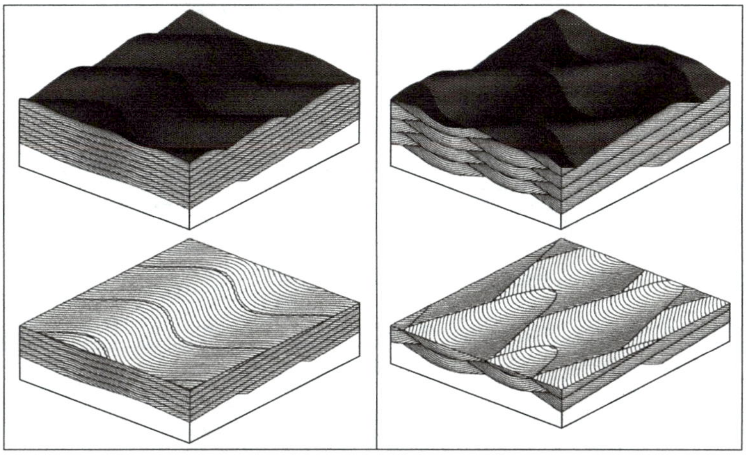

(a)具有连续的同相波峰同步的底床　　(b)具有高振幅波峰线同步且相位不一致的河床

图 6.40　三维（弯曲波峰）床形亚临界迁移产生的各种交错层理的示意图

注：将此处描述的交错层理模式与图 6.39 中的模式进行比较。生成的计算机模型使用 Rubin（1987）、Rubin 和 Carter（2006）的“底床”软件。

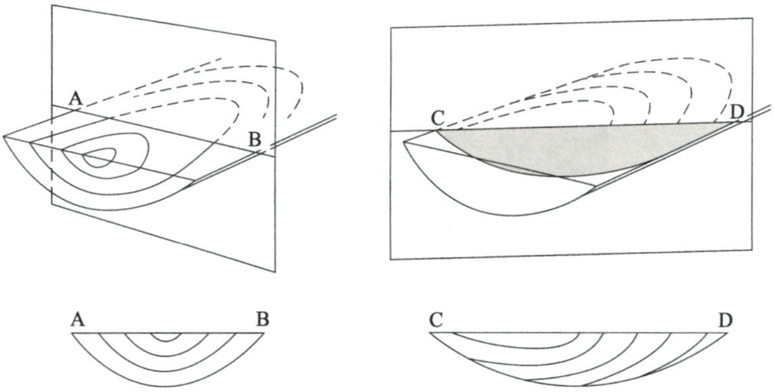

(a)垂切剖面（垂切槽轴）显示出对称的交错层理面，倾角与槽底一致　　(b)斜切同一槽轴的剖面显示出明显不对称槽填充，与底部下超

图 6.41　槽状交错地层几何复杂性示意图

注：说明测量前积倾角与方位角相关的问题，目的是根据交错层的槽形确定古水流方向。据 Rubin 和 Hunter（1983）以及 DeCelles 等（1983），略修改。

在板状交错层理的某些层系组中，相邻组中的前积倾斜方向相反。一些实例显示了不同组之间方向的交替，而在其他示例中，只有一小部分组显示了相反的方向（见图 6.42）。人字形交错层理很重要，因为它是潮汐活动的重要指标，但必须注意将其与正常槽状交错层理组在垂直于搬运方向的剖面中出露的槽状交错层理区分开来［见图6.35（b）、图6.35（c）］。

一些近似板状层系组显示不寻常S形前积［见图6.38（d）、图6.43］，其中层系顶部向上凸出的前积层理向上倾斜进入平行层理，作为“顶积”单元出现（见图6.43）。沿着倾斜方向向下延伸，此类前积体向上凹，厚度和前积体倾角逐渐减小。

(a)西班牙索巴斯盆地，中新世索巴斯段含砾砂岩

(b)印度萨加尔贝拉大坝，晚前寒武世。
图片由Gilbert Kelling提供

(c)斯马尔福德组。挪威芬马克，晚元古代

图 6.42 人字形交错层理示例（连续层理显示出相反的古水流方向，通常归因于双向潮汐流态）

图 6.43 在中粒砂岩中发育的单个板状层系组内的 S 形交错层理

注：前积体切向底部，较平坦的顶积薄层也向下游倾斜（英国坎布里亚，三叠纪圣蜜蜂砂岩组）。

6.2.6 交错层理中的不连续性和改造

交错层理并不总是简单的，尤其是在板状层理中。复杂性可能有几种形式。小规模的波状交错层理可能发生在前积体内，特别是在切向前积的最低部分，即底板区。发育大规模前积层的交错层理称为板状交错层理（见图6.44）。在平行于前积倾角的剖面中有时可以看到前积层是不连续的。侵蚀面（再作用面reactivation surfaces）的倾角小于两侧的前积体，它们可能单独出现或作为层系中的几个特征出现（见图6.45）。对于槽状交错层理或下游倾斜界面，可能难以区分层系的边界面或再作用面。

在一些主要来自潮汐和河流环境中的交错层理，其中悬浮物沉积很常见，黏土或泥帘出现在前积层上（见图6.46）。一些例子中，交错层理间隔出现，分开较厚和较薄的前积砂。在特殊情况下，成对泥帘间距会增加，在沿层系追踪时会系统性地减小，该现象定义为前积束。

(a)大型低起伏水成沙丘中的沟道。顶面上的小波痕是风的冲击波纹顶部表面上的小波痕是风成的。刻度为5cm(现今，挪威芬马克塔纳河)

(b)粗砂石中一组波状层理下部的上游面层(逆流)波状交错层理单元(镜头帽上方)(英格兰斯塔福德郡，上石炭统，蟑螂砂砾岩)

图 6.44　底部带有逆流波痕单元的板状交错层理

注：波痕层具有爬升几何结构，且波痕被前积掩埋。

图 6.45　沟槽上部显示了交错层理中的板状层系，其中前积层被一个低角侵蚀面（再作用面）截断

注：在不连续面上方和左侧，前积体恢复了正常的下游倾斜。这种不连续性是由于连续洪水事件之间的河流水位下降导致沙丘河床迁移形成的。该层系下方是一个波状交错层理砂单元，方向变化较大，沟槽底部显示了另一个具有不同方向的板状层系的顶部（挪威芬马克，塔纳河近期河流沉积物）。

(a)沙和泥的比例沿层系变化，反映了潮汐状态下的周期性小潮(斯瓦尔巴特港卡尔斯岛，下白垩统)

(b)一些前积体上覆盖有泥的中型交错层理。在某些情况下，泥的覆盖物向前积层的底部变厚(尼日利亚，白垩纪。图片由Gilbert Kelling提供)

(c)在槽状交错层砂中，前积层和槽基之间的泥覆盖。(瑞士，渐新世，海相磨拉石)

图 6.46　砂质前积带上带泥帘的交错层理组

6.2.7 沙丘、沙波、沙坝和交错层理的形成过程

沙丘和沙波都是沙床对水流的反映，比产生波痕的水流更强、更深。沙丘形态的差异源于水流强度和深度的差异，三维形态反映了更深、更强的水流。沙丘周围的旋涡模式与沙丘的形状密切相关，冲刷坑内水流汇聚决定了沙丘三维特征类型。在一些低起伏沙丘（长间距和低高度）中，水流分离和汇聚的模式仅限于背水面附近区域。在这些情况下，河床高度更接近水流深度，波峰线上存在浅层水流。

沙丘背水面中的分离涡产生回流分量，有助于在背水面产生侵蚀。波峰线凹面扇区前方是涡流强聚区，产生冲刷坑和扇状波痕（见图6.30）。对于直顶沙丘，顶部上方的水流强度会影响背水面轮廓，从而影响前积层形状。水流较弱时，颗粒流（崩塌）在滑动面上占主导地位，产生了特定角度的前积层。在强水流的洋流中，水流分离和颗粒下落变得更为重要，导致切向前积层形成，在某些情况下产生逆流波痕（见图6.44、图6.47~图6.49）。河床模型中的再活化面（见图6.45、图6.50、图6.51）是在作用波浪（见图6.33）和河床边缘周围的水流造成的。潮间带和潮下带的次级潮汐也能产生类似的不连续性。

图 6.47 具有前积层渐近（切向）底部的板状交错层理（挪威芬马克，晚前寒武纪，Vadsø 群）

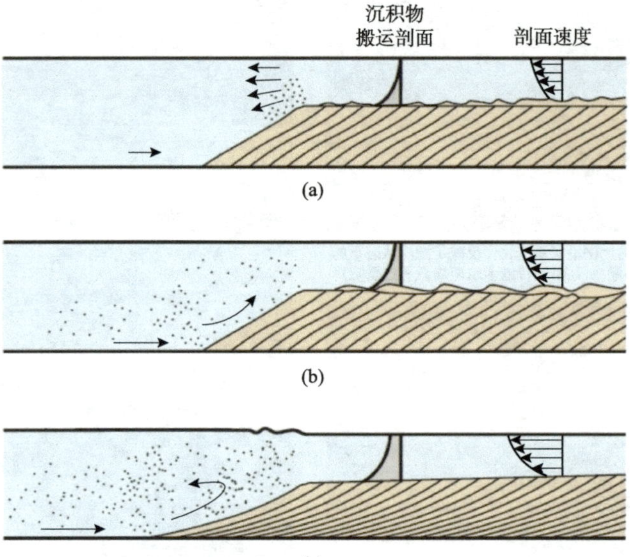

图 6.48 小实验室中三角洲的流速逐渐增加后，滑动面形状发生变化图［据 Jopling（1965）］

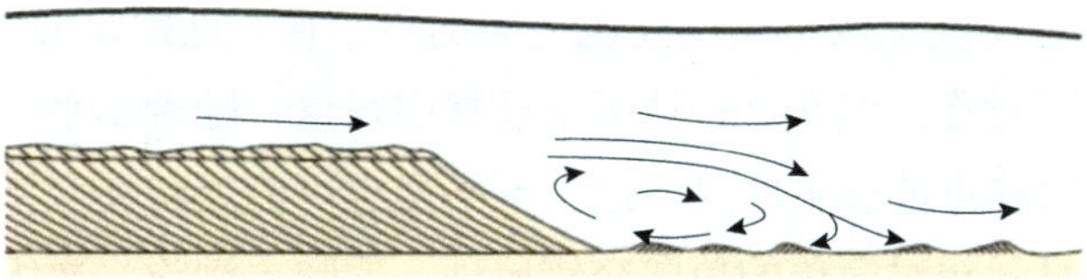

(a)

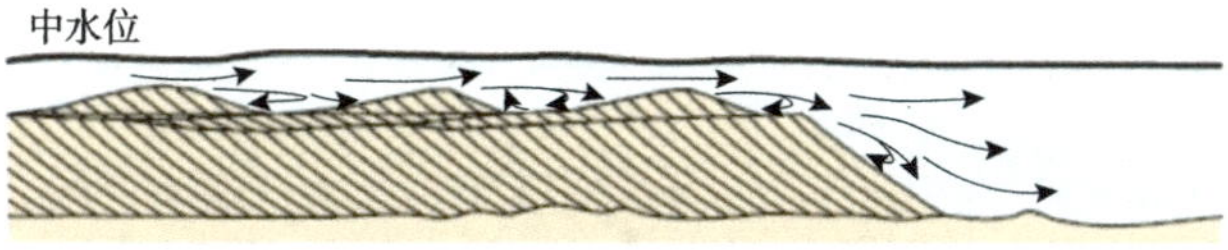

(b)

图 6.49 由于沙波上水位的变化而引起的形态和内部结构的变化（1）[据 Collinson（1970），略修改]

注：高水位期间河床前方形成的逆流波痕，并将其形态与图 6.44 中的形态进行比较。

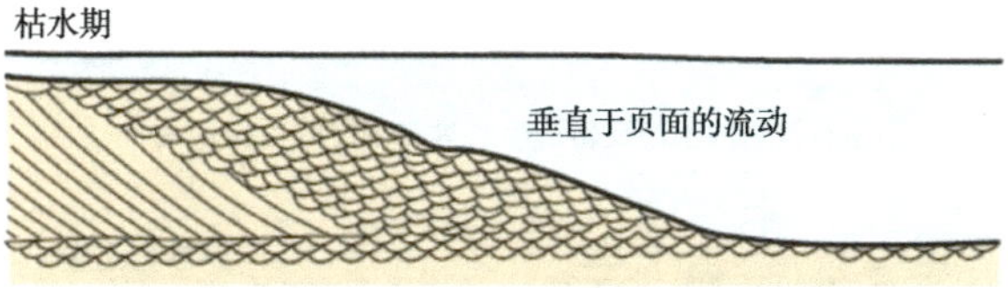

(a)在水流缓慢的低水位期间，微弱的水流可能平行于河床前部，例如舌状沙波，因此沙粒可以通过侧向加积沉积

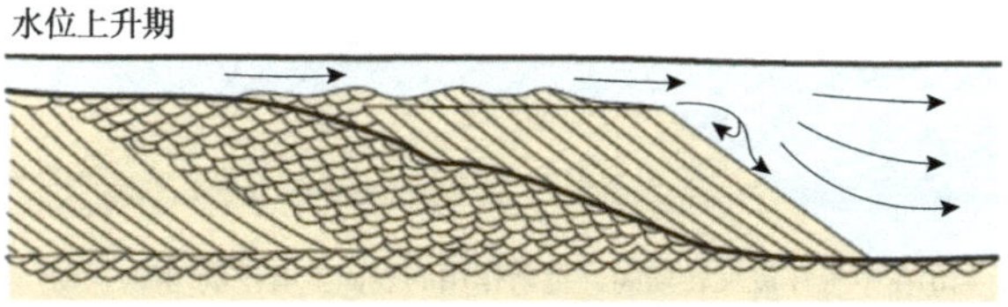

(b)当水流上升时，向下水流再次占主导地位，河床前部接受沉积

图 6.50 由于沙波上水位的变化而引起的形态和内部结构的变化（2）[据 Collinson（1970），略修改]

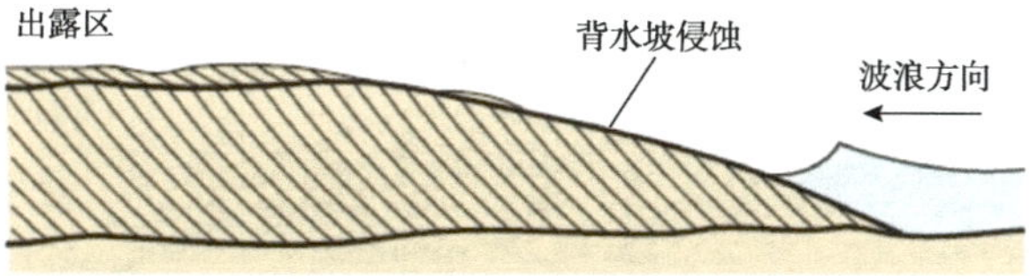

(a)河床顶部的出露和波浪再次作用减小了背水坡的角度。较陡的前积层发生了侵蚀

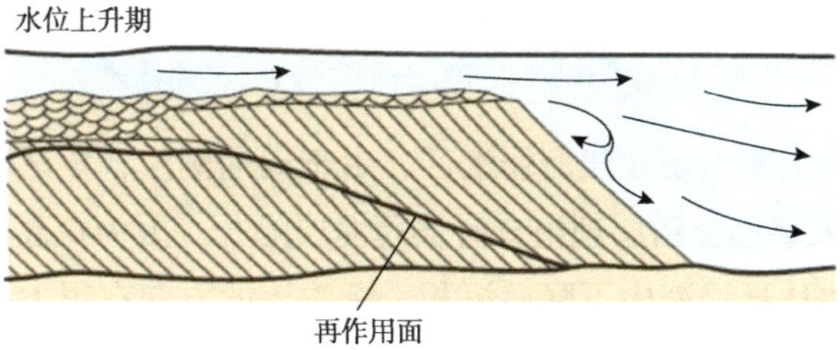

(b)水位上升和下游河床迁移的重新开始。较陡的前积层建造在再活化面上

图 6.51 由于沙波上水位的变化而引起的形态和内部结构的变化（3）[据 Collinson（1970），略修改]

潮汐沙波的形态反映了两个相反潮流之间的不平衡（见图6.52）。极轻微的不平衡不可能产生明显的不对称，但在这种情况下迁移率很慢。随着不平衡的加剧，迁移率可能会更高，床形不对称可能会更明显。这种不平衡也可能反映在交错层理的内部。高度不对称的床形可能显示相对简单的单向交错层理，反映主潮汐，次级潮汐的活动仅记录在层系上部的再作用面［见图6.52（a）、图6.53］。更对称的床形将具有更复杂的交错层理，显示出更大的再作用能力和一组反向前积倾角，从而形成人字形交错层理［见图6.52（c）、图6.54］。

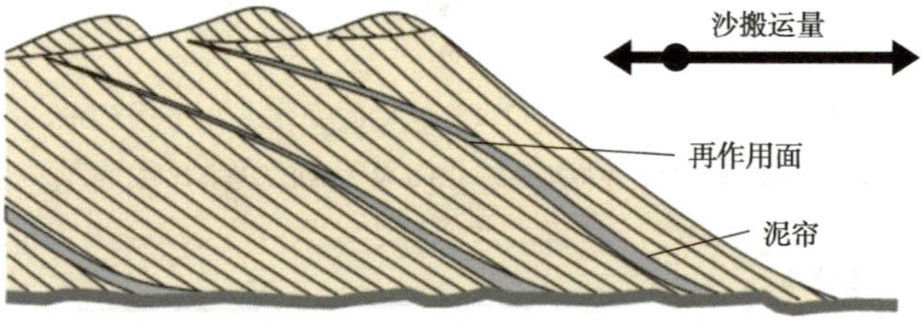

(a)相对较弱的水流反转产生的具有泥帘的再作用面

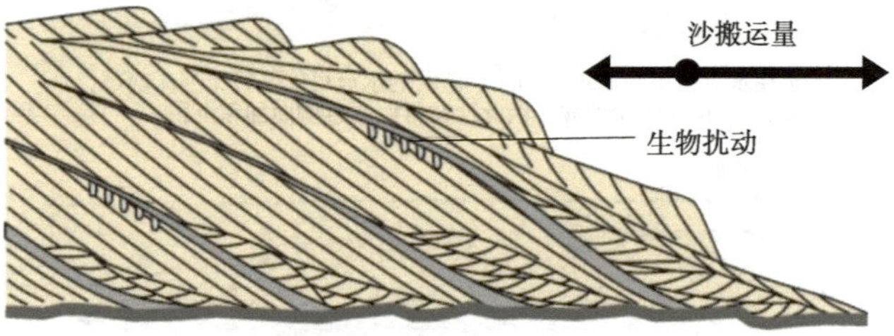

(b)在中等洋流反转期间，重新作用的表面上有挖洞(生物扰动)
和返回沙波基部的小沙丘

(c)沙波受强水流反转的影响，是同等强度的落潮和洪水潮流的产物

图6.52　受不同大小的双向潮流影响的潮汐沙波内部结构模型

［据Allen（1980）、Tucker（2001），略修改］

人字形交错层理主要出现在浅海弱潮区，由于周期潮汐，该区水流方向发生周期性反转（见图6.54）。人字形交错层理组有时被薄泥层隔开，因为在高潮或低潮时，随着潮流减弱至零，沉积物从悬浮液中下降后沉积。潮汐流的方向在很大程度上受海底形态的控制，如河口的较深部分或近海海峡。

(a)宽大的槽状层系组，前积广泛。在内部层系组被重新再作用面破坏，层系组之间存在明显的反转。前积层有生物潜穴。正面约6m高

(b)具有多个再作用面、单个层系较大的大型交错层理，其右侧层系变小

(c)具有低角度前积的交错层系组和与前积同向倾斜的边界层系

图 6.53　潮汐沙波产生的交错层理

注：所有示例均来自英格兰贝德福德郡下白垩统沃伯恩沙地。

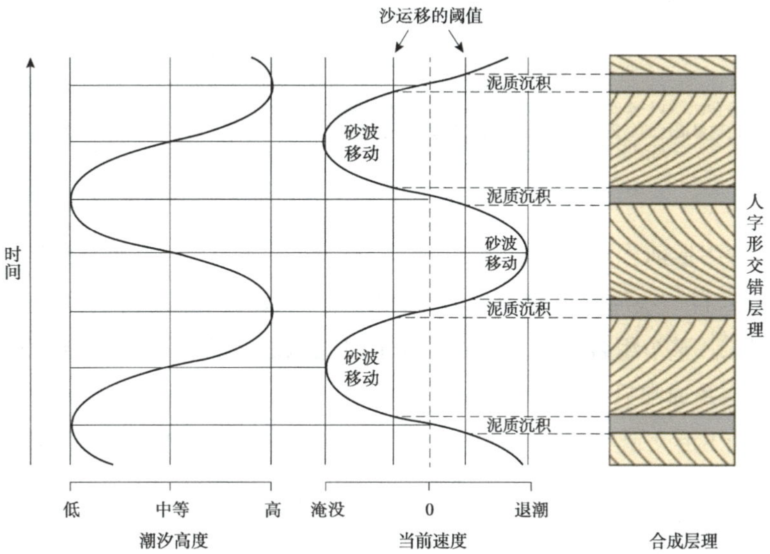

图 6.54　在一个潮汐周期内潮流速度和方向的变化，以及浅亚潮汐区某一位置生成的潮汐韵律
[据 Dalrymple 等（1991）]

注：当海流速度较低时（潮汐转向时，高潮和低潮时），会发生泥沉积。潮中流速较高时，就会出现交错层理的砂沉积。交错层的方向由海流方向决定，海流方向随着潮汐的退潮和洪水而系统性地反转，从而生成多组人字形交错层。本例中的潮流在两个方向上具有相同的速度和强度，从而形成厚度相同的连续砂层。随着主海流和次海流之间速度差的增大，每个潮汐周期产生的两个砂层的厚度将变得越来越不均匀。

底床前积物上的泥帘是潮汐缓流时或河流水流缓慢时悬浮物沉降的结果，絮凝作用能增加沉降速率。当成对出现在浅潮下带时，泥或黏土帘记录了次级潮流两侧的减速。泥帘之间较厚的砂层是潮汐的主要产物，其强度和持续时间可能会在一个月内产生一系列变化，这是小潮周期的结果（见图6.46、图6.55）。每组前积层增量的数量大致与一个月的潮汐一致，因此提供了底床迁移率的内部指标。

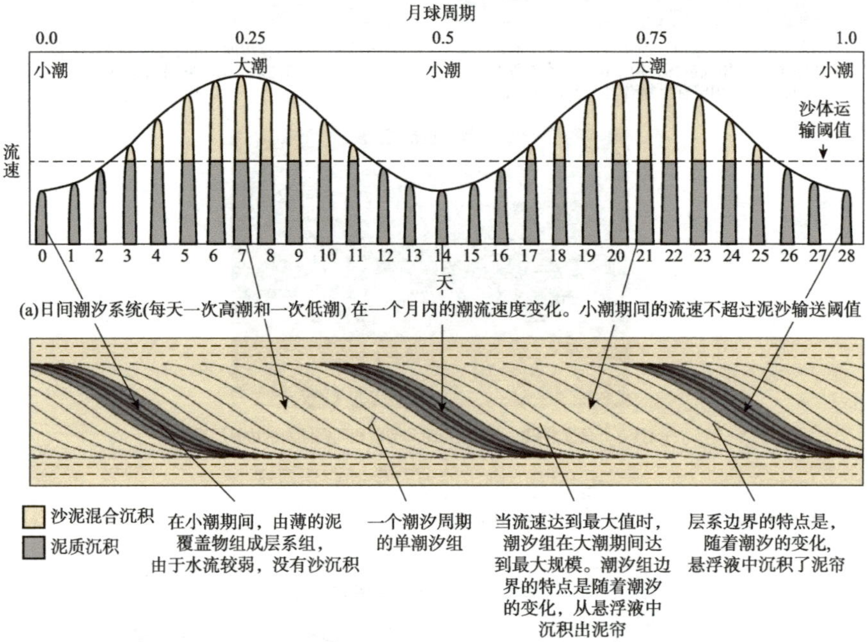

(a)日间潮汐系统(每天一次高潮和一次低潮) 在一个月内的潮流速度变化。小潮期间的流速不超过泥沙输送阈值

(b)由潮汐沙波迁移产生的潮汐组作为前积层保存。注意单个组的厚度是如何随潮汐流速的变化而变化的。在这个例子中，单个前积代表单个潮汐旋回，每个前积被潮汐转向时沉积的泥覆盖。在自然界中，潮汐组序列通常比这里描述的更复杂，主要是因为大多数潮汐系统是半日变化的(每天两次高潮和两次低潮)，其中一次高潮比另一次的强。此外，在每个农历月的两次大潮中，一次通常比另一次强

图 6.55　潮汐组序列生成机制示意图，潮汐组序列随小潮周期的变化而变化

顶部保留的S形前积（见图6.43）记录了与河床迁移同步的高垂直河床增生率。这种形式地质记录来自一些河流和潮汐环境，保留上部组的平行纹层表示河床顶部的流态条件（见第6.4节）。整个组合可能记录沙丘和上级底床之间的过渡（见图6.22）。

一个交错层系通常只保留产生它的底床的下部。在一些板状层系组中，如果保留的上部组薄层，如在S形交错层理中或在底床顶部迁移的波状层理中，则层系厚度可能接近底床的高度。然而，对于大多数例子，该层系仅为底床高度的一部分，特别是槽状交错层理中填充冲刷坑的前积层最有可能保留。理论和实验工作表明，对于水下底床，大约三分之一的三维沙丘高度由平均底床厚度表示，这一数字在很大程度上受迁移冲刷坑的动力学控制。同样的分析表明，槽形交错层系组的平均保留长度接近底床间距（波长）的一半。

交错层理的上升、下降和横向增生层系模式反映了沙丘迁移在复合底床（坝）侧面的沉积。点坝、中间坝和侧坝（见图6.32）都可能是外侧增生的部位。上升组（上游沉积）最有可能发生在内侧坝或侧坝的上游侧，而下降交错层可能发生在下游侧。此外，下降

的交错层可以反映流动阶段的变化（见图6.51）。下文6.2.10小节中论述了一种特殊类型的侧向加积结构。

河道规模上形成的坝，可能是河道水流中再次大规模水循环作用的结果。例如，水道弯曲处的水流会产生一个大规模的旋涡，表面流指向外岸，近床层流指向内岸。导致推移质沉积物向内岸移动，并通过侧向加积作用沉积点坝。类似的过程可能沿着中间坝的侧面活动。中间坝上游及下游端的汇合和分流也会导致沉积。沿直水道两侧的大型侵蚀坝是在下游端水流分离时形成的，可能与大规模旋涡有关。

6.2.8 底床规模的控制因素

沙丘的大小与水流波痕的大小不同，与水流深度有关，与粒度无关。深水流往往会产生更高、更长的沙丘。沙丘高度与水流深度之比的近似值为1∶6。应谨慎应用此结果，这是二维分析的结果，而事实上沙丘是强三维的。砂质河流中某些地势很低的沙丘显示出更高的比率（例如1∶2），并且这种关系还远未明确，潮汐沙波尺寸的控制因素还没有明确。如果将此关系应用于岩石记录中的交错层理以描述流动条件，还充满了不确定性，尤其是因为将交错层理组厚度转换为河床高度，如第6.2节所述。

另一个复杂因素是，由于流动条件的变化，不同大小的沙丘可能会重叠（见图6.56）。当条件迅速变化时，大型底床无法快速适应以保持平衡。在下降阶段，较小沙丘在较大沙丘上的生长可能导致较大沙丘下游端的交错层理下降。这种动态变化环境的沉积物受底床尺寸、迁移率、床沉积率和交错层系尺寸之间相当复杂的关系控制（见图6.57）。

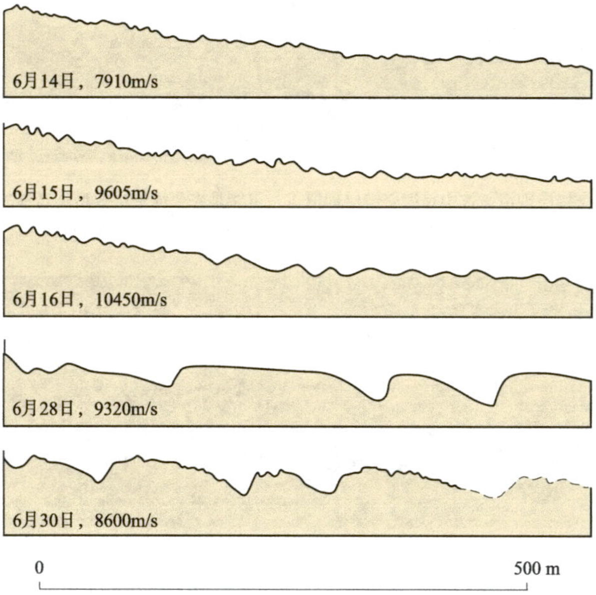

图6.56 英属哥伦比亚弗雷泽河不同洪水流量下的回声测深剖面图［据Pretious和Blench（1951）］

注：在流量上升期间，大型底床的尺寸增大，并在洪峰之后继续增大。在流量下降期间，较小尺寸叠加在较大尺寸的背面。这两种效应表明，由于大量泥沙必须进行改造以改造大型底床，底床响应滞后于主流流量。垂直放大倍数为10。

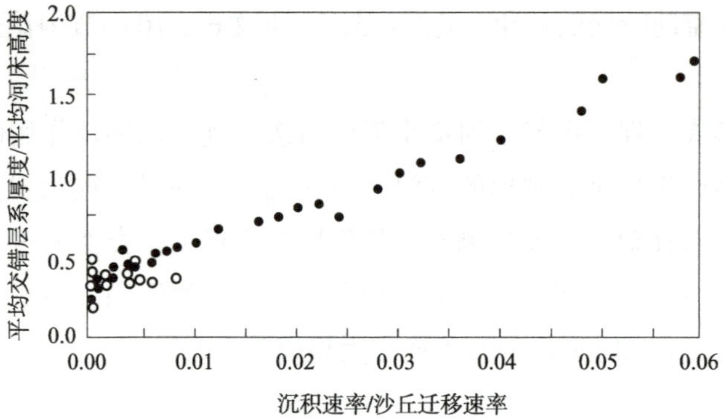

图 6.57 水下沙丘的沉积速率与沙丘平均迁移速率比，以及平均交错层系厚度与平均河床高度比之间的关系［据 Leclair（2002）］

注：圈点和黑点分别代表实验和计算机模拟运行的结果

6.2.9 独立的大型交错层理层系组

风成和水成沉积物中都存在非常大的交错层理。第6.3节讨论了风成的例子，应注意它们的区别。在水成沙中，几米甚至几十米厚的大型板状层系组常被显示类似水流方向的较小层系组覆盖。层系组在横向上非常广泛：一些层系组厚20~30m，沿走向可追踪几千米（见图6.58）。这种情况不能用重复底床的迁移来解释，必须考虑至少两种方案。

(a)大型交错层理组，被中尺度交错层理覆盖，可能是主要河道中大型坝迁移的结果。层理组厚约8m (英国德比郡，上石炭统金德斯考特砂砾)

(b)一组大型孤立的交错层理，在前积层之间具有不连续性，并被中等规模的层组快速覆盖下覆海相泥岩。它被认为是砂质吉尔伯特型三角洲向浅海盆地的进积过程(西班牙比利牛斯山脉，始新世罗达砂岩)

图 6.58 不同类型的大型交错层理

第一种是河流形成的三角洲的推进，河流将大量的推移质带入平静的水域，如湖泊。三角洲通常在休止角处有陡峭的斜坡，在那里滑塌导致三角洲前进，形成一个交错层系组。三角洲很容易在水槽实验中模拟（见图6.47），1885年，G.K.Gilbert在湖边首次识别。吉尔伯特型三角洲的例子在岩石记录中越来越被认可，尤其是在更新世和全新世以砾石为主的层序中，在冰前环境中更为显著。然而，最初的描述引起了混乱，因为一些地质学家将所有交错层理视为三角洲沉积，在20世纪上半叶的书籍中这种观点极为常见。尽管以粗粒沉积物为主的三角洲确实能在其斜坡沉积中显示交错层理，但大多数大型海洋三角洲以泥和粉砂为主，河口的悬浮沉积导致三角洲前缘坡度非常低。扇三角洲形成于陡峭坡度的冲积扇直接穿过海岸线进入湖泊或海洋。许多扇三角洲的沉积物为红土（见第7.3节），也由砂级沉积物组成。

大规模孤立层系组的第二个可能来源是，大型深水道（见图6.59）的坝（所谓的游荡坝）或在中型水道或水道汇流处的坝的推进。在现代溪流中，这类坝的规模很小。为了解释古代较大规模的例子，有必要将类似水道的规模扩大到目前已知的尺寸。

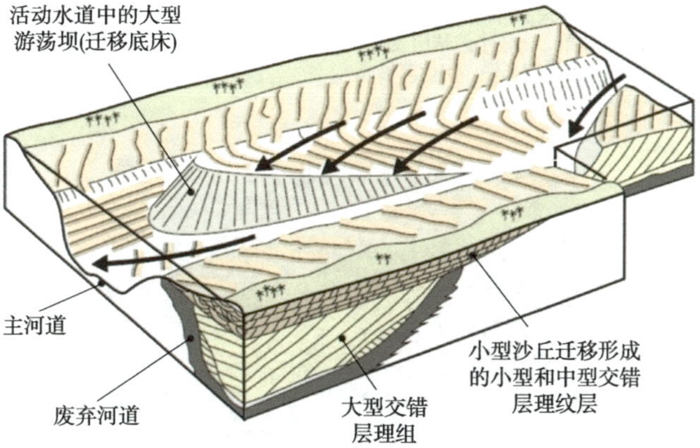

图6.59 通过深水道中游荡坝的迁移产生的大型交错层理组的可能模型

注：该模型是为了解释英格兰北部上石炭统岩石中的大型交错层组。据 McCabe（1977），略修改。

6.2.10 （艾普西隆）ε 交错层理

这种类型的孤立、单一的倾斜地层在几个重要方面与普通交错层理不同。它由板状单元组成，厚度1~5m，其中倾斜岩层的倾角远小于休止角，通常为5°~15°；单元越厚倾角越小。倾斜地层延伸至整个单元，剖面上为S形，相邻层之间粒度差异显著（见图6.60）。具体而言，倾斜岩层包含小规模的内部结构，如交错纹层和小尺度交错层理，这表明流动与倾斜岩层走向次平行。层系的近水平底面发生侵蚀，通常含有大量卵石或层内碎屑。层系粒度整体向上变细，单元上部有倾斜的砂泥夹层，下部主要是砂层。在少数例子中，当上部层理表面暴露时，平面中可以看到倾斜层理几十度的弯曲（见图6.61）。层系组通常在其下倾端结束，侵蚀面陡倾于倾斜岩层，但被一个可能受到沉积后扰动的细粒沉积单元分隔开。

这种类型的交错层理是岩性和构造的有机组合。与均质砂岩中的交错层的侧向加积相似（见第6.2节）。其解释的关键点是，较小规模的构造表明流动与倾斜表面的走向基本平行。可以推断，倾斜沉积面横向迁移，横穿主流（见图6.62）。基底侵蚀面和倾斜层的弯曲平面图表明河道弯曲，高弯曲度河道的曲流在河流中最常见。倾斜床记录了侧向迁移的点坝表面的连续位置，或者更不寻常的是，记录了内侧坝侧面的侧向迁移。经常可以在现今河岸和潮汐小溪中看到实例。

(a)ε交错层理的单元。该单元的底部是一个大致水平的侵蚀面。向左倾斜的表面表示河道横向迁移时沉积岸的连续位置。倾斜砂体单元内较小的结构表明水流平行于倾斜单元的走向(英国约克郡，中侏罗世克劳顿组)

(b)浊积岩序列露头上部的ε交错层理，表明深水水道可以横向迁移(西爱尔兰，上石炭统罗斯组)

(c)西班牙比利牛斯，始新世蒙大拿群ε交错层理

图 6.60　ε 交错层理示例

图 6.61　由几个横向相邻的 ε 交错层理组成的砂岩单元的上层理面

注：每层系中的岩层均沿凸曲率方向倾斜，这表明 ε 交错层理是由曲流河道点坝上的侧向堆积所致（英格兰东约克郡，中侏罗世斯卡比组）。

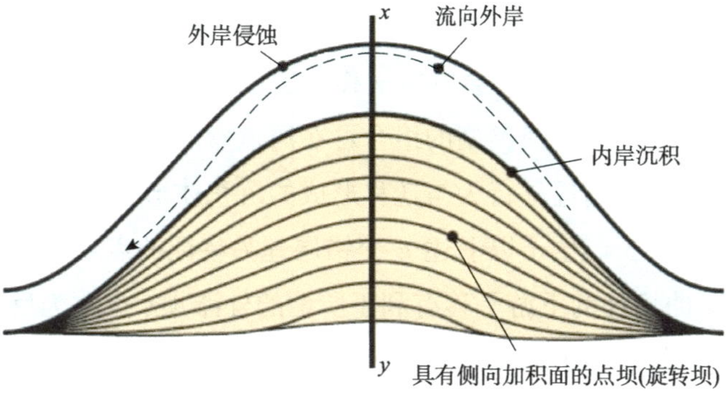

(a)点坝平面图

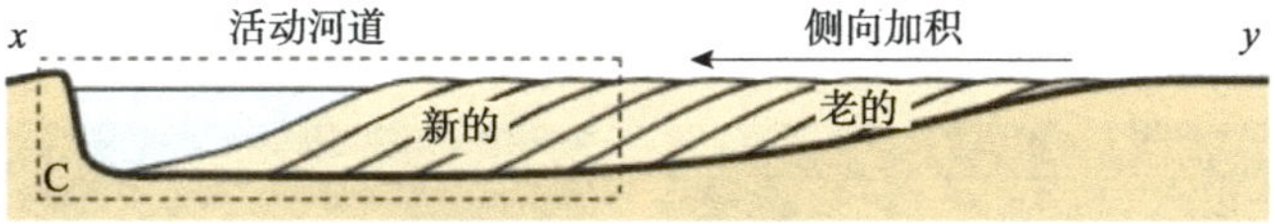

(b)穿过点坝的剖面图

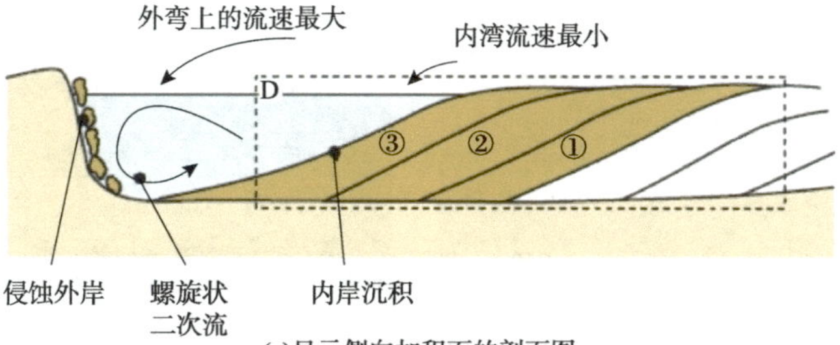

(c)显示侧向加积面的剖面图

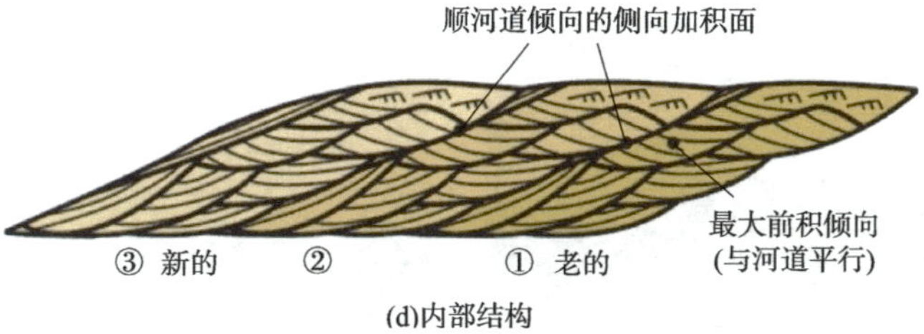

(d)内部结构

图 6.62 河道横向迁移形成的侧向加积面示意图

注：(a) 具有侧向加积面（旋转坝）的点坝平面图，显示了河道的先前位置。(b) 和 (c) 为剖面图，非对称河道通过外岸侵蚀和内岸沉积随时间横向迁移的情况。外道的流速最大，因为水被离心力甩到外岸。(d) 侧向加积体内部结构揭示了河流内岸沉积的板状和槽交错层理。前积体与侧向加积体大角度倾斜，意味着内岸的侧向加积发生在与流向成大角度的位置。侧向加积过程也可作用于河道中间坝的侧翼。

6.2.11 与河道弯曲演变有关的点坝的形态及沉积

在河流、潮汐和海底环境中，曲流河道弯曲形态与其相关沉积物之间的关系记录了河道位置随时间的变化。可以识别出几种基本的转换类型。在平面图中呈弯曲回流形式的河道弯曲，通过河道的侧向增长振幅增大发生扩展（见图6.63）。当河道弯曲（曲流）以平行于河道的方向迁移时，会发生平移，这通常发生在下游方向。旋转发生在河道沿轴旋转的情况下。这些变换类型的组合可在河道弯曲演变期间同时或连续进行。因此，不断演变的曲流河道的迁移行为与迁移形成的沉积体形态之间的关系是复杂的。通过简单扩张的曲流环增长产生了以上述 ε 交错层理为特征的点坝（见第6.2.10小节及图6.62）。相比之下，曲流环的下游平移有利于所谓的外滩坝（也称为反向坝）的堆积。研究河道弯曲演化相关的大型沉积构造并不简单。然而还是有少数露头出露了垂向和水平剖面，尽管只是大型复杂三维地质体零星的“窗口”。有关沉积环境的书籍中对所涉及的过程进行了更广泛的讨论（见第一章和第十章的参考文献）。

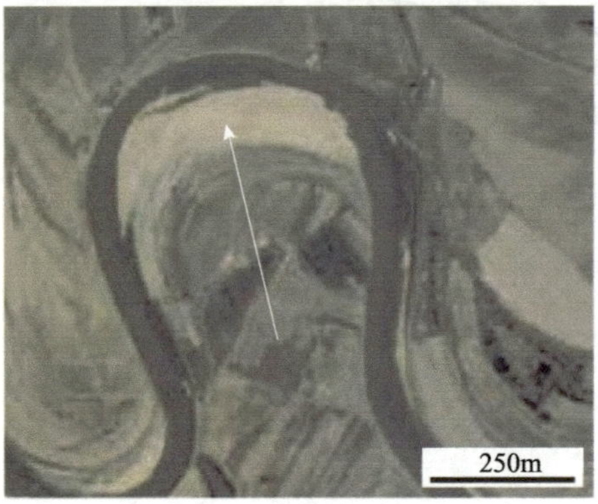

扩展

(a)中国松花江(北纬46°38′，东经126°30′)

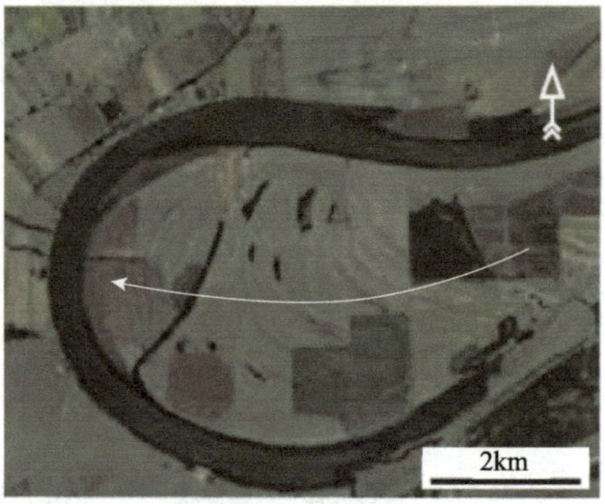

扩展+旋转

(b)美国密西西比河(北纬34°25′，西经90°46′)

平移

(c)澳大利亚默里河(34°14′，142°15′)

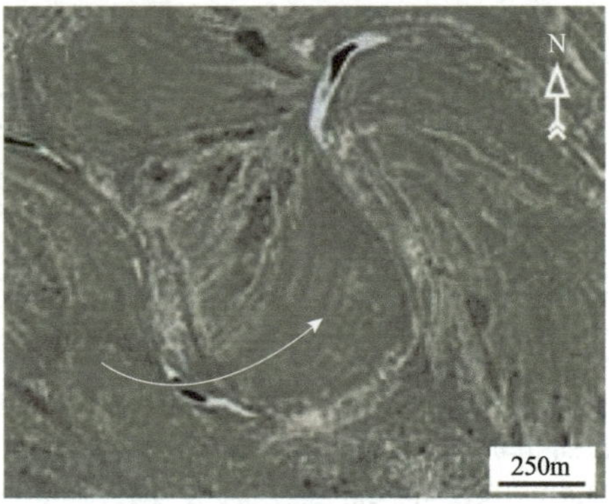

平移+旋转

(d)阿根廷里约内格罗(39°49′，64°56′)

图 6.63　高弯度曲流河河曲时空演变［据 Yan 等（2017），略修改］

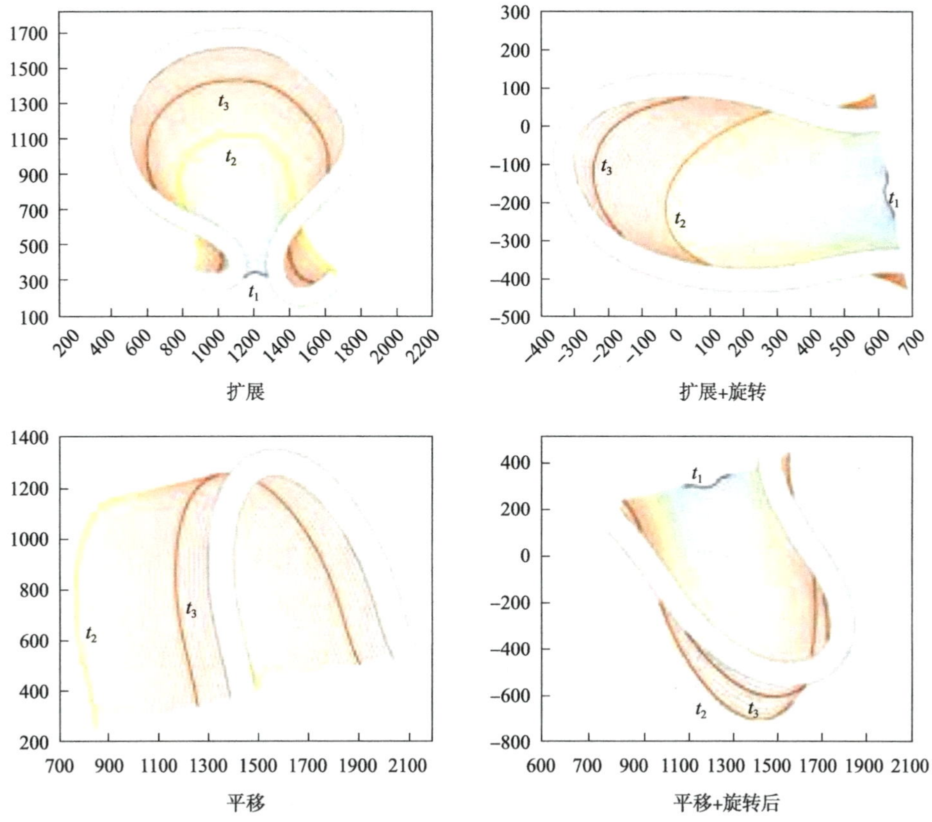

(e)显示河曲发展和最终轨迹的数值模型输出。在每种情况下，都显示了不同时间(t_1[最早]、t_2和t_3[最晚])的河曲弯曲位置。彩色光谱(深蓝至深红色)用于区分不同时间的弯曲位置。此处的尺寸是任意的，但通过使用现场测量或遥感数据，可以很容易地将建模结果换算为物理单位。建模点条形图的形状与现实世界中发现的形状相当

图 6.63　高弯度曲流河河曲时空演变［据 Yan 等（2017），略修改］(续)

6.2.12　沙波、沙丘和交错层理的应用

沙丘、沙波和交错层理主要有3种应用，它们可以作为地层顶底、沉积条件和古水流方向的指示。

1）地层顶底

当沙丘保存在上层层理表面或作为形态集合时，则它们给出了相当确定的“地层顶底”指示。交错层理是一个更好的指标，许多层系顶部的前积体的较陡界面与其切向底部较缓形成对比，尤其是在槽状层系组中。只有在S形前积层的情况下才有可能出现混淆。

2）沉积条件

沙丘是在特定的水深、流速和粒度条件下形成的（见图6.22）。因此，可以根据现今砂层和保存在岩石中的交错层理的形态对流动条件进行限定。板状层系组中前积层的形状可以指示相对水流强度，而单个板状层系中前积层形状的变化可以指示水流强度随时

间的波动。如果深度波动较大，这些变化可能与再作用面有关。复杂和强烈的再作用、相反的前积倾斜方向和黏土帘都可能指示潮汐作用。

尽管沙丘高度与水流深度有关（关系不大），但使用槽状层系组厚度作为水流深度指标存在问题。平均层系厚度大约相当于底床高度的三分之一，但槽状层系组并不是在剖面上显示真实厚度。例如，在岩心中或陡剖面仅提供槽状层系组边缘，轴处的真实厚度不明显。因此，在重建古流体动力学时需要非常小心。然而，层系组系统性地向上减少层系厚度可能表明水流变浅。

3）古水流方向

交错层理是应用最广泛的古水流指示之一。由于大型底床通常对主流做出反应，且不容易被低水位水流改造，因此它们往往能很好地指示古斜坡。

对于板状层系组，最有价值的是测量前积体的倾斜方向（前积体方位角），有助于记录倾斜的幅度，特别是当层序在构造上倾斜时。为了测量剖面中的交错层理，需要看多个方向的面（见图6.34）。单面上的视倾角仅显示真实倾角的一部分。前积体的层面图将始终提供前积体方位角的最精确测量。还要记住的是，许多大型底床的滑动面严重倾斜，前积倾角可能与真正的下游方向相差很大。因此，如果需要有代表性的方向，需从多个层系组中进行收集。

对于槽状层系组，这些问题因层系边界和前积层的弯曲而变得复杂。为了获得最可靠的迁移方向指标，最好测量层理面上槽轴的趋势（见图6.36、图6.39）。然而，根据经验，可以从垂直曝光到 ± 15° 的精度来判断槽轴的方向，这对于许多研究来说足够用了。

当交错层理发生在其自身倾斜的边界面之间时，相对方向可提供较大底床上侧向加积的证据。识别 ε 交错层理并将其与正常交错层理区分开来是非常重要的。倾斜方向的非临界测量可能表明古水流与真实趋势相差90° 。

6.3 平坦地层和平行纹层

6.3.1 引言

现代水环境中的许多砂质表面和砂岩中的许多层面都是完全平坦的。这些平面通常与下伏沉积物内的平行纹层有关。

平坦的层理面和平行纹层主要出现在细–中等粒度的砂和砂岩中，包括富含云母的砂和砂岩，也能出现在粒度非常粗的砂中。

6.3.2 平坦层形态和原生水流线

在起伏小的海滩上，在暴露河床的平坦区域和平行层理砂岩的层理表面，通常可以看到有明显线性的微小起伏。这些特征在低角度照明下尤为明显。在极粗粒或含砾砂岩中，流线常见于细粒的表面，而在云母砂岩中，矿物通常会产生彩色线理。该流线为原生水流线或分离流线（见图6.64）。

(a)细粒砂岩中的薄平行纹层，反映了平床条件下上层流态的沉积(西班牙东部，侏罗纪维拉尔德尔阿佐比斯波组)

(b)薄层、平行纹层、细粒砂岩，有过渡到波状纹层的迹象(美国犹他州，白垩纪奈斯伦组)

(c)平行层状砂岩层面上的原生流线构造或分界线构造。相邻纹层之间的阶步走向与流线平行(英国东约克郡，中侏罗世克劳顿组)

图 6.64 平行纹层和原生水流线

流线由一系列密集的脊和槽组成，间距几毫米，与颗粒的大小有关。个别脊和槽与流线平行间距几厘米甚至几十厘米。脊和槽之间没有系统性差异，不能用于确定水流方向。

6.3.3 内部结构：平行纹层

在具有平坦层理面的砂岩中，表面和剖面通常显示平行层理。纹层通常只有几个颗粒直径厚，在粗粒、分选较差的砂岩中，纹层厚度不超过最粗粒的厚度。薄层由微小的粒度差异的云母和炭质碎屑组成。

6.3.4 形成过程

平坦底床是一种独特的床形，在特定的流动条件下产生。如果为中细粒砂且不含云母，则为高流速和浅水条件，即所谓的“上流态平床”运输模式（见图6.22）。当水流加速时，波痕和沙丘被破坏，湍流被抑制。水面呈现光滑的玻璃状外观，条件类似于“快速流动”（见第3.2.6小节）。在浊流沉积砂的过程中，也会出现类似的情况，平行纹层是许多浊积砂岩的特征。

平行于水流的流线可能与靠近底床的水流速度加快和减慢的条纹有关，例如发生在黏性底层（见第3.2.4小节）。因此，只有细粒沉积物才会形成次级层。在粗粒砂中，靠近河床的游荡旋涡可能是造成流线的原因（见图6.65）。

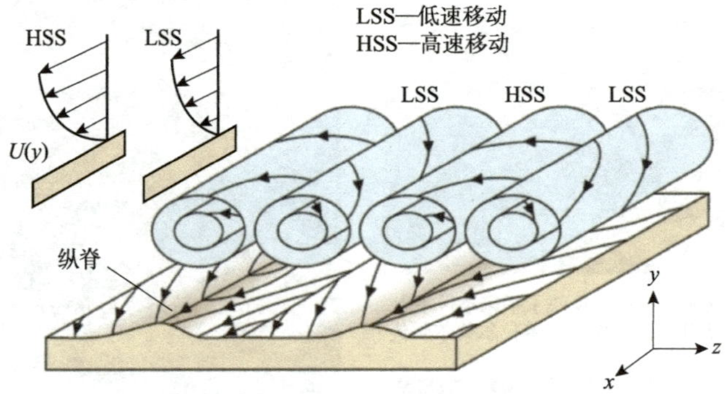

图 6.65　湍流边界层区域内与纹理相关的理想流体运动［据 Allen（1985），略修改］

注：流体以不同的速度运动的条纹会引发纵向涡流，从而导致局部聚流，颗粒聚集到纵向脊中，层理面纵向上产生原生水流线。

实验表明，波痕不会在粒径约为0.6mm的砂中形成，只有在临界侵蚀速度以上和沙丘形成速度以下的水流中，波痕才会形成在“低流态平床”上（见图6.22）。对于这种搬运方式产生平行纹层和初级水流线的能力知之甚少。

其他实验表明，波痕的形成取决于颗粒沿底床背水面崩落的能力，大量的云母抑制波痕的形成。因此，含云母砂的流体力学解释不那么简单：一些云母含量高的、平行纹层砂岩反映了悬浮物的沉积，但将云母压缩成层意味着在底床上进行了分选，可能是在没有云母的情况下产生了波痕。这种云母砂中的流线可能是由于黏性层中的高速和低速条纹造成的。

对于单向流来说，最容易采用平床搬运方式，但波浪也会导致平床的发展。在暴露的海滩上观察到的平坦底床与单向反冲洗有关，但海浪带向海的高能波也可以形成这样的底床。

就其本质而言，纹理的形成需要在床层上进行粒度分选，这涉及流动强度，但床层上的颗粒分选也可能涉及不同粒度特征的移动颗粒，颗粒停止时形成沉积纹层。如第6.7节所述，牵引毯多次冻结可产生另一种大致平行的水平纹层。风成序列中的平行纹层在第6.8.4小节中有所分析。

6.3.5　平坦地层和平行纹层的使用

平坦地层和平行纹层很少用作地层顶底方向的指示，但它们确实提供了海流强度和古海流或古波浪趋势（尽管通常不是绝对方向）的有用信息。

（1）平行纹层的平床表明了较高的流态条件，前提是砂为中细范围，云母较少。对于粗粒砂或云母砂，可能采用较低的流态条件。波浪和洋流造成的平床无法通过内部特征来加以区分。

（2）为了从平坦地层确定古水流方向，有必要查看原生水流线，因为这是一个简单的线性特征，指示了趋势而不是流动。

6.4　起伏光滑表面和纹层

6.4.1　引言

在现今的一些沙表面和砂岩层理表面上，发现了平行但轻微起伏的平缓波形。这种不常见的结构可能仅限于砂，但其稀有性妨碍了对粒度的描绘。类似类型的层理有时与海底涌流的火山灰沉积有关。

6.4.2　形态学

砂表面或更常见的砂岩层理表面，光滑且起伏平缓，可以是波状，也可以是三维凸起和凹陷。振幅几厘米，波长几十厘米，有时约为1m（见图6.66）。层理表面通常显示原生水流线（见第6.3.2小节），在二维波的情况下流线大致垂直于波峰。在剖面中，纹层很薄，大致平行于起伏表面。即使在看不到起伏表面的情况下，平行纹层中的差异可能与结构有关。波浪或穹顶下方有时存在低角度交错层理。

图6.66　砂岩中具有薄的、纹层大致平行的波动层理，原生水流线出现在层理面上（格陵兰东北部，晚元古代莫尼索组）

6.4.3　形成过程

原生水流线与平行纹层的相似性表明了起源。如果在平床上水速度增加，则在水面和下伏沉积物表面都会形成一种短暂的波。

在横穿沙滩的溪流或在坡度陡的排水沟流下的雨水中，经常可以看到水波的小例子。在洪水期河流或片流中会以更大的规模出现。水波的尺寸取决于水深和流速。当波浪在移动底床上形成时，沉积物表面上的波形与水面波同相，但振幅较低（见图6.67）。当波的位置相对稳定时，它们被称为驻波。然而，常见的是波浪向上游突然移动。在这个过程中，水面波可能会破裂形成一个短暂、平坦的水面，新的波浪从该水面快速生长。当波浪以这种方式向上游移动时，它们被称为反向波。下伏沉积物在该阶段被破坏，很明显，在这种流动条件下形成的波状层理保存的机会非常低。在极少数情况下，反向波可能形成向上游倾斜的低角度交错层理。

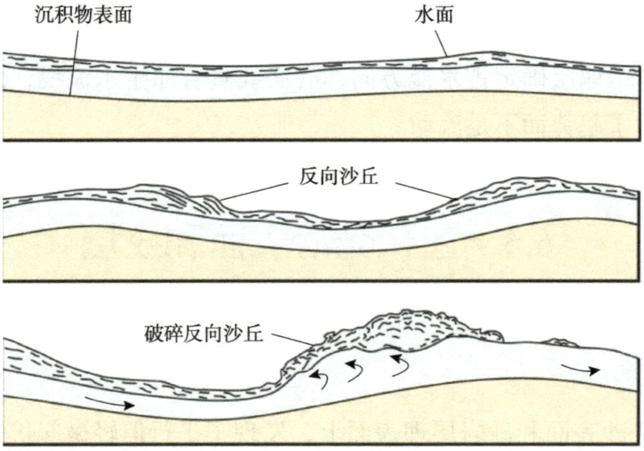

图 6.67　室内水槽实验中观察到的驻波和反向沙丘的发展［据 Kennedy（1961），略修改］

注：水流和泥沙波是如何相互同步的，以及反向沙丘是如何在上游方向破裂的。每个水槽长 1m。

6.5　丘状和洼状层理

6.5.1　引言

丘状和洼状交错层理（Hummocky and swaley cross stratification）被广泛认为是古砂岩中一种重要的指示构造，尽管很长一段时间内被模糊地视为“波浪状”“不规则”或“起伏”层理。该构造最常见于浅海或近岸的细粒至中粒砂岩中，既出现在较厚的砂岩内，也出现在砂泥互层序列的砂岩层内。

6.5.2　形态

丘状和洼状层理结构包括一组具有上凸（丘状）和下凹（洼状）的弯曲纹层。层理倾角很少超过12°，层理组之间以低角度相交（见图6.68、图6.69）。薄层可能会变厚成洼地，在丘上变薄，这样起伏就会逐渐向上消失。起伏的高度很少超过20cm，波长约为1m。在许多情况下，薄层的倾斜没有明显的优选方向，这表明或多或少存在随机的三维。然而，在某些情况下，优选方向明显，形成低角度交错层理。当结构出现在纯砂岩地层中时，有时会有侵蚀的迹象，表现为底痕。上部触点大致水平，通常以波纹为特征。

(a)突变基底砂岩层中的低角度波动纹层，视野宽度约为0.8m(斯瓦尔巴特群岛斯匹次卑尔根，白垩纪卡罗琳娜峡湾组)

(b)细粒砂岩厚层段，主要为洼状交错层理，可能在高能量海岸面上沉积，视野宽度约3m(英国诺森伯兰，下石炭统，阿尔斯通组)

(c)努比亚砂岩，下古生界，西奈半岛。图片由吉尔伯特·凯林提供

(d)美国犹他州布克陡崖，白垩纪，黑鹰组泉谷段

图 6.68 丘状交错层理（HCS）和洼状交错层理（SCS）示例

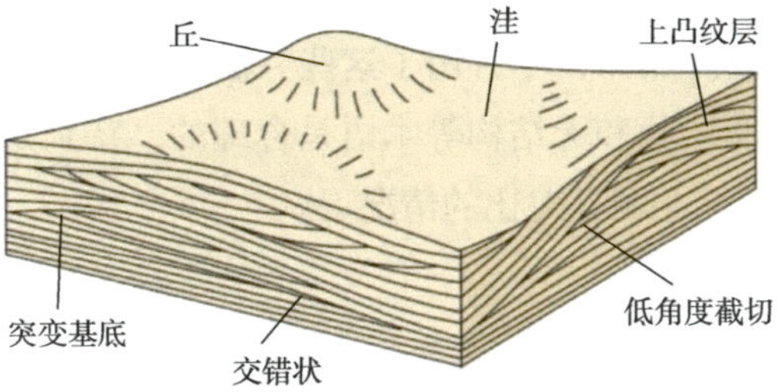

(a)丘状交错层理(HCS)

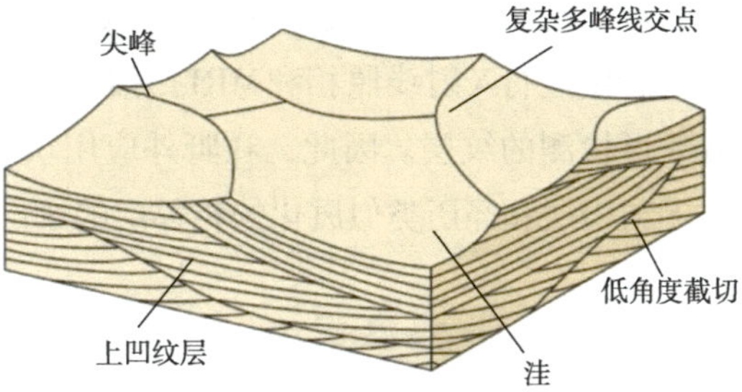

(b)洼状交错层理(SCS)

图 6.69 丘状交错层理和洼状交错层理的内部结构及外部形态

注：横向相邻的丘和洼在自然界中很常见，并产生混合 HCS–SCS 结构。

6.5.3 形成过程

丘状和洼状层理构造在浅海环境中的出现（根据相关化石、遗迹化石和整体背景推断）及与波浪作用和幕式沉积（如夹层层序）的联系导致其被解释为强烈复杂波浪活动的产物，主要在正常浪击面区域。在互层砂泥岩层中，它的出现表明了曾有一个活跃的阶段，并最终衰减为低能振荡波。这可能发生在风暴中，在风暴的高峰期，波浪作用最为强烈。由于风暴底床的形态未见文献描述，但从这些例子中可以推断，起伏表面经历了复杂侵蚀和快速沉积。实例表明，倾斜层可识别的优选方向表明强波作用和单向流（一种组合流形式）共存。关于沙是如何在风暴期间被运送到沉积地点的争论尚未解决，风动流、风暴潮和浊流都曾被提及。这需要广泛地了解特定例子的背景，超出了我们的讨论范围。

6.6 块状砂层

6.6.1 引言

迄今为止描述和讨论的砂和砂岩结构都与明确的层理有关。然而，有许多砂和砂岩缺乏可识别的层理，因此被描述为无结构、块状或无层理。

6.6.2 特征描述

这些地层可能出现在几乎任何粒度或分选的砂和砂岩中。一些块状地层是透镜状的，而另一些则是平行的，可能与细粒沉积物互层。一般来说，确定特定特征的缺失（在这种情况下为纹层）比确定其存在要困难得多。在观察明显无结构的砂岩时，也许人们根本看不到纹层。它不是出露中风化出来的吗？一些复杂的观察技术会揭示隐藏的纹层吗？对切割表面进行染色、蚀刻和抛光，确实可以揭示以前未被注意到的结构。对切割后的岩层进行X射线照相和MRI扫描可能更有效。然而，尽管用了这些方法，仍有岩层缺乏可检测的纹层。因此，在野外应用块状、非层状和无结构等术语是合理的，特别是在无结构层和经历类似风化的相邻层的纹层之间存在明显对比的情况下。

6.6.3 形成过程

块状层可反映沉积时的条件，也可能是原始纹层破坏的结果。缺乏原始纹层最常见的原因是快速沉积，最可能是富含泥砂的水流减速造成的。颗粒到达河床的速度如此之快，以至在推移质移动之前就被掩埋，并导致分选成纹层。“冻结”泥石流也可能看起来是无结构的，特别是包含相当窄的粒度范围时。

沉积层理的破坏可以通过生活在其中的生物对沉积物的强烈改造来实现，也可以通过液化和流动对饱含水沉积物的物理破坏来实现。在有机生物改造的情况下，洞穴可能在相邻的地层中可见，或者可能通过X射线照相显示（见第9.4节）。如果纹层被液化破坏，则在附近的岩层中出现相关泄水构造（见第9.2.2小节）。在风成砂岩中，出现在块状砂岩中的残余角砾也表明了层理的二次破坏。

6.7 正粒序、逆粒序、鲍马序列和混合事件层

6.7.1 引言

具有突变基底的砂岩层常见于互层砂泥岩中，显示了粒度变化和沉积构造的组合，利于判断沉积过程。此类地层出现在各种沉积环境中，涉及粒度从极粗和含砾砂到极细砂甚至粉砂的砂岩。特征组合包括粒度变化和不同纹层样式的垂直序列（鲍马层序）。

6.7.2 正粒序 (Graded beds)

粒度从底到顶逐渐减小的地层称为正粒序（见图6.70）。粒度变化可以采取两种形式：含量粒序，沉积物平均粒度向上减小；粗尾粒序，最粗颗粒的尺寸减小，其余的颗粒大致保持不变。在野外判断这种差异有时比较困难，尤其是在粒度更细的砂岩中，但应尽可能进行区分。此外，整个地层粒度变化的范围也有指导意义。粒度更细的沉积物，尤其是粉砂岩中也存在粒序（见第5.2.5小节）。

图 6.70 正粒序砂岩层（威尔士彭布罗克郡怀特山湾，寒武纪）

在许多情况下，粒序层是无构造或无纹层的。如果存在纹层，则通常出现在地层的上部。

6.7.3 逆粒序（Inverse grading）

在某些岩层中，粒度也可能向上增加（逆粒序）。这在细粒砂岩中很少见，但在较粗的砂岩和砾岩中常见。逆粒序很少作为薄层出现在块状或正常粒序河床的底部。在一些厚砂层中，连续的薄逆粒序层可能产生粗糙的水平层（见图7.24），这是火山碎屑沉积物的一个常见特征。第七章还要讨论逆粒序。

6.7.4 鲍马序列（Bouma sequence）

除了无构造层段及有时夹杂粒序层外，突变基底砂岩层也包括平行层理或波状交错层理单元。当这些都存在时，往往以特定的垂直顺序出现（见图6.71、图6.72），称为鲍马序列。在其完整发育过程中，无构造砂（可分级或不分级，A段）被平行层理覆盖，可能显示出原生水流线（B段）。上面又被波状交错层理（C段）覆盖。D段也是平行层理，但沉积物为粉砂质，纹层相当分散。最后一个层段（E段）为细粒泥岩或粉砂岩，很难从层序的细粒互层中分离出来。

图 6.71　以砂为主的岩层周期性重复。每个砂层解释为一个浊积岩单元——一次浊流事件的产物（威尔士纽基阿伯里斯特威斯砂砾。图片由 Gilbert Kelling 提供）

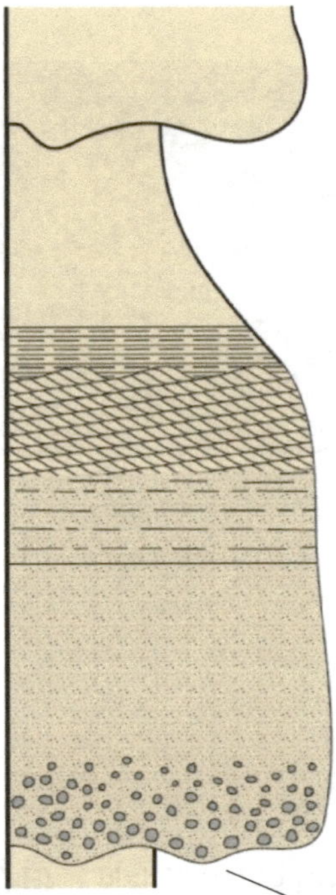

粒度	鲍马层段(1962)划分	水动力解释
泥	E 通常为泥岩	从静水中的悬浮液或带有稀释悬浮液的缓慢水流中沉降
粉砂	D 上平行层理	来自底床再次活动的悬浮液
粉砂	C 波状交错层理、爬升层理、包卷层理	波纹迁移；低流态
砂	B 下平行层理，常有原始水流线	上层流态，底床平缓
砂	A 块状，正粒序；如果存在颗粒通常局限于底部；可含有来自下部的泥砾	悬浮液快速沉积，很少或没有底床搬运；成层较快
	侵蚀性基底冲刷迹象，底面构造，常见沟模、槽模	能够将下层沉积物带入水流的水道

图 6.72　鲍马序列内部沉积构造，由砂岩层中单向流减速产生（在大多数此类实际例子中，可能缺少一个或多个段）

完整的鲍马序列是一个理想的发展结果，现实中常缺失一个或多个单元，只是垂向顺序不变。各层段的相对厚度也不同，一些层主要由纹层构成，而其他层几乎完全由A段构成，或只有B段或C段。以A段为主的极厚层可能有泄水构造痕迹（见第9.2.2小节）。C段结束的岩层通常在顶面保留波痕形态，上覆细粒互层沉积。C段的岩层常显示出爬升波状交错层理（波痕迁移），C段内出现卷曲纹层也很常见（见第9.2.2小节，图9.23）。在底部突变砂岩的下表面上发育有底痕，可以与B段和C段中的原生水流线和波状交错层理得出古水流方向。

6.7.5　形成过程

互层砂泥岩序列中的砂岩底部突变表明了幕式沉积特征，记录了高能事件的砂岩和安静条件下悬浮沉积较长时间的泥岩。如第6.6节所述，大量或块状砂岩归因于富含沉积物的悬浮液的快速沉积。粒序表明存在减速流，最粗的颗粒首先落在河床上。在实验室烧杯中搅拌混合粒度的悬浮液并沉淀就可以生产简易的正粒序层。

逆粒序的形成仍然是一个有争议的问题。对于较粗的含砾砂岩，粒度分异最有可能是基底牵引毯层中的颗粒间碰撞造成的，强大的剪切驱动颗粒流的条件普遍存在（见第3.7.2小节及图3.24、图3.25）。层内分散压力的发展迫使较大的碎屑向上，可能是因为通过运动筛分得到增强，使较小的颗粒优先通过碰撞下落。如果剪切应力下降或悬浮液中颗粒增多，则该层可能冻结，从而保持反向粒序。过程的重复形成多个反粒序层。另一种可能更适用于细粒砂岩，随着粗粒搬运速度的减慢，粒度在活动流中水平分离。在沉积过程中，首先沉积水流头部的细粒砂，然后沉积较粗的物质。

从块状粒序层向上进入纹层砂记录了沉积速率的降低，而纹层的类型记录了河床上开始搬运和分选时的流动强度。平行层理（B段）记录了平坦底床上层的流态，而C段记录了下层流态中在较弱水流下迁移的波痕。D段和E段主要是悬浮液直接沉积的结果。整个序列表明，水流减速，物质从悬浮液中沉积，并伴有推移质搬运阶段（见图6.73）。

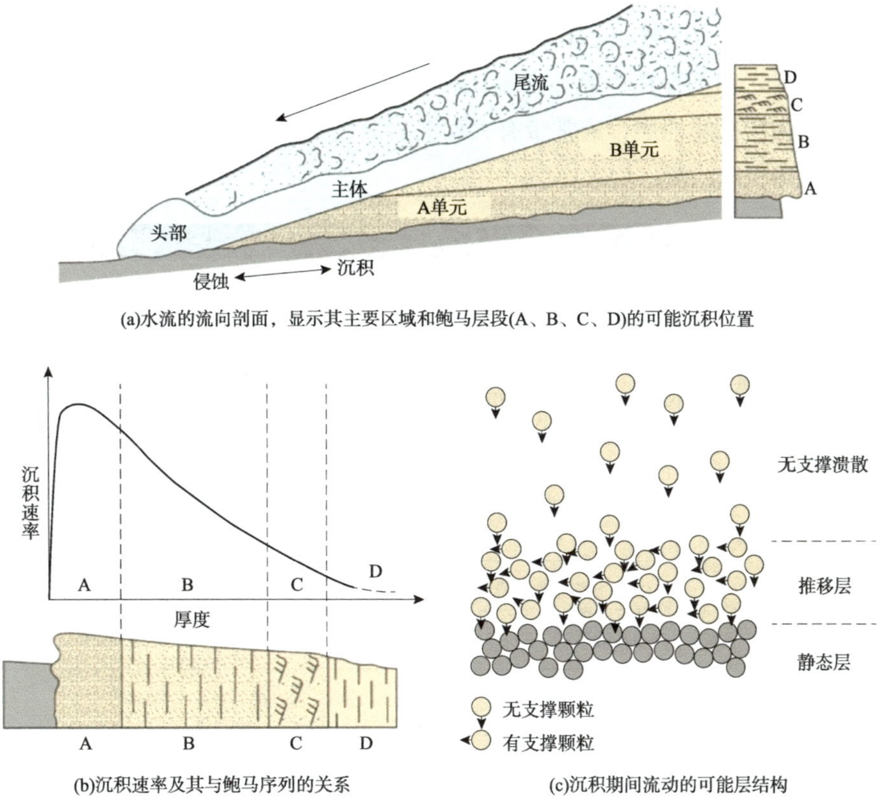

图6.73　浊流及其沉积物的特征［据Allen（1991）、Stow等（1996），略修改］

鲍马序列首先从描述推断的深水成因沉积物，水流被解释为浊流（见第3.7.2小节）。然而，该层序并非仅限于浊流，由于幕式减速流，在许多情况下都可能出现类似底床。在大多数自然环境中，减速流的性质只能从沉积物的背景中推断出来。然而，近年来，应用在海底峡谷中的敏感监测设备对大规模浊流进行了直接观测。通过水槽实验研究，在了解浊流及其生成沉积物的流变学和行为方面取得了很大进展（见第3.7.2小节）。

6.7.6　粒序层和鲍马序列的应用

除了包含关于沉积过程的信息外，正粒序层也有指示地层顶底意义。砂岩中反粒序相对罕见，粒序使用很可靠。但是，在做决定之前最好分析多个地层的粒序方向。鲍马序列（若存在）也是一种有用的地层顶底及水流减速指示层。鲍马层序底模提供了古水流数据，砂岩顶部的波痕形式也提供了古水流数据。

6.7.7　混合事件层（Hybrid-Event Beds——HEB）

水下环境中浊流和泥流之间的过渡流的发现在逐年增多。过渡流的沉积物被称为混合事件层（HEB）、连接碎屑和泥浆层。泥流、高密度流和密度流可能沿斜坡向下发展，并随着时间推移形成浊流。

古代岩石中的混合事件层（HEB）的特征是湍流支撑（无黏性）和泥质支撑（黏性）流动的特征，两者之间不存在边界。许多HEB的下部以颗粒支撑结构为特征，向上进入以泥质支撑结构为特征的地层，通常带有大型泥岩撕裂碎屑（见图6.74）。碎屑流和泥流通常沿斜坡向下演变成浊流，反之亦然。

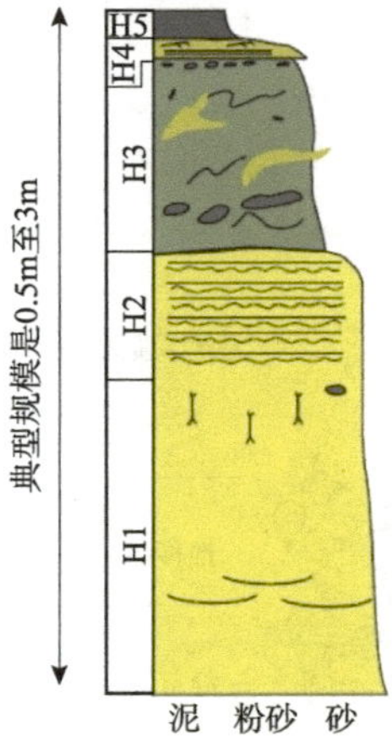

现象描述	成因解释
H5—泥岩	悬浮降落
H4—具平行和水流波痕的砂岩	稀释浊流下部的牵引作用导致的
H3—泥质砂岩或没有泥砾，剪切砂块，大型砾石。碳酸盐物质可能被分离到顶部	由下部砂侵入导致的局部准黏性泥石流发生改造，准层流塞流
H2—色带砂岩，在较浅色带底部加载。剪切了浅色带泄水管	具有周期性湍流抑制或周期性湍流抑制冲刷的过渡流
H1—上部分为少量泥砾支撑的干净砂岩。从有粒序到无粒序，块状，具有泄水构造，少杂基的砂岩	高含砂量的高密度浊流快速沉积形成，悬浮物已分离

图6.74　描述与混合事件层侵位相关的地层垂直序列的理想化模型

［据Haughton等（2009），略修改。图片由Sarah Southern提供］

6.7.8 沉积物波（Sediment waves）、相关冲刷和旋回阶梯（Cyclic steps）

在高梯度水下环境中，尤其是在大陆边缘的斜坡上，长波上游迁移的床型序列很常见。坡度的变化促进了浊流内部水力跳跃，导致沉积波和相关冲刷的形成。沉积波是对称或不对称的河床，通常波长为100~1000m，高度为1~100m。随着河床的发育，它们向上游迁移。沉积波由浊流引起，通常为细粒砂沉积底床，作为迎水面斜坡层保存在岩石中，并被背水面上的侵蚀面截断（见图6.75）。

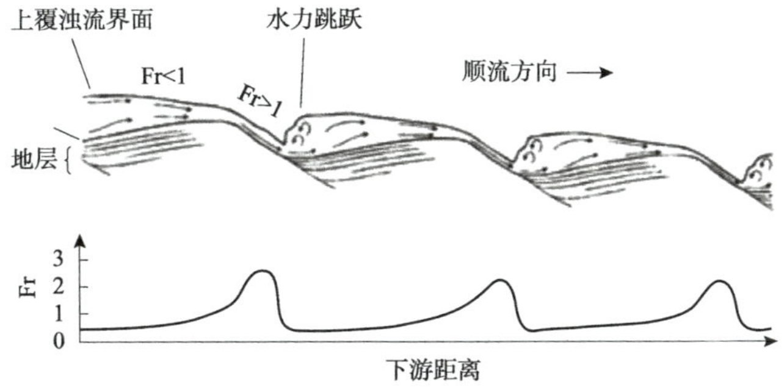

图 6.75 一系列不对称旋回阶梯的发展及其与弗劳德数（Fr）下游变化的关系
[据 Cartigny 等（2011）、Covault 等（2014），略修改]

相关冲刷以侵蚀洼地的形式出现，有些具有新月形形态，形成不对称波形的线性序列。它们的长期保存潜力很差，但在当今许多海底都是突出的特征。

总的来说，这些长波河床是对旋回阶梯的响应，高梯度和坡折作用促进浊流内部的水力跳跃。在背水面和迎水斜坡之间的边界出现水力跳跃（从弗劳德超临界流到亚临界流的过渡）时，会出现旋回阶梯，从而出现超临界流到亚临界流的转换。旋回阶梯与其他超临界床型相关，尤其是反向沙丘（见第6.4.3小节）。

6.8 风成地层和层理

6.8.1 引言

风成（风的）沉积与一系列沉积构造有关，包括底床和平坦地层。风成底床有三种不同的规模：波痕、沙丘和巨型沙丘（也称为draa）（见图6.76）。这3个尺度结构代表了一个层次结构，其中相似的特征以不同的大小和间距共存，表明存在平衡床形。沙丘和巨型沙丘都会在其斜坡的许多部分产生波痕。风成沙床的移动和生长速率与所涉及的沙量以及风力强度和持续时间有关，因此巨型沙丘可能需要数千年的时间才能形成并达到平衡，而波痕几乎可以在瞬间对风向和强度的变化做出反应。

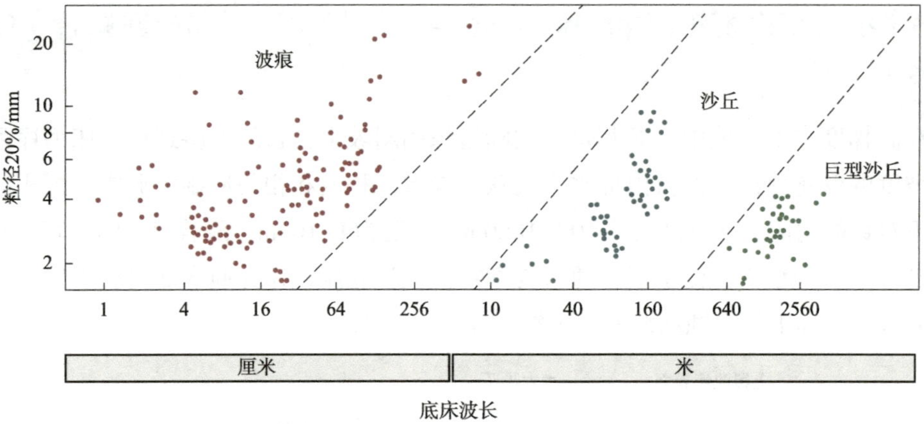

图 6.76　风成底床的粒度（最粗粒的百分之二十）与波长的关系［注意三个不同的组分别代表波痕、沙丘和巨型沙丘（draa）。据 Wilson（1971），略修改］

虽然海岸带或内陆“海”的小型风成沙丘在大小上与水成沙丘或沙波相当，风成底床的范围更大。风成沙丘在较大的底床（巨型沙丘）上叠加迁移。巨型沙丘没有含水成的对应物。沙丘和巨型沙丘上都叠加着小型风成波痕和水平层。波纹、沙丘和巨型沙丘形成了一个均衡底床的层次，这为分类和描述提供了基础（见图6.76）。然而，由于空气的密度和黏度较低，风成过程所需的能量和流动方向经常从均衡变为严重不均衡。今天，很少有厚的风成沉积物形成，大多数大型底床与当地风况不平衡。在岩石记录中，风成沉积作为地貌特征的保存现在已得到充分记录。然而，在大多数风成层序中，没有保留原始底床地貌，早期的沙丘主要是从作为交错层理组的内部构造推断出来的。那些从古代地层解释沙丘类型的简单标准的书籍持怀疑态度；风成过程、构造和环境的记录是最难识别和解释的记录之一。

6.8.2　风成物质成分

风成沉积物主要出现在砂中，很少有砾石。沙粒通常表现出独特的粒度、形状和分选特征，因为风在给定速度下所能携带的粒度具有高度选择性。风成沙丘主要搬运机制为跳跃作用（见第3.6.2小节），颗粒间碰撞导致颗粒磨损率高，因此沙丘沉积物几乎完全由高抗石英、燧石或岩屑颗粒（尤其是变石英岩）组成。然而，也有出现在海岸碳酸盐沙丘，内陆蒸发岩湖附近石膏沙丘。由高抗性颗粒组成的沙子通常会形成“谷子籽”状纹理，其特征是高圆形、高球形的颗粒。由于颗粒碰撞（磨损），其表面会变得暗淡（结霜）。尽管在靠近沉积物源的区域可能发育由易碎裂的长石、云母或粉砂质黏土组成的风成沙丘，但在距离物源较远的环境中几乎不存在。例如，在干涸的湖床顺风方向可以看到干燥的、砂粒大小的黏土-泥沙丘，尤其是抛物线形沙丘。湿润后，这些沙丘变成固体块，但保留交错层理结构。

6.8.2　风成波痕（Wind ripples）

在现今的风吹表面上出现了三种形态不同的小规模波纹。每一种都在垂直剖面中被识别出来，在那里它们产生了不同类型的风成波纹地层。

1）碰撞波痕（Impact ripples）

碰撞波痕是在风成环境中形成的最广泛的波痕类型。起伏度较低，形成于较粗的砂粒部分，波长一般5~20cm，高度5~10mm。具有较高的波痕形状指数（见图6.2），具有垂直于风向的直或蜿蜒、连续的波峰线，最粗的颗粒集中在顶上。这些波纹在剖面上略微不对称，其背风面以低梯度倾斜，低于休止角（见图6.77）。

(a)分选良好的中沙中直峰波痕(纳米比亚纳米布沙海)

(b)弯曲状波峰波痕具有明显的双峰颗粒，但粒度范围相对较少。请注意，较粗的颗粒是如何被限制在波痕波峰处的(纳米比亚纳米布沙海)

(c)沙丘底床背风坡上的风成波痕(美国爱华达州)

图 6.77　风成碰撞波痕形态示例

碰撞波痕通过跳跃和滚动的沙丘底床背风坡上的风成波痕（美国爱华达州）（见第3.6.2小节），其中跳跃的沙粒在风的作用下充当高动量冲击颗粒，并导致底床上静止的颗粒顺风重新形成（跳跃）。对于给定的风速，运动中的颗粒限制在狭窄的粒度范围，并且它们顺风跳跃的距离（其路径长度）与搬运中的大多数沉积物相似。撞击波痕间距由路径长度决定（见图6.78），波痕间距与风速成正比。轻微的表面扰动作为启动波痕发展所需的催化剂，一旦启动，波痕就会增长并变陡成床状，迎风坡形成了撞击区，捕捉进入的跳跃颗粒，而背风坡则是一个阴影区，颗粒碰撞最小（见图6.78）。落在冲击区的颗粒会导致其他颗粒沿着迎风斜坡向上爬到波痕顶部，直到进入空中，并向下滚动（跳跃）到下一个波痕。太大的较粗颗粒集中在波峰处，而较细的颗粒则分布在波痕槽区，此处风的影响最小。温度对气流黏度也有一定影响，进而影响了波痕的粒度，因此较粗的沙波痕在寒冷环境中更常见。风成撞击波痕可与水成波痕区分，前者具有25~40+的高波痕形状指数（波长与高度之比），并且具有逆粒序的特征，这是由粗粒波痕波峰在细粒波痕波谷上的迁移造成的。更小和更大的波痕以不同的运动速率合并，可能会形成更复杂的波痕图案。

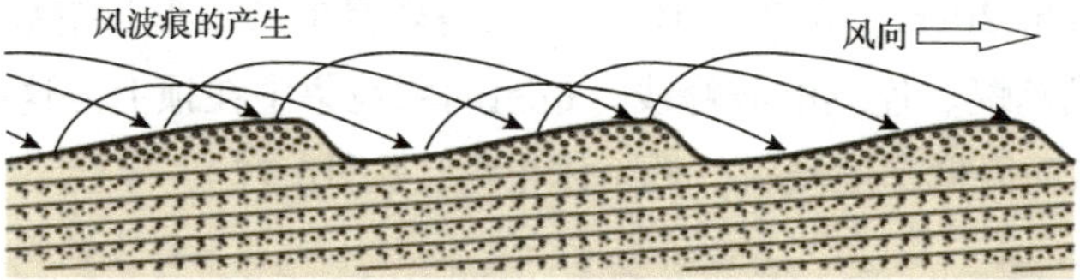

(a)风成波痕的迁移导致亚平行纹层

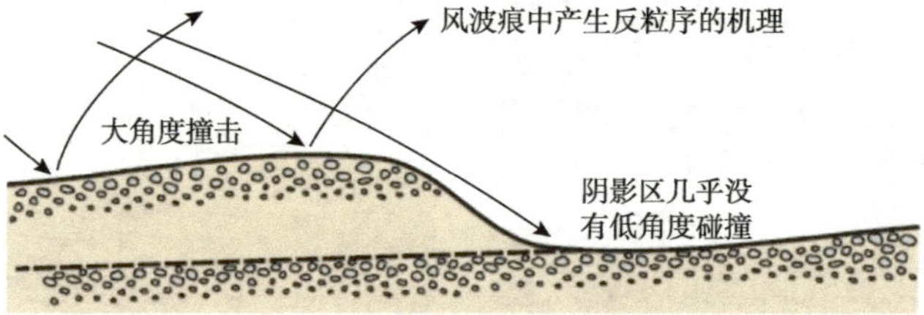

(b)沙粒跃移的冲击角因坡度的不同而不同。迎风侧的高角度冲击促进了粗颗粒向波峰的蠕变。背风坡形成了一个阴影区，该区发生的低角度冲击较少，因此在波痕槽中沉积了更细的颗粒，当波痕顺风移动时会产生逆粒序

图 6.78　颗粒的弹道碰撞产生的风成波痕

注：波痕间距一般与跳跃路径长度有关，跳跃路径长度是单个颗粒在床上碰撞时跳跃的距离。跃移路径长度随底床附近的粒度、形状和密度以及平均风速和阵风而变化。

2）风成巨波痕（Aeolian mega-ripples）

风成搬运的沉积物仅限于粗砂、砾石和小卵石，且风的强度足以移动这些粒度时，可能会形成风成巨波痕（颗粒波痕），底床形态也由跳跃和蠕动颗粒形成，如碰撞波痕所述，但它们具有更为弯曲的波峰线，波长和高度分别高达5m和35cm（见图6.79）。从细砂中形成的碰撞波痕到颗粒和砾石的巨型波痕，波痕是连续统一体。然而，由砾石级物质形成的风成波痕非常罕见，大多数由低密度岩性的碎屑组成，如浮石。

3）黏附波痕（Adhesion ripples）

当干沙吹过潮湿沉积物表面时，一些颗粒会在碰撞时黏附在表面上。颗粒黏附过程导致一系列结构的产生，包括黏附波痕和黏附凸起（见图6.80），通过黏附到其逆风边缘而生长，从而经历逆风生长。毛细管的水分上升有助于保持潮湿的表面，从而进一步捕获颗粒。尽管在层理面和剖面（地层形成起皱和波状纹层）上发现了保存的黏附构造，但通常不易保存，因为在干燥时往往会坍塌并被风重新搬运。由于黏附地层要求堆积面潮湿，此类构造通常仅限于靠近地下水位的低洼沙丘间和沙丘侧面环境。

(a)纳米比亚北部骷髅海岸

(b)风成颗粒巨波痕探槽，以揭示内部层理。注意沿背风坡方向向下倾斜的前积(视图右侧)

(c)一系列风成砾石巨波痕，波峰蜿蜒。

(d)砾石级风成巨波痕，显示波谷(较细)和波峰(较粗)之间的粒度差异。波峰之间的间距约为3m

图 6.79 风成颗粒和砾石巨波痕示例

注：示例（c）和（d）中异常珊瑚石颗粒部分由低密度浮石碎屑组成。(b)，(c）和（d）来自冰岛中部的奥斯卡加地区。

(a)湿沙表面上产生的黏附构造，干沙被吹走(美国犹他州，印第安河)

(b)层理表面上保存的黏附波痕构造(美国犹他州，二叠纪，雪松台地砂岩)

(c)砂岩的上层面显示出不规则的小规模形态，被解释为风黏附“波痕”(格陵兰岛北部，元古代独立峡湾群)

图 6.80 风黏附“波痕”示例

4）风成波痕地层（Aeolian ripple stratification）

产生冲击风波痕的牵引过程导致了各种类型的风成波痕地层。波痕状纹层发生在内部颗粒粒径差异的前积纹层处（见图6.81）。然而，许多风成沙的粒度均匀意味着内部纹层不一定能够区分，平移波痕状纹层是波痕迁移的结果。风成波痕地层可能显示出弱的逆粒序，部分原因是最细的颗粒聚集在波谷中，而较粗的颗粒集中在波痕波峰上；另一部分原因是较细的颗粒在较粗的颗粒之间沉降，从而形成倾斜结构，这意味着波痕层的底部通常由较细物质的滞留形成明显界面。如果波痕仅保留一两个颗粒厚的痕迹，则保留特征性细条状纹层（见图6.82）。与水下波痕（见第6.1.4小节）一样，迁移风成波痕的堆积是由于相对于堆积表面的底床爬升所致。风成波痕地层在沙地、干燥沙丘间以及低至中等倾斜沙丘和巨沙丘（draa）斜坡上分布广泛（见第6.8.3小节）。

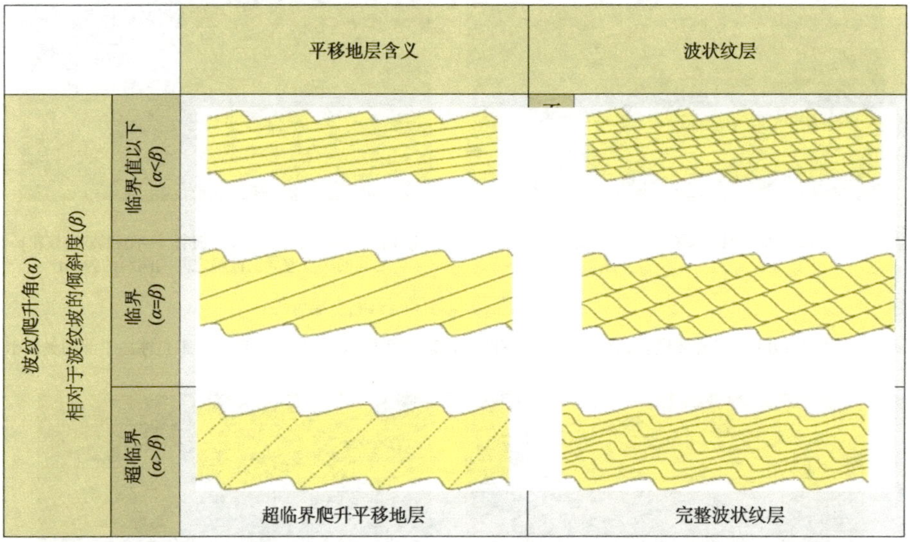

图6.81　根据波痕爬升角度（相对于底床的迎风坡度的倾斜度）以及是否存在交错层理对风成波痕层理进行分类［据Hunter（1977），略修改］

6.8.3　大型风成底床的尺寸、形状和分类

大规模风成底床的分类是基于各种技术收集的数据，包括地面观测、低空航空摄影、空间卫星遥感、内部结构研究（特别是自然出露的风蚀洼地、挖探槽或使用探地雷达）、风况测量和概念数值模型。因此，沙丘规模和更大的风成底床是根据许多单独的标准进行分类的，包括它们的规模、形态（形状、宽度、波长、高度）、间距（频率）、相对于净沙输送方向的方向、迁移行为的风格和任何叠加底床的形式。

1）风成沙丘（Aeolian dunes）

风成沙丘的波长为5~250m，通常排列成规则间隔的床状结构。就形态而言，简单沙丘的特征是一个8°~16°倾斜的迎风坡和一个20°~34°倾斜的背风坡，而更复杂的形态可

(a)细条纹层表示风成波痕的累积沉积，每条条纹反映了一列波痕的形成和累积，其中稍细的颗粒部分表示波痕槽，稍粗的颗粒部分表示波痕波峰(纳米比亚，白垩纪，埃塞俄比亚砂岩组)

(b)风成纹层地层，其中纹层的前积作为截断纹层的前积薄层被微弱地保存下来（见图6.81）（美国犹他州，侏罗纪纳瓦霍砂岩）

(c)风成沉积物中的双峰颗粒分选(英国什罗普郡，二叠纪布里德格诺思组)

(d)颗粒流地层中夹有弱发育的反粒序沉积(英国什罗普郡，二叠纪，德格诺思组)

(e)在岩剖面中观察到发育良好的风成颗粒流地层组。黑色代表该层砂岩中的残余油，红色代表沙粒的原始赤铁矿层，奶油色代表由于与碳氢化合物流体接触而使铁从颗粒表面渗出。地层的倾角反映了原始风成沙丘的坡度，颗粒流在该沙丘上发育(英国北海中部，二叠纪海雀组)

(f)露头中观察到发育良好的风成颗粒流地层组。每个组中的较细颗粒部分是颗粒流沉积物之间的薄层堆积(英国什罗普郡，二叠纪德格诺思组)

图 6.82 风成沉积物中常见的纹层类型

能具有多个朝向不同方向的迎风坡和/或背风坡。背风坡通常由滑动面（前积坡）组成，在静止角或接近静止角时倾斜，在其下方发生幕式沙崩。然而，并非所有沙丘都具有这种滑动面，有些沙丘可能没有滑动面（以较低角度生成或退化为较低角度）。沙丘呈现出各种各样的形态，是诸多因素综合控制的结果，包括风力和方向变化对昼夜至季节（及更长）时间尺度、沉积物供应和沉积物运输的影响。此外，沙丘可以分为流动的（主动迁移的）、活动但固定的（例如，附着在大漂石或植被区域）或稳定的。

流动沙丘根据其形态、背风面的数量以及相对于主风向的峰线方向进行分类（见图6.83）。根据这些分类标准，常见的沙丘类型包括横向沙丘，其具有单一、缓倾斜迎风坡度、更陡的背风坡度和垂直于盛行风的波峰线。纵向线形沙丘（沙脊）有1或2个背风面和平行于风的波峰线。有3个以上背风面的星形（金字塔）沙丘（见图6.83、图6.84）。尽管将沙丘识别为纯横向或纵向对于简单的分类方案是有利的，但可能会产生误导，因为许多沙丘的净沙输送方向是倾斜的，从而产生倾斜的底床（见图6.85）。

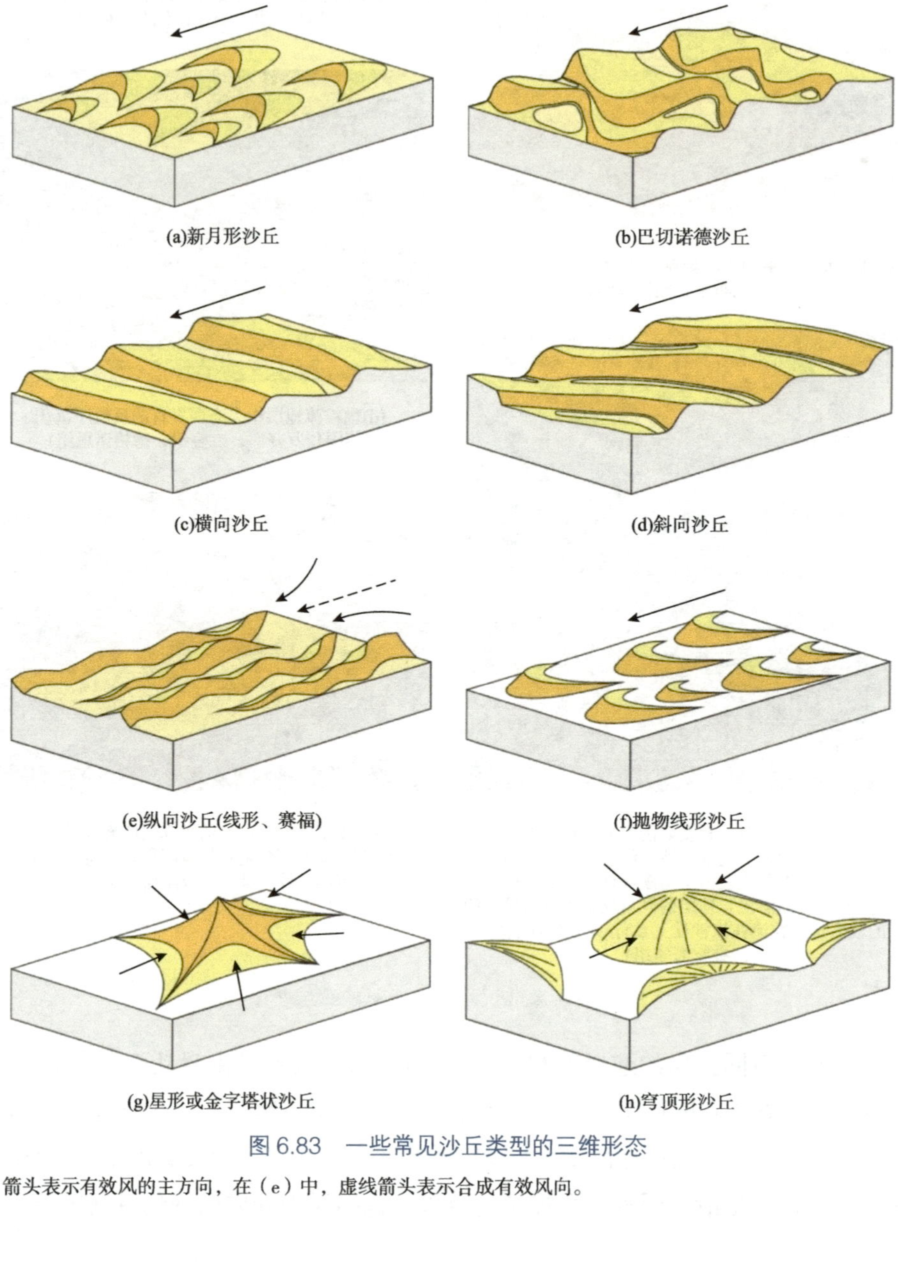

图 6.83　一些常见沙丘类型的三维形态

注：箭头表示有效风的主方向，在（e）中，虚线箭头表示合成有效风向。

(a)纳米比亚瓦布盆地新月形沙丘的背风面

(b)纳米比亚纳米布沙海西部蜿蜒波峰横向底床鸟瞰图。前景中的视图宽度约为600m

(c)纳米比亚华卜盆地的直顶线性沙丘。床宽25m

(d)具有宽沙丘间区域的稳定线性沙丘的航空照片。探索有效风的可能模式是什么，沙丘大约100m宽(南澳大利亚四吹泽勒克沙漠)

图 6.84　常见风成沙丘形态示例

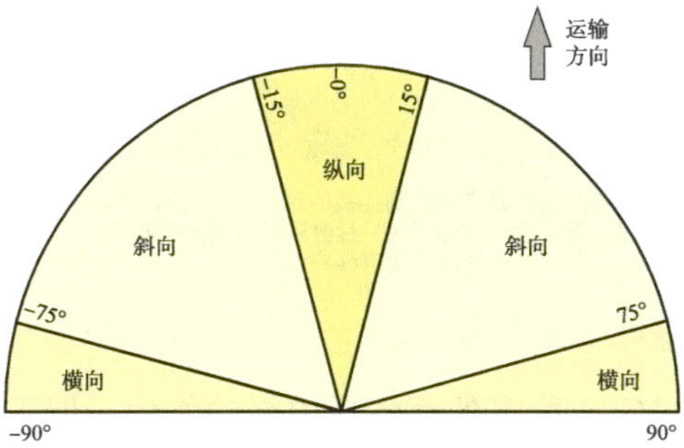

(a)相对于合成输送方向的底床波峰线方向

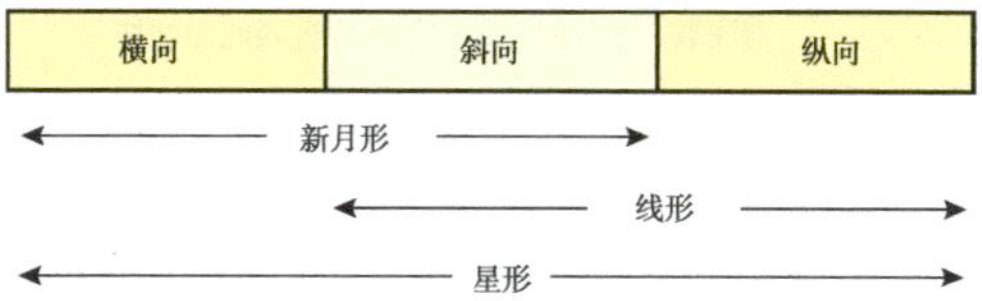

(b)沙丘类型

图 6.85　沙丘分类［据 Hunter 等（1983），略修改］

注：（a）基于合成输送方向与波峰线方向的形态动力学沙丘类型。（b）形态和形态动力学沙丘类型的可能范围。

在更详细的层面上，具有直顶线的沙丘是二维的，而具有弯曲、尖状或叶状顶线的沙丘是三维的（见图6.83、图6.86）。三维横向底床的例子包括空间上孤立的新月形沙丘，这些沙丘顺风开放，周围通常无沙地面走廊。新月形沙丘链沙丘脊是弯曲的横向脊。其中，在平面图中，连续底床的波峰线弯曲度可以是同相的，也可以是异相的（见图6.86）。

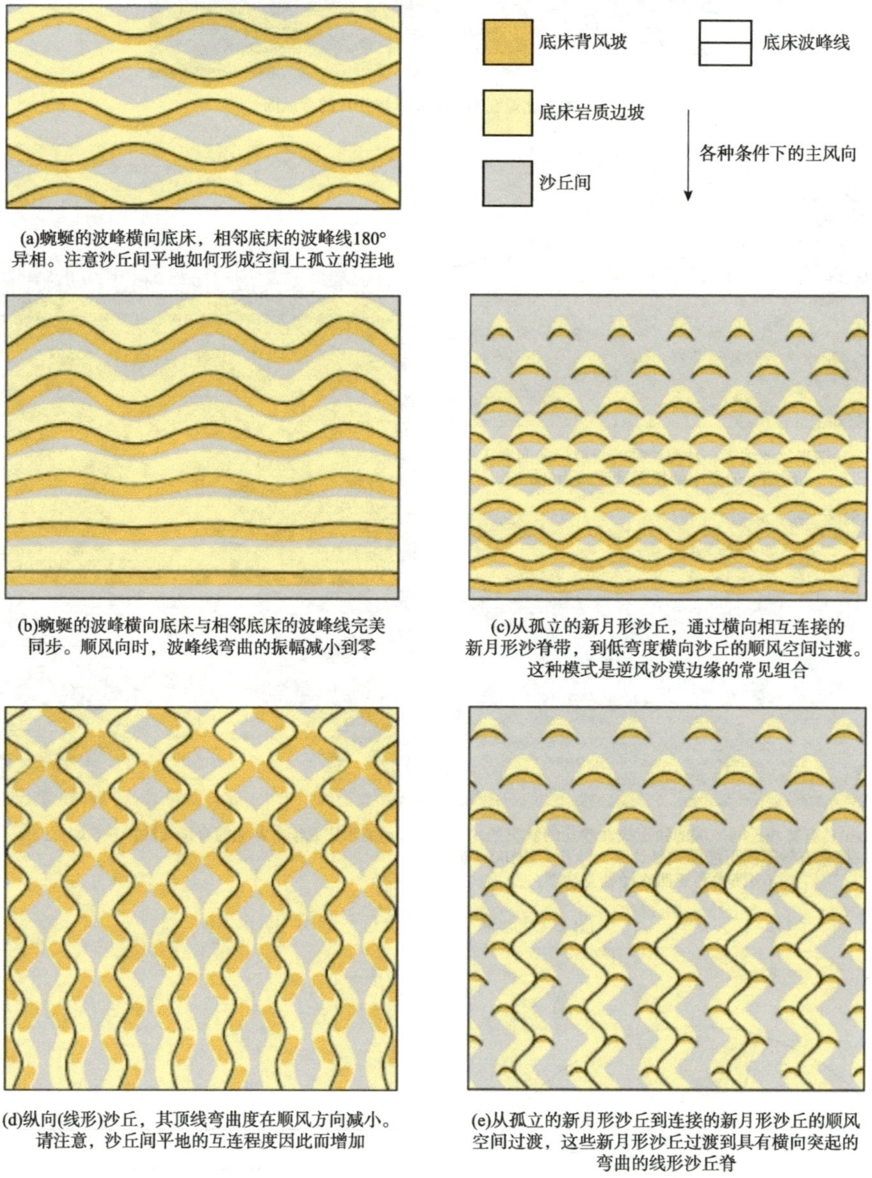

(a)蜿蜒的波峰横向底床，相邻底床的波峰线180°异相。注意沙丘间平地如何形成空间上孤立的洼地

(b)蜿蜒的波峰横向底床与相邻底床的波峰线完美同步。顺风向时，波峰线弯曲的振幅减小到零

(c)从孤立的新月形沙丘，通过横向相互连接的新月形沙脊带，到低弯度横向沙丘的顺风空间过渡。这种模式是逆风沙漠边缘的常见组合

(d)纵向(线形)沙丘，其顶线弯曲度在顺风方向减小。请注意，沙丘间平地的互连程度因此而增加

(e)从孤立的新月形沙丘到连接的新月形沙丘的顺风空间过渡，这些新月形沙丘过渡到具有横向突起的弯曲的线形沙丘脊

图6.86　常见床形形状平面示意图

抛物线形沙丘顺风向形成U形，植被起到锚定或稳定外部沙丘边缘的作用，但不足以阻止沙丘中部迁移。蛇形沙丘是一种三维线性床形，其中波峰线弯曲类似蛇的运动，沿床形顶部顺风迁移［见图6.86（d）］。蛇形沙丘之间的间距通常约为其平均宽度的2倍。这些沙丘的顶部呈现出规则的弯曲，交替侧面有滑动面。丘脊的迎风端呈圆形，沿

其长度方向，Y形分叉与气流和开放风呈30°~50°角。在其背风端，丘脊是尖的。大多数蛇形与产生的有效风矢量平行。山形沙丘为低脊状堆积粗粒硬砂，无滑动面，通常与风横向对齐，通常出现在蛇形沙丘之间的走廊中，或作为沙床中的独立底床。

流动沙丘的迁移行为样式也可进一步分类。以恒定方向和恒定速度迁移的沙丘是可变的，并且迁移方向、速度、不对称性或陡度随发生时间的变化也是可变的。迁移沙丘行为方式的时间变化是古代记录中复杂几何层系起源的一个解释。

沙丘通常排列成一个网络，有横向、纵向和倾斜部分。例如，蜿蜒的横向丘脊显示交替的舌状和条状（下风凹面）扇形，这些扇形相对于相邻丘脊的扇形或同相或异相［见图6.86（a）］。在其他地方，可能有垂直于风的直顶沙丘（或巨型沙丘），靠近它们的是穹顶形沙丘，有许多小滑动面和以低角度倾斜的圆形侧面。鉴于许多风成底床形态的复杂性，将背风坡的方向绘制为立体图上的倾斜方位数据十分有用（见图6.87），使底床形态和排列趋势得以识别。

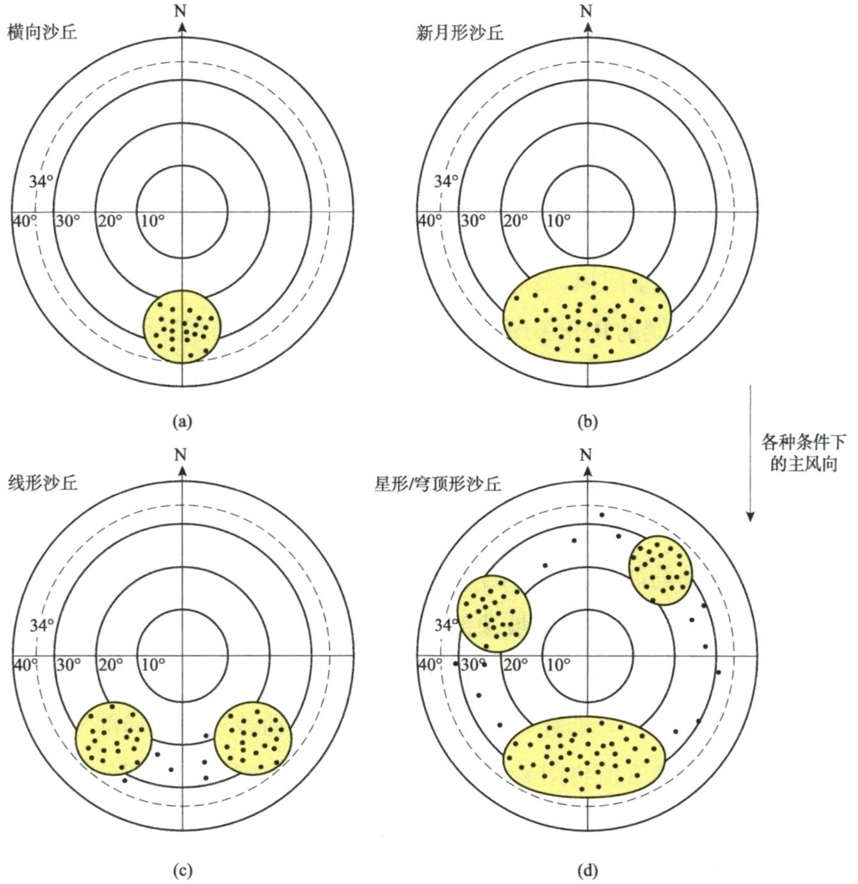

图6.87　常见风成沙丘类型预测的古风向模式（绘制为下半球赤平投影上背风坡前积薄层的倾斜方位）

注：分选良好的松散干燥风积沙的休止角通常为34°，床状背风坡不超过该角度。受压实作用的影响，在古代序列中保存的前积薄层往往不超过26°。古代序列中保存的线形、星形和穹顶形沙丘的前积倾角方位角往往不像现代沙丘那样呈现明显的双峰或多峰分布，部分原因是：在较长时间内，这些床形类型在特定方向上发生净迁移，因此优先保留朝向该方向的前积层。

2）巨型沙丘（Megadunes）

巨型沙丘的波长为500~5000m，高度超过50m，少数情况下超过300m，其沙丘规模更大。这些大型底床仅出现在风成沉积物供应和输送率较高的大沙海中。巨型沙丘与沙丘用相同的术语描述，但其特征可能是侧面存在叠加的沙丘规模底床。简单巨型沙丘缺乏叠加沙丘，而复合巨型沙丘具有相同形态类型的叠加沙丘，而复杂巨型沙丘具有不同类型的叠加沙丘。一些复合和复杂的巨型沙丘可能是滑动的，因为巨型沙丘本身不具有活动滑动面，即使叠加在其上的沙丘具有活动滑动面。复合沙丘形态的常见示例包括纵向沙丘，在其光滑侧面发育较小的蛇形沙丘，以及较少叠加的新月形沙丘。复杂巨型沙丘形态的常见示例包括具有支撑叠加三维横向形态的辐射臂的星形巨型沙丘和具有沿其侧面迁移的叠加横向脊的线形巨型沙丘［见图6.86（e）］。叠加沙丘在更大、移动更慢的沙丘上的迁移是古代记录中几何复杂层系起源的一种解释。

通常用4个术语对风的能量和方向特性进行分类，并将其与特定沙丘类型的构造联系起来（见图6.88）。散布等效砂厚度（EST）根据组成风积底床的砂在其基底区域均匀散布时所达到的厚度来衡量风积底床的尺寸。输沙潜能（DP）是衡量风的总移沙能力的一种方法，不考虑风向。合成输沙潜能（RDP）是测量风在合成输沙方向（RDD）上的合成或净沙移动能力的一种方法，可以通过绘制沙流玫瑰图［见图6.88（c）、图6.88（d）］来确定。RDP/DP（有时称为单向性指数）提供了风的可变性指标，其中高值（RDP/DP>0.8）表示低可变性（单向风，新月形）；低值（RDP/DP<0.3）表示高可变性（金字塔形或星形）。根据EST绘制的RDP/DP值得出了不同沙丘类型的判别图（见图6.89），表明沙丘类型受风况的控制。横向沙丘形态倾向于在以高RDP/DP值为特征的单向风条件下形成，并且是输沙床形态（见图6.89）。相比之下，星形沙丘的形成往往是对可变风（低RDP/DP值）的响应，是积沙的底床，迁移非常缓慢（如果有的话）。然而，重要的是要认识到，植被覆盖度等因素可能会使情况进一步复杂化。

在描述风成沙丘和韵律层时，应测量床形宽度、波长、高度和峰顶的几何形状（见图6.83）。此外，测量迎风和背风斜坡顶部、中部和底部的倾斜角度，评估平均粒度及其分布、砂的分选和孔隙度，以及叠加较小构造的性质、分布和方向。从垂直和水平探槽分析其表面构造（见附录2）。烟雾瓶实验有助于识别活动沙丘上的局部气流。查看是否存在背风面涡流、侧风和气流再附着点。使用木桩有助于监测沙丘部分的前进速度。使用简单的沙坑可以测量流入和流出沙丘的沙流量，并绘制沙玫瑰图（见图6.88）。用手持式风速计监测风向和风速，绘制区域气候数据，以便正确表示有效风向的权重。在描述风成沙丘和韵律层网络时，请注意，在平行和垂直于主风的方向上，沉积序列中连续底床形态之间的横向变化。特别是，观察沙丘和沙丘间大小、形状和间距的顺风变化，并注意形状变化发生的距离（见图6.86）。

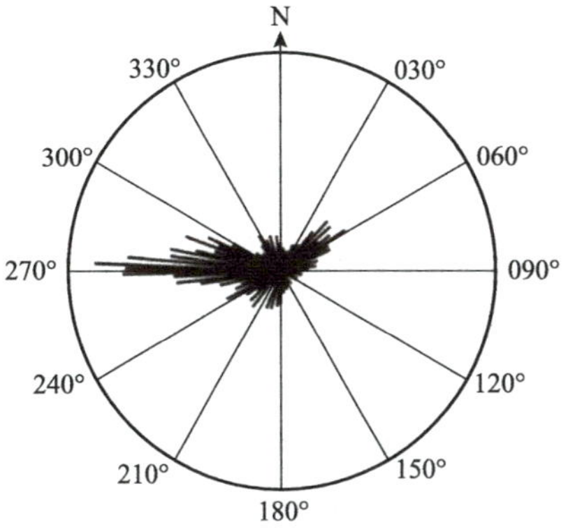

(a)典型的玫瑰花图。一段时间内每隔15分钟观测一次风。线的长度与风从给定方向吹来的时间成正比。来自西部和东北部的风占主导地位

移动潜力(DP)
风的总移沙能力，无论方向如何，以矢量单位测量

合成移动潜力(RDP)
风在合成漂移方向上的净移沙能力，以矢量单位表示

合成移动方向(RDD)
以轴表示的净砂流方向

(b)砂流动性量化中使用的术语

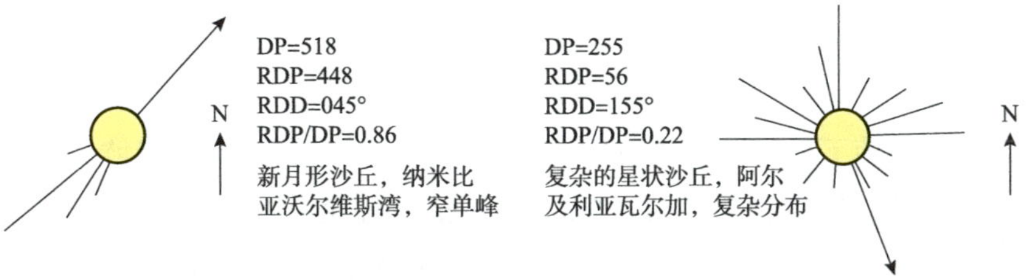

(c)砂玫瑰花图示例。细线（臂）的方向记录了砂向中心漂移的方向。线的长度记录了沙粒漂移量（矢量单位）。所有线的长度之和就是DP。较粗箭头线的长度表示RDP。该行的方向表示RDD。RDP/DP是风变率的一种测量方法。大于0.75的值表示单峰风，有利于横向沙丘或新月形沙丘的发育；小于0.2的值表示风向多变，有利于形成星形沙丘或圆顶沙丘。

(d)砂玫瑰花图示例。细线（臂）的方向记录了砂向中心漂移的方向。线的长度记录了沙粒漂移量（矢量单位）。所有线的长度之和就是DP。较粗箭头线的长度表示RDP。该行的方向表示RDD。RDP/DP是风变率的一种测量方法。大于0.75的值表示单峰风，有利于横向沙丘或新月形沙丘的发育；小于0.2的值表示风向多变，有利于形成星形沙丘或圆顶沙丘。

图 6.88 测量和记录风的变异性和强度以及相应的沙子流动性的技术系列（据 Fryberger（1979），略修改）

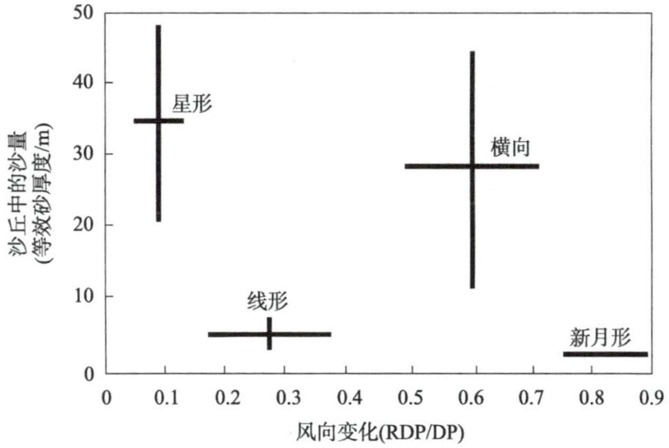

图 6.89 等效砂层厚度、输沙潜能（DP）和合成输沙潜能（RDP）概念的应用
［据 Wasson 和 Hyde（1983），略修改］

注：该图描述了沙丘类型、风况和等效沙厚度之间的关系。横向沙丘和新月形沙丘在单峰风条件下发育（RDP/DP>0.5），是输沙的底床。星型沙丘在多向风条件下发育（RDP/DP<0.2），是储沙底床。

6.8.4 现代和古代风成沙的小型内部结构

小规模风成地层是一系列独特过程的结果，这些过程使风成地层得以识别。现代以及古代风成地层内部的交错层组主要包括4种类型，它们以各种组合出现，分别是风成颗粒流地层、颗粒崩落层（见图6.82）、风成波痕地层（见第6.8.2小节）和风成平面状地层。

1）风成颗粒流地层

单个颗粒流单元出现在沙丘和背风斜坡上，在那里形成了活动滑面［见图6.90（a）］。颗粒流崩塌产生的前积体倾斜角度一般在18°~34°，厚度为2~5cm，尽管它们沿斜坡向上变薄。平面上一般呈舌状或锥形结构，在大型沙丘的剖面上呈梯状、扇形或板状，在小型沙丘上呈透镜状。地层具有突变、凹向上的侵蚀基底，内部无结构［见图6.90（b）］，可能显示垂直于基底的逆粒序，以及沿其长度方向的侧向粒序。值得注意的是，在前积层底部，粗颗粒可能出现在该层的顶部，重矿物可能分布在前积层的上部。在现代沙丘砂中，颗粒堆积通常非常松散，孔隙度非常高（高达45%）。滑塌颗粒流，其内部结构在下坡时被破坏，其特征是松散堆积的沉积物形成一个混乱的楔形，宽达数米，通常会在尖灭之前使下坡变厚。陡坡后退颗粒流，初始破坏点产生陡坡，然后向边缘线后退，形成舌状体，宽度很少超过0.5m，但可能延伸至背风坡的整个高度［见图6.90（a）］。在分选良好的砂中，连续坍落之间的边界可能不明显，只能识别出融合的颗粒流单元。

(a)沙丘背风面部分重力崩塌和崩塌形成的颗粒流舌(纳米比亚纳米布沙海，稍苏贝雷)

(b)剖面中的颗粒流地层。单个颗粒流舌在交错层组的底部变薄并尖灭，与低角度倾斜风成波痕层相交。颗粒流被细粒砂岩的薄层颗粒流沉积物隔开

(c)风成沙丘组的交错纹层斜视图，其中颗粒流和颗粒流地层与底部的风成波痕地层相交

图6.90 风成沙丘的特征沉积物

注：均来自美国犹他州，白峡谷二叠纪雪松台地砂岩。

风成颗粒流地层形成倾角20°~28°的前积层，内部层理不明显但平行，无粒序，倾向于先前存在的地形。在某些情况下可能表现出楔形，沙丘边缘线背风面最厚，向下坡方向变薄。现代沙丘砂中的颗粒流单元通常为中等填充，孔隙度达到40%。颗粒崩塌地层具有非侵蚀性接触，单个单元通常覆盖沙丘背风坡的上部，沿坡长数十米，能够与单个崩塌地层区分开来。在小型底床上，颗粒流地层通常不间断地向下延伸至背风坡底部，并可能覆盖颗粒流地层［见图6.90（b）］。在较大的底床上，颗粒流楔体倾向于被颗粒流地层切割。

2）风成波痕地层

风成波痕地层在第6.8.2小节中有详细描述，此处的附加说明仅涉及其出现在较大风成底床的背风坡和迎风坡上。风成波痕发育在沙丘和巨沙丘斜坡上，坡度为0°~25°，形成1~15cm厚的地层单元，薄层之间的接触为侵蚀性到非侵蚀性，突变或渐变。薄层的反向粒序比正常粒序更常见。可以看到交错层理或同相波痕。现代风成波痕沙的孔隙度平均为39%，这取决于粒度。地层出现在迎风侧和背风侧、顶部和凸形顺风投影、新月形沙丘的“角”、抛物线形沙丘的“鼻”以及障碍物背风处的流沙上。地层通常与颗粒流和颗粒塌落流地层互层，在许多情况下呈韵律层序［见图6.90（c）］。

3）风成平面状地层

沙丘斜坡上的风成平面状纹层和坡度为0°~15°的平行纹层，形成一组1~10cm厚的纹层组，可通过轻微的颗粒类型和粒度变化来识别。存在突变或渐变的非侵蚀接触，现代砂中的孔隙度通常小于30%。这些纹层很少出现，最常见的是在迎风面上，或是在缓倾斜的背风面上。

6.8.5 现代及古代风成沙的大型内部结构

尽管现代风成沙丘和巨型沙丘的外部形态很明显，并从航空照片和卫星图像中得到了充分的记录，但其内部的结构却鲜为人知。相反，在古代岩石中，风成的纹层组具有多种交错层理特征，但无法直接确定产生它们的床形形态，因为原始床形地形通常不保存。因此，很难将风成沙丘和巨型沙丘的外部形态和迁移行为与它们的沉积物联系起来，这些沉积物在古代记录中作为床状爬升的产物保存下来。揭示现代风成地层的内部结构涉及多种技术，使用推土机在平行和垂直于风向的沙丘挖探槽，以便观察其内部结构。在其他研究中，沙丘的上部被刨成水平面，以揭示内部结构。在自然界中，与主要风暴事件相关的风可导致吹蚀，留下裸露的悬崖部分。当河流系统流入沙丘区域时，山洪暴发可能会削弱沙丘侧面，导致沙丘坍塌并留下出露部分。自20世纪90年代初以来，地球物理技术（如探地雷达）已被广泛应用于现代沙丘内部结构的成像。尽管这种非破坏性方法有可能提供三维视图，但由于该技术能够成像的地下深度一般10~20m，因此受到限制。在古代记录中，有几个良好的例子，其中大规模保存的风成底床地形揭示了原始底床形态及其内部结构，特别是通过灾难性事件使原始底床形态的地形原位保存，例如快速洪水或熔岩流淹没。最后，由于大型风成底床的生长和迁移速度相对较慢，因此很难直接研究它们的时间演化和迁移行为。对此的一个解决方案是开发计算机模型，模拟随时间推移的底床行为，并预测不同的底床类型和迁移方式将如何产生和保存不同类型的交错层理。

1）交错层理

对现代风积砂的交错层理研究表明，当相互联系观察时，许多沉积特征可作为大规模风成砂底床活动的可靠指标。对古代风成砂岩的研究极大地丰富了现代沙丘的信息（见图6.91），其中大型交错层理是最显著的特征，单个大型层系组的厚度通常可达10m，偶尔可达52m。与风成砂丘活动相关的常见沉积构造包括：

(a)平行于原始底床迁移方向的剖面。横向延伸的低角度倾斜边界面是沙丘组之间的沙丘迁移面。在层系组中，轻微的再作用面也很明显

(b)剖面近垂直于原始底床迁移方向，显示出大型槽，表明原始底床具有明显的正弦波峰线

图 6.91　风成砂岩中大型交错层组的边界面

注：这两个例子都来自美国犹他州侏罗纪纳瓦霍砂岩。

（1）由不同排列的颗粒流、颗粒崩塌流和风波痕地层组成的中大型交错层理占主导地位（见图6.90、第6.8.4小节）。

（2）几种类型的交错层理的出现，包括板状平面、楔状平面和槽状，其相对比例在实例中变化很大。几种沙丘类型中可能出现向上凸出的层系组。

（3）由侵蚀性边界面（见下文）分隔的叠加层系组，可能接近水平或以低至中等角度倾斜，其方向相对于侵蚀的前积层从亚平行到高度倾斜。

（4）在沙丘上部，最常出现的槽状交错层为孤立层系或薄层系组。

（5）平坦或风成波痕层理的薄单元，通常出现在迎风侧和沙丘顶部附近。

风成底床内跨地层组的几何结构和前积体的方向随底床类型而异。横向沙丘和巨型沙丘内部由板状和槽交错层理组成，其前积层倾斜垂直于床峰线的走向（见图6.92）。蜿蜒的波峰横向山脊内部由槽状交错层理组成，其内部结构相当复杂，且前积层向不同方向倾斜（图6.93）。穹顶形底床通常呈现出由平缓凸起的薄层组成的层系组（见图6.94）。线形和星形底床的内部结构复杂，通常表现为重叠和相交的镶嵌组，前积层朝相反方向倾斜（见图6.95）。

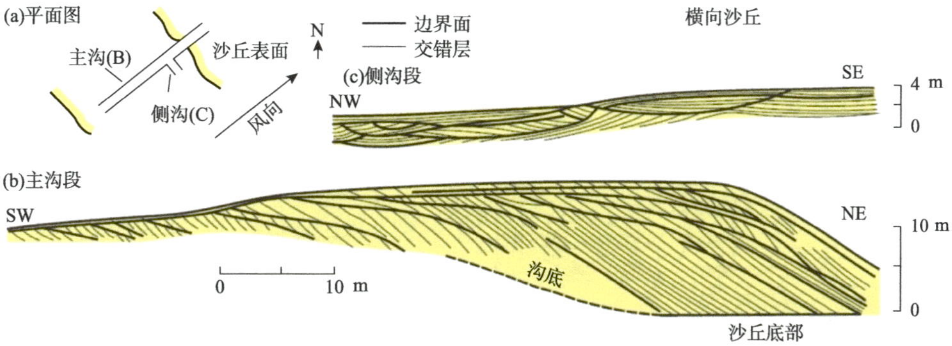

图 6.92　横向沙丘的内部结构［据 McKee，（1966 与 1979），略修改］

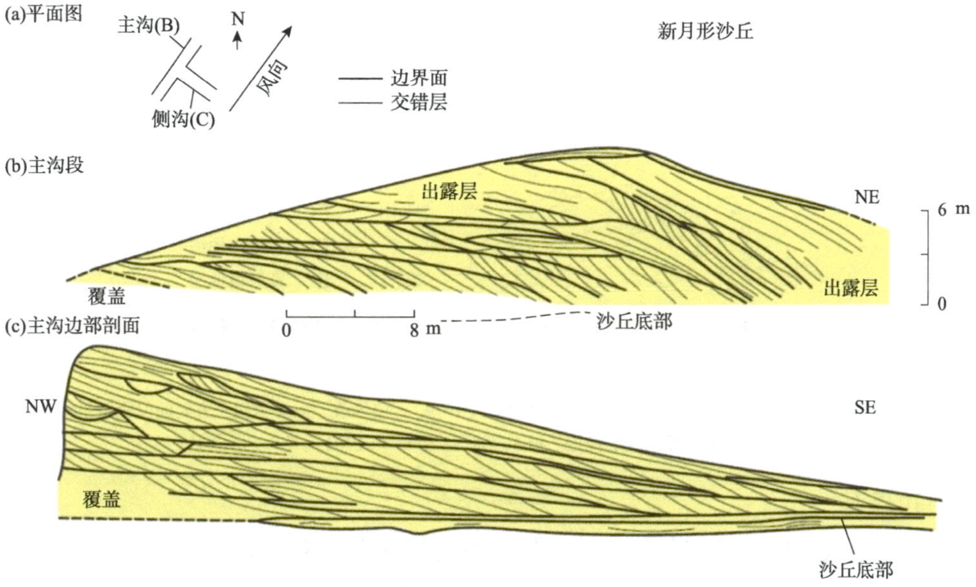

图 6.93　新月形沙丘的内部结构［据 McKee，（1966 与 1979），略修改］

注：这个例子显示了内部纹层的复杂性，在外部形态中是无法预料的，表明了复杂的演变过程。

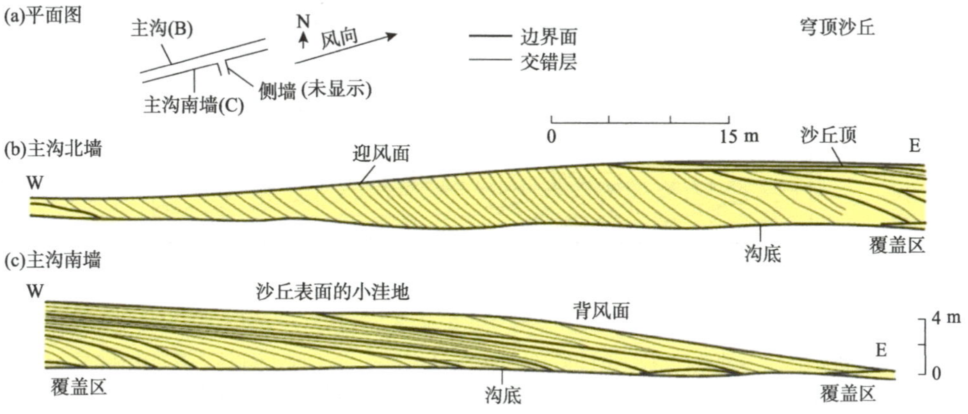

图 6.94　穹顶形沙丘的内部结构［据 McKee，（1966 与 1979），略修改］

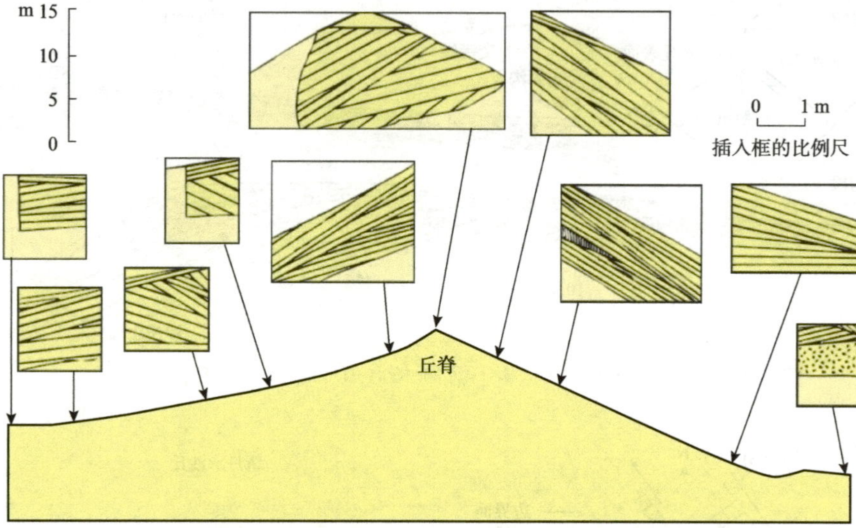

(a)在利比亚一个线形(赛福)沙丘的剖面挖掘后，发现了交错层理草图

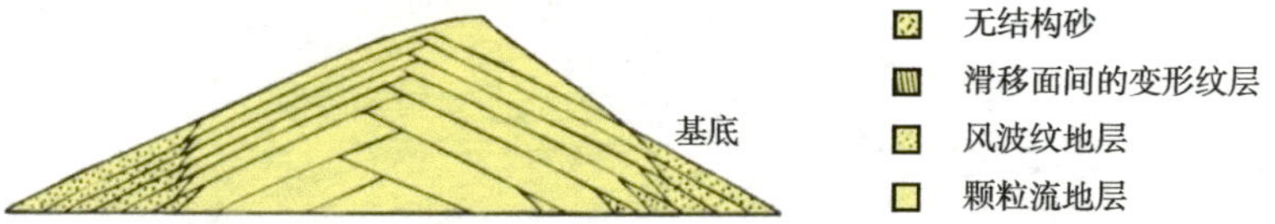

(b)线形沙丘内部沉积结构的典型剖面草图。据Bagnold(1941)，略修改

图 6.95　线形沙丘内部结构

注：（a）Bagnold（1941）的蛇形沙丘假想模型，据 McKee（1979），略修改，以显示相反方向的前积倾角。（b）一个真实例子的直接证据，基于利比亚蛇形沙丘的浅层挖掘。据 McKee 和 Tibbits（1964）。

2）边界面

边界面是截切穿过地层的风成沙丘层系组的侵蚀面。根据形状、相对于截切的交错地层的方向、横向范围及其相互关系，可识别出4种不同类型的边界面（见图6.96）。

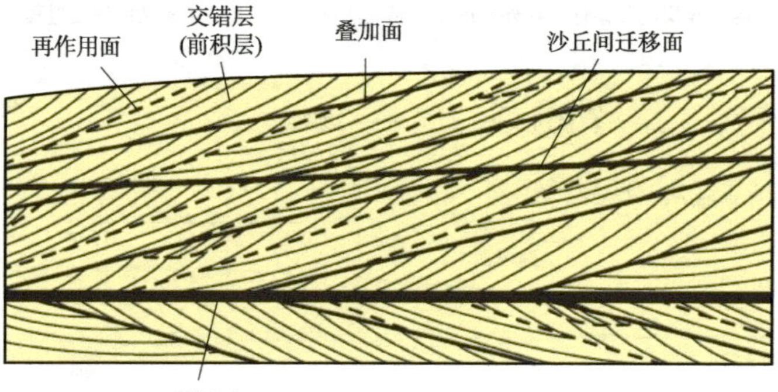

图 6.96　复合交错砂层和砂岩中边界面的概念定义图据［Brookfield（1977），略修改］

注：边界面最初是针对风成砂岩提出的，但它也可以应用于水下沉积物。沙丘间迁移面是沙丘迁移的结果。叠加面表示叠加河床或冲刷坑在较大母底床上的迁移。再作用面代表了底面背风坡的部分排气，并因底面迁移方向的周期性变化而出现。超级面通常在区域上广泛分布，通常与整个堆积体结合。

（1）再作用面（Reactivation surfaces）

出现在风成层系组内，以平面或扇形侵蚀面为特征，通常顺风向倾斜10°~20°，略小于其截切的地层倾角。在垂直于风的剖面中，再作用面平行或亚平行于横向地层。在某些情况下，可沿着走向追踪10~100m以上，而在平行于迁移方向剖面中，可能延伸到一组的整个高度，或局限于其底部。在这种情况下，它们通常以吹蚀（渐近）基底为特征。尽管一些再作用面在层系组内随机出现，但其他表面则表现出明显的规则间隔，表明有规律的重复形成机制。上覆的交错地层表现出和谐或下覆关系。

（2）叠加面（Superimposition surfaces）

出现在风成层系组内，其特征为平面至高度扇形侵蚀面，倾斜方向广泛。在平行于迁移方向的区段中，这些面与再活化面相似，其识别可能存在问题。然而，在垂直于迁移方向叠加面的剖面中，叠加面不同于再作用面，因为它们通常倾斜于其截断的横向地层。在再作用面和叠加面都发育的地方，后者总是截切前者。

（3）内部迁移面（Interdune migration surfaces）

沙丘内部迁移面的特点是低角度倾斜的侵蚀表面，通常在顺风方向延伸数百米至数公里。这些表面在风成输送的剖面中看起来是平面到略微扇形的，而在垂直于输送的剖面上，它们可能是中等到高度扇形的。沙丘内部迁移面常常截断叠加面和再作用面。

（4）超级面（Super surfaces）

超级面是截断所有其他类型风成边界表面的侵蚀面，通常具有很大的横向范围和连续性，从而将整个风成堆积体或其重要部分结合在一起。与超级面相关的沉积特征包括干燥裂缝和多边形裂缝、生物扰动、根土岩和盐构造，所有这些都产生了有关超级面形成时堆积表面性质的重要古环境信息。超级面可能是平坦的、平面的，或者可能表现出相当大的局部起伏，使其识别存在问题。在某些情况下，可以将超表面横向关联到非风成成因的相邻矿床，并将其与盆地边事件（如海侵）联系起来。

6.8.6　沙丘、巨型沙丘和风成地层的形成过程

1）外形

沙丘和巨型沙丘的形成需要大量砂级别的颗粒，这些颗粒作为推移质移动，而粉砂和黏土则以悬浮状态搬运，砾石作为滞留物。现代沙漠的观察表明，一块沙地要发展成沙丘至少要有4m长。风必须被斑块的跳跃区充分阻挡，才能发生沉积。每个沙丘区都会生长到一个临界高度，这取决于粒度和风力，因此最终可能会形成滑动面。沙丘和巨型沙丘是重复的床形，记录了沙床对风的剪切作用的反应。底床模型记录了试图达到动态平衡以应对流动模式的持续波动。

沙丘形成地形障碍物，主要是干扰气流，因此当气流向上移动时，沙丘会加速导致搬运速率增加，并促进颗粒沿沙丘坡度向上运输至沙丘顶部。当越过顶部时，它进入背风面洼地，减速并导致输送速率降低，从而促进背风坡上的沉积。这为风成沙丘随时间

顺风前进的机制提供了基础。气流从床形表面的分离发生在顶部，而气流再附着发生在下风沙丘高度处。因此，沙丘背风面中存在一个分离单元，在该分离单元内发生二次湍流气流，从而使沙丘侧面（基座）上的波痕和侵蚀坑发展经历了复杂的迁移。在再附着点的下风处，重新出现的气流加速意味着沙丘间沉积物可能受到侵蚀，从而为下一个顺风沙丘提供局部沉积物。

历史上，关于控制沙丘和巨型沙丘形状的想法包括植被的变化、低层大气中湍流的结构、热对流羽流的分布、有效风的变化和可供搬运的沙量。最近的分析表明，最后两个因素发挥了最主要的作用（见图6.89）。新月形、纵向和蛇形构造与相对较低的可用砂相关，而横向新月形和星形构造在砂丰富的地方发育。新月形沙丘和横向沙丘反映了有效风向的较少的多样性，而纵向沙丘和星形沙丘反映了较大的多样性。

2）内部结构和外形之间的联系

将现代底床的形态和迁移行为与它们产生的复杂床组和边界表面几何形状联系起来，对于理解古代风成地层的环境至关重要，但还远远不够直接。虽然现代风成底床的外部形态很明显，但其内部床组结构很难确定。计算机模拟表明，外部形态相似的床形可以产生完全不同的交错层理模式，因为它们在时间上具有不同的迁移行为。此外随着沉积中后续床型的通过，作为床组（即未被侵蚀）积累的床型数量通常仅为整个床型最基本部分的一小部分（通常<10%）。因此，从床组结构重建床组形态通常依赖于以下假设，即保存的底部的层系组充分反映了床组背风坡上部（非保存）发生的沉积过程。

3）小规模构造的形成

风成底床的滑动面产生了交错底床的前积层，对其小规模结构的研究表明，这些前积层具有不同的成因。

颗粒流地层表示当风成沙丘的背风坡超过休止角（32°~34°）时，由崩塌引起的背风坡崩塌沉积，形成受重力驱动崩塌的活动滑动面，从而产生各种类型的颗粒流（沙流或沙崩）地层（见图6.97、图6.98）。其反粒序是由于颗粒碰撞产生的分散压力和动力筛分（见第3.7.2小节），最大、最圆的颗粒流向坡脚的速度最快，这解释了部分横向粒序和垂向反粒序的成因。

重力驱动的颗粒沉降发生在风将跳跃的颗粒云带过沙丘边缘时。颗粒流的发生通常是由于风力输送能力降低时，沙丘背风坡上部背风侧涡流内的气流分离造成的。沙丘的侧面或边部可能还会出现颗粒沉降，因为那里的二次侧风气流不足以形成波纹（见图6.97、图6.98），风力波动也会产生粒度变化，出现明显的颗粒分层。背风坡上的多次颗粒沉积是斜坡达到并超过休止角的主要机制，从而通过沙崩对颗粒地层进行改造。

沙丘下部优先形成的低角度倾斜风成波痕层是由爬升波痕的迁移产生的，有时保留内部前积层。然而，通常情况下不存在内部前积，爬升波痕层产生伪纹层，每个伪纹层由纹层顶部较粗的颗粒组成，这些颗粒沿着波痕的波峰迁移，而底部较细的颗粒则在波痕的下部迁移（见图6.22、图6.23）。

当产生波痕的爬行和跳跃在大风中受到抑制时，就会出现平坦纹层。它产生的条件相当于水流中上层流态下部的条件。

4）交错层理的形成

交错层理普遍存在于风成沙丘砂和砂岩中，由反复和持续的背风坡沉积作用形成，其中颗粒流、颗粒崩流和风成波痕层产生交错层理（见图6.97、图6.98）。大多数风成底床的内部由交错层理的砂组成，层理面记录了底床背风坡的先前位置、形状以及在斜坡上运动过程。当底床迁移时，将截断交错地层生成由侵蚀边界面界定的层系组。

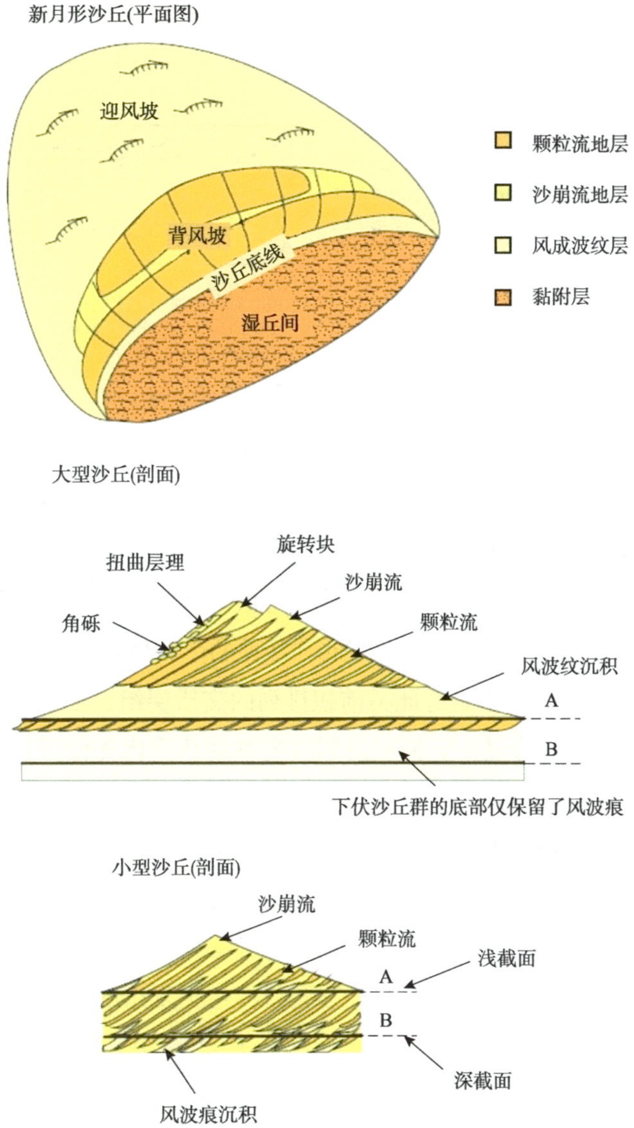

图 6.97 特征风成岩相及其分布示例［据 Hunter（1977）、Kocurek 和 Dott（1981），略修改］

注：在一个简单的新月形沙丘上以及在不同水平的大小规模风成沙丘上。截断程度影响地质记录中相类型的保存，上部滑面特征丢失。

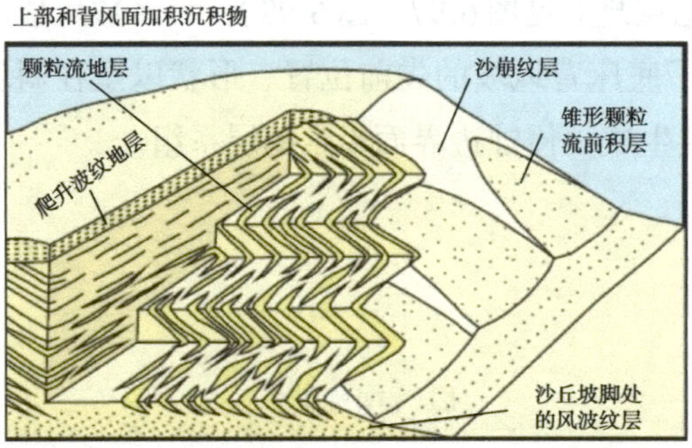

(a)示意性方框图显示了不同类型的前积体的不同小规模结构：简单的锥形颗粒流前积层、颗粒流地层和爬升波纹地层。平面上层理通常在裸露的沙丘顶部发育，但此处未显示

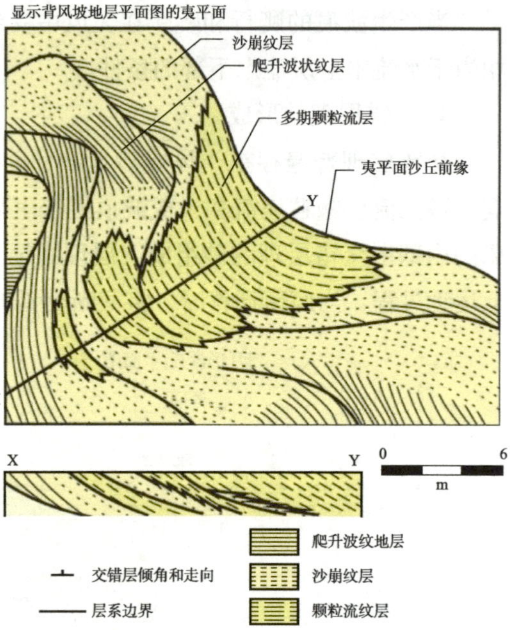

(b)出露在侵蚀平的蜿蜒横向或棒状脊状沙丘上的沙丘前积横向地层的平面图和横截面，显示了小规模前积结构。此图从美国得克萨斯州帕德雷岛的一个出露点简化而来

图 6.98　风成沙丘沉积物中小规模纹层类型的典型分布［据 Hunter（1977）］

简单、二维、恒定（不断移动）的横向床形迁移将产生以恒定前积倾角为特征的交错地层。三维横向形态的迁移，如新月形和抛物线形沙丘、蜿蜒波峰的新月形脊，以及在某种程度上的穹顶状形，将产生交错地层。这些交错地层表现出一系列前倾方位角，反映了合成有效风方向的平均变化值。方差将随着波峰线弯曲度的增加而增加，例如从直波峰横向到圆顶形沙丘。线性（尤其是蛇形）沙丘的前积倾斜方位角为两种模式，相距约 120°。然而，在古代地层中具有此类前积排列的交错层组比较罕见，因为大多数线形沙丘具有较小的横向运动分量，它们长时间横向移动从而优先保留具有单峰倾角方位排列的前积层。当底床在迁移方向、速度、不对称性或坡度上发生变化时，会产生更复杂的交错地层模式，形成包含大量侵蚀–再作用面的层系组。风向逆转会在较大冲刷槽底部保留方位角为 180° 的前积层。类似地，如果迎风面上不时发生沉积，则可能出现罕见的、不太陡峭的平坦底层，其方位角与模式成 180°。对于复杂和复合长条状沙丘，不同规模的床形以不同的速率、不同的方向迁移，将产生更复杂的交错层理模式，失去平衡的床形也是如此。

从古代层序（露头和钻孔倾角仪）中获得的交错层理倾角方位数据可以与预测进行比较来解释，但必须非常谨慎，尤其是在复杂或复合形式情况下。尝试使用计算机模拟，将具有各种形态和经历各种迁移行为的床形所产生的交错层理模式与观察到的古代地层交错层理模式进行比较，直到找到良好的匹配。然而，使用这种技术找到的解决方案可能是非唯一的。

5）边界面的形成

侵蚀边界面是风成沙丘迁移的内在产物，底床（或其部分）在空间移动时侵蚀到早期存在的沉积物。风成边界面分析的问题是，几何相似的边界面可由各种底床行为产生。三维计算机模拟已成功用于演示床形的特定排列如何生成复杂的边界面几何图形。再作用、叠加和沙丘间迁移边界面被认为是固有底床迁移行为的产物，而超级面则是由外部控制的参数变化造成的，如沙供应、沙可用性和风的沙承载能力。

再作用面（见第6.3.5小节）是由幕式或周期性背风坡侵蚀引起的，随后是与底床迁移方向、迁移速度、不对称性或坡度变化相关的重新沉积［见图6.99（b）、图6.100］。表面记录了异常风间隔期间的侵蚀，可与水成交错层理中的再作用面比较（见第6.2.7小节）。这些变化是常见的，因为背风坡上的气流通常会受到湍流的影响，很少是稳定的。在某些情况下，气流波动的周期是有规律的，并产生周期性的再作用面，就像白天和季节性风逆转的情况一样。当两个或多个以不同周期运行的参数相互作用产生交错层理时，两个或多个尺度上出现嵌套的再作用面（见图6.101）。

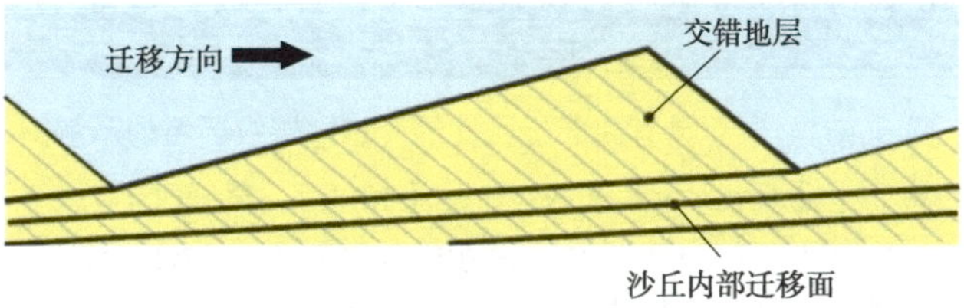

(a)沙丘间迁移面

(b)再作用面

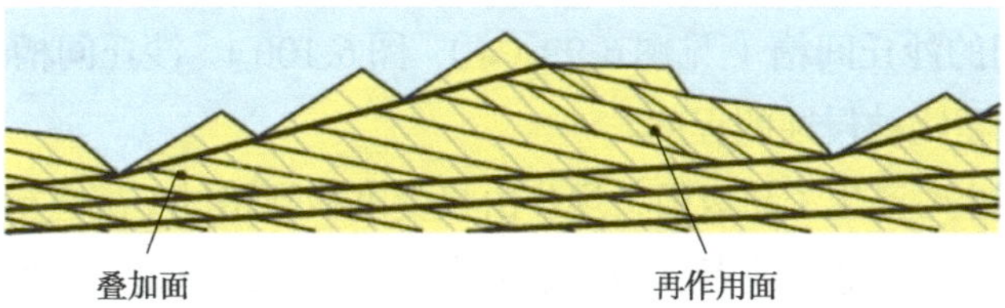

(c)小床形迁移到迁移较慢的母床形上产生的叠加面。再作用面可以嵌套在由重叠曲面限定的层系组中

图6.99 由于底床状迁移形成风成地层中的边界面

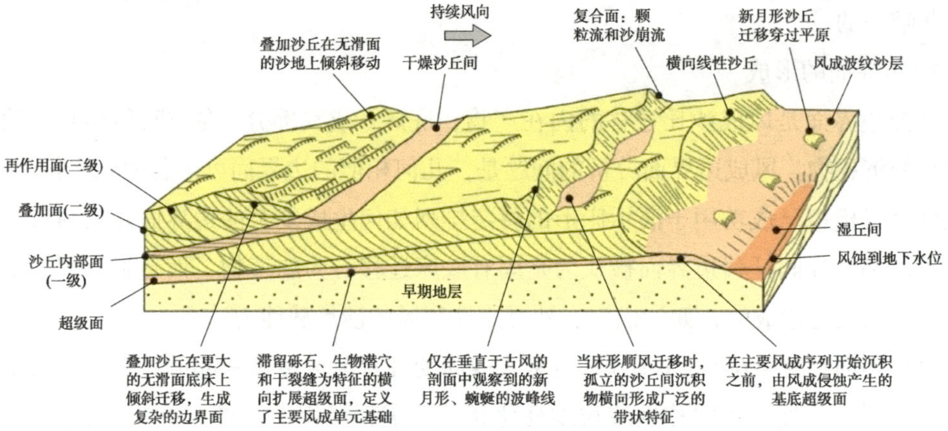

图 6.100　各种底床比例和类型以不同方向和速率迁移（有时相互迁移）生成边界面类型层次结构示意图［据 Howell（1992），略修改］

图 6.101　显示具有内部旋回性的交错地层纹层组的示意图［据 Crabaugh 和 Kocurek（1993），略修改］

注：（纹层组内有两个明显的边界尺度，注意纹层组底部的边界面是如何向下倾斜到波状曲面的）这种关系表明，风成沙丘迁移与潮湿、地下水位控制的沙丘间堆积同步发生。这种类型的结构可能出现在几十厘米到几十米的各种尺度上。据美国犹他州东北部侏罗纪恩特拉达砂岩的观察结果。

叠加面由叠加沙丘在较大的母底床上的迁移或底床背风坡上冲槽的迁移造成的［见图6.99（c）、图6.100］。边界面的曲率程度给出了床形三维形状的一些度量参数。虽然叠加沙丘和冲槽理论上可以直接沿母床背风坡向上或向下迁移，但斜向迁移更为常见，因为二次气流倾向于将叠加床形斜向穿过较大底床的背风坡。

沙丘间迁移面是由沙丘间分隔的底床迁移而成的。通过侵蚀冲刷形成的侵蚀冲刷界定了连续河床之间的沙丘间槽［见图6.99（a）、图6.100］。沙丘间槽迁移时冲刷的深度影响早期底床的沉积物被侵蚀的程度。

当风成沉积停止时产生了超级面，逐步由接受沉积到路过不沉直至开始侵蚀。直到新的沉积再次变为中性或正值，或者沉积物地下水位阻止。沉积速度由地下水位下降的速度控制。当地下水位限制风成收缩时，所形成的超级面有时称为斯托克斯面（见图4.28）。

6.8.7　风成沙丘、条状沙丘和交错层理的应用

这些构造的最大用途是解释古环境。风成岩有助于在大陆和全球范围内重建古环

境，因为它们有助于确定主要气候系统的位置。古风向研究在这方面特别有用，但请记住，风成沙丘和条状沙丘反映了有效风，而不一定是弱盛行风或季节风。粗粒砂只能通过强风移动，强风可能只与一个季节或方向有关。没有证据表明古风向与古坡度有直接关系。

尽管风成过程产生了独特的沉积结构，但只有与其他诊断性沉积构造相关联时，风成过程才能可靠地用于古环境重建。风成沙丘过程与河流、湖泊和海岸过程密切相关，这意味着具有风成纹理的沉积物经常被非风成过程改造。

风成构造有助于在高度倾斜的层序中建立地层顶底，尤其是交错层理，其底部层与基底边界面是渐进的。然而，需要注意的是直线的、有角度的前积体。此外，如果不考虑整个地层，可能不认为罕见的上凸交错层理是指示地层顶部。

最后，具有多孔、渗透性、交错层理的厚层风成砂岩序列以及少量渗透屏障是油、气和水的潜在储集层，以及热液金属矿床的宿主。

6.9 学习技巧

1）野外经验

（1）现今环境。在大多数环境中，沙的形成过程、底床形状和结构都可以进行研究，沙滩、沙质潮滩、干燥河床和风沙区域尤其适合学生小组进行详细研究。在许多情况下，可以通过挖探槽或检查天然或采石部分，将河床的表面形式与其内部沉积结构联系起来。更高级的研究可能利用探地雷达（GPR）技术。此外，还可以在雪中进行观测。可以使用遥感数据（如航空照片或卫星图像）检查大型河床，例如沙漠环境中的风成沙丘，包括从多次调查中获取数据，这些数据生成特定地点的时间序列图像，从而能够评估底床或位置的变化率。可以通过使用无人机（在允许的情况下）收集图像来加强调查。

（2）古代环境。古记录同样容易研究，因为砂岩通常出露良好，结构易于观察、测量和记录。尽管小规模构造（如波痕）通常保存在层理表面，但大规模构造只能在三维剖面中看到。

2）实验室经验

（1）单向水流中形成的构造。在小型水槽中，可以产生许多在砂土中发育的小规模构造，包括不对称的水流波痕和原生水流线理。实验应使用各种平均粒度和分选特性的砂，并评估流量和速度变化的重要性。注意波痕开始形成的临界流速，测量波痕波长和波高，并注意平面形态和内部结构。

（2）双向水流中形成的构造。在底部有0.05~0.08m细－中粒砂的小型水槽中，可以产生对称的浪成波痕。将水槽放置在两个圆柱滚子（例如木制滚动销）上，轻轻地来回晃动水槽以产生表面波。注意波浪如何搅动底床上的沙子，并观察几十秒后形成的对称波痕。在不同的水深重复实验，通过改变摇摆强度来改变波浪大小。

（3）粒序层理。向1L量筒中加入由各种粒度（从泥到颗粒）组成的沉积物，并加水。摇动圆筒，使沉积物悬浮，并静置20~30min，并注意形成的粒序层理。

推荐参考文献

[1] Allen, J. R. L. 1982. *Sedimentary structures : their characterand physical basis*. An encyclopaedic account of sedimentary structures and the physics of their development.

[2] Kneller, B. 1995. *Beyond the turbidite paradigm : physical models for deposition of turbidites and their implications for reservoir prediction*. A landmark paper on deposition from turbidity currents in their wider setting.

[3] Hunter, R. E. 1977. *Basic types of stratification in small Aeolian dunes*. A detailed and widely cited account of aeolian lamination types with good illustrations.

[4] King, C. H. J. 1980. *Experimental sedimentology for advanced level students using a motorized wave tank*. Useful techniques for designing laboratory experiments.

[5] Lancaster, N. 1995. *Geomorphology of desert dunes*. Good discussion of the origin and geometry of stratification types associated with aeolian bedforms.

[6] Leclair S. F. 2002. *Preservation of cross-strata due to the migration of subaqueous dunes : an experimental investigation*. An important account of the relationship between cross bedding and the dunes responsible for generating it.

[7] McKee, E. D. (eds) 1979. *A study of global sand seas*. A series of papers on the geomorphology of deserts and the sedimentology of desert dune deposits, well-illustrated with aerial and satellite images.

[8] Mutti, E. 1992. *Turbidite sandstones*. A lavish picture book of turbidites and their structures.

[9] Pettijohn, F. J. & P. E. Potter 1964. *Atlas and glossary of sedimentary structures*. A compilation of excellent photographs of the major types of erosional and depositional structures.

[10] Pettijohn, F. J., P. E. Potter, R. Siever 1972. *Sand and sandstone*. Some useful material on sedimentary structures, as well as more general aspects of sedimentology.

[11] Reineck, H. E. & I. B. Singh 1980. *Depositional sedimentary environments*. A beautifully illustrated book with good photographs of modern structures, but a rather patchy treatment of sedimentary environments.

[12] Rubin, D. M. 1987. *Cross-bedding, bedforms and palaeocurrents*. Application of computer models to demonstrate how bedforms of varying shape, migration speed and migratory behavior generate simple, compound and complex styles of cross bedding.

[13] Beautifully illustrated and well ahead of its time. At the time of writing, the computer modelling software could be downloaded free of charge from the USGS website.

[14] Scholle, P. A. & D. Spearing (eds) 1982. *Sandstone depositional environments*. A well-illustrated compendium of environmental facies models with some illustration of individual structures.

第七章
砾石、砾岩和角砾岩中的沉积构造

7.1 引言

含有大量颗粒级或较粗物质沉积物的总称为砾屑岩。此类沉积物的携带、搬运和沉积发生在高能环境中，直接观测其流动条件很困难，因此对沉积过程和沉积构造的研究受到限制。大碎屑的运动会对包括人在内的记录手段造成严重损坏，因此，想成功收集数据而部署的仪器很有限。然而，随着我们对地质过程的了解越来越祥细，需要观察、测量和记录的特征更加清晰。砾屑岩的搬运沉积与各种大陆和海洋环境密切相关，包括河流、冲积扇、礁体斜坡、风暴海滩、海底峡谷、火山斜坡和冰川环境，因此，砾屑岩的成分非常复杂（见图7.1）。在河床上安装沉积物捕集器可以得到洪水期间搬运率的信息，但对搬运和沉积的类型知之甚少。有人试图通过研究河床上日流量升降的结果来解决该问题，例如在冰期外缘区。地质过程是从沉积物推断的，而沉积物的表面形态和内部构造是由探槽揭示的，该方法仅适用于能近距离接触的陆上出露环境。越来越多的人尝试在实验室进行砾石实验，但由于需要建造大型昂贵的水槽或波浪水槽，实验也受到了限制。即使如此，水流和构造的规模也比真实现象小得多。砾岩（以圆形碎屑为主的砾屑岩）和角砾岩（以角状碎屑为主）的研究是地质学的一个领域，对古代沉积的详细观察和解释有助于对现今过程的理解，特别是在深水环境中，让过去成为现在的钥匙。详细的分析内容包括记录地层接触关系、地层厚度、地层格架或基质支撑类型以及较大碎屑的大小和方向。

(a)砾岩，含由石英、火成岩和变质砾石和卵石组成的碎屑(英国斯塔福德郡，三叠纪霍克斯莫尔砂岩组)

(b)砾岩，由层内红色泥岩碎屑组成(南威尔士，泥盆纪老红砂岩)

图 7.1　不同成分的砾岩示例

(c)石灰岩内碎屑组成的砾岩，注意发育的镶嵌碎屑是压溶的结果（美国纽约州，志留纪。图片由吉尔伯特·凯林提供）

(d)风成沙粒基质中火山成因的玄武岩碎屑(纳米比亚西北部，白垩纪埃塞俄比亚组)

(e)砂岩基质中磨圆较好的卵石(英国斯塔福德郡，三叠纪霍克斯莫尔砂岩组，最大卵石直径8cm)

(f)水道砂岩底部砾岩中的碎屑支撑格架(北海南部，上石炭统，岩心直径约12 cm)

(g)具有“冻状”砂岩结构的泥砾岩，混合块体流(英格兰德比郡，上石炭统马姆托尔砂岩，碎屑厚均为1~2cm)

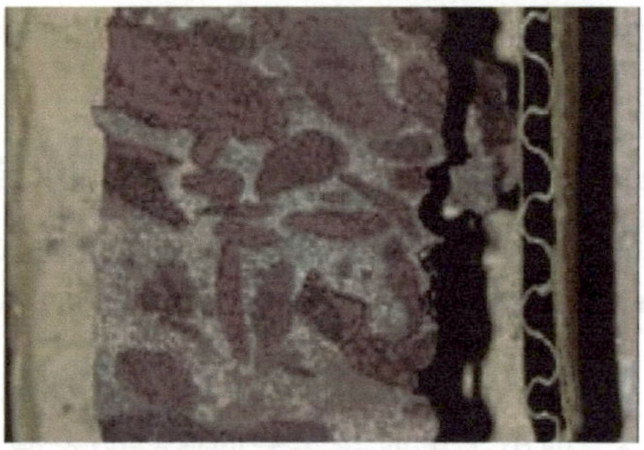

(h)含粗砂岩基质的泥碎屑砾岩，氧化使泥碎屑变红（北海南部，上石炭统，岩心直径约12cm)

图 7.1　不同成分的砾岩示例（续）

7.2　分类

7.2.1　砾屑岩定义

含有粒径大于2mm（-1φ）碎屑的沉积岩称为砾屑岩（Rudites）（见图7.2），但砾屑的百分比没有统一的标准。对于泥浆、砂和砾石的混合物，在使用砾石、砾岩和角砾岩之前，岩石中应含有30%以上体积大于2mm的碎屑。在野外或实验室中，首先估算砾石、砂和泥的百分比，并参考图7.2所示的沉积物类别进行分类。

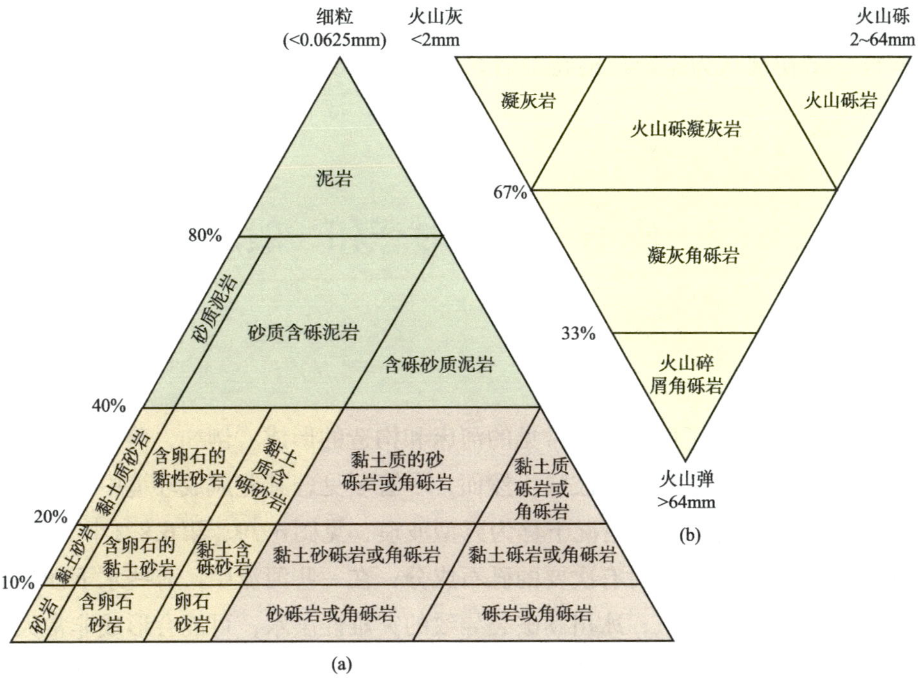

图 7.2　砾屑岩的命名法

注：（a）固结的硅质碎屑岩，由组成碎屑的粒度比例确定。据 Piper 和 Rogers（1980），略修改。（b）火山碎屑岩由其组成碎屑的粒度比例确定。块体由棱角分明的碎屑、变形的熔岩团组成（有时在喷发时在其中心部分熔融）；混合物的精确百分比边界因用户的偏爱而异。

7.2.2　砾岩中的沉积“结构”的确定

这里，术语沉积“构造”被广义地解释为若干特性，包括结构特征：（1）成分特征；（2）组成碎屑的形状、磨圆和表面形态等特征；（3）地层与交错层；（4）粒度分布、分选和碎屑支撑体系特征；（5）结构、填隙物和孔隙度特征；（6）粒序层的有无及类型。在初步调查中应记录前两项特性，它们提供了有关碎屑物源（即源区）和搬运历史的有用指南。如果目的是了解沉积过程和环境，则需要特别注意后4个特性。

7.2.3　砾屑岩的成分和分类

野外记录的第一个属性是大型碎屑的组成（见图7.1），这对初步推测其来源和起源过程较为有利，例如沉积物是否是火山碎屑成因。还应观察确定某些碎屑是否起源于沉积盆地内，并受到准同生沉积物的侵蚀，即层内碎屑（如礁岩堆），或是来自源区较老岩石露头，即层外碎屑或外来碎屑。

7.2.4　砾屑岩的错误识别

根据经验和进一步分析，一些归为沉积成因的砾岩被视为“假砾岩”或“假角砾岩”。这可能源于原地、沉积后的成岩变化（例如结核，见第9.3.1小节）、构造破坏（例如断层角砾岩）或简单风化过程（例如经球状风化的辉绿岩块通常被蚀变的黏土基质包围）。同样，最初被认为是碎屑的特征后来可能被证明是遗迹化石（例如圆形洞穴填充物，见第9.4节）。

7.3 砾石沉积的形态和一般环境

7.3.1 导言

砾石的大粒径阻止了砂中许多常见的河床和构造的形成。例如，碎屑直径接近波痕大小的沉积物中不会形成小规模波痕。然而，尽管罕见，某些风成环境中见到由颗粒甚至小卵石组成的大波痕（某些情况下称为巨型波痕，见图6.79、第6.8.2小节）。大型沙丘可能在粗砂中形成，其中含有次要的砾石成分；在一些河流中，有些水下沙丘完全由细砾石形成。在特殊情况下，冰川湖破裂导致的灾难性洪水，可能会形成非常大的粗砾石沙丘形态。砾石中发育的形态特征相对较大，且其内部或之上可能发育有独特的填充结构（见第7.4.4小节）。这些组构构成解释古代砾石和砾岩的基础。

与砂不同，砾石没有包罗万象的方案，其中特定底床形态的出现可能与特定的流动条件和粒度有关。一般来说，沉积物越大、越粗，水流越强。粗粒沉积物越来越多地被解释为两组主要过程的产物，即与推移质搬运相关的过程和与沉积物重力流相关的过程。在这里，我们概述了砾石总体结构和沉积环境，在这些环境中，地质过程是活跃的（图7.3）。除了下面讨论的环境外，砾屑岩还通过灾难性事件（如海底滑坡和海啸）形成。

7.3.2 河道

含砾石层的河流通常呈现出坝和河道多变形态。在辫状河中，平行于水流的细长坝通常在几个共存的尺度上分裂河流。沉积发生在坝顶部，砾石叠瓦状堆积（见第7.4.4小节），并在下游末端形成交错层理。从叶状薄片的单层碎屑厚到几米高的砂坝起伏程度各不相同。在曲流河中，砾石堆积在侧向或点坝上。在大型河流中，砂坝通常是小规模特征的复合体，产生的砾石体是复杂的扁平状。河道填充范围受限制，可能出现透镜状河型。较深的河床堆积粒度最粗的砾石，但通常在河流下降阶段被较弱水流下的形成的细粒沉积物掩盖。当河床出露时可以看到这种情况，但如果河床长时间暴露一些沙子也可能被风吹走。

7.3.3 冲积扇和陡坡

冲积扇上的幕式洪水常快速上升至洪峰流量，然后快速下降为特征。此类事件促进了由泥石流（黏性泥石流）或筛状沉积物形成的粗粒舌状体的发育。在泥石流中，大量细粒沉积物的存在使水流具有高黏度和高密度（见第3.3节），大型碎屑“漂浮”在基质中，导致分选差、基质支撑的组构。朵叶状砾石是通过筛分过程产生的，通过筛状过程，搬运砾石的水流入渗透基底，在表面留下由碎屑支撑的砾石。

在陡峭的斜坡上，水下和陆上的松散岩石块都会掉落形成碎石和岩屑锥。此类岩体倾角高，甚至形成35°的坡度（比正常休止角度大得多）。在陆上环境中此类沉积物不易保存。

(a)聚集的泥砾与砂岩中的层理平行
(美国犹他州，侏罗纪凯恩塔组)

(b)植物碎屑搬运沉积后碳化为煤碎片
(美国犹他州，白垩纪奈斯伦组)

(c)砂岩层理面上的扁圆形泥砾。一些原始泥砾风化后形成圆形空洞(模具)(美国犹他州，侏罗纪凯恩塔组)

(d)高黏性泥基质中的圆形砾石被较小砾石
(直径达25cm)包裹(现今，北威尔士安格尔西)

图 7.3　由不同类型的内碎屑组成的砾岩——在许多情况下，碎屑来自沉积前邻区地层的局部侵蚀

7.3.4　扇三角洲

当富含砾石的冲积扇直接进入湖泊或海洋时，会形成楔形、富含砾石的扇三角洲。由于砾石不易被波浪和水流改造，因此在休止角处形成陡峭的三角洲斜坡，尤其是在低能湖泊环境中。有些砾石通过重力流被输送到更深的水中（见第3.7节）。

7.3.5　海岸线

海蚀崖下的碎石和正在侵蚀的海岸线很快被粉碎并被运走，从而使波浪侵蚀进一步进行。侵蚀物通常沿海岸搬运，许多海滩呈砾石堆积特征，尤其是风暴海滩。砾石脊呈线状，有的向外延伸成片状。海滩砾石通常分选磨圆较好，如果海滩砾石较平，则显示出亚平行倾斜（叠瓦，见第7.4.4小节）。

7.3.6 深水扇

在主要海底斜坡的底部，特别是靠近海底峡谷口的地方，浊流和其他沉积物重力流沉积砾石，既是朵状也作为河道填充物。对这些环境的了解主要来自对古代沉积岩的研究。

7.3.7 珊瑚礁和相关环境

在陡峭的礁体前缘，受海浪冲击，不规则的碳酸盐碎屑（有时尺寸非常大，由礁体物质组成）分离，向下倾斜，并聚集在陡峭的楔状物（高达40°）中，这些楔状物包括高初始孔隙度（高达40%）的交织格架。这类坡积物具有很高的保存潜力，在古代记录中很常见。

7.3.8 冰川和相关环境

冰川携带各种大小的沉积物，并沉积在各种环境中，无论是否借助于水。一些碎屑直接从融化的冰盖中下落，形成基底冰碛，或形状多变、塑性变形的表层冰碛；其他粗颗粒物质从漂浮的冰山和冰架上掉落，形成孤立的落石。在陆上和水下沉积的物质常会受到泥石流的进一步移动和沉积。冰川内部、上方、下方或侧面流动的融化水可能会对砂和砾石进行分选、运输和沉积，从而形成特征地貌，如小沙丘、蛇形丘和冰水沉积平原。这些砾石往往比直接从冰中沉积的砾石分选更好。与冰川和冰川洪水活动相关的复杂多样的形态特征在相关文献中有更全面的介绍。

7.3.9 与火山有关的沉积

火山喷出的粗碎屑包含成分布广泛的片状物，更多的是较局限的沉积物。在岩浆和熔岩运动过程中，自碎通过机械破裂和气体爆炸产生碎屑；当熔岩进入水、水饱和沉积物或冰而淬火破碎时，就会发生浅色碎屑；火山碎屑是岩浆和围岩爆炸产生的。火山碎屑在水下和陆上都起作用。空降沉积物主要由细粒悬浮物沉降而成，但通常与较大的、随机分布的火山灰、块体或火山弹落石互层，从而使下伏地层变形。这些沉积物通常覆盖在早期的地层上。火山碎屑流沉积物携带大量碎块以密度流的形式整体搬运，由于受重力控制，通常被限制在山谷中，逐渐填充。某些类型的火山碎屑流以波状密度流的形式传播，具有足够的能量上升到地形障碍物上方。这种浪涌沉积物可以通过显示凹陷变厚和高地变薄的地形来识别。

许多原生火山碎屑在运输过程中与“正常”硅质碎屑和碳酸盐沉积混合，并作为碎屑砾岩重新沉积。

一些火山产生的泡状浮石，可以漂浮在水面上一段时间，在充分浸水的情况下才会下沉。由于水浸对较小的碎屑作用更快，故这一过程有可能形成逆粒序层。

7.4 结构、组构和构造：形成模式

在描述砾屑岩时，可以直接在野外对某些特征进行详细观察。也可以在实验室对沉积物样品进行观察和分析来补充。请注意以下几点：

（1）组成碎屑的成分、颜色、形状和表面特征；

（2）沉积物的分选、粒度、孔隙度和碎屑支撑特征；

（3）河床内垂向或横向粒序性质；

（4）存在的优选碎屑方向；

（5）地层或交错层的性质；

（6）厚度和粒度关系。

7.4.1 砾屑的形状（圆度和球度）和表面特征

砾岩中砾的形状变化极大（见图7.4）。根据经验，可通过参考粒度卡比较仪在野外判断球度和磨圆度。通过测量球度和磨圆参数，并参考津格设计的形状类别，可在实验室进行详细的分析（见图7.5）。圆度等级可通过描述性术语（从尖棱角到滚圆）或使用幂或佩蒂庄的数字刻度表示（见参考列表）。测量处理各种形状的单碎屑对于了解其三维特性（如碎屑）非常重要，通常许多岩石露头和岩芯只能看到二维特征（见第7.4.4）。

(a)次圆形、中等球形、等径卵石和巨砾（冰岛南部，现代海滩）

(b)棱角、低球形、长条形砾石（纳米比亚西北部，二叠纪华卜组）

图 7.4 砾石形状对比示例

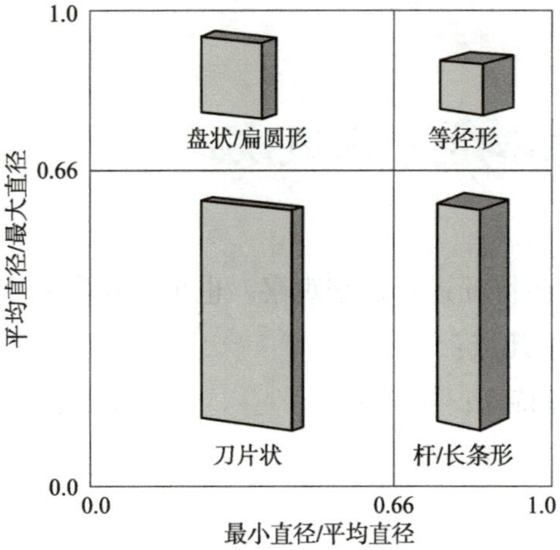

图 7.5　砾石形状分类方案［等径及盘状碎屑最常见。据 Tucker（1991），略修改］

一些砾石形状暗示了其来源过程，人们可以推测其形成环境或搬运历史，也可以通过其他方式来进行检测。具有两个、三个或四个面的砾石，其光滑表面可能有凹痕、凹槽和抛光，如风棱石代表风蚀产物。在多数情况下，风棱石滚动搬运后沉积，因此很少在原地发现。类似地，水蚀能产生未磨光的砾石；熨斗状卵石上有平行或近平行的条纹（划痕）记录了沉积前的冰川磨损；较软的物质在各种环境中都能被划损。从河流到低能海滩，再到高能海滩，由于磨损时间的持续增加，磨损严重、表面粗糙、呈盘状的卵石越来越多。从河流环境到低能海滩环境，再到高能海滩环境，通过磨损、磨圆、球度和圆度的不断增加，形成高度磨圆的球状卵石。球度和圆度指数提供了沉积物结构成熟度的度量。然而，请注意，在恒定条件下，砂粒和小卵石比大碎屑磨圆的速度慢。高速碰撞产生的冲击环在某些碎屑表面上很明显，注意不要与压溶坑混淆。

7.4.2　分选、粒度分布、孔隙度和碎屑支撑特征

砾石的分选和筛分以及其粒度分布的测定可使用与砂相似的方法在实验室中进行。然而，当古砾岩胶结良好时，这种方法是不可能的。然而，可以用近似的方式估计和描述这些特征。

初步确定各层的分选程度，并记录是否存在明显的粒度模式。通常砾石粒径是一种模式，沙粒径是另一种模式，因此沉积物粒度分布为双峰型。术语碎屑适用于粗粒模式周围的颗粒，基质适用于细粒成分。一些沉积物为单峰型，分选良好，缺乏明显的基质，因此具有非常高的孔隙度（>40%）。其他沉积为单峰型，分选较差；还有一些是多峰的。

砾岩之间的一个重要区别是正砾岩和副砾岩的分离（见图7.6、图7.7）。正砾岩具有分选良好、碎屑支撑、镂空或基质填充的格架，而副砾岩分选较差、基质支撑且粒度分布多变。因此，确定沉积物是由颗粒支撑还是由基质支撑很重要。较大的碎屑是否相互接触形成格架，或分散在细粒基质中（见图7.6）？在不撬开岩石的情况下，在二维露头中并不容易判断，寻找碎屑之间的压刻痕（压力坑）可能会有用。无基质、碎屑支撑、砾岩格架通常具有高孔隙度和渗透率，被描述为具有镂空结构。或者，如果碎屑分散基质支撑，则应确定支撑基质是否为砂（例如在砂砾岩中），在这种情况下，岩石可能多孔具有渗透性，或者为泥（例如，在含砾泥岩中），岩石缺乏明显的孔隙且渗透率较低。

(a)正砾岩，砾石紧密堆积，仅含少量砂基质
(英国斯塔福德郡，三叠纪霍克斯莫尔砂岩组)

(b)水道中沉积的紧密堆积、砾石支撑的正砾岩
(北海南部，上石炭统大型碎屑，岩心直径约4cm)

(c)副砾岩，角砾岩“漂浮”在分选较差的
砂基质中(纳米比亚，白垩纪)

(d)火山碎屑成因的准砾岩，块体和喷发角砾漂浮在一块
火山砾石基质中(西班牙东南部阿尔梅里亚省，中新世加塔角)

图 7.6　细粒基质中各种类型碎屑支撑的示例

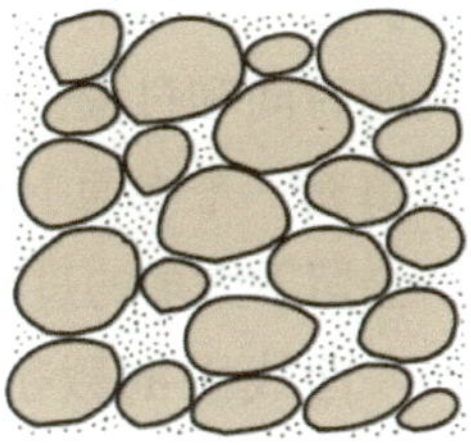

(a)双峰、碎屑支撑格架；
基质分选良好(正砾岩)

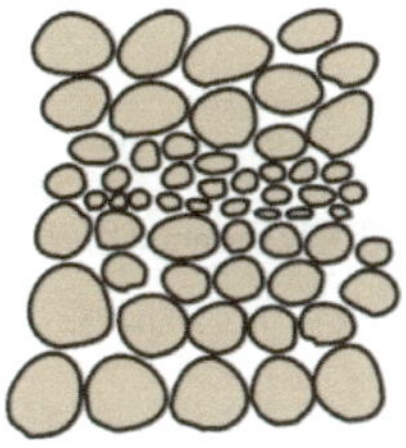

(b)碎屑支撑的镂空
格架(正砾岩)

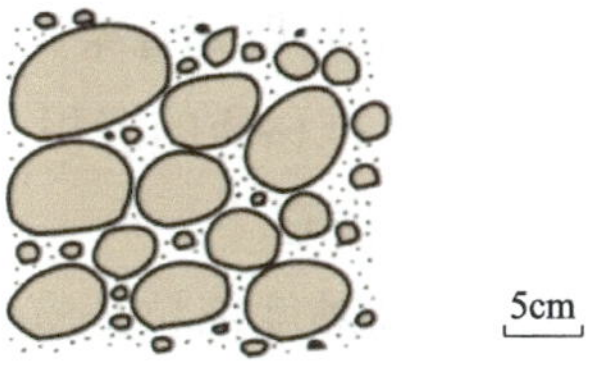

(c)多峰、碎屑支撑的格架、
基质分选较差(正砾岩)

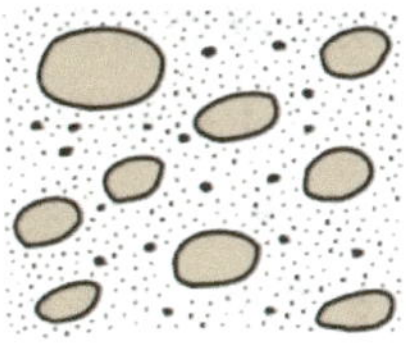

(d)多峰、基质支撑、
缺乏格架(准砾岩)

图 7.7　砾岩分选和粒度分布的特征描述 [据 Walker 和 Harms 等 (1975)，略修改]

基质以泥为主的砾岩通常为泥石流沉积物或冰碛物，碎屑分选较差。火山碎屑沉积物通常以漂浮在细灰基质中的块状物和火山弹为特征。海相或湖相泥中可能发现冰川和火山碎屑成因的滴石。

在初步区分之后，进一步考虑的问题是搬运方式和沉积过程：在某些情况下，这些问题不一定都有现成的答案，但有助于将注意力集中在重要问题上。

（1）如果砾岩由碎屑支撑且具有基质，细粒填隙物是与较大碎屑一起沉积，还是形成后期填充的格架？

（2）如果结构由碎屑支撑，但保留了镂空结构，那么当前基质沉积物是被筛走，还是在河床上滚动并在分选较大碎屑时保持悬浮状态？

（3）在搬运和沉积过程中，河床对细粒沉积物的丰度有何指示？

尽管可以根据朱尔斯特罗姆–桑德伯格曲线（见图3.16）估算每种模式的侵蚀和搬运的阈值速度，但请记住，这些数据主要与泥沙浓度低的河流以及具有相对均匀物质的河床有关。图7.8通过滚动搬运的碎屑尺寸与通过相同流量悬浮砂的尺寸相关联。然而，如果砾岩具有砾石格架，且填充砂，则这些图形关系不能表明填充物是与砾石同时沉积的，还是在砾石沉积后沉积的。在前一种情况下，部分悬浮物可能充填在砾石层较安静的空隙中。在后一种情况下，洪水期悬浮泥沙较少的河流在低水位流量期间仍能以推移质的形式搬运泥沙，其中一些泥沙可能渗入砾石格架。在大多数情况下，很难判断基质形成的时间和过程。此外，风吹的沙子可以填充一个水面上露出的砾石格架，而不会留下太多的过程证据。

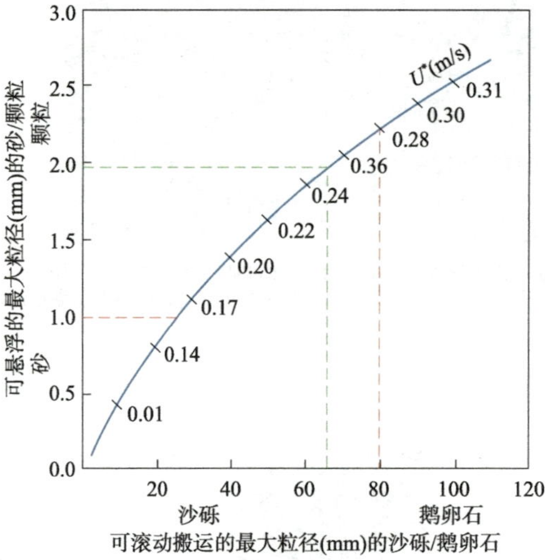

图7.8　滚动搬运的碎屑尺寸与同一水流悬浮颗粒尺寸的图解［据 Walker（1975），略修改］

曲线上的数字是指底床滚动的剪切速度U^*的临界值。绿色虚线表明，63mm卵石和1.95mm直径砂粒的砾岩中的共存与平均值U^*=0.25m/s附近的轻微速度波动有关。红色虚线表明，碎屑以双峰形式共存，基质填充骨架正砾岩由80mm的卵石和1mm的砂组成，可能是由于高速（0.28m/s）下卵石推移质的沉积，而1mm的砂仍处于强烈悬浮状态。随着速度的减小，砂会落入格架并填满它。

如果砾岩是基质支撑的，要考虑大碎屑是与高黏度细粒基质一起流动或是落入已经沉积的细粒沉积物中。基质中扰动纹层的出现有助于判断情况。如果碎屑与基质一起运输，例如在泥石流中，则可能没有泥石流的环境的指示，冲积扇、深水浊积扇和水道、冰川表面和火山侧面都可能形成。如果碎屑落入沉积物中，我们并不知道这是来自融化的冰山、漂浮和腐烂的树根，还是火山爆发的结果。所有情况都可能发生在湖泊或海洋环境中。浮石碎屑在浸水和下沉之前可以长时间漂浮；当它们沉降时不会对下面的沉积物造成很大的干扰。通常，来自周围沉积物的砾石证据将有助于缩小解释问题的范围。

图 7.9　具有多尺寸碎屑和高度分散结构的副砾岩，具有冰川沉积物的特征（挪威北部塔纳福德，晚前寒武纪，上部冰碛岩）

冰川通常携带粒度（和形状）范围较大的碎屑。在所有情况下冰碛岩分选较差，形成基质支撑的副砾岩，这是冰川融化的结果，通常不加分选地沉积所搬运的沉积物（见图7.9）。

7.4.3　地层粒序

第6.7节中描述的砂中的主要粒序类型，同样适用于砾石和砾岩（见图7.10、图7.11）。正粒序通常表明湍流是在沉积过程中形成的（见第3.7节）。含量或递变和粗尾粒序在正粒序的砾岩中都很常见，反粒序在砾岩中比砂中常见。其原因可以解释为：压力分散大碎屑向上升，或由于大碎屑从强流或颗粒流中较低、剪切力较强的部分（牵引地毯）逐渐流失。反粒序也可能是顺流沉积分选的产物，其中较细的颗粒首先到达沉积场地。无粒序地层可能显示高剪切强度或高黏度，从而防止湍流和颗粒相互作用；在这种条件下，差异环境产生正粒序或分散压力产生反粒序的范围很小。在某些情况下，尤其是在正砾岩中，粒度的横向粒序很明显。在火山岩中，密度分级导致不同成分（和密度）的碎屑在垂向或横向上发生分化。这与粒度分异不同，尤其是在涉及浮石或其他泡状碎屑的情况下。在水中，较小的浮石碎屑浸水后下沉更快，这可能导致反粒序。

(a)辫状河流平原砾石(冰岛南部，现代)

(b)火山碎屑流沉积物，带有块状物和爆发砾(西班牙东南部阿尔梅里亚省，中新世加塔角)

图 7.10　砾岩中正粒序例子

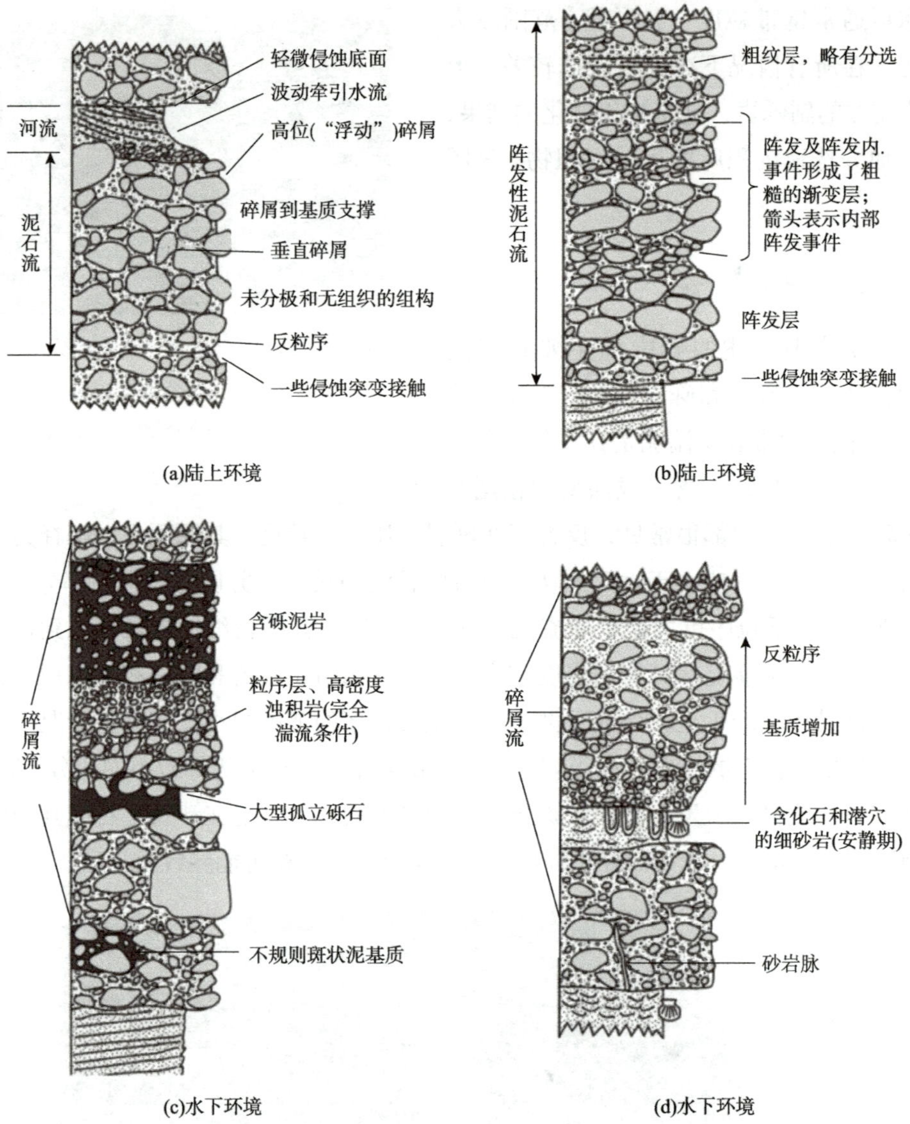

图 7.11　典型的陆上［（a）、（b）］和水下［（c）、（d）］环境中的沉积过程不同，不同类型砾岩中的粒序特征示例［河床厚度从几分米到几米不等。据 Nemec 和 Steel（1984）

7.4.4　组构（Fabric）

碎屑组构分析用于描述组成中特定尺寸碎屑的方向。在某些沉积物中，可能出现碎屑长轴较强的优选方向；在其他情况下短轴可以对齐；有时无法识别任何样式（见图7.12、图7.13）。

在成岩砾岩中，碎屑三维方向的测量可能行不通，必须通过二维水平和垂直表面的视轴测量来估计统计结果［见图7.13（b）］。在实验室中，三维数据可以绘制在立体网上（见图7.14），或者二维测量的方向可以绘制为玫瑰图［见图7.14（b）］。其他情况见附录1。

(a)相扣的盘状碎屑，水流从左到右
(西班牙东南部塔伯纳斯，现今的冲积扇)

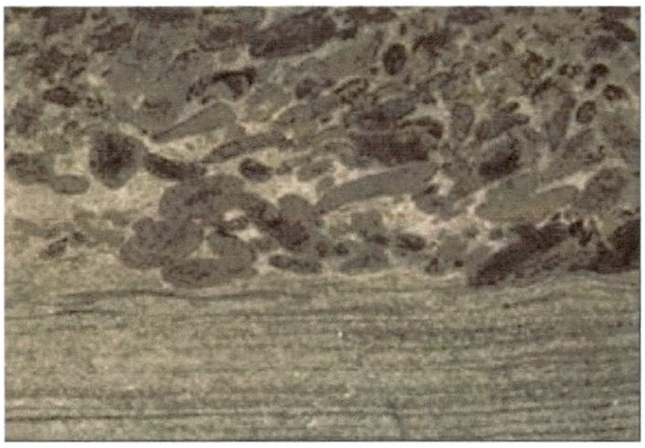

(b)侵蚀面上方的圆形泥砾显示出清晰的叠瓦，
表明从左到右的搬运(最大2cm长)(利兹大学收藏，位置未知)

(c)叠瓦表示从右向左搬运
(肯尼亚格雷戈里裂谷，更新世)

(d)叠瓦表示从左到右的搬运(西班牙比利
牛斯山脉，锡耶纳斯山脉，第四纪)

图 7.12　砾岩中发育的叠瓦状碎屑组构示例

当砾岩富含盘状和片状碎屑时，最常见的组构为叠瓦构造（见图7.12、图7.15）。在这里平坦的表面都向上倾斜，在水平层状碎屑支撑砾岩中很常见，也能出现两种变体。其中，长a轴横向于碎屑的倾斜方向，中间b轴平行于倾斜方向；在另一种情况下，b轴是横向的，a轴平行于倾角。应仔细区分两种类型的叠瓦与交错层砾石中碎屑的优选方向。岩崩面上的扁平碎屑平行于该面，因此可能向下倾斜，与真正叠瓦相反。其他碎屑在滑动面上滚下斜坡，其长a轴平行于斜坡。

具有扁平碎屑且缺乏优选方向的砾岩表明，碎屑并非完全自由地相对移动，可能是由于较高的流动黏度或快速的沉积速率，导致没有形成有组织的组构时间。

组织良好的组构表明，碎屑在底床上方可以独立地单独移动，当落在稳定位置会选择性地结合到底床上。在大多数情况下，沉降在上游倾斜方向以外位置的碎屑容易再次搬运。

理论上，岩层上每个碎屑的产状是其对沉积期间和沉积后不久作用在其上的合力的响应。重力倾向于使碎屑保持在原位，升力使其向上，也可能不向上，阻力将试图使碎屑滚动（见图3.17）。最稳定的位置是移除力（升力和阻力）最小处。当碎屑的扁平面以小角度向下倾斜进入水流时，就会发生这种情况；然后阻力降至最低，升力甚至可能为负值，碎屑的接触点位于其重心的一侧和前方。

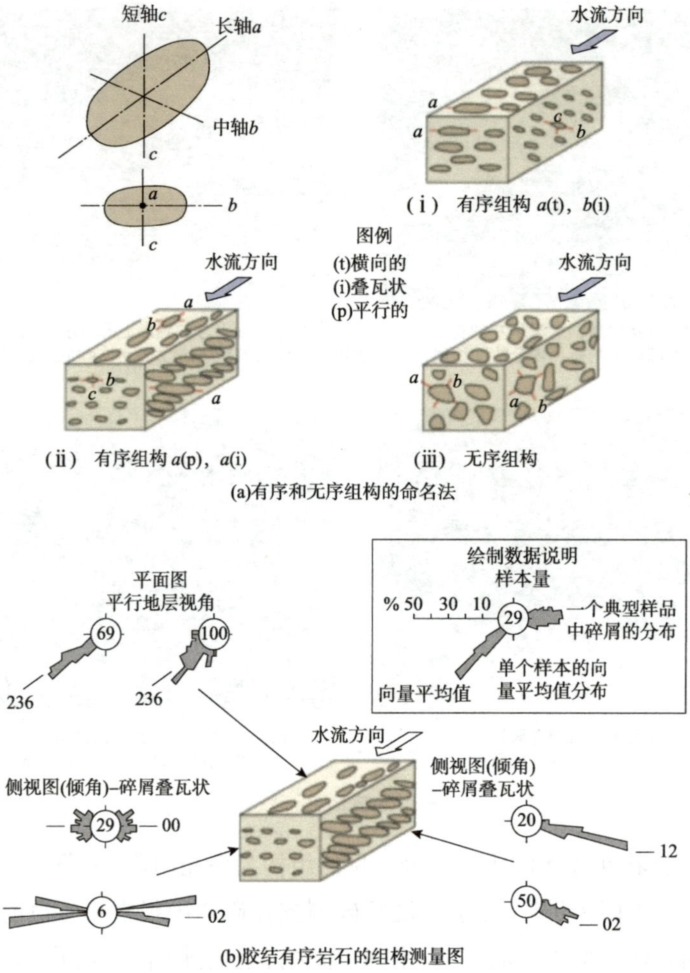

图 7.13 砾岩的组构［据 Davies 和 Walker（1974）、Walker 和 Harms 等（1975）］

注：从正交面收集的数据，而非碎屑的三维测量数据。在 69 个地点测量的岩层平面图，每个地方有 100 个碎屑；在平行于水流和垂直于层理的面上的 20 个位置测得的叠瓦；在 6 个位置进行测量，岩相垂直于水流和层理。

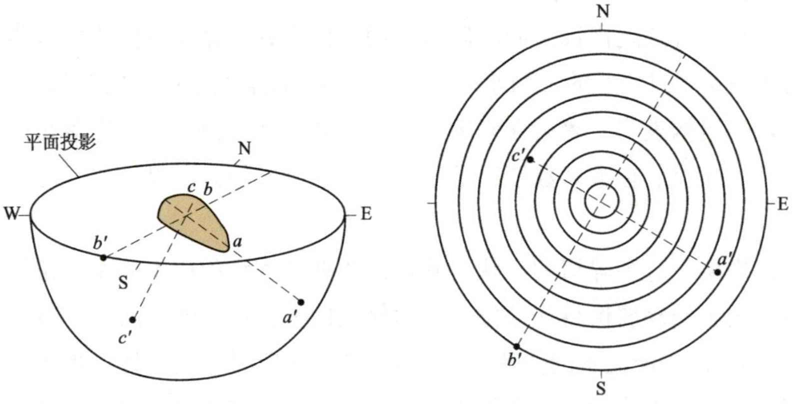

图 7.14 立体网投影上下半球显示的岩石颗粒的三维分布［据 Derbyshire 等（1979），略修改］

注：左图中，以投影平面为中心的碎屑 *a*、*b* 和 *c* 轴的伸长在 *a′* 和 *c′* 以及周边 *b′* 切割半球。通常将轴向数据投影到半球的赤道平面（右图），特别是绘制等值线，每个位置 25 个或更多碎屑的 *a* 轴投影，以显示是否存在有序组构和首选方向。

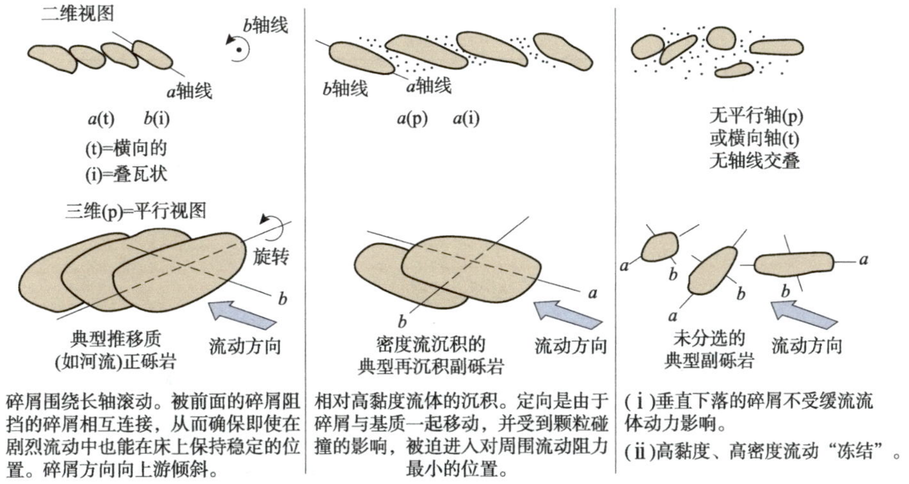

图 7.15　盘状和叶片状叠瓦碎屑的性质和形成过程

在碎屑方向的两种变体中，根据实验，长a轴横穿水流的变体归因于碎屑在沉积物表面的滚动。鉴于其与浊积岩和密度流沉积物有关，具有平行于倾角的长a轴的组构归因于将大碎屑保持在河床上方的流动，可能是粒间碰撞（颗粒流）的结果，直至沉积点。由于水流的剪切作用，碎屑滑动的长轴与水流平行排列。

在分散且广泛的地层中，圆形和分选良好的碎屑可能由高能波作用形成。在海滩的上部和中部，叠瓦通常向海倾斜（见图7.16）。

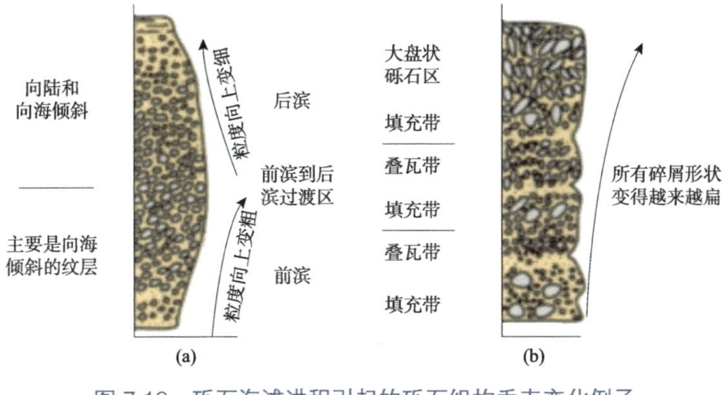

图 7.16　砾石海滩进积引起的砾石组构垂直变化例子

［据 Nemec 和 Steel（1984）、Bluck（1967）、Maejima（1982），略修改］

注：变化模式不仅涉及组构，还涉及粒度、分选和颗粒形状。在逐渐变化的过程中颗粒尺寸的变化常发生在多个层中，并限定了向上变粗和向上变细的单元。

副砾岩中的组构很难解释，但可用于区分冰川侵位的冰碛物和块体流，以及不同类型的冰碛物，例如冰下堆积物和冰上流动冰碛物（见第7.3.8小节及图7.17、图7.18）。尽管许多冰碛物显示出与冰流平行的优选碎屑长轴方向，但该模式没有明确的定义，也很少有确定的组构。在流动冰碛区等较为模糊，后期的块体流可能重新组织了原始冰碛的结构。

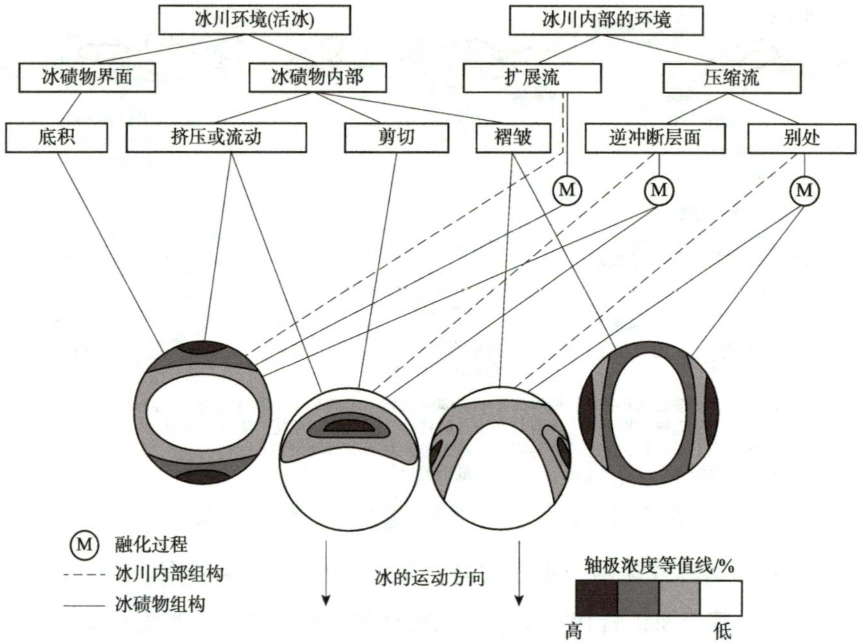

图 7.17　冰碛形成过程与立体网上等高线图所示的沉积区和融化区中假设的冰碛物类型之间可能存在的关系［据 Derbyshire 等（1979），略修改］

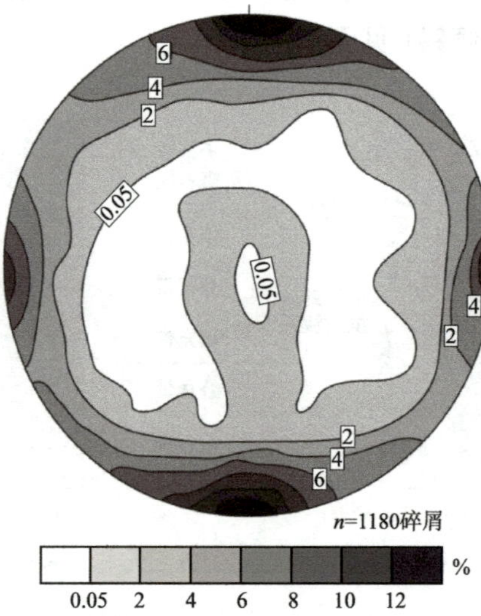

图 7.18　冰川冰碛物中大样本碎屑的 a 轴组构数据的绘制和等值线（以图 7.14 所述的方式）

注：描述组构的结构模式，显示了碎屑的搬运方向和当前的砾岩类型。

7.4.5　地层和交错层理

检测砾石中的层理通常很困难，无论是层理还是交错层理，但可以通过颜色、粒度、分选和结构的轻微变化来识别，否则，这些岩层是块状或成层性较差（见图 2.1、图 7.11、图 7.16、图 7.19~图 7.21）。在这种情况下，测量和记录地层厚度和纹层厚度很重要，但这可能很困难，而且只能对厚度进行主观的估计。地层接触可用“渐变”描述，地层与其相邻地层合并。然而，在相邻岩层具有相似基质的情况下，完全不同岩层之间的接触可能被描述为“合并”。通常以粒度变化为标志的突变岩层接触可能与侵蚀面重合（见图7.22），例如，在主体水道的底部。一个极端的例子是不整合面上方的底砾岩。

(a)具有不同粒径的厚层状互层。比例尺以下的粗粒单元具基质支撑，而细粒单元则为水平状层理，叠瓦构造(格陵兰岛东部，二叠纪雷德ϕ砾岩)

(b)由再次搬运的石膏碎屑组成的粗砾石层中的近水平状地层。碎屑来自附近裸露的盐冰川，通过河流洪水进行了改造。改造的石膏碎屑只可能保存在干旱或半干旱气候环境中(美国犹他州，三叠纪孟科匹组)

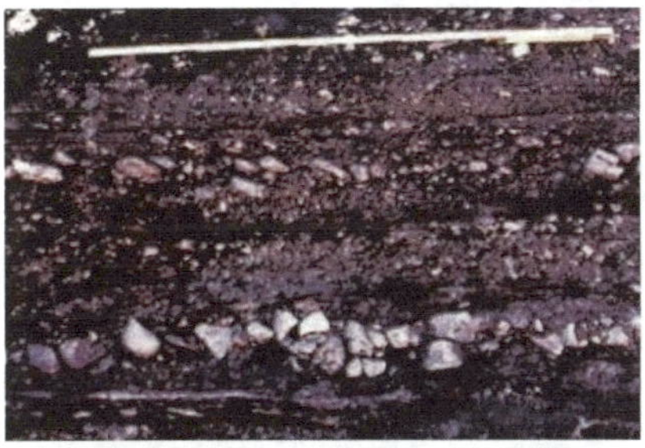

(c)具有叠瓦状碎屑的水平层状砾岩，砾岩的搬运从右到左，如图片(a)所示(格陵兰岛东部，二叠纪)

(d)基质匮乏砾岩内的低角度倾斜前积砾石(纳米比亚西北部，白垩纪埃塞俄比亚组克朗段)

(e)大规模、中等倾斜的交错纹层组(冰岛南部，现代河流沉积。视野宽度为12m)

(f)前积层由砂和砾石互层组成交错砾岩层，可能指示间歇水流条件(英国斯塔福德郡，三叠纪霍克斯莫尔砂岩组)

(g)在粗粒碎屑支撑的砾石层之间的细砾板状交错层组。倾斜的前积层表明流动方向向右，并向右侧迁移(蒙古，白垩纪善善组)

(h)透镜状交错砾石层(加拿大阿尔伯塔省，全新世)

图7.19 砾岩地层示例

具有突变接触的多个不同岩层通常是连续离散沉积事件的产物。不整合面上方的底砾岩通常标志着一段时期的构造抬升和侵蚀后开始沉积。侵蚀面上方的砾石以相似的序列表示能量急剧增加，就像河道迁移到早期废弃河流平原区域一样。渐变接触表明流动强度波动和脉动。

不同层间的合并接触可能意味着两次沉积在时间上间隔很近，第二次沉积的能量部分地改造了中间层的颗粒。块状和粗糙的层理可能涉及高含沙量的快速波动水流强度，从而导致负载发生“冻结”，难以区分每期事件沉积物。

图 7.20　以砾石为主扇三角洲沉积物的大型前积层（现代，冰岛南部的斯基亚尔桑达尔）

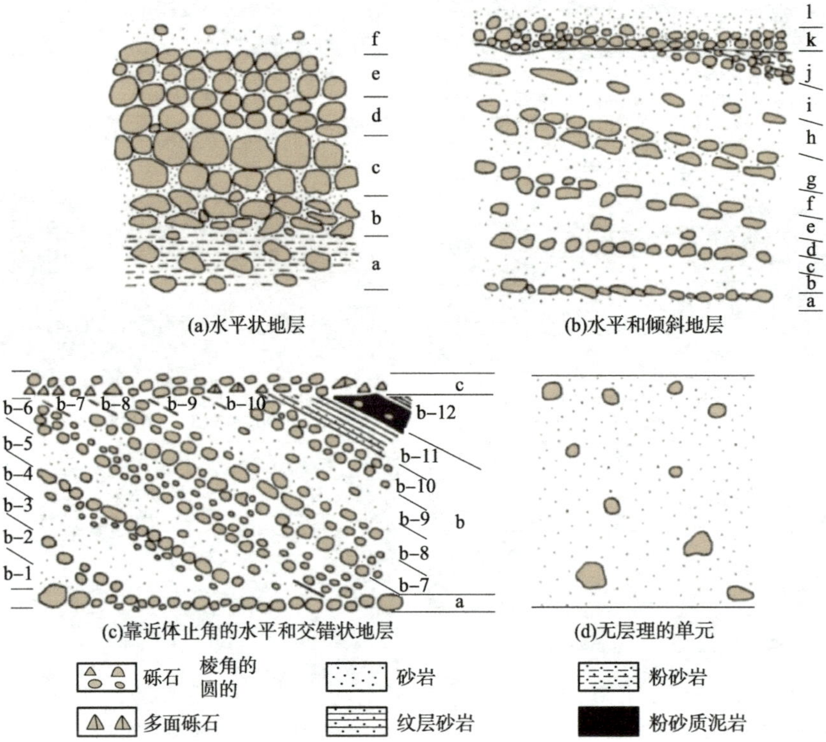

图 7.21　砾岩地层

(a)河道(肯尼亚格雷戈里裂谷，更新世)

(b)海底水道，充填含漂砾的碎屑流沉积，约3m厚
(西班牙东南部塔伯纳斯，中新世)

(c)冲积平原泥岩沉积中河流成因的
小砾岩充填河道(蒙古，白垩纪巴彦石组)

(d)下部中小型透镜状砾岩单元，上覆细粒沉积物。
图上为砾岩单元，河道单元中显示叠瓦
(肯尼亚格雷戈里裂谷，更新世)

图 7.22　充满砾岩的河道和冲刷面例子

在调研砾岩时，特别需要注意的是只有一层砾石的砾岩层。在许多情况下，当强烈的侵蚀性水流冲刷砾质砂或贝壳层，并将砂粒和不稳定的盘状砾石和贝壳带到悬浮状态时，它们会簸选“滞留”。卵石和较大的贝壳留在或“滞留”后形成一薄层覆盖在地层表面。滞后砾岩的一个特例是与河道迁移相关的情况（见第4.4.3小节及图4.24、图4.25）。相反，由风棱石组成的层，其中大部分是与顶底一致的（最上的是风蚀面），原位的风棱石记录了强风已将表面沙子吹走的环境，将滞留的砾石风蚀成风棱石，在此过程中可能有砾石歪倒。

一旦确定了沉积水平面的产状，就可以识别出各种斜层理或交错层理（见图7.19）。或者，交错层理的早期识别可能有助于确定原始水平面的产状。在海滩和河流砾石以及深水砾岩中发现了模糊的低角度层理［见图7.19（d）及第7.5节］。

砾岩中前积角为15°~25°的交错层理比在角砾岩中更常见（见图7.19）。通常，砾石中的交错层组厚度为1~2m，但也有厚度超过10m的孤立板状和槽状层系组记录。与砂岩中的交错层相比，砾石中的组，尤其是板状组，通常是单一和孤立的。已知单个槽状层系组可填充侵蚀空洞，许多槽状层系形成层系组。砾石中也可能形成非常大的板状“吉尔伯特”型交错层系组（见6.2.9小节及图7.20）。在内部，前积层可能不明显或具有明显的韵律，通常在每个前积层的底部有砾屑粒序。砾石的短轴倾向于垂直前积体，因此扁平表面向下倾斜。砂质前积也可能出现在以砾石为主的地层中，但覆盖砾石的泥前积很少。再作用面（见第6.2.6小节）常在较大的层系组中观察到。

砾石中交错层理的起源并不总是清楚的。通过与砂类比，河床的背水面是最有可能发生颗粒崩塌和颗粒流的位置。洪水中河流的回声探测揭示了由细粒砾石组成的新月形水下沙丘，现在对其三维形状了解相对较好。沙丘的迁移和顺流攀爬形成了一系列的交错层理。在湖泊三角洲和废弃河道的池塘中观察到大型单组交错层理。辫状河中的纵向和斜向坝主要由平坦的亚水平层理组成，但坝下游端的滑动面可能会形成有限的板状层理（见图7.23）。许多几米深的水槽中填充着粗糙的交错层理和砾石层系组，这与“灾难性”排放有关，例如，冰川融化期间天然大坝的破裂。已发现一些非常大的灾难性洪水事件能够产生大型叠加交错层理河床。

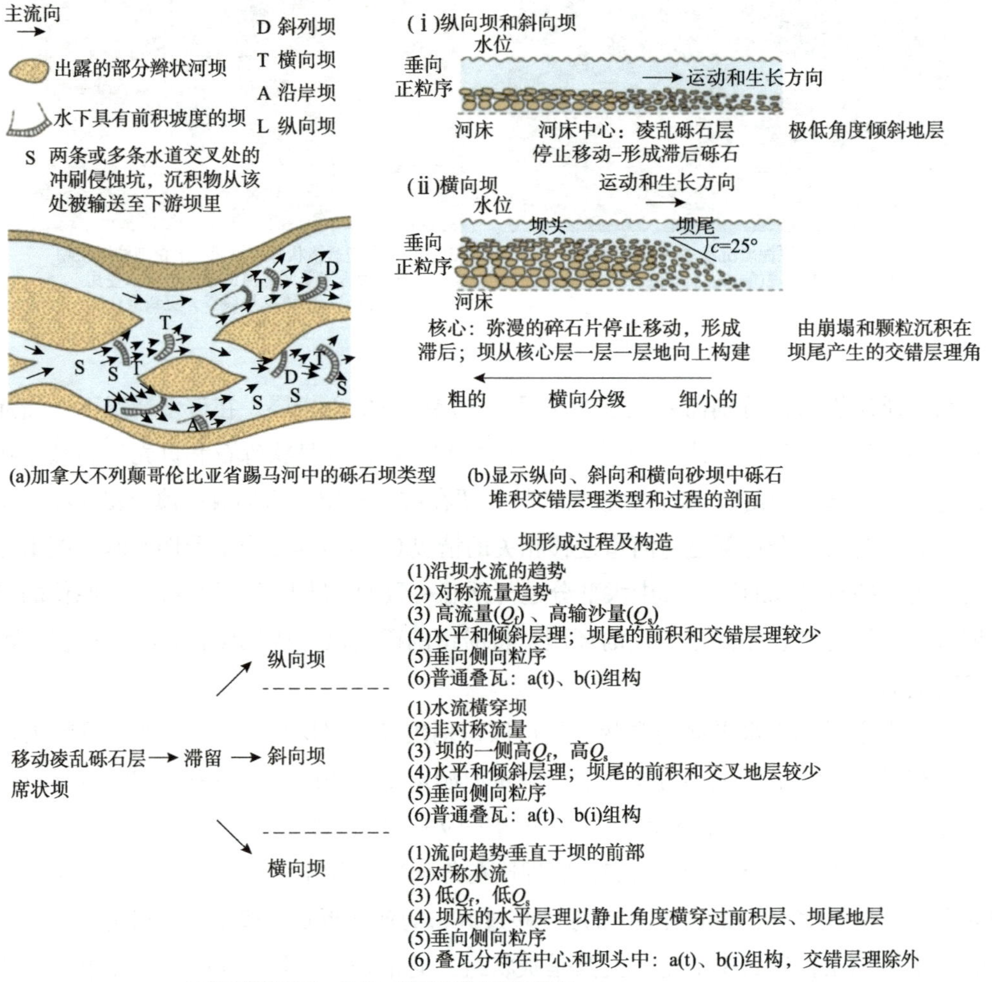

(a)加拿大不列颠哥伦比亚省踢马河中的砾石坝类型

(b)显示纵向、斜向和横向砂坝中砾石堆积交错层理类型和过程的剖面

(c)用于说明板状、纵向、斜向和横向坝的模型

图 7.23　在辫状砾石流中形成河流坝的过程有关的水平层、倾斜层和交错层的分布［据 Smith（1974）、Hein 和 Walker（1977），略修改。（c）中 a 和 b 分别指长轴和中轴。t= 横向流动；i= 叠瓦］

砾石中的平坦亚水平层理在许多环境中都可以形成。例如，在高流量和相对较浅的水流深处，通过辫状河纵向坝顶部的垂直加积就可以形成（见图7.23）。

与水平层和交错层砾岩有关的沉积及其意义

在以砾岩为主的层序中，重要的是不仅要记录砾岩本身的特征，还要记录砂岩、粉砂岩或泥岩夹层单元的特征，因为这些特征反映了沉积区的重要变化，并可能提供整个沉积环境的信息。薄层交错层理或交错纹层细粒砂岩通常作为夹层，是较低流量或较低流速的沉积物。然而，滚动卵石所需的边界剪应力通常与能够保持砂粒悬浮的湍流共存（见图7.8）。这种关系预示了在水流强度没有剧烈波动的情况下会出现夹层砂和砾石，但对高含沙量或高输沙率是无效的。然而，以砾石为主的层序中的互层粉砂岩和泥岩代表了从悬浮状态开始的长期沉降期，意味着更安静的条件。存在的波痕、泥帘、泥裂、遗迹化石，特别是遗迹化石数量的确定（见第9.4节），为能量波动发生的环境提供了更具体的证据。

7.4.6　地层厚度和粒度关系

在厚砾岩为主的层序中，测量各层的层厚和最大粒径（通常表示为10个最大颗粒的算术平均值）非常有用。然而，地层边界并不容易识别（见图7.24），在许多层序中，边界可能具有侵蚀性；由于沉积层合并（从而高估）或侵蚀掉部分沉积（低估），导致难以估准地层厚度。

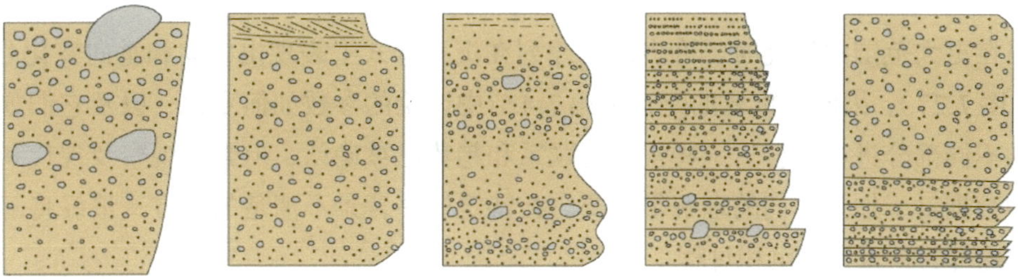

图7.24　牵引毯作用可产生的各种沉积物［据Sohn（1997）］

在有些情况下，地层厚度与最大粒径的曲线图显示出明显的线性关系（见图7.25），而在其他情况下，则出现明显的随机散点。可疑的有时可以通过计算相关系数来解决。如果线性相关性明显，则可以推断这些地层是个别沉积事件的产物。地层厚度可粗略代表是水流厚度，而最大粒径与流动能力有关。

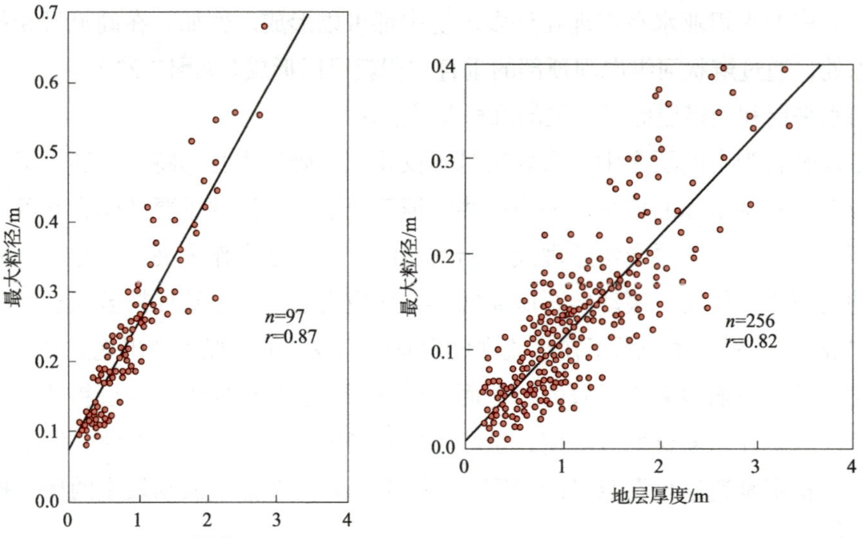

(a)苏格兰西北部，二叠~三叠纪斯托诺韦群陆上扇沉积　(b)波兰西南部，泥盆纪克西亚兹组海底扇三角洲

图 7.25　显示最大粒径和地层厚度之间关系的例子［据 Nemec 和 Steel（1984）］

注：（a）部分显示了更高的相关系数，且相关线与最大粒径轴相交，表明由相似的黏性泥石流沉积。（b）部分显示了较低的相关系数和穿过原点的相关线，表明了多变量、无黏性行为（n= 样本集中的点数；r= 相关系数）。

7.5　块体性质和结构的形成过程

当在更大范围内研究时，许多砾岩序列在沉积样式上表现出横向和垂向变化（见图7.26、图7.27）。因此，重要的是评估第7.4节中讨论的参数如何变化，以及它们如何在序列的不同部分进行组合。一些常见的联系和趋势已被确认，但野外观察及现代和古代序列的数据对于加强我们的理解很重要。在特定层序背景不清楚的地方，最好将解释限于砾岩内部特征来推断沉积过程。

河流侵蚀河岸和砾石坑通常显示出含砾地层较短垂向序列。为了最有效地研究这些和出露广泛的古代砾岩露头，从距离露头固定距离处拍摄的一组重叠照片中创建一张照片可能是有用的。在现今环境的平面上绘制第7.4节中所述特征的分布图也有帮助，例如低水位的辫状河、低潮时的海滩、冲积扇废弃部分的碎屑流单元。有可能的话，可以从环境的近端到远端（如河流）以及径向系统的轴向和横向部分（如扇）进行取样和观察。

古冲积扇序列内的大规模向上变粗或变细趋势可根据能量状态的时间和空间变化来解释，而能量状态又可能与构造活动、地形或气候的变化有关。冲积环境中沉积事件的规模和强度的总体增加（表现为向上变粗）与扇进积有关。独立证据表明，这种趋势可能与构造活动增加有关，进而增强了盆地边缘的起伏，或者扇进积是气候日益湿润的结果。向上变细的演替可能类似地被解释为扇衰退，与构造活动减弱或干旱气候增加有关。

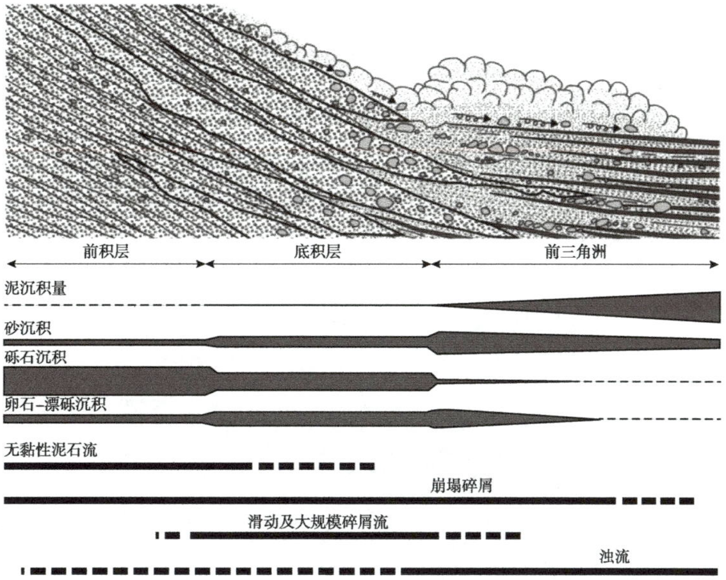

图 7.26 显示典型扇三角洲沉积的总体几何结构、内部构型和结构变化的示意图

[据 Sohn 等（1997），略修改]

注：该图指出了各种沉积的主要过程。注意大规模前积体中各沉积单元之间的侵蚀面，前积体底端区域和前三角洲之间的结构特征对比鲜明，前三角洲沉积物结构具双峰性。

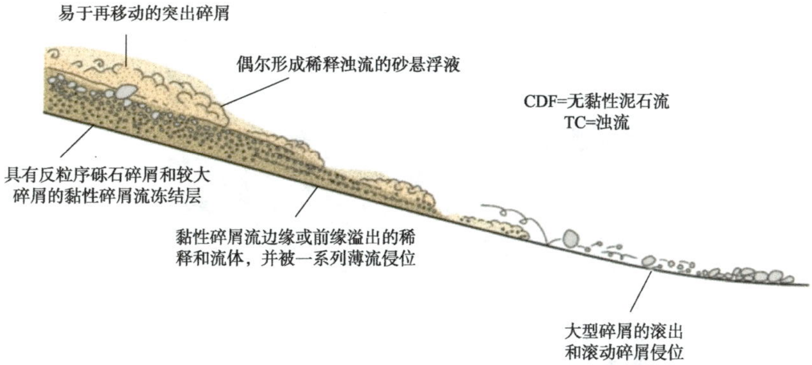

(a)无黏性碎屑流产生了巨大的反粒序层。稀释物在水流前端或侧部溢出可产生悬浮沙液，从而沉积较薄的砂层。较大的碎屑“漂浮”到水流的顶部和前部，由于其动量较大且来自河床的阻力较小，因此可能进一步向下移动，形成下落碎屑沉积物

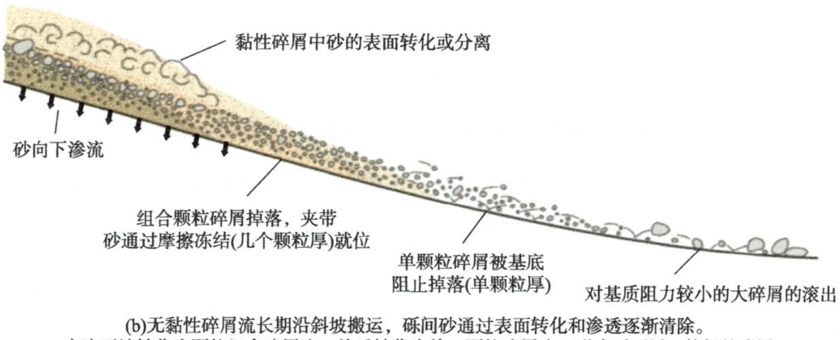

(b)无黏性碎屑流长期沿斜坡搬运，砾间砂通过表面转化和渗透逐渐清除。水流下坡转化为颗粒组合碎屑流，然后转化为单一颗粒碎屑流，形成砾石层。较粗的碎屑进一步向下移动形成侧向粒序

图 7.27 碎屑流演变示意图 [据 Sohn 等（1997），略修改]

石灰岩角砾岩非常常见，有时与珊瑚礁碎屑斜坡相关。在远离礁顶的最大和平均碎屑尺寸上表现为向下坡方向减少基质含量增加的特征。在垂向序列中，碎屑尺寸向上增加记录了斜坡上较高位置的连续沉积，可能是礁缘的进积。早期碳酸盐成岩意味着沉积后任何扰动都可能导致原地角砾成岩（见图7.28），而不是滑塌和褶皱（第9.4节）。在石灰岩与厚蒸发岩单元互层的地方，壮观的石灰岩角砾岩可能是由露头或浅埋蒸发岩溶解后坍塌造成的（见图7.29）。

图 7.28　薄层石英岩底部的大型滑动角砾岩，面积数百平方米

注：滑动分离面就在照片底部下方。石英岩上部约 2m 厚，在滑动过程中保持完整（格陵兰北部，晚元古代穆尔萨内索地层）。

图 7.29　分部在富黏土白云质基质中的无序棱角状白云石角砾岩，由于下伏蒸发岩层段溶解导致崩塌形成（英国达勒姆县，上二叠统西厄姆组）

火山碎屑岩序列显示出结构和块体特性的各种组合，由于成因过程复杂多变（见第7.3.9小节），这些组合并不容易解释，尤其是火山碎屑岩在初始沉积后不久重新沉积（见图7.30）。总体上，火山碎屑流、爆发物和降落物都随着距喷发中心距离的增加而变薄变细，因此横向上表现出递变特征。空降沉积物受风向影响强烈，其分布可能指示古风向。火山碎屑流和爆发沉积物受先存地形控制，可能在狭窄山谷中形成厚层，或者在低起伏平原上形成薄层。最重要的是，火山碎屑序列受喷发事件性质的影响。例如，强度逐渐增加的长时间喷发可能会产生火山碎屑沉积物，这些沉积物显示出强弱阶段的垂向递变趋势。

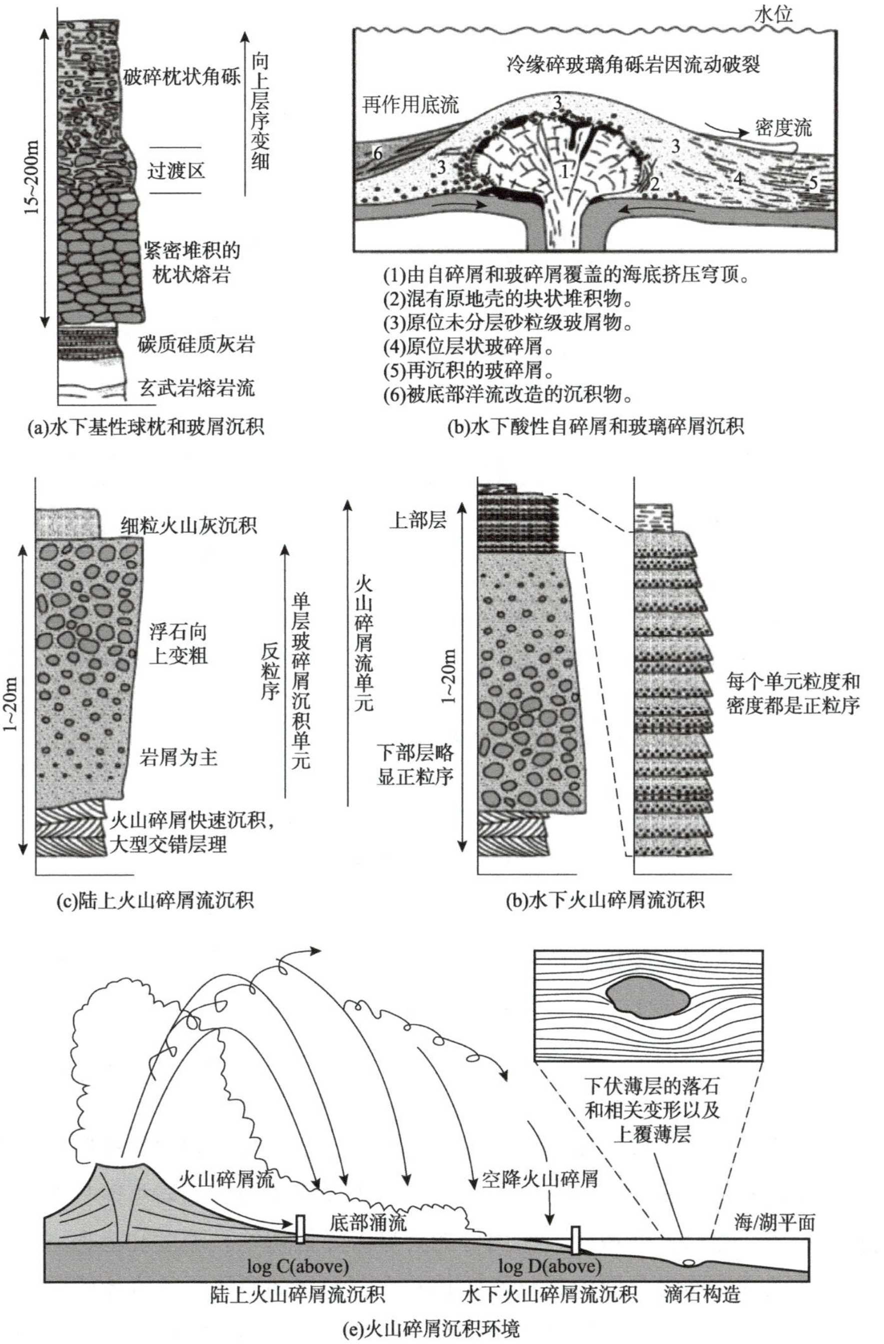

图 7.30 火山碎屑砾岩序列和形成过程

注：(a) 以枕状角砾岩和碎屑岩序列为代表的基性岩浆的水下流动序列。据 Carlisle (1963)；Lajoie 引 Walker (1979)，略修改。(b) 具有再沉积作用的酸性流纹岩岩浆中的水下碎屑流和碎屑流序列。据拉乔伊，转引自 Walker (1979)。(c) 陆上火山碎屑流沉积。(d) 水下火山碎屑流沉积。(c) 和 (d) 部分显示了陆上和水下火山碎屑沉积物中常见的原生构造的垂向序列。据 Sparks 等 (1973)；Fiske 和 Matsuda (1964)；Lajoie 引 Walker (1979)，略修改。

在图7.13的帮助下，对砾岩的描述、分析和解释进行排序，并随着经验的增加，进一步完善对观察对象的相关描述和解释。

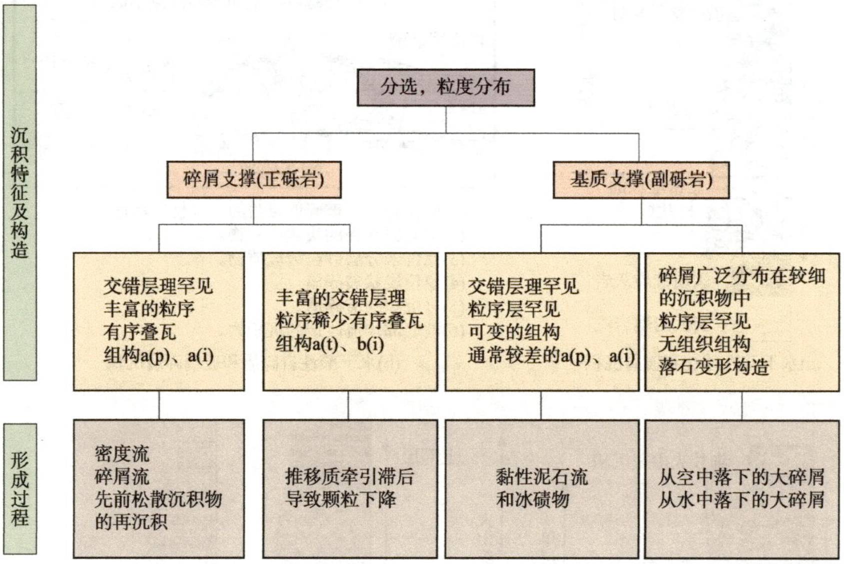

图 7.31　与成因过程相关的砾岩中常见但非绝对结构组合［考虑这些结构和过程是如何在不同的环境中产生的。据 Harms，转引自 Walker（1975），略修改］

注：a 和 b 分别指长轴和中轴。t= 横向流动；p= 与水流平行；i= 叠瓦。

7.6　砾石构造的应用

砾岩构造的主要用途是确定沉积过程和沉积环境。对砾岩环境成因的解释应从整体环境考虑，例如，富含黏土的砾岩是否为冰川成因的冰碛物、水下或陆上泥石流或团块的产物或火山成因的火山灰，这将取决于其成分、碎屑形状的详细描述，及其与周围河床的关系。

寻找油、气、水或金属矿床的勘探地质学家可能会被吸引到原始孔隙度和渗透率可能较高的厚层正砾岩沉积中。相比之下，基质占主导地位的副砾岩可能具有较低的原始孔隙度和渗透率。然而，埋藏成岩作用可能会显著降低初始孔隙度和渗透率。自碎角砾岩和火山碎屑角砾岩通常是原生硫化物矿化和沸石形成的原岩。古水流研究有助于预测地层变薄和变细的方向，也可用来预测孔隙度和渗透率减小的方向。交错层理、碎屑叠瓦状构造和河道边缘的方向都有助于古水流的分析。

对于构造地质学家来说，正粒序和交错层理可能有助于确定陡倾岩石的“顶底方向”，但对于常见的反粒序和板状交错层理应谨慎行事。此外，圆度良好、成熟度高的砾岩，具有一致和可预测的球度和圆度值，可能是构造应变的有用指标。砾石可能会被拉伸和压扁，通过比较未变形和变形卵石，可以估算应变。

7.7 学习技巧

1）野外经验

（1）当今环境。野外计划应包括在自然环境中观察和记录以下一些过程：

①河道：地层格架的形成和填充、叠瓦、滞留沉积物的发育。

②海滩：不同形状碎屑的分布和方向；格架的形成及其填充。

③泥石流：溶蚀（土壤蠕变）和碎屑崩塌基质支撑在碎屑支撑的砾石上；各种类型的粒序。

④炎热或寒冷气候条件下的海滨或沙漠沙丘：风蚀、风棱石和砾石表面的形成。

（2）古代环境。古代记录提供了出露良好的序列，显示了一系列特征和结构，扩展了经验。第四纪和较老沉积物中的砾石坑通常可用，值得调查。

2）实验室经验

记录火山持续活动的视频很多，在事件发生后也拍摄了大量的火山产物，例如灰流沉积物中的落石或灰流沉积物中的叠瓦。角砾石和圆砾石的初始滑移角和剩余角试验是可行的。在水槽中很容易研究砾石进入沙子的效果。正砾岩和副砾岩的主要类型中的纹理和组构描述在实验室用手工样本很容易进行，这是一项基本技能。

推荐参考文献

[1] Brenchley, P. J. & B. J. P. Williams (eds) 1985. *Sedimentology: recent developments and applied aspects*. Good summary paper by Suthren on volcanic sediments.

[2] Carling P. A. 1996. *Morphology, sedimentology and palaeohydraulic significance of large gravel dunes, Altai Mountains, Siberia*. A good account of large bedforms in gravels.

[3] Cas, R. A. F. & J. V. Wright 1987. *Volcanic successions: modern and ancient*. Good examples of coarse-grain volcaniclastic successions.

[4] Koster, E. H. & R. J. Steel (eds) 1984. *Sedimentology of gravels and conglomerates*. Probably the most wide-ranging descriptions of gravels in different depositional settings.

[5] Nemec, W. & R. J. Steel 1984. *Alluvial and coastal conglomerates: their significant features and some comments on gravelly massflow deposits*. An excellent example of the benefits of close study of depositional textures.

[6] Steel, R. J. & D. B. Thompson 1983. *Structures and textures in Triassic braided stream conglomerates ("Bunter" Pebble Beds) in the Sherwood Sandstone Group, north Staffordshire, England*. A careful account of the use of textures in interpreting ancient river deposits.

第八章

化学和生物成因的沉积构造

8.1 引言

从陆地风化和侵蚀的大部分物质以溶液中的离子形式被输送到海洋。从地球化学研究可知，在大部分地质时期海水的成分保持相当稳定，因此，新矿物的沉淀必然会使离子从溶液中析出。这种沉淀可以是无机的，也可以是有机物辅助的，或者完全是有机物的作用。

从海水中沉淀出来的最丰富的矿物是文石和方解石，而这些沉淀大多来自微生物、植物或动物。虽然存在碳酸盐无机沉淀的可能，但大多数无机沉淀是蒸发岩矿物，其中最常见的是石膏、硬石膏和石盐。在非海洋环境中，如盐湖，卤水成分可能不同于海水，可能形成不同的蒸发岩矿物组合。

在本章中，我们首先讨论饱和盐水中无机沉淀产生的沉积构造和结构，然后讨论生物作用于沉淀沉积物或结合现有颗粒的沉积构造。

8.2 化学沉淀

溶液中无机矿物的沉淀主要限于蒸发岩矿物，通常为石膏和石盐。对于任何无机沉淀的矿物，水溶液必须相对该矿物组成离子过饱和。无论水体是与海洋相连或被封闭为湖泊，都必须出现净蒸发条件，通常需要炎热干燥的环境。当达到过饱和时，只要溶液中的其他离子不干扰晶体生长，就会发生沉淀。结晶核可以发生在水内任何地方，也可以在水底物体上。在水面成核的晶体由于表面张力可能会漂浮一段时间，形成表面筏或结壳（见图8.1）。最终，它们沉入大部分晶体生长的盆底。为了形成良好的晶体，需要自由空间和时间间隔（见图8.2、图8.3）。

(a)漂浮在高盐度湖面上的小石盐晶体簇
(阿拉伯联合酋长国)

(b)在湖面上形成大量漂浮垫的石盐晶体
(阿拉伯联合酋长国)

图 8.1 岩盐沉淀

注：图片由斯蒂芬·洛基提供。

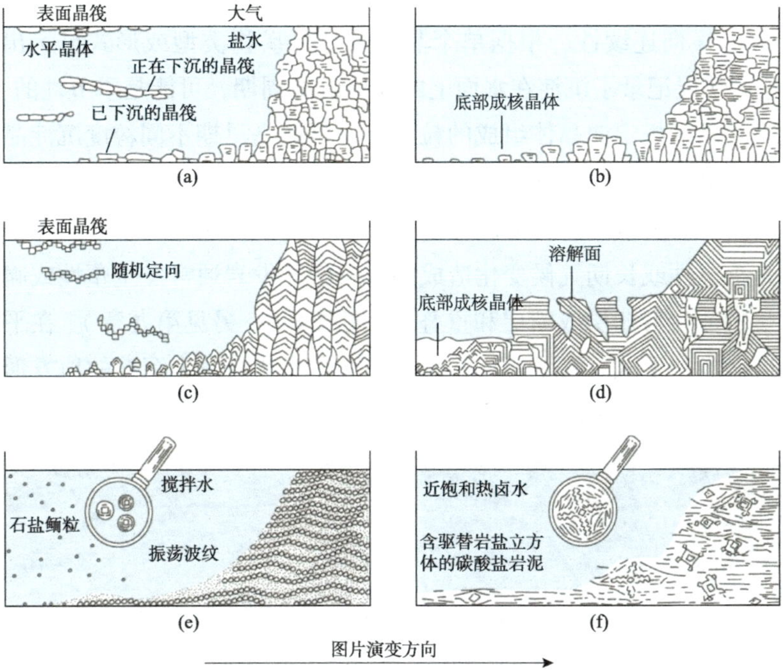

图 8.2 不同条件下与岩盐生长和侵位相关的理想结构［以 Arthurton（1973）、Shearman（1971、1978）和 Weiler 等（1974）资料为基础，转引自 Reading（1986），略修改］

(a)石盐的立方“漏斗”晶体

(b)石膏晶体

图 8.3 蒸发岩矿物的晶体形态

注：这两个例子都位于今天澳大利亚中部的艾尔湖边缘。

在实验室可以模拟成核和晶体生长过程，例如，让1000mL饱和氯化钠溶液在合适的槽中逐渐蒸发。无论是在水面上形成的晶体，还是在其落到水底后，都可以用手持透镜来观察晶体的生长。是否能区分在水面成核的晶体和在水箱底板成核的晶体？一旦晶体落地，它们是如何继续生长的？在实验过程中，试着监测温度和蒸发速率。对于更复杂的实验，可用大约4L海水做同样的实验。借助一些化学分析，可以研究不同矿物的结晶顺序以及蒸发过程中剩余盐水的化学变化。

8.2.1 层状蒸发岩

许多古代含蒸发岩序列的一个共同特征是：不同矿物或蒸发岩矿物和富含有机物的物质为毫米级互层。当存在两种矿物时，通常为方解石（$CaCO_3$）和硬石膏（$CaSO_4$）。各层显示出巨大的横向连续性，根据单个晶体尺寸、矿物类型或形式显示出粒序（见图8.4）。无粒序的薄层记录了沉淀在水面上的晶体沉降周期，可能是季节性的。相比之下，粒序层，尤其是由随机定向晶体组成的粒序层，可能是早期不同粒度沉淀晶体再次作用沉淀的结果（见图8.5；另见第6.7节）。这表明了间歇性的高能量事件（如风暴），它搅动了晶体，然后随着能量的减少而沉淀下来。或者，晶体尺寸的粒序反映了蒸发率的变化，这可能是季节性或长期气候变化造成的。层状蒸发岩通常发生塑性或脆性变形。在剖面中，明显特征为弯曲层或断层和重叠层（见图8.6；另见第九章）。在平面上为多边形盐、盐脊或盐卷的形式（见图8.7）。这些特征在层状蒸发岩沉淀的地方形成，使其完全覆盖表面；持续的降水导致层变形。

(a)薄层石膏，其层理由轻微的粒度差异和杂质确定(法国南部，中新世)

(b)西班牙东南部索巴斯叶莎思段夹层石膏和泥岩

(c)变形石膏层(法国南部，中新世)

(d)薄互层石膏、硬石膏和暗色泥岩，剖面顶部由于蒸发岩生长而变形(格陵兰西北部华盛顿土地，奥陶纪鲍尔森悬崖组)

图 8.4 层状和层状蒸发岩示例

图 8.5　美国犹他州宾夕法尼亚（上石炭统）帕茹岛科斯地层中排列成正粒序的不规则和随机定向石膏晶体（这些晶体可能在水流的影响下被重新改造成碎屑）

(a)帐篷构造：由于晶体生长导致石膏层横向膨胀而弯折(美国犹他州，三叠系孟科匹组)

(b)由于壳生长期间的膨胀形成石膏层中小规模逆冲(现今，澳大利亚中部的艾尔湖)

图 8.6　蒸发岩沉淀形成的垂直剖面结构

(a)由于岩盐晶体生长导致表面壳各向同性膨胀而形成的多边形压力脊

(b)帐篷构造，由于晶体生长过程中表面层的膨胀压缩形成

(c)与(a)中描述的结构相似的特写，显示薄表层的卷曲

图 8.7　蒸发岩沉淀形成的多边形构造

注：这 3 个例子都来自阿拉伯联合酋长国。图片由 Stephen Lokier 提供。

(a)显示细长叶片状晶体生长的细节

(b)透石膏晶体的树状结构生长的成核点。
注意下伏层状泥岩的差异压实

图 8.8　排列成亚垂直柱状的透石膏双晶（蒸发石膏的一种形式）示例

注：这两个例子都来自西班牙东南部索巴斯中新世叶莎思段。

8.2.2　垂直生长晶体的组构

盆底的晶体生长通常会产生独特的组构［见图8.2（a）~图8.2（c）］。生长速度最快，平行于某些晶体轴，通常是c轴。水中沉淀的晶体以不同的方向落到底部。那些优先垂直轴增长的将继续以最快的速度向上增长，而那些倾斜轴的晶体终将停止增长。古代岩盐和石膏矿床中幸存的垂直晶体形成了许多紧密堆积的柱状结构［见图8.2（c）、图8.2（a）］。当晶体通过地层上特定位置的核开始生长时形成独特的晶体，如图8.5所示：美国犹他州宾夕法尼亚（上石炭统）帕茹岛科斯地层中由不规则和随机取向的石膏晶体形成的正粒序。在水流的影响下，晶体可能被重新改造再次沉积，"树状"或"球果状"可能会发育，其形态有时保存在古代岩石中［见图8.8（b）］。

沉积物表面由晶面组成，在晶体生长过程中晶面上发生沉淀。有时古代蒸发岩中，可以通过薄层或泥帘来记录该表面的瞬时位置。这些泥帘主要是在河流洪水进入盐湖或潟湖风暴期间从悬浮液中沉积的。严重的事件可能导致矿物的部分溶解和垂直晶体结构的截断。在表面上方可重新建立垂直生长模式［见图8.2（d）］。

8.2.3　孤立生长晶体和假晶形成的组构

在某些环境条件下，蒸发岩矿物在表层或浅层沉积物中缓慢生长。这导致形成不连续的孤立晶体群。当蒸发岩沉淀缓慢且持续时间较长时，生成的晶体较大。以这种方式沉淀的一种常见蒸发岩是石盐，通常在暴露的沉积物表面形成，在那里通过毛细作用从地下吸收水分持续蒸发。石盐晶体具有立方形状，边长可达3cm，通常具有称为“漏斗”的台阶和凹面。第二种常见的孤立蒸发岩矿物是“沙漠玫瑰”（Desert Rose）石膏，通常形成于浅层地下，在干旱环境中最常见于地下水位附近（见图8.9及第8.2.4小节）。这种直径可达15cm的“沙漠玫瑰”是由一组相互交错的大石膏晶体组成的。

图 8.9 大型沙漠玫瑰的样本，它是干旱环境中一种石膏，在浅层地下水位界面处孤立生长（近期，纳米比亚南部）

蒸发岩矿物溶解度高意味着在浸入不饱和水中时容易溶解，例如，过饱和盐水的泛滥或流入淡水湖泊。即使蒸发岩矿物完全溶解，矿物的所有证据也不会丢失。一些层序，通常为砂岩和泥岩互层，或不常见的石灰岩和泥岩，显示出曾经的蒸发岩，通常为以假晶的形式存在石盐或石膏。原来的蒸发岩晶体已被砂岩或石灰石取代，但仍可从假晶体形态推断出蒸发岩的矿物学特征。石盐假晶是砂岩或石灰岩层下表面的立方突起。它们以各种尺寸出现，通常直径边长约为1cm，既可以是孤立的，也可以线或簇的形式出现（见图8.10）。有些立方体的一面平行于层理，呈方形，但更常见立方体是一角突出，形成三角形、金字塔形。较大的假晶通常显示标型的“漏斗”形状（立方体的凹痕表面显示与晶体生长过程）。形状最好的假晶通常是那些与相邻晶体隔离的假晶。“沙漠玫瑰”石膏假晶在砂岩中也很常见［见图8.11（a）］，其溶解可能受地下水位和化学变化的控制。石膏假晶可与裂缝填充混淆，尤其是那些脱水收缩作用导致不连续的透镜状裂缝（见第9.2.1小节）。

假晶通常记录了先前存在的蒸发岩晶体，这些晶体从上覆过饱和盐水中生长在泥质沉积物表面或其正下方［见图8.2（f）］。许多小假晶的出现表明快速成核和蒸发，而一些大晶体可能是缓慢、持续蒸发的结果。虽然假晶通常与干旱泥裂相关，但它们本身并不出现，而是记录了可能或未完全干燥的浅层高盐水体的存在。所涉及的蒸发岩矿物体积相对较小，说明水体较浅。

假晶的保存源于富含沉积物的低盐度水的快速流入，该水溶解了盆地底面上的晶体，并用与宿主物质不同的沉积物填充晶体空间。这种机制有时出现与假晶有关的小型侵蚀工具痕迹（见第4.2.3小节），可能是由边缘锋利的蒸发岩晶体作为工具拖曳引起的。由于假晶最常见于砂岩层底部，因此它们是“顶底”的良好指示物。

由于持续蒸发，较深水体可能产生较厚的蒸发岩层，因此不太可能溶解和形成假晶。厚层蒸发岩的溶解更可能是构造抬升后地下淡水进入的结果，表现就是上覆沉积物中的角砾岩层（见第9.3.2小节）。

(a)薄互层砂岩和粉砂岩层序中砂岩层底部的石盐假晶。较大的假晶（直径约1.5cm）具有阶梯形“漏斗”面(格陵兰岛北部，元古代独立峡湾群)

(b)砂岩层上的石盐假晶(地点不详，利兹大学收藏)

(c)砂岩层底部的石盐假晶(格陵兰北部，元古代独立峡湾群)

图 8.10 岩盐沉积后砂岩常见假晶示例

(a)砂岩中的石膏“沙漠玫瑰”假晶

(b)假晶显示了层理表面上以前存在的石膏叶片

图 8.11 石膏沉积后砂岩常见假晶示例

注：这两个例子都来自美国犹他州二叠纪的雪松台地砂岩。

8.2.4 成岩和再作用蒸发岩

并非所有蒸发岩矿物都以原生盆底沉淀物的形式出现。许多以成岩结核或结核形式出现在宿主沉积物中。此类蒸发岩矿床的结构、组构和构造见第9.3.1小节。“沙漠玫瑰”可以说是成岩后形成的，而不是原生沉淀的。

一些蒸发岩由于侵蚀和沉积的物理过程而显示出构造。小规模冲刷、波痕、纹理和交错层理都很常见［图8.2（e）］。它们记录了水流、波浪甚至风对原始沉淀的蒸发岩颗粒的改造，如新墨西哥州白沙中发现的大型石膏风成沙丘（见第6.3.2小节）。

8.2.5　泉水沉积物：钙华、石灰华和泉华（Tufa, travertine and sinter）

在现今许多的泉水和洞穴周围，以及在一些全新世和更新世时期的沉积物中，存在化学沉淀物，但沉积蒸发只起到了很小的作用。沉积主要有两类：碳酸钙（通常为方解石）和二氧化硅。方解石的沉积物是从温泉和冷泉中沉淀出来的，这种沉淀可能是由于冷却、蒸发、溶解二氧化碳的损失或化学反应造成的，也可能是由藻类和细菌的新陈代谢造成的。碳酸钙的一种形式是钙华，它通常作为一种涂层出现在植物和植物碎屑上。它的结构是多孔和海绵状的，常包括植物叶子和树枝的印痕。碳酸钙的第二种形式是层状致密的石灰华，通常出现在洞穴中，也作为温泉和冷泉的表面沉积物（图8.12）。洞穴石灰华是由碳酸钙形成的，碳酸钙被渗透的地下水溶解，再出现时被重新沉淀为方解石，也可能是溶解的二氧化碳脱气的结果。在洞穴的屋顶和地板上形成细长的垂直柱（钟乳石和石笋，见图8.13），陡峭的表面覆盖着滴水石层。壮观的温泉梯田，例如在美国黄石公园和新西兰，都是石灰华。柱状沉积物的剖面显示出精细的层理，有可能与微生物来源的叠层石层理相混淆（见第8.3.2小节），可以看到纹层由垂直于地层伸长方向的纤维状方解石晶体组成。

(a)天然温泉周围形成了台阶
(近期，西班牙东南部的塔伯纳斯)

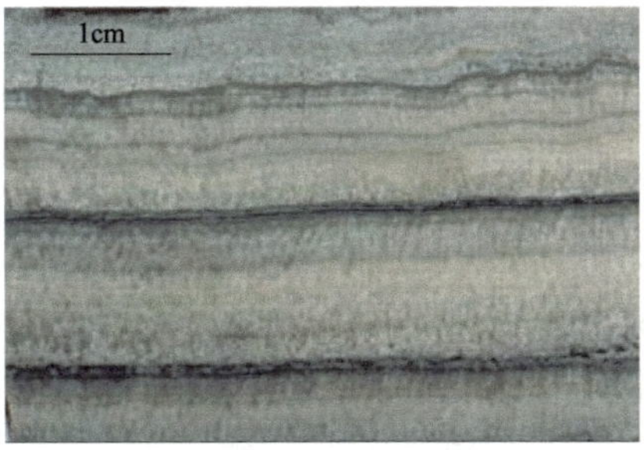

(b)冰岛钙华矿床的内部纹层
(样本由Jonathan Carrivick提供)

图 8.12　与温泉相关的钙华矿床

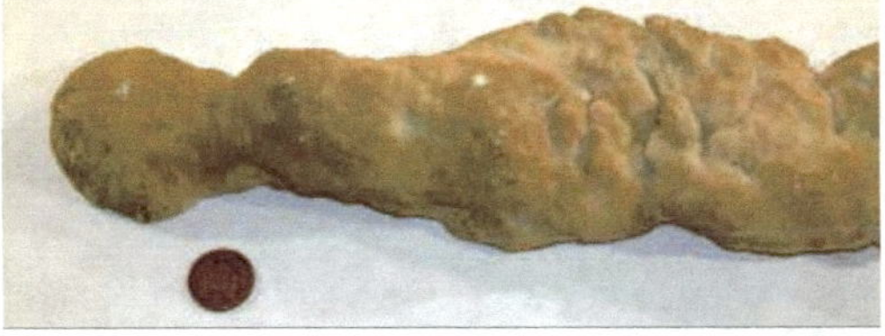

(a)外部形态

(b)内部层理

图 8.13　洞穴钟乳石，一种石灰华

注：第四纪，西班牙东南部。样本由 Emily McMillan 提供。钟乳石必须留在原地；为真正的科学研究取样需要特别许可。

硅质沉积仅限于温泉和间歇泉，称为泉华或硅华。它们在间歇泉和泉水周围以结垢的形式出现，并形成各种各样的表面形态。持续沉积会形成各种类型的层理，其中许多与藻类叠层石的层理非常相似（见第8.3.2小节）。

8.3 生物对沉积物的沉淀和结合作用

生物在矿物质沉淀和沉积颗粒结合方面都很活跃。在这里，我们一般将有机生成的结构分为两大类——礁和生物礁，这主要是由于一系列不同生物的沉淀，以及由藻类和细菌结合沉积颗粒而形成的叠层石和核形石。在采用这种简单的分类时，重要的是要注意叠层石本身有助于建造礁体。

8.3.1 礁和生物礁（Reefs and bioherms）

生活在海洋和淡水环境中的许多动物和植物产生文石和方解石作为骨架或其他强化结构（例如珊瑚、海胆、双壳类和钙质藻类）。生物体死亡后，这种骨架物质可能成为碳酸盐沉积物的主要成分。有些骨架基本上保持完整，自行成为沉积颗粒，而另一些骨架则解体或破碎并磨损。细针状文石主要由钙质藻类沉淀而成，细针状文石构成了当今碳酸盐环境中的石灰泥，并形成了许多微晶（泥质）石灰岩。许多碳酸盐沉淀生物（例如分支珊瑚），通过在生物死亡后建立保持原位的刚性框架结构，促进沉积过程（见图8.14）。通过这些古代序列中保存的框架结构形式，可以了解有关造礁生物的古生态信息。

图8.14 碳酸盐骨架珊瑚。这是一个骨架石的例子，它与黏结石和障积岩一起，代表了碳酸盐岩礁中的主要造礁结构之一（英国德比郡，下石炭统）

对源自有机过程的颗粒的详细研究在一定程度上属于古生物学家和岩学家的职责范围，在本章中，我们只关注由生物群落产生的石灰岩和白云石序列的主要特征。当这些特征在同时代海底具有地形表现时，它们被称为堆积物、珊瑚礁、土丘或生物礁。它们在大小、形态、内部结构的性质以及有机构成上都有很大的差异。在整个地质时期，随着不同的生物群的变化每一个特征都发生了重要变化，但最明显的是最后一个。目前，海底碳酸盐的有机堆积广泛存在于深水区，尽管在热带和亚热带海岸的浅水区（1~20m）最丰富和壮观。

今天，许多珊瑚礁作为屏障出现，平行于海岸线长距离延伸，将公海与受保护的潟湖区隔开（见图8.15）。另一些是环绕岛屿的礁，在礁边缘和陆地之间有潟湖或礁坪。环礁是环绕环礁湖的珊瑚礁，环礁湖缺乏中央陆地。较大的环礁平面上以千米为单位，它们可以将两侧的深水区和浅水区分开。在潟湖和其他浅海环境中，会出现较小的有机堆积物或斑块礁（见图8.16）。岩石记录中出现了类似的变化，最大礁的识别可能需要广泛的地质测绘、异常大的出露或高质量的地震反射数据。采石场和悬崖中通常会发现较小的珊瑚礁。在某些例子中，现今的地形清楚地反映了挖掘出的珊瑚礁结构的古地貌（见图8.17）。在整个讨论中，术语“礁”和“生物礁”可以互换使用，不受水深或其他沉积条件的影响。

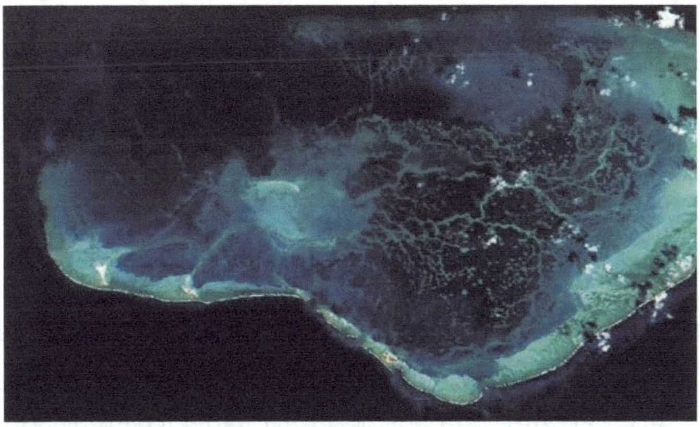

图 8.15 夏威夷西北部珍珠礁和赫尔墨斯礁（这张图片摄于海拔 400km 的国际空间站，宽度约为 20km。图片由美国宇航局地球观测站提供）

图 8.16 小型近海斑块礁（生物礁），当地称为“锅炉”，目前主要由珊瑚藻和疣状腹足动物在非常浅的高能环境中建造（百慕大南岸，图片由 Brian Rosen 提供）

(a)现今地表挖掘出的边缘礁地形，顶部侵蚀后被软的沉积物覆盖。突出的台阶代表了从礁顶到礁前的过渡，下面的斜坡是前礁裙(西班牙东南部，中新世尼加尔)，由于上覆盖礁的较软沉积物受到侵蚀被清除，因此此类礁体的出露很常见

(b)在石灰岩台地边缘出露的尖顶礁。谷底下面是最初覆盖在礁上的泥岩(英国德比郡，下石炭统毕露石灰岩)

(c)小型叠层石灰岩斑礁，横向与红色泥岩相交，最大厚度约50m(格陵兰岛东部，晚元古代埃莱奥诺雷湾群)

(d) (c)的具部特写图

图 8.17　显示礁系统古地形的现今出露地形实例

较小的生物礁及其相关沉积物通常分为礁核、礁侧和礁间组分［见图8.18（a）］。较大的珊瑚礁更划分为前珊瑚礁、珊瑚礁和后珊瑚礁组成部分［见图8.18（b）］，可作为水深对比屏障。组成这些较大规模珊瑚礁结构的沉积物的性质通常根据其沉积结构进行描述（见图8.19）。

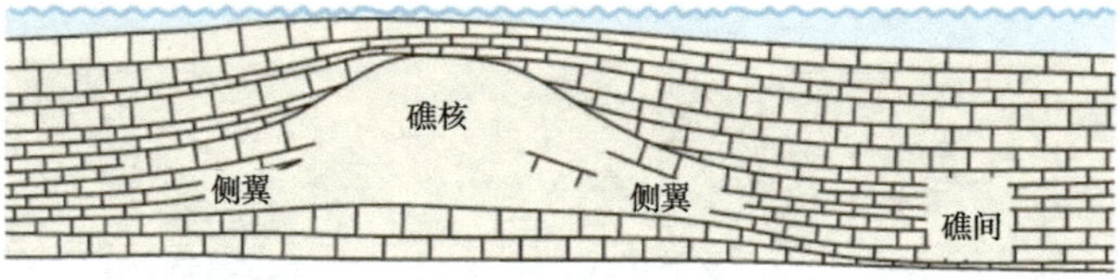

(a)孤立的礁丘

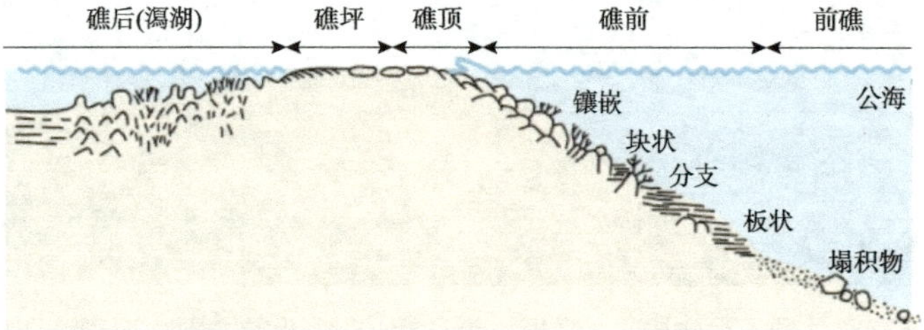

(b)位于深水和浅水之间的堡礁，显示造礁生物的主要生长形式

图 8.18　礁主要细分定义图［据 James（1979），略修改］

沉积过程未结合原始组分				原始组分黏结在一起	沉积结构不清晰	沉积过程中未黏结原始组分		沉积过程原始组分有机结合		
含有灰泥			少泥颗粒支撑			>10%颗粒>2mm				
泥质支撑		颗粒支撑								
颗粒小于10%	颗粒大于10%				结晶碳酸盐	基质支撑	由>2mm的组分支撑	生物起着障壁作用	生物附着并结合在一起	有机体建立了一个刚性的框架
泥岩	粒泥灰岩	粒灰石	粒状灰岩	黏结岩	结晶灰岩	漂砾灰岩	砾屑灰岩	障积岩	黏结灰岩	骨架岩

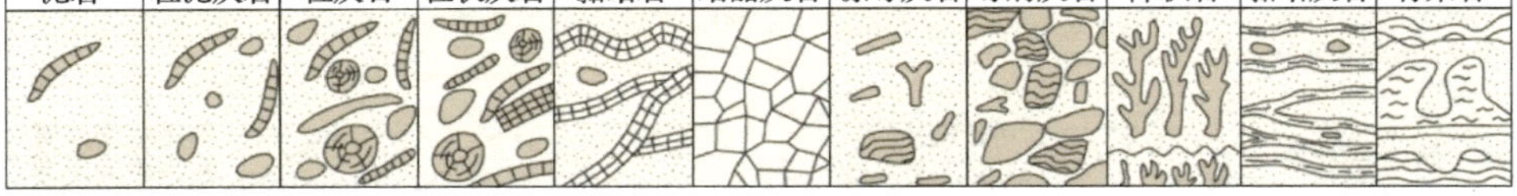

图 8.19　基于沉积结构的石灰岩分类［据 Dunham（1962）、Tucker（2001），略修改］

礁核是紧密结合的石灰岩块，通常没有任何清晰的层理。它包括较高比例的格架构建骨架（骨架石），或者可能很难看到任何骨架生物，因为珊瑚礁主要是由这些生物（骨架石）的结合作用形成的。骨架生物本身通常被藻类和苔藓虫等其他生物包裹，其表面被动物钻孔，记录早期稳定性和岩化（见第9.4节）。早期形成的空腔部分或完全被沉积物（障积岩）填充，其他空腔可能填充纤维状或块状方解石胶结物。当空洞部分被沉积物填充后，剩余的上部空间被亮晶石方解石填充时，界面接近沉积水平面，可作为一种示顶底指示，用于测量未成层碳酸盐岩的倾斜度（见第2.1.6小节）。这些示顶底也可出现在化石的体腔中（见图8.20、图8.21）。平底晶洞构造是石灰泥在珊瑚礁中形成的一种特殊类型的空洞填充物，特征是底面平坦，部分被沉积物覆盖，以及不规则的顶，其下方的剩余空间中充满了亮晶石方解石（见图8.22）。它的起源似乎与泥的压实脱水有关，从而水被困在半固结和有机结合的地层。并非所有的珊瑚礁核化石都有助于形成骨架或黏结沉积物，许多只是生活在珊瑚礁环境中。在珊瑚礁核内，垂直有机物含量变化记录了珊瑚礁的逐渐发育。可以确定哪些生物反映了最早生长、多样化、统治、死亡和退化的阶段。侧翼或前礁沉积物通常显示出更清晰的层理，在远离礁核的地方沉积倾角较高。

图 8.20　示顶底（化石水准仪）构造示例（阿拉伯联合酋长国，早白垩世，撒玛群。图片由 Stephen Lokier 提供）

注：动物死后不久，贝壳的内腔部分充满了微晶泥。泥晶会堆积到一个平坦的古水平面上。壳腔上部剩余的未填充空间后来被埋藏后通过成岩作用形成的亮晶石方解石填充。泥晶岩填充物顶部的水平面作为化石水准仪，以指示贝壳的原始姿态。

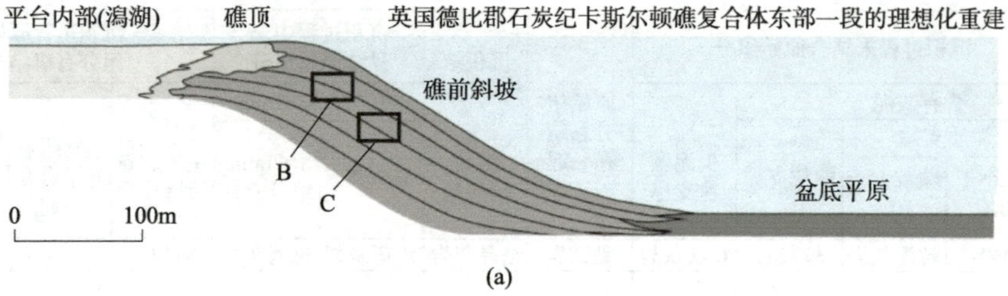

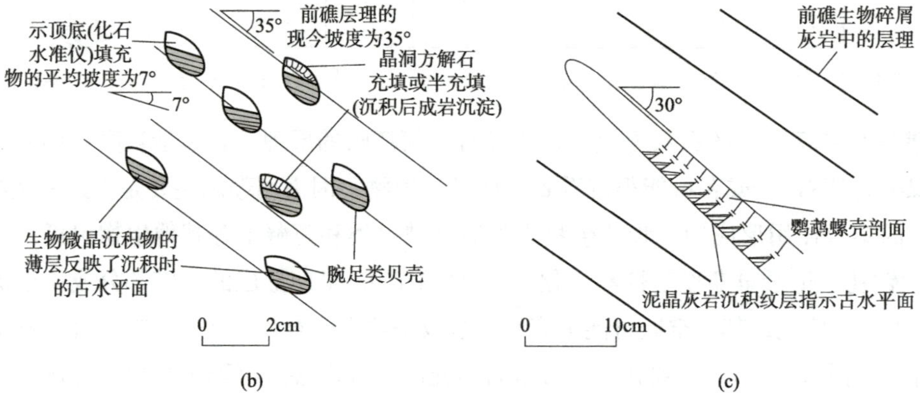

图 8.21　用示顶底（化石水准仪）确定原始层理构造倾角示意图［数据基于对英国德比郡石炭纪（维宪纪）时期卡斯尔顿珊瑚礁复合体的观测。据 Wolfenden（1953）、Broadhurst 和 Simpson（1967），略修改］

注：（a）碳酸盐岩边缘陆架－礁复合体的理想横截面，显示了礁前斜坡相对陡峭的倾斜度和其中发育的倾斜层理。（b）在礁前斜坡沉积物中发现的腕足类贝壳的地质填充物。（c）在礁前斜坡上发现的鹦鹉螺状贝壳的地质填充物。当贝壳沉入海床死亡后不久，贝壳的空腔中部分填充了石灰泥。填充物内的薄层表明沉积时古水平面的产状。就腕足类而言，示顶底填充物的倾斜表明，礁复合体经历了约 7° 的构造倾斜。因此，前礁的原始坡度为 28°，而不是前礁层理的现今产状所表明的 35°。在发现鹦鹉螺的前礁部分，原始坡度约为 30°。

图 8.22　层状孔洞构造——亮晶石方解石填充层状孔洞，在成岩作用早期孔洞保持在靠近沉积物表面（格陵兰西北部华盛顿，下志留世，佩塔默罗斯山组）

后礁或礁间沉积物显示出更清晰的水平层理，尽管细节可能因孔洞而模糊。不同区域沉积物的差异也反映在相关生物中，尽管前礁或侧翼沉积物可能包括最初形成或生活在礁上或后礁中的沉积物和生物。礁前斜坡通常覆盖着塌积物（砾岩），是从高能礁顶沿倾斜面脱落的碎屑。

对古代珊瑚礁或生物礁复合体的完整描述应尽量回答以下问题：

（1）能否确定原始沉积水平面的产状（见2.1.6小节）？

（2）珊瑚礁有多大？特别是，当珊瑚礁快速生长时产生了什么起伏地形？由于沉积物在珊瑚礁生长期间聚集在其周围，因此以往的例子中对同时代的地貌进行评估可能很困难。对于更大的障壁礁或边缘礁，两侧的相对水深可能存在显著差异。在某些情况下，可以从礁核上方的礁间沉积物中追踪标志层，来指示地形。沉积物分布的大比例尺模式也可测量水深。如果珊瑚礁被后来侵蚀的沉积物掩埋，那么今天挖掘出的海底地形可以与当时海底地匹配（图8.15~图8.17）。

（3）平面上珊瑚礁是什么形状？现今的亚空中地形在一些大型古珊瑚礁中特别有用，在这些珊瑚礁中，挖出的地貌在三维景观中可见。然而，一些关于珊瑚礁形状可以从更多的局部观测中得出。珊瑚礁两侧沉积物之间的岩性差异明显表明，珊瑚礁充当了水和沉积物循环的屏障，因此可以识别出前礁和后礁区域。在单一露头中可识别的小斑块礁或生物礁，通常两侧和四周都有类似的沉积物。

（4）珊瑚礁生长涉及哪些生物？是否可识别出主要的造礁生物？礁在多大程度上是骨架建造的结果，在多大程度上是沉积物黏结的结果？在不同种类和丰度分布的生物中，能看到横向或纵向的变化吗？这种分带认识可产生有关环境参数的信息，如水深和能量状况。这些问题需要古生物学的专业知识，最好在研究更专业的文献后解决。

（5）珊瑚礁的早期岩化程度如何？最好通过观察前礁和礁侧沉积物来判断。这是由生物碎屑还是由大的珊瑚礁物质块组成？生物砾碎屑通常出现在陡峭倾斜的岩层中，远离礁核。出现在倾斜的前礁层陡峭古斜坡上尺寸大的岩块（直径数百米），被解释为海底岩屑堆（坡积物），由从礁前落下的岩块组成小节（另见堆积岩，第9.2.3）。如果在沉积之前形成填充物，则大型岩块内的示顶底可指示块体的倾斜程度或顶底（见图8.21；另见第2.1.6小节）。

8.3.2　因藻类或微生物结合而形成的叠层石、核形石和席状构造

叠层石和核形石是一种细纹层结构，由藻类和蓝藻捕获和黏结物质而形成，大多数发生在浅海环境中，但也有一些是从湖泊边缘发现的。叠层石以片状、柱状、半球状、圆顶状和板状的形式出现在各种尺度上。现代叠层石的例子非常罕见，世界上最著名的例子是西澳大利亚鲨鱼湾的柱状岩（见图8.23）。

图 8.23　现今生长在浅水高盐潟湖底部的圆顶叠层石（西澳大利亚鲨鱼湾，哈梅林滩。图片由 Stephen Lokier 提供）

1）叠层石（Stromatolites）

我们对叠层石的认识主要来源于前寒武纪岩石，尽管在显生宙也很常见。叠层石层理常见于泥质碳酸盐沉积物中，但也涉及粗粒碳酸盐和碎屑物质。纹层的特点是薄，通

常为1mm或更小，外观精致。在某些情况下，纹层是不规则的，层与层之间有小孔洞，由亮晶石方解石填充。这种鸟眼结构是藻类层收缩的结果，也是腐烂藻类产生气体的结果。层理的形状千差万别，已经提出了几种分类方案。然而，由于叠层石层理在某些情况下与一些非生物层理非常相似，例如在间歇泉和温泉周围形成的石灰华、钙华和硅石沉积中，因此存在混淆的可能（见第8.2.5小节）。

在大多数情况下，认识描述野外叠层石的一些大中型特征就足够了（见图8.24）。在大范围（“存在模式”）中描述了叠层石单元的大致形状。单元可以是从几厘米到几米的任何厚度，叠层石生物水平层可以延伸数千米。在生物礁或生物层中，叠层石层理可以组成柱状或非柱状形式，而柱状或非柱状形式又显示出各种各样的形状和规模。图8.16中所示的类型并没有描述所有可能的变化，清晰的、缩小的现场图或照片通常比文字更有价值。评估和记录叠层石的三维形态很重要；除了垂直剖面（见图8.25），尽可能描述其在水平剖面或层理表面上的外形（见图8.26）。对于柱状形状确定其横截面形状和尺寸，在平面图中倾向于圆形或椭圆形，有时后者是首选方向。此类可以指示水流或波浪方向，从而指示古海岸线的走向。层理表面可能显示三维起伏（见图8.27），这使得沉积期间沉积物表面的形态可视化。

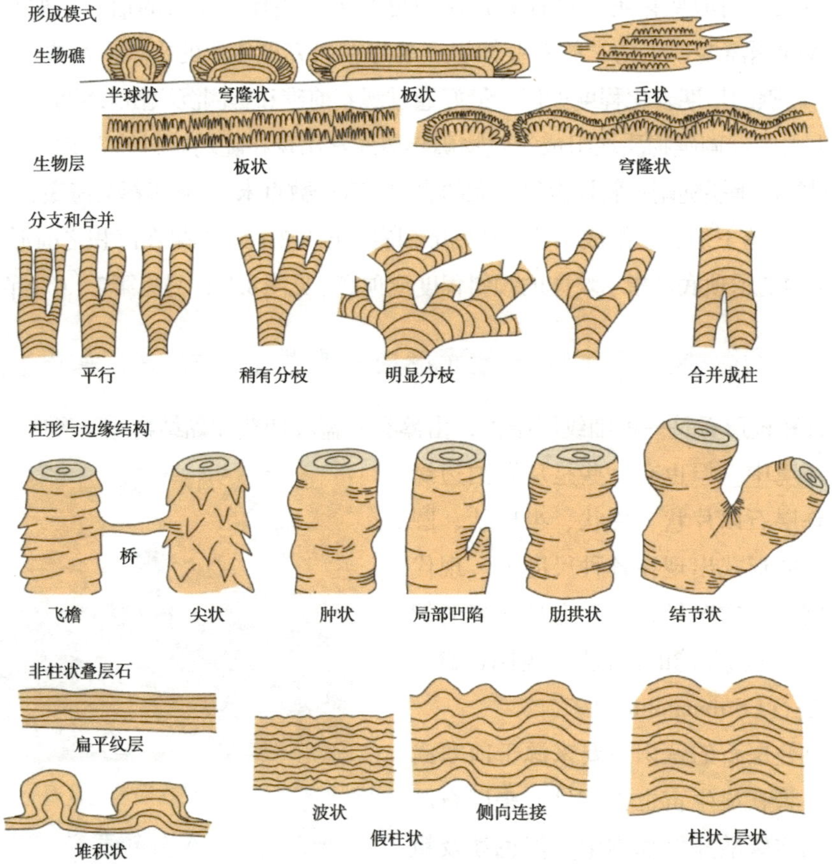

图8.24　描述叠层石和叠层石纹层使用的主要术语定义图［据 Preiss（1976），略修改］

(a)具有柱状层状结构的叠层石
(格陵兰岛东北部，元古代，莫罗内塞组)

(b)不连续柱状形态(格陵兰东北部，
晚元古代，法恩苏组)

(c)直立、无分支叠层石柱
(格陵兰岛东部，元古代，埃莱奥诺雷湾)

图 8.25　垂直剖面中的叠层石层理示例

与地质历史相比，藻类席的分布范围和多样性要小得多，但今天的藻类席呈现出一系列形态，从扁平的薄片到各种起皱和鼓包类型，再到发育良好的柱状结构。现今的类型通常出现在海岸平行带，这反映了它们发育的物理和化学条件。柱状结构可以在平面图中拉长，且通常首选垂直于海岸方向拉长。

图 8.26　叠层石柱的水平剖面（格陵兰东北部，晚元古代，法恩苏组）

叠层石层理是由藻类和细菌的黏液细丝捕获和黏结沉积物而形成的，这些黏液细丝在沉积物表面形成了生长垫。沉淀物从悬浮物沉淀到垫子上，通常不会被藻类或细菌本身沉淀。在能够形成富含有机物的层时，由沉积物供给率的周期性变化产生的纹层。藻类或细菌垫在快速沉积后通过沉积层生长而重新形成，黏结沉积物生成黏结灰岩。

现今大多数的叠层石发育在潮间带和潮上带具有特别高的盐度环境中，尽管潮下带的例子也有。从湖泊边缘也可以看到薄层，如在东非。前寒武纪岩石中叠层石广泛发育，可能是由于没有动物捕食藻类或细菌所致。高盐度导致了对这些动物不利的条件，从而使藻类繁盛。通常认为叠层石是潮间带的标志的观点是误导性的，特别是对于前寒武纪的例子，除了水和阳光之外，似乎没有其他环境要求。

(a)格陵兰岛东北部，元古代莫罗尼索组

(b)与(a)相同

(c)纳米比亚东北部，二叠纪华卜组

图 8.27　上部层表面保留有三维的叠层石穹隆

尝试使用叠层石作为其他不含化石的元古代沉积物的生物地层分带的基础，但收效甚微。

2）核形石（Oncolites）

核形石（有时称为藻类饼干）是球形或不太圆的构造，直径可达5mm，但有时更大，形状扁平。在内部具有与叠层石相似的大致同心的精细纹层模式（见图8.28）。在某些情况下，仔细检查横截面上的叠片可能会发现是不连续的。

图 8.28　显示内部纹层的核形石横截面（图片由 Gilbert Kelling 提供）

注：核形石的直径通常为 1~2cm；这些较大的例子被称为海藻饼干。锤子长 0.3m（英格兰多塞特，中侏罗世，伯顿层鲕粒岩）。

在古代石灰岩和今天的潟湖和湖泊中都有核形石。它们是由藻类将沉积物黏结到孤立的细胞核上而产生的。它们不连续的纹层模式表明，在相对平静的条件下，生长发生在上表面，与偶尔的高能量事件交替发生，使核形石翻转，并允许在相反的一侧继续生长。在一些富含碳酸盐的土壤剖面中，可能会将核形石与成岩形成的豆粒混淆。

3）微生物席构造（Microbial mat-like structures）

当微生物群落以席的形式覆盖沉积物表面时，它们的持续活动通常会形成脊状变形特征，在平面上许多例子表现为镶嵌多边形形式。在剖面图中，席状结构可能与碳酸盐沉积物互层，形成层理，通常具有向上的变形脊（见图8.29）。

(a)咸水湖表面的微生物席，由各向同性挤压应力产生的多边形图案

(b)为(a)中压力脊的垂直剖面，脊表层紧密折叠。(a)中的多边形直径为0.5~1m

图 8.29 微生物席结构

注：这两个例子都来自阿拉伯联合酋长国，图片由 Stephen Lokier 提供。

8.4 早期胶结

除了生物的黏结性外，海底的碳酸盐沉积物还可通过海水中文石或高镁方解石的沉淀进行早期胶结。由于沉积速率缓慢、稳定的海底以及较高的波浪和海流活动，早期胶结物在海底沉积物中并不常见。碳酸盐胶结作用也发生在碳酸盐岩和碎屑岩海滩上，形成海滩岩石。由于相对海平面的下降，碳酸盐沉积物暴露在空中，当淡水流过碳酸盐沉积物也会通过溶解和再沉淀进行胶结。在这种情况下，胶结矿物几乎都是方解石。持续的暴露导致更广泛的溶解，形成岩溶表面和碳酸盐岩土壤剖面（见第8.4.2小节）。

8.4.1 海底岩化

靠近海床的胶结可能是斑片状的，或形成连续层。早期胶结斑块以结核状形式出现，其周围可能发生差异压实，尤其是宿主沉积物为细粒沉积物时。这可通过追踪周围压实沉积物进入和穿过古代结核的纹层得到确认，使早期胶结结核能够与后期成岩成因的结核区分开（见第9.3.1小节）。当在岩石记录中看到这些结核时，常遵循特定的层理方位。

横向连续的胶结层通常在海底以下几厘米处形成，并具有平坦的顶面和不规则的底部。持续沉淀可导致岩层弯曲和断裂，形成背斜、逆冲及帐篷构造（盐形成示例见图8.6、图8.7，微生物示例见图8.29）。在平面图中，向上弯曲的脊常具有多边形形式。这些构造在当今出现在潟湖和萨布哈湖的底床上，其特征和古代岩石记录一样。

当在海床下方几厘米处形成的胶结层被清除掉其上的松散沉积物时，岩化表面可能会被海洋生物覆盖和钻孔，并被富含磷酸盐和锰的矿物矿化。这些钻孔和结垢的表面称为硬底，它们在岩石剖面记录中的出现为持续的非沉积间隔提供了证据。钻孔的识别在第9.4节中分析。部分或弱岩化的表面称为硬地（见图8.30），这些地面会受到特定生物类型的钻孔影响（见第9.4.6小节和图9.77中的舌状真菌遗迹相）。

图 8.30　现今硬地的示例（阿拉伯联合酋长国，图片由 Stephen Lokier 提供）

海底斜坡上碳酸盐沉积物的早期胶结作用通过成岩或部分成岩物质的再次运动导致角砾岩的发育，例如浅海床的风暴事件或大规模重力流。由板状碎屑组成的角砾岩具有显著特征（见图8.31）。

第9.3节中给出了更多关于胶结和结核发展的一般性意见。

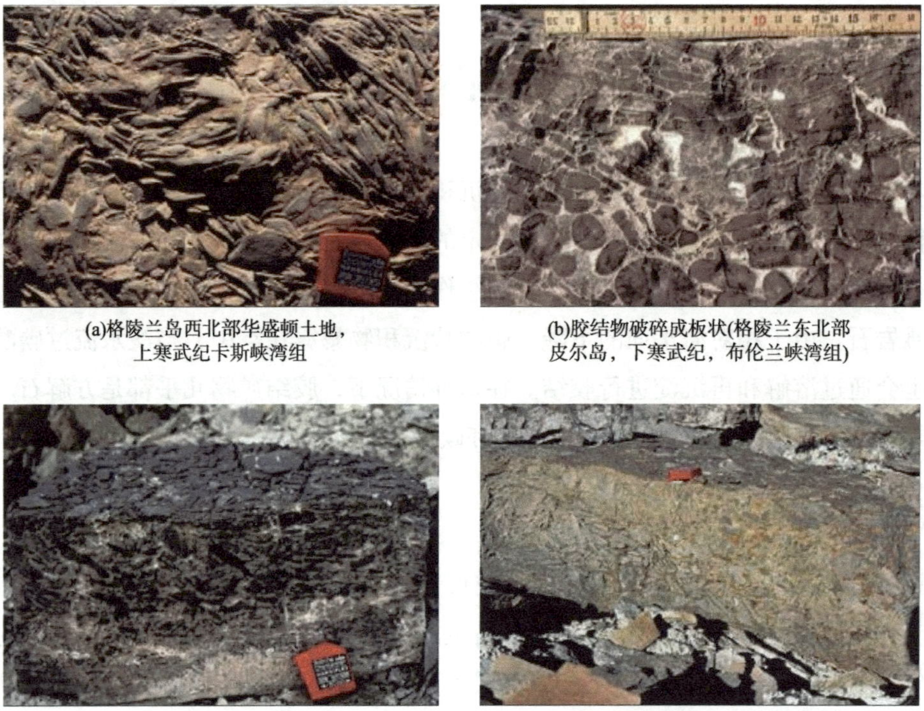

(a)格陵兰岛西北部华盛顿土地，上寒武纪卡斯峡湾组

(b)胶结物破碎成板状(格陵兰东北部皮尔岛，下寒武纪，布伦兰峡湾组)

(c)与(a)相同

(d)通过角砾岩的垂直剖面如(a)所示

图 8.31　碳酸盐部分成岩后的再次运动，在薄层石灰岩中形成的角砾岩

8.4.2　地表暴露

在大多数情况下，碳酸盐的暴露导致其快速岩化。雨水溶解文石和高镁方解石，并将离子重新沉淀为低镁方解石。持续暴露导致进一步的改变，如岩溶或土壤发育。

淡水持续溶解导致岩溶的发展。这不仅是最近暴露的碳酸盐沉积物的产物，而且在经历了大量降雨或融雪的古石灰岩中也广泛发育。地表岩溶地貌形成了独特的地貌景观，包括溶蚀作用导致节理加宽形成的陡峭山脊和深裂缝（石芽和岩沟），从而形成陡峭的漏斗和管道。在石灰岩中，溶液产生的孔洞会长大到洞穴大小。

各种类型的钙华为碳酸盐沉淀（见第8.2.5小节），可填充或部分填充孔隙和孔洞。有时空腔可能塌陷，导致填充物中增加了塌陷角砾岩。这些单元形状不规则，与层理无关。此类角砾岩的碎屑均为局部衍生碎屑，形状不规则且棱角分明，大小复杂；角砾间部分或全部充满钙华沉积物。

在研究古代石灰岩序列时，非常重要的一点是区分新的（全新世或更新世）活动而形成的岩溶特征与早期沉积后历史期间形成的岩溶特征。这并不容易，需要仔细应用交叉关系原则（见第2.1.3小节）。在一些古代层序中，岩溶溶蚀面反复出现在石灰岩顶部，覆盖着薄层不溶残渣（通常为黏土）或填充地貌的砂岩（见图8.32、图8.33）。此类沉积起源于古岩溶（在演替的总体累积期间形成），记录了海平面下降时的沉积表面。

图 8.32　浅层水成因石灰岩中由砂岩填充的大型古岩溶溶解通道

注：在沉积和早期岩化后不久，在海平面下降和出现的时期，石灰岩表面形成了这种特征。通道底部位于砂岩底部，下面的洞穴是新近形成的（比例是 1m。威尔士安格西，下石炭统）

图 8.33　由于出现古岩溶溶蚀作用，在石灰岩－石灰岩接触处出现小规模地貌，成土 / 溶蚀作用增强（岩石湾地层覆盖贝尔蒙特地层。百慕大葡萄湾，更新世。图片由 Brian Rosen 提供）

通常在降雨量较低的条件下，地表的持续溶解和降水可能导致钙质胶结或钙质土壤剖面中方解石大量有序出现。此类剖面也出现在碳酸盐以外的沉积物中，详见第9.3.1小节。

8.5　石灰岩中的其他层理现象

大部分碳酸盐沉积物由砂、粉砂和泥级物质组成，这些物质受到侵蚀、搬运和沉积，多数方面与碎屑颗粒经历的侵蚀、搬运和沉积相似。因此，对于此类沉积物，产生的沉积结构与第三章~第六章中描述的沉积结构相似。例如，沟槽铸模发生在钙质岩突变基底上，这可能与风暴事件有关，波浪在生物碎屑灰岩和鲕粒灰岩中常见，交错层理通常发生在受到潮流影响的砂级石灰岩中。砂级石灰岩通常为鲕状，由包裹在碳酸钙中的颗粒组成，这是高能浅水环境中无机沉淀的结果。鲕粒直径高达5mm，一般是<1mm，在薄片中观察时，通常表现出细小的同心纹层。

除了常见的构造外，有的层理样式是碳酸盐岩特有的，反映了灰砂中存在的不同颗粒类型，或者碳酸盐矿物在地质上易于溶解和再沉淀。

8.5.1　大型S形交错层理

某些浅海灰岩通常为鲕粒灰岩或生物碎屑灰岩，在几米的垂向厚度和横向范围内显示出S形交错层理，并叠加有复杂的小规模构造。交错层理构造认为反映了大型鲕粒和灰砂浅滩的生长，这是缺乏碎屑供应的地区的强潮流造成的。事实上，在含氧良好的浅水中，强水流对碳酸盐砂粒的搅动是形成鲕粒的碳酸盐颗粒涂层无机沉淀的最常见机制。

8.5.2　平行层理灰岩

许多石灰岩露头显示出清晰的平行和水平层理。然而，仔细检查发现，上下层在粒度和成分上没有明显的差别。石灰岩记录了非常均匀的沉积条件，没有原生分异，但层理明显。有时岩层面（层面）显示出缝合线式的溶解迹象（见第9.3.2小节），表明层理至少部分形成于沉积后。各种详细过程已了解，并非所有情况都需要类似的解释。仔细记录均质层状石灰岩中的岩层分离面，会对理解不清的地质现象产生独到的见解。

8.6　学习技巧

1）野外经验

（1）当今环境。蒸发岩构造的第一手调查可以在潟湖和萨布哈斯（盐平原）的沟渠中进行。世界上许多地方都可以游览温泉、冷泉、洞穴和湖泊（含钙华和泉华）。在现今的碳酸盐岩环境中，野外考察的可能性越来越大，在那里发现了珊瑚礁、生物礁和叠层石，但为了研究潮下过程，潜水设备和训练是必要的。监测当今地区过程所需的设备包括常规现场设备、Eh和pH计、盐度测量和浮游生物计数取样瓶、流速计、船只、潜水设备等。

（2）古代环境。对古礁、生物礁和叠层石的研究几乎没有什么问题，因为它们出现在世界许多地方的地层中，并且出露很好。厚层蒸发岩序列露头在潮湿气候环境中少见，因为它们容易溶解；然而，在干旱和半干旱气候环境中相对常见。可以参观盐矿或石膏矿。

2）实验室经验

岩心中可能存在蒸发岩构造。从氯化钠或硫酸钙饱和溶液中产生构造和结构的实验相对简单。

推荐参考文献

[1] Brenchley, P. J. & B. J. P. Williams (eds) 1985. *Sedimentology: recent developments and applied aspects.* Good summary paper by Suthren on volcanic sediments.

[2] Carling P. A. 1996. *Morphology, sedimentology and palaeohydraulic significance of large gravel dunes, Altai Mountains, Siberia.* A good account of large bedforms in gravels.

[3] Cas, R. A. F. & J. V. Wright 1987. *Volcanic successions: modern and ancient.* Good examples of coarse-grain volcaniclastic successions.

[4] Koster, E. H. & R. J. Steel (eds) 1984. *Sedimentology of gravels and conglomerates.* Probably the most wide-ranging descriptions of gravels in different depositional settings.

[5] Nemec, W. & R. J. Steel 1984. *Alluvial and coastal conglomerates: their significant features and some comments on gravelly massflow deposits.* An excellent example of the benefits of close study of depositional textures.

[6] Steel, R. J. & D. B. Thompson 1983. *Structures and textures in Triassic braided stream conglomerates ("Bunter" Pebble Beds) in the Sherwood Sandstone Group, north Staffordshire, England.* A careful account of the use of textures in interpreting ancient river deposits.

第九章 变形及扰动构造

9.1 引言

任何沉积物在沉积之后都可能受到扰动，但扰动在砂岩及更细粒物质中最常见。由于物理、化学和生物作用的结果，原始沉积构造可能被破坏并形成新的构造。通常很难分辨什么时候发生了物理和化学诱发的扰动。有时可能在沉积之后不久发生，或在同时期表面附近发生，有时与后期埋藏成岩有关。

许多变形构造可以作为“地层顶底”的指示标志，大多数都记录了沉积物内部或沉积后不久表层的构造状况。

9.2 物理作用导致的软沉积物变形

由于机械力，通常是重力，作用于物理上较弱的沉积物或埋藏不久的粉砂或砂沉积物表面之上形成软沉积物变形构造（见表9.1、表9.2）。该构造的分类目前还没有统一的方案。这里我们用最常见的是广义上的形态构造分类。然而，一些构造在垂向剖面和层理面上都可以观察到，可以归入多个类别。通常将最常见的类型作为标题。

表 9.1 可塑性变形、液化变形和流态化变形的特征特性［据 Owen（2005），略修改］

内容	变形样式		
	可塑性	液化	流态化
抗屈强度	←强→	←可忽略	→
流动结构	←层流	←	紊流→
含水率	→		
黏度	←		
脱水率	→		
基本结构	←保存变形→	←	不保留→
细颗粒的筛选	←忽略→	←较小→	←重大的→
侵入体	←普遍整合	→	←普遍不整合→
		←碟状构造→	

大多类型的软沉积物变形取决于未固结的软弱状态。沉积物对变形的抵抗力是最常见的，用其抗剪强度τ表示，它是颗粒内聚力C、粒间摩擦和颗粒间有效压力的函数：

$$\tau=C+(\sigma-\rho)\tan\varphi \tag{9.1}$$

式中，σ为垂直于剪切的压力；ρ为多余的孔隙流体压力；φ为内摩擦角。

为了使沉积物变形，其剪切强度必须减小或增加施加的剪应力。这个可以减少内聚力即通过调整颗粒来实现填充以降低$\tan\varphi$，或通过增加孔隙流体压力ρ。受颗体粒度控制的内聚力是最不易改变的属性，通过对饱含水松散堆积的沉积物施加震动可以改变颗粒堆积方式。在此过程中，孔隙流体压力增加，沉积物暂时达到液化状态（见表9.1、表9.2）。此时，沉积物和水一起表现为液体，非常容易变形。直到逸出多余水，孔隙水压力下降为止，此时颗粒间堆积得更加紧密，并重新建立摩擦接触。广泛引起液化的振动来自外部（例如地震），或局部的水位上升或突发沉积事件。

表 9.2 与变形力性质有关的物理变形结构类型［据 Owen（2005），略修改］

<table>
<tr><td colspan="2" rowspan="3">项目</td><td colspan="5">强度损失</td></tr>
<tr><td colspan="3">超过沉积物强度</td><td colspan="2">液化</td></tr>
<tr><td>内部拉伸
（脆性）</td><td>内部凝聚力
（塑性）</td><td>外部内聚力
（塑性）</td><td>液化的</td><td>流化的</td></tr>
<tr><td colspan="2">斜坡重力</td><td>滑动</td><td>滑塌</td><td>滑动滑塌</td><td colspan="2">碎屑流</td></tr>
<tr><td colspan="2" rowspan="2">围岩负荷不均衡</td><td rowspan="2">生长断层</td><td colspan="2" rowspan="2">负载纹层
页岩脊和底辟</td><td colspan="2">负载纹层和底模</td></tr>
<tr><td></td><td>碎屑岩墙砂火山</td></tr>
<tr><td rowspan="4">重力不稳
密度梯度
（密度倒转）</td><td>连续的</td><td rowspan="6">软沉积
物断层</td><td></td><td></td><td>包卷层理</td><td></td></tr>
<tr><td>单层内</td><td></td><td></td><td>碟状构造</td><td>泄水管和柱</td></tr>
<tr><td>多层，未刺穿</td><td></td><td></td><td colspan="2">层理面重荷模</td></tr>
<tr><td>多层，刺穿</td><td colspan="2">页岩脊和泥底辟</td><td colspan="2">球-枕或假结核孤立负载球</td></tr>
<tr><td rowspan="2">剪切应力</td><td>水流拖曳作用</td><td colspan="2" rowspan="2"></td><td>倒转交错层理</td><td></td></tr>
<tr><td>垂直的</td><td>泄水管和柱</td><td></td></tr>
</table>

可以通过水边沙滩波浪的升降来体会这种效果。因为接触摩擦力降低，周边的沉积物开始液化，水逸出到地表。这种情况发生后同一块砂就不容易再液化，因为已形成了更紧密的颗粒结构。

在细粒沉积物快速沉积过程中，除了振动和颗粒重排，还会产生超孔隙流体压力。沉积物的低渗透性抑制了孔隙流体的逸出，因此，随着上覆盖层的增加，沉积物的压实速度减慢。然后会发生超压或欠压实，在这种状态下沉积物很容易变形。

泥沙可能完全液化以致所有颗粒接触都被打破，大量的沉积物和水自由流动。在这种情况下，原始的层理被破坏，并产生大量的“冻”状层理。在其他情况下强度不完全损失，变形有限，更多的是可塑性变形，以致有些扭曲的原始层理得以保留。在超孔隙流体压力消失前，常通过粒间孔隙水（通常是向上的）逃逸而消散，大量的液化沉积物将保持流动性或软弱状态。如果足够强烈，流体向上逸出导致逸出路径内的沉积物流化

（见表9.1、表9.2）。颗粒间的快速流体运动导致强度损失和孔隙空间增大。流动过程中颗粒和流体的相对运动使颗粒分选，通常是细粒向上运动，留下较干净的沙粒。在液化沉积物中流体和颗粒同时移动，因此分选作用不大。

9.2.1 层理面和垂直剖面上都可见的特征

1）重荷模和火焰构造（Load casts and fame structures）

重荷模和火焰构造最常在砂泥互层的砂岩底面见到（它们是一种底模，见第4.2节）。剖面上的砂岩内部也很常见。砂岩底部重荷模是圆形的，形状不规则，大小和起伏不定。小的例子以毫米为单位，大的直径可达几十厘米甚至几米。它们很少单独发生，通常大片覆盖层理面（见图9.1）。

(a)砂泥岩互层序列中砂岩底部实例
(英国康沃尔北部，上石炭世布德组)

(b)厚层砂岩下部大型、分离的重荷模
(威尔士彭布罗克郡，上石炭世煤系)

图 9.1 重荷模

在朵叶砂体间的下伏单元指状向上或楔状是火焰结构，与重荷模相伴而生（见图9.2、图9.3）。虽然许多重荷模是砂岩底部的简单凸起，但有些则是球状的，常有一个细颈与上覆砂岩相连，甚至完全脱离。在某些情况下，没有迹象表明上覆砂岩是砂的来源，孤立的负载球或假结核“漂浮”在泥岩中，形成球状和枕状结构。砂岩“球”周围的泥岩显示出扰动的“浆状”结构（见图9.4、图9.5）。

(a)砂岩层底部的负载与泥岩向上挤压形成的火焰构造
(英国康沃尔北部，上石炭世布德组)

(b)浅海成因砂岩层中的大型荷载和火焰
(土耳其阿达纳盆地，上新世汉德尔组)

图 9.2 剖面中看到的重荷模及伴生的火焰结构例子

注：图片由 Gilbert Kelling 提供。

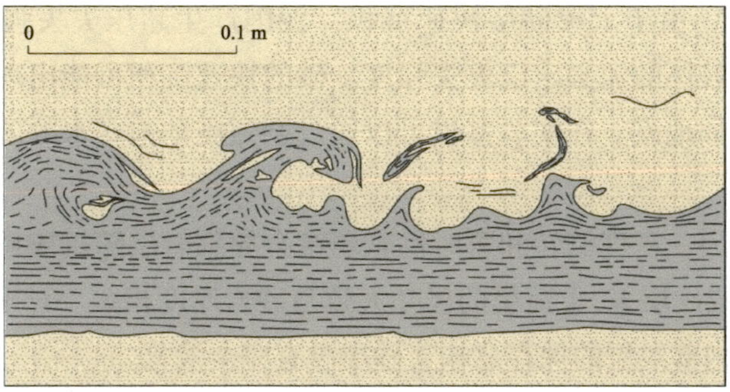

图 9.3 垂直剖面素描图，揭示了由于火山成因砂层突然侵位在未减薄泥单元顶部而产生的重荷模和火焰构造的几何结构和相互关系。英格兰坎布里亚，奥陶纪朗代尔板岩 [据 Sorby (1908)，略修改]

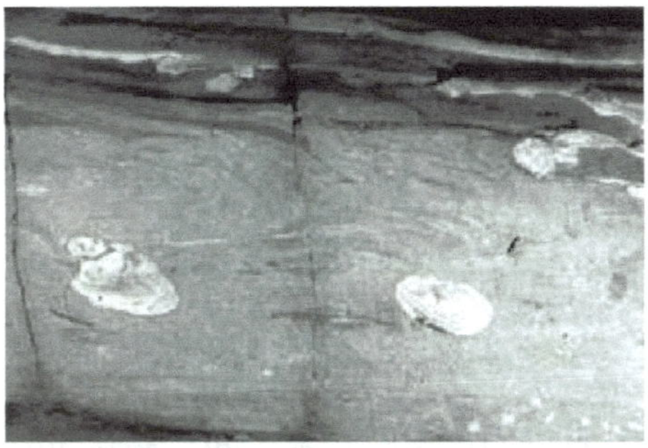

(a)在“浆状”结构粉砂岩中的孤立砂球(假结核)。原始砂岩层已完全塌陷进更细粒沉积物中。砂球的直径约为5cm(英国康沃尔北部，上石炭世布德组)

(b)细粒砂基质中的孤立砂球，显示泥浆结构。较细沉积物的火焰向上穿透上覆的砂岩(西爱尔兰克莱尔群，上石炭统)

图 9.4 孤立负载和火焰构造例子

在重荷模内部显示扭曲纹层，靠近边缘，纹层平行于边缘，但向中心扭曲更强烈。如果在负载面下方的层中看到纹层，则纹层倾向于沿着火焰结构的边缘，在火焰中心发生扭曲（见图9.3）。在罕见的例子中，重荷模集中在原始纹层上，因此变形层最初是交错层理。

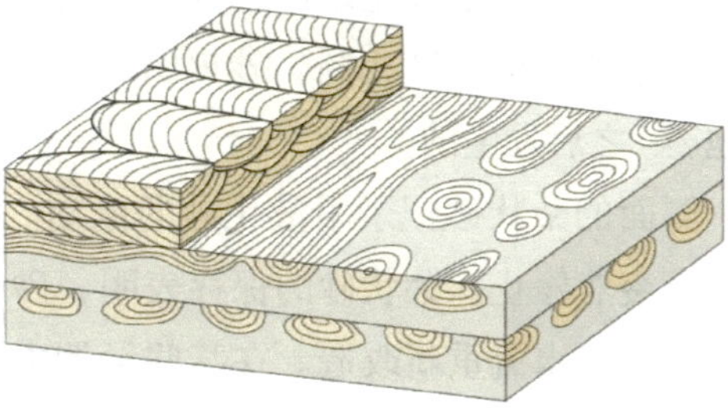

图 9.5 通过覆盖在泥上的连续砂层的横向通道产生孤立砂球（假结核）并逐渐进入更强烈的变形状态的示意图，最终成为完全孤立被泥浆包裹的砂“结核”，形成砂球和枕状构造 [据 Allen (1982)，略修改]

注：尽管处于变形状态，但内部主要纹层仍然明显。在这种情况下，上覆的槽状交错层理砂层组提供了生成假结核所需的负载机制。

负载形成机制包括重力作用于因高孔隙度、缺乏压实和连贯性以及层间密度差异而不稳定的地层。泥通常具有较高的初始孔隙度（60%~70%），远大于快速沉积的砂（30%~40%）。因此，如果密度比泥大的砂层快速沉积在泥层上，两种沉积物都很弱，则砂有通过负载沉入泥中的趋势。

在加载过程中，由于上覆砂层快速沉积，泥因产生超压失去强度。对于孤立的砂球或假结核，相对较厚的泥必定已失去强度。砂的快速沉积可能出现这种情况，也可能是外部震动产生，如地震。在实验室里可以通过剧烈震动饱含水的砂泥序列来模拟这种效果。

无论是什么原因，密度倒转和暂时性软弱结合导致岩层随机或局部地下沉到另一个岩层中（如冲刷物或纹层）。重荷模的尺寸大致与砂岩厚度相关。对于孤立砂球，整个砂层必须下陷。砂球内部纹层的保存意味着砂层没有完全液化。

重荷模通常是明确的“顶底”指标，下凸性和与火焰构造的联系诊断性较强。在大砂球内的扭曲类似于滑塌（见第9.2.3小节），但后者涉及横向运动，表明了褶皱的优选方向。在加载时，垂向运动导致了褶皱的随机方向。此外，负载通常局限于一对岩层，而滑塌可能涉及许多或几个岩层在移动中一起变形。

2）砂火山和泥火山（Sand and mud volcanoes）

这些相对罕见的构造最常见于砂岩中，特别是与泥岩互层的情况。火山本身通常是中或细砂，尽管在某些情况下是粉砂和泥。它们出现在上部层理表面，在垂直剖面中也可见。火山通常覆盖在沉积后扰动的单元上，如负载、卷曲层理、砂岩脉和泥岩侵入体以及滑塌和滑动迹象。

在层理面上部，砂火山呈圆锥形或穹顶状，直径10cm到几米之间，高达50cm。中心有一个火山口状的凹陷，侧面有几厘米宽的放射状砂叶，末端呈圆形（见图9.6）。垂直剖面显示平行于侧面的内部倾斜地层。在中心区域，无结构砂塞或管道位于火山口下方，并与下方的砂岩脉或管道相连（见图9.7、图9.8）。

砂火山是由于液化砂通过沉积物表面的通道被挤压而形成的。实际上，砂火山是与砂脉局部相关的砂席相同。砂火山反映液化单元释放的超孔隙压力，可能是在振动（例如地震）之后发生的。

侧面的朵状砂记录了液化砂的流动。下坡端的外凸表明，由于流动过程中的脱水，流砂会突然停止。朵状砂的保存表明，砂火山的挤压发生在非常低能的环境中，否则沙会被海浪或水流重新改造。在某些示例中，可能会发现较高能量环境下挤压、改工和部分侵蚀。在垂向剖面上，火山的透镜状形状和倾斜层理可能被误认为是沉积底床，而倾斜层理可能被误认为是交错层理。

当今地表泥火山的特征显著，这些区域泥在一定深度上已变为超压，并且是沉积速率较高的活动构造带的典型特征（见图9.9）。这些特征是短暂的，岩石记录的可能性很低。

3）裂缝模式（Cracks）

具有各种规模、形状和起源的裂缝模式出现在现代的沉积物表面上，以及岩石的上下层理面上。可以识别出4种类型的裂缝，每种裂缝的起源不同。

(a) (b) (c) (d) (e) (f) (g) (h)

图 9.6　砂岩层上面各种尺寸的砂火山

注：(a)、(d) 和 (f) 中的流动朵叶，以及大多数例子中的顶部火山口。(h) 在横截面上揭示了砂火山的内部结构；注意中央砂栓。所有示例来自西爱尔兰克莱尔县上石炭统罗斯组。

图 9.7 砂火山的内部结构，显示了中心砂栓和倾斜层理，有被误认为交错层理的可能（根据照片素描。西爱尔兰，上石炭统罗斯组）

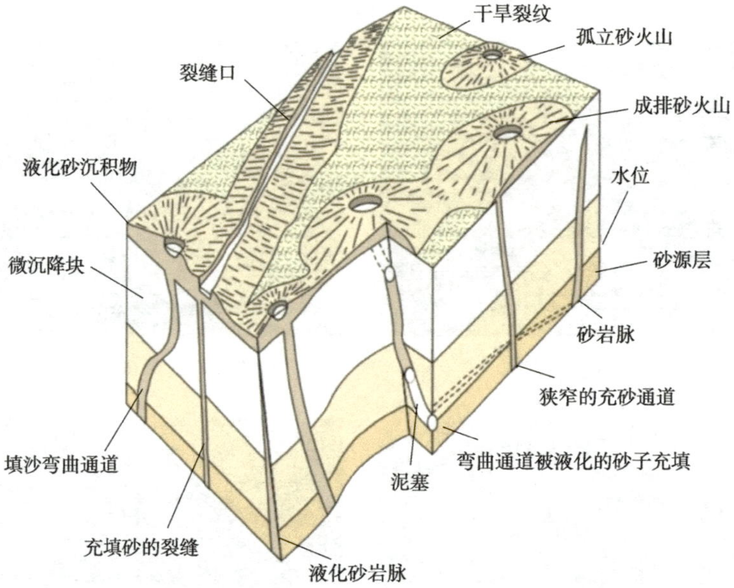

图 9.8 与砂泥互层环境相关的液化特征示意图，注意液化砂土遵循先存裂缝和通道的趋势［基于托库约的三角洲模式。据 Audemard 和 Santis（1991），略修改］

图 9.9 泥火山，阿塞拜疆（图片由 Martin Bochud 提供）

4）泥裂（Mudcracks）

在干枯的池塘、湖泊和滩涂、河流泛滥平原以及泥质潮间带和潮上滩涂上，这些地方的沉积物通常以裂缝的形式存在，或者部分被其他沉积物充填（见图9.10）。在岩石中，它们出现在砂泥互层序列的层理表面，薄层碳酸盐中出现较少。

在岩石中，裂缝出现在泥质沉积物中，由粗粒物质（通常为砂岩）填充。裂缝形成直径从厘米级到米的多边形，同一表面上会出现大小不同的样式［见图9.10（b）］。尽管大多数裂缝样式大致为六边形，但也有相当一部分为四边形或三角形。平面上裂缝是平行的，在垂直截面上通常向下逐渐变细（见

图9.11~图9.13)，这种楔形因后期压实、屈曲或折叠而变得复杂。裂缝宽度可达几厘米，深达几分米。在现今的表面和层理面上，裂缝之间的区域通常轻微凹陷。现今泥层的表面可能卷曲成强烈的凹形(见图9.14)。

(a)具有不同尺寸裂缝图案的泥表面，其具有不同的穿透深度(纳米比亚，索索斯夫莱，现代)

(b)砂岩层顶部的泥质裂缝，带有微弱的水流波痕(格陵兰岛西北部英格尔菲尔德土地，晚元古代，伦斯勒湾组)

(c)层理表面显示泥岩层中较薄的填砂泥裂缝(美国犹他州，侏罗纪卡耶塔砂岩)

(d)层理表面显示泥岩层中较厚的填砂泥裂缝，强烈的差异侵蚀使裂缝的砂质填充物突出显示(美国犹他州，侏罗纪卡耶塔组砂岩)

图9.10 层理面上的泥裂

(a)在泥中形成的裂缝，后被沙充填。注意裂缝周围泥岩的压实作用(美国犹他州东南，二叠纪，松台地砂岩)

(b)泥岩层中裂缝向下逐渐变细，砂填充。注意，由于还原裂缝边缘周围的泥岩颜色从红色变为绿灰色(美国犹他州，侏罗纪卡耶塔组)

图9.11 垂向剖面上的泥裂

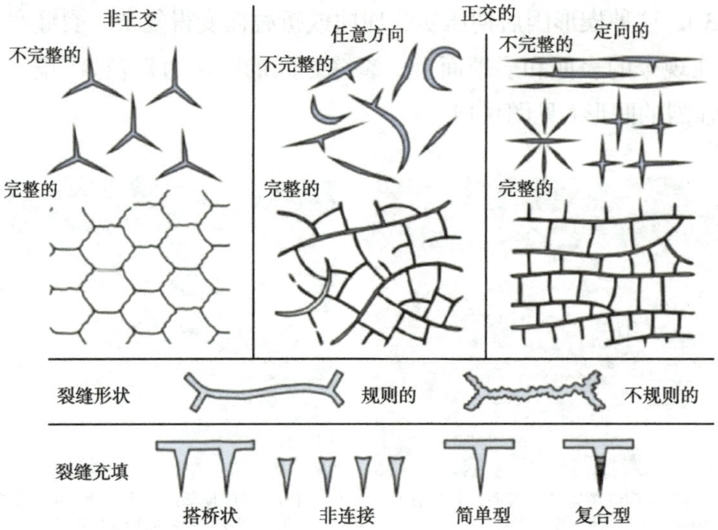

图 9.12　收缩裂缝及其填充物分类［据 Allen（1982），略修改］

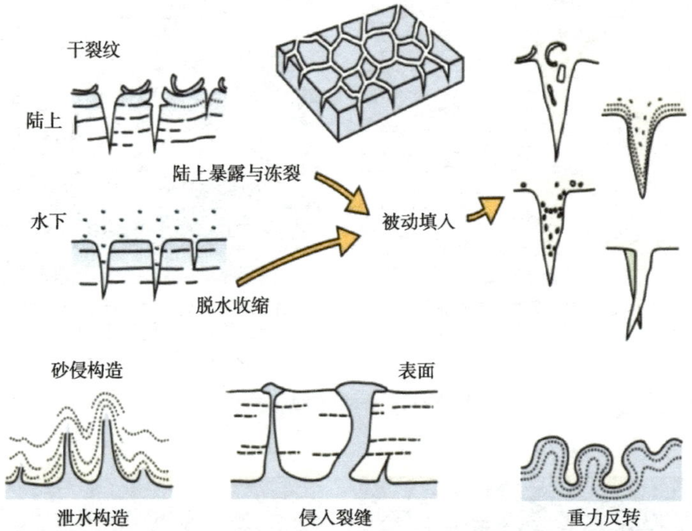

图 9.13　剖面图显示了沉积物中各种自然产生的未填充和填充裂缝的主要特征［据 Tanner（1998），略修改］

泥沉积层的干燥会导致收缩，产生从表面向下逐渐减小的各向同性、水平张应力场。应力通过垂直裂缝的发展释放，垂直裂缝向下逐渐变细至无有效应力的阶段。在坡度大于5° 的斜坡上，裂缝模式趋向于矩形，其中一组裂缝平行于等高线。显然，在这种情况下，重力会产生弱各向异性应力场。裂缝也可能位于早期扰动（如足迹）周围。

对于均质物质，裂缝深度和多边形直径直接相关；裂缝层越厚，多边形越大。薄的表层泥浆干涸迅速，会在持续干燥过程中形成的较大裂缝上叠加小裂缝。

裂缝填充发生得较晚，例如，含砂洪水的涌入或被风吹的砂困在裂缝中（见图 9.13）。泥表层形成的泥片可能与砂子混合。掩埋时，泥的压实度大于砂填充物的压实度，砂通常显示为褶皱。

在出露砂岩层底面上，填砂裂缝很常见，原始裂缝形成的下伏泥岩层已经风化掉［见图9.10（d）］。

波状层理表面上常见裂缝（见图9.15）。波痕通常表示在浅水中形成，水退后出露，表面干燥并开裂。

干燥的泥裂缝之间向上凹面和裂缝本身向下逐渐变细是指示"顶底"的有用指标。

图 9.14 薄泥层中的泥裂缝

注：裂缝边缘卷曲产生潜在的泥片，如果后期水流流过河床，这些泥片可能会搬运。注意泥表面的雨坑（西班牙东南部阿尔梅里亚省塔伯纳斯，现代河床）

(a)层理表面上形成蜿蜒的波峰波痕，叠加有小型干燥泥裂缝。泥裂缝多边形的大小表明沉积在波痕砂层顶部的裂缝泥层非常薄(格陵兰岛西北部英格尔菲尔德土地，晚元古代伦斯勒湾组)

(b)细砂中形成了近乎平直、对称的波痕，薄的泥干燥开裂。注意泥裂缝是如何通过波痕波峰的(利兹大学收藏，地点不详)

图 9.15 带有泥裂缝的波痕表面

5）水下收缩裂缝（脱水收缩）（Sub-aqueous shrinkage cracks）

这些裂缝在现今盐沼浅池塘的地面上很常见，但不仅仅限于这些环境。它们也出现在与砂岩互层的泥岩和一些富含黏土的碳酸盐且岩层较薄的地方沉积物中。裂缝最常见的形式是砂岩底面［见图9.16（a）］上的凸起特征，或泥层的垂直剖面向下逐渐变细的砂质填充物可能因小规模压实褶皱而扭曲。它们也以上凹特征出现在上部层理表面上。

在平面图中，水下收缩裂缝往往具有不规则或放射状图案，有时相互交叉。单个裂纹为透镜状尖灭，不与其他裂纹连接［见图9.16（b）］。

(a)位于浅潟湖底部，水深0.2m(现代，西班牙阿尔梅里亚省拉斯萨利纳斯)

(b)钙质泥岩的上表面裂缝(格陵兰岛西北部，寒武纪，卡斯峡湾组)

图 9.16　由脱水作用引起的水下收缩裂缝的例子

由于絮凝作用或某些黏土矿物的体积因盐度引起变化，使原本多孔的黏土颗粒重新组合，沉积物中的孔隙水流失导致水下收缩裂缝，这些过程称为脱水收缩。它们发生的条件尚不清楚，但在各种环境和水深中均可发生。边缘海环境特别有利，因为那里的黏土可能会受到盐度变化的影响。然而，在海洋和非海洋的古代沉积物中均出现过这类裂缝。裂纹的不规则分布可能是早期的不均匀性造成的，如生物潜穴。脱水收缩缝可作为指示顶底的有用指标，并可指示沉积后的早期环境。然而，作为顶底的指示，不如泥裂有用，因为裂缝间区域是平坦的。

脱水收缩裂缝与干燥裂缝、砂岩岩脉和拉长的石膏假晶相混淆。它们也经常被误认为是痕迹化石，特别是在前寒武纪晚期的岩石中。最常见的错误认识是生物潜穴，它们的透镜形状在平面上类似于一个U形潜穴的底部。相关的紧密褶皱也导致了对有机痕迹的混淆。

6）砂、泥岩脉（Sandstone and mudstone dykes）和侵入砂席（Transposed sand sheets）

对于这些裂缝结构，裂缝填充材料通常是砂，但宿主沉积物可能是从泥到粗砾的任何沉积物。脉体虽然相对不常见，但从深水砂岩和泥岩序列到陆上泥石流的各种环境中均有出现，在层理面和垂直剖面上都可以看到。平行于层理的侵入砂层，在某些情况下与脉相关，很容易被误认为是正常的互层砂岩或砂岩基底，只有在非常好的三维出露条件下才能对其进行一定的识别。

脉的大小不一，宽度可达几十厘米，垂直范围可达几米。与其他裂缝一样，填充物可能会褶皱，尤其是围岩沉积物粒度较细时。在某些情况下，脉可向下延伸，与岩性相似的下伏岩层相连。其上方可能被侵蚀截断，或与上覆砂岩相连。

在水平面上，岩墙具有凸起或下凹的特征，具体取决于岩墙风化和围岩岩性。岩墙倾向于笔直且侧面平行（见图9.17），尽管在层理面上看到的方向是随机的，但它们显示线形趋势或多边形图案。大多近垂直，有些是倾斜的，具有发散、横切和会聚的样式。有些是次水平的，最好描述为岩席。在内部，有一个与侧面平行的可变纹层，中心方向的纹层不太明显。

(a)砂岩墙发育于火山岩中，充填有风成砂岩(纳米比亚，白垩纪埃塞俄比亚组)

(b)穿过泥石流成因的分选不良砾岩的砂岩墙。液化砂从下方侵入时发生剪切，产生了平行于墙壁的弱纹层(格陵兰岛北部，元古代莫尼索组)

图 9.17 大型砂岩墙示例

在良好的暴露条件下，一些砂岩脉可向上延伸至水平砂岩席。岩席横向延伸，乍一看，可能被误认为是砂脉侵入单元上方的砂岩层。这些岩席毫无特色，有时显示出轻微的起伏表面，局部发生更强烈的褶皱。砂岩内部可能显示出不规则的“浆状”结构，其层理较弱且易受到扰动。

沉积岩脉和岩席是从下伏（或很少上覆的）源层注入沉积物的结果。这可能发生在沉积后不久的准同生期，当时埋藏的源层和上覆层都处于弱化状态。如果侵入的围岩沉积物为细粒（如砂或淤泥），并且在安静的条件下沉积，则需要外部震动来液化源层。例如，当围岩沉积物粒度较粗时，泥石流突然侵入创造了液化源层所需的条件。围岩沉积物通常含有相当高的细粒物质降低其渗透性。然后，液化层沉积物和水通过裂缝排出，有时足够的压力将液化沉积物带到地表。

在古代深水沉积物中，复杂的侵入砂岩片体（包括脉和岩席）出现在覆盖厚块状砂岩体（通常为河道填充物）的泥岩中，岩心中最常见。这些注入物的侵入明显晚于砂沉积，并且砂液化是由逐渐超压引起的，压力是由周围泥通过持续埋藏的压实脱水导致的。

岩脉围岩的纹层反映了液化砂沿裂缝移动时的剪切作用。当裂缝到达沉积物表面时，液化砂会被挤压并失去多余水分和流动性。砂岩席出现在一些现代碎屑流上，偶尔保存在岩石记录中。其起伏的基底反映了挤压出的砂通过负载下沉到静止的泥石流沉积物中的趋势。

在出露不良的情况下，砂岩脉可能会与收缩裂缝混淆，尽管在围岩为粗粒沉积物的情况下，这种情况不太可能发生。侵入的岩床可能与喷出砂层或砂岩互层混淆。内部纹层是侵入的良好证据，但与冰缘地区的冰楔相似可能会引起混淆。

7）多边形冰楔（Ice-wedge）

现今大面积的永久冻土显示出不同形状的多边形裂缝样式。在第四纪冰川早期，受永久冻土影响区域的航空照片上，也广泛发现了类似的裂缝样式。在这些地区，冰川和前冰川沉积物的垂直剖面中也可以看到裂缝。更为罕见的是在岩石中的古冰川沉积物（冰碛岩）中也有发现。

平面上多边形的直径从3米到几十米不等，单个裂缝的宽度从几厘米到几十厘米不等。目前形成的裂缝由向上推挤的围岩沉积物壁包围（见图9.18）。

在垂直剖面中，古代的例子通常垂向上深数米，向上扩张成楔形，向下逐渐变细形成尖锐的末端。裂缝填充模式相当复杂，许多裂缝具有多个阶段的对比岩性，大致平行于裂缝两侧（见图9.19）。充填物与围岩形成对比，但裂缝充填物中通常会有来自围岩的粗碎屑。如果填充物中包含卵石，则其长轴往往平行于裂缝两侧。

图9.18　现在的冰楔两侧都有围岩物（华盛顿土地，格陵兰岛西北部）

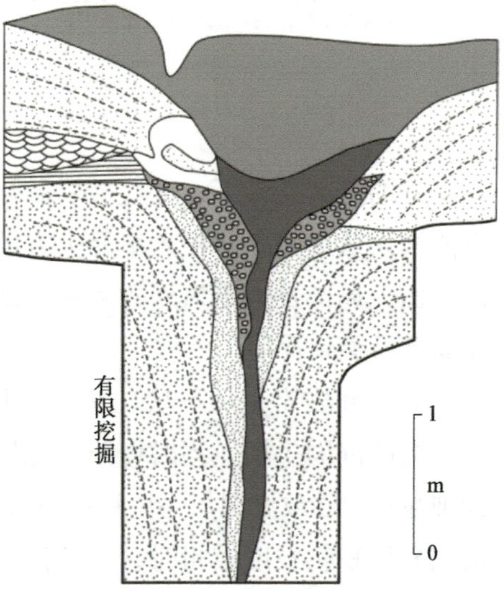

图9.19　更新世暴露在砾石坑中的冰楔沉积剖面［注意楔体向下逐渐变细及不同部位填充物特征。据Gruhn和Bryan（1969）］

裂缝是由于围岩沉积物在极冷条件下的热收缩，超过围岩沉积物的抗拉强度造成的，并发展成裂缝样式。在夏季，融化水或松散沉积物从活跃的表层向下渗透到裂缝中，沉积物有助于楔开裂缝，在那里聚集的水会在随后冻结时膨胀，从而有助于裂缝的扩大。在今天的环境中，许多楔体下面都有冰块。

冰楔（如存在）具有相当大的古气候意义，因此，应特别注意与其他类型的裂缝区分开来。

8）雨痕（Raindrop impressions）

古代泥岩、粉砂岩和砂岩中的一些层理上表面以及许多现今的泥或砂表面显示出浅坑样式。通常与干燥泥裂一起出现，凹坑离散或完全覆盖表面。一般是圆形的，椭圆形很少，直径可达1cm，深达几毫米（见图9.20）。当它们完全覆盖表面时，就形成了一个多边形网络。它们有一个略微凸起的边缘，每个凹坑的底部形成一个平滑的、向上凹的环形山状。

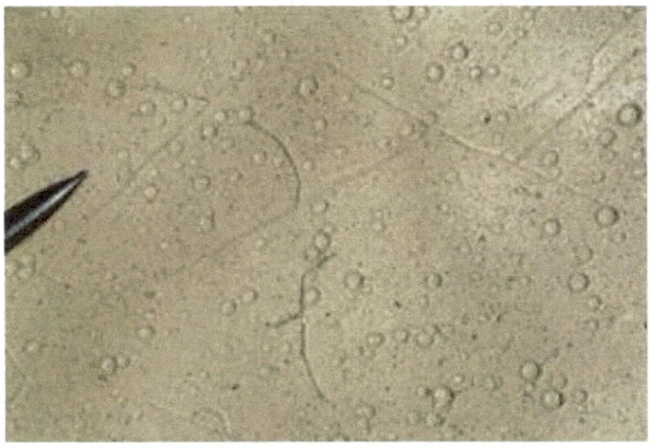

(a)泥岩表面的现代雨坑(西班牙东南部，阿尔梅里亚省，塔伯纳斯)

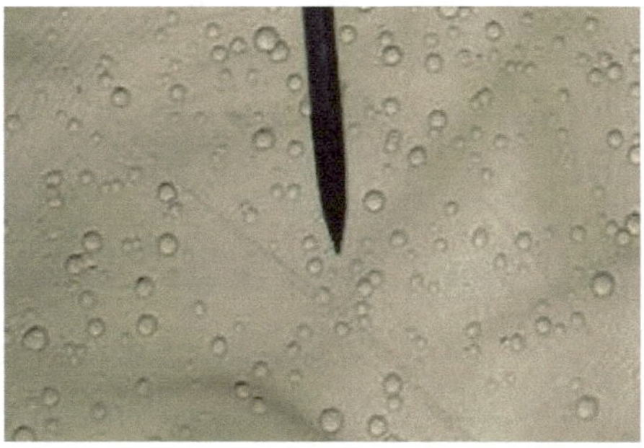

(b)与(a)一样

(c)粉砂岩上层理面(加拿大新斯科舍省，下石炭统西湾组)

(d)波状层理表面上保留的雨坑(位置未知)

图9.20 雨痕（雨坑）示例

大雨滴和冰雹撞击力大，在潮湿沉积物上形成小的陨石坑。只有当沉积物未干时，才有可能保存在岩石中，因为当沉积物干燥时将具有保留痕迹的内聚强度。干燥时，沙质表面通常会被风或水重新改造。

雨痕可能与遗迹化石或气泡逃逸特征相混淆，但雨痕底层沉积物没有扰动纹层的痕迹。

9.2.2 单层内的扰动

这些构造最常见于垂向剖面，尽管有些构造在平面上也有表述。包括由原始沉积层理变形而形成的构造以及沉积后形成的新构造。受扰动的单元厚度从几厘米到几米不等，全部或部分受到影响。沉积物类型和流体逸出率都控制着变形类型（见图9.21）。

1）倒转交错层理（Overturned cross bedding）

这种构造在各种水成环境中形成的中粒或细粒砂岩中很常见，尽管在风成环境中也有这种构造。

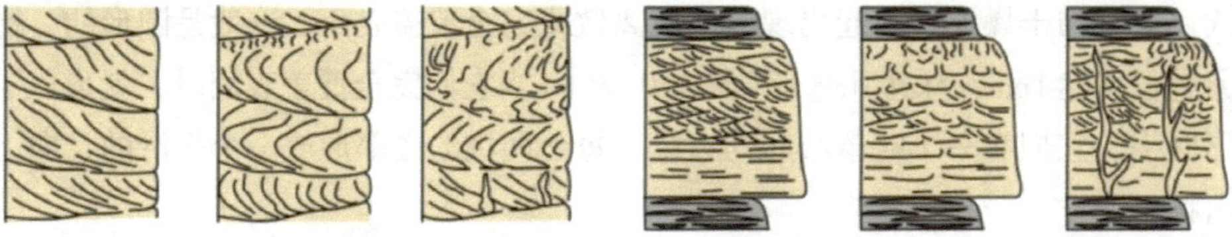

(a)中粗粒交错层理砂岩　　(b)无黏性的砂岩与粉砂质泥岩互层

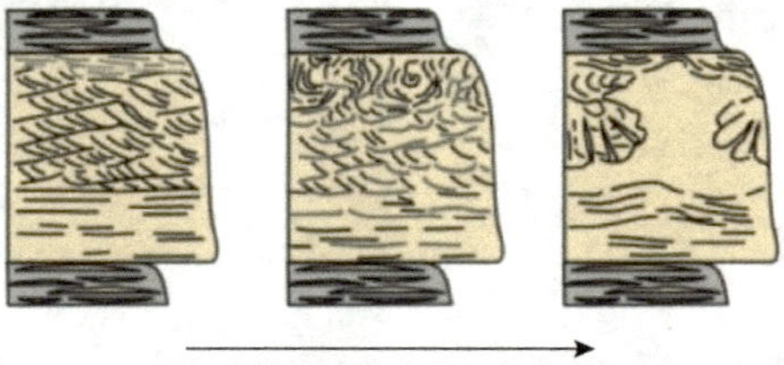

(c)互层的泥质砂岩和粉质泥岩，其中泥质砂岩层段具有黏性

图 9.21　原始沉积物特征和不同流体逸出率的泄水结构［据 Lowe（1975），略修改］

倒转交错层理大多发生在单纹层组内。变形范围从倾角比静止角度更陡的前积层到更陡的前积层（大角度）向平卧褶皱翻转（见图9.22）。倒转褶皱总是沿着原始前积倾角的方向，角度或倒转的强度向上增加。褶皱轴在纹层组中的位置是可变的，轴面倾斜于水平面。

(a)具有倒转的前积层的交错层理(格陵兰东北部，下寒武统霍尔布鲁克角组)

(b)由于上覆沙丘的负载，风成沙丘间地层中的倾斜层理(美国犹他州，二叠纪，雪松台地砂岩)

(c)交错层理与倒转的前积层(英格兰斯塔福德郡，上石炭质蟑螂砂砾)

(d)一组倒转前积层(格陵兰岛东北部，元古代，独立峡湾群)

图 9.22　倒转层理的示例

除简单褶皱外，一些褶皱显示出更复杂的褶皱，这也可能涉及正断层和逆断层作用、前积纹层的丧失以及无结构块体中变形块体的封闭(见图9.23)。

对于简单的大角度或倒转的前积层，形成过程相当简单。作用在河床上表面的剪切力，与产生交错层理的水流方向相同，使暂时失去强度的沉积物变形。在水下，在大多数情况下，剪切应力似乎是产生交错层理的水流。砂因部分液化而变弱，这在快速沉积的砂中很容易发生。如果通过振动液化再固结，则颗粒将从底部开始重新组成更稳定的结构，并向上移动。因此，上部层比下部层更容易受到变形剪切应力的影响，可以通过纹层流观察到褶皱形状。

在褶皱模式更复杂的地方，上述机制可能起到了一定作用，但水强力向上逸出也可能导致变形，形成更直立的褶皱。也可能涉及内部屈曲，类似于产生包卷层理的屈曲。在变形构造包括小断层和无构造砂的情况下，交错层理可能最初是风成的(图9.23)。

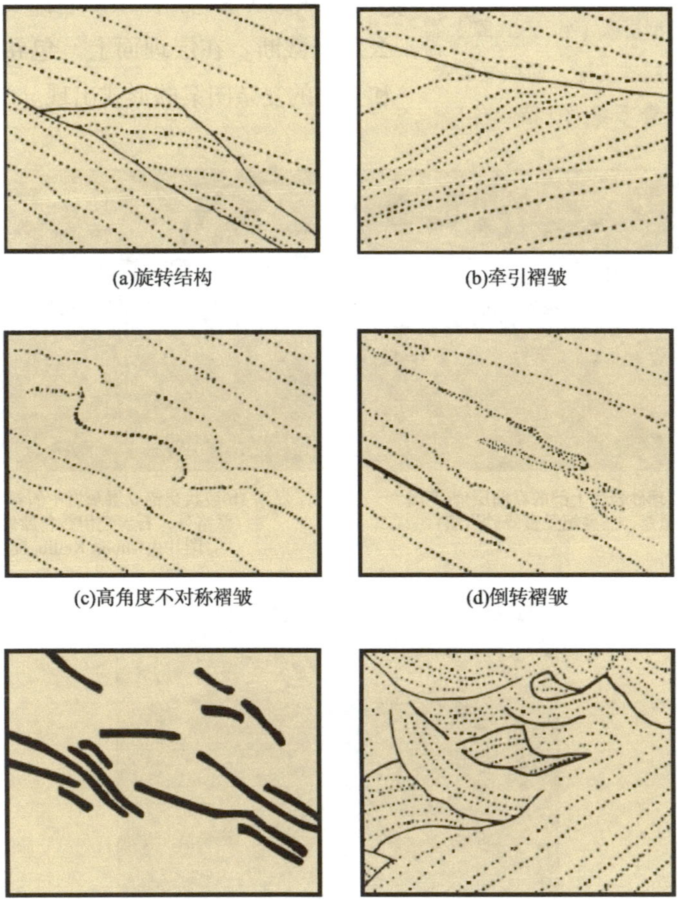

图9.23　沙丘前积层中主要变形结构构造[据McKee(1979)，略修改]

2)包卷层理和包卷纹理(Convolute bedding and lamination)

这些构造通常出现在各种环境的单一砂层或泥层中。于垂向剖面中最常见，层理表

图 9.24　具有大型层系（约 10m 厚）的风成沙丘，交错层理变形，前积层倒转（美国犹他州，侏罗纪纳瓦霍砂岩）

面也有，可能与水和沉积物逃逸构造（如砂火山）有关。

包卷层理和卷曲纹理是特征类似的尺度相关术语，前者的尺度为分米或更大，后者的尺度为厘米（见图9.21）。但是，这些术语没有约定的或物理上的尺度限制。该构造涉及纹理的褶皱，通常形成直立的陡峭背斜及和缓的向斜（见图9.24、图9.25）。某些情况下可以看到褶皱轴的倒转，通常具有优选方向。可以通过褶皱追踪纹层，有时也可以检测褶皱沉积物中的原始交错纹层。

卷曲通过底部未受干扰的纹层向上强度增加［见图9.25（a）］。在顶部卷曲要么逐渐消失，要么急剧截断。在层理面上，包卷层理通常以下凹和上凸的复杂图案的形式出现。

(a)交错层理砂岩组上部的卷曲层理(英国坎布里亚，三叠纪圣蜜蜂砂岩组)

(b)波状交错纹层灰岩中的卷曲纹层(摩洛哥，石炭纪伊兹鲁滕岩层)，图片由Gilbert Kelling提供

(c)卷曲层理(苏格兰邓巴，下石炭统)

图 9.25　卷曲层理和纹层示例

卷曲涉及沉积后不久发生部分液化沉积物的塑性变形。浊积砂岩中常见的包卷层理，以及现今河漫滩和地震平静地区潮滩沉积物表面下方的层理，表明液化既可以是自发的，

也可以是外部触发的。在潮滩上，河床出现期间的破碎波或沉积物的地下水位升降可能有助于液化。褶皱的轴面具有优选的倾斜方向，常与古水流一致，表明卷曲是在沉积过程中形成的。在风成环境中，当水从前进沙丘前面的沉积物中挤出时，可能会出现卷曲层理（见图9.26）。仔细检查变形组内层理或层理的截断样式，可推断变形是在堆积期间或之后发生（见图9.27、图9.28）。

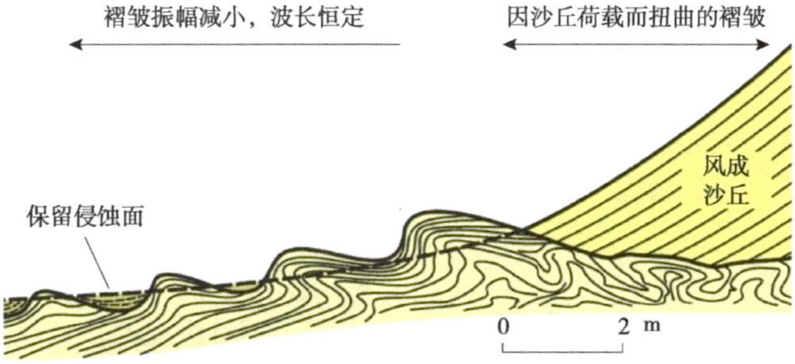

图 9.26　大型风成沙丘穿过粉砂岩单元表面时，粉砂岩发生扭曲的示意图
［澳大利亚中部，上泥盆统印尼格拉组。据 Maltman（1994），略修改］

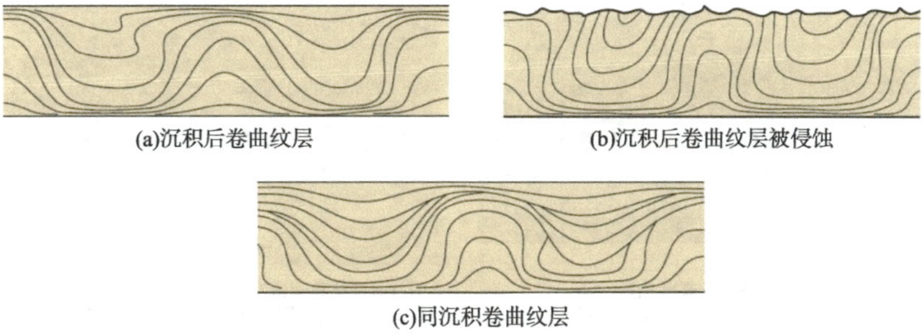

图 9.27　卷曲纹层的类型［据 Allen（1982）］

3）碟状、柱状和片状泄水结构（Dish，pillar and sheet dewatering structures）

最近，人们才认识到这些碟状、柱状和片状泄水结构的重要性。它们最初是从厚浊积砂岩中发现的（这仍然是最常见的环境）。另外，在浅水砂岩和火山灰层中也被发现。围岩沉积物范围从粗粉砂到含砾砂和细砾石。碟状构造的形成也需要一定量的黏土。砂岩和粉砂岩厚度至少为分米甚至米的离散层，其中盘状和柱状结构通常是唯一存在的构造。其他地方的地层看起来很厚。在某些情况下，结构变形并穿过早期纹层。碟状结构和柱状构造难以定义，它们需要非常特殊的暴露和风化才能清晰地显示出来。只有在看到好的例子后，才可以在严苛的环境下寻找这些构造。片状泄水

图 9.28　砂岩和泥岩无序变形组合，组合普遍经历了过载、泥浆注入和泄水导致的强度损失和下沉（美国犹他州，侏罗纪卡耶塔组）

结构更为明显和常见。

碟状构造和柱状构造通常同时出现在同一岩层中。在垂直剖面中，碟状结构表现为薄的、大致水平的区域，有时平坦但向上凹（见图9.29）。每一个都由一个约2mm厚的深色黏土富集带界定，该带与两侧较淡的砂岩形成对比。平面上看，三维形状由几厘米宽的浅盘子组成，由黏土和板状矿物颗粒限定范围。碟的较暗区域通常有几毫米的垂直间距，最高可达10cm。

(a)沉积中的碟状构造
(西班牙北部帕萨亚，始新世浊积岩)

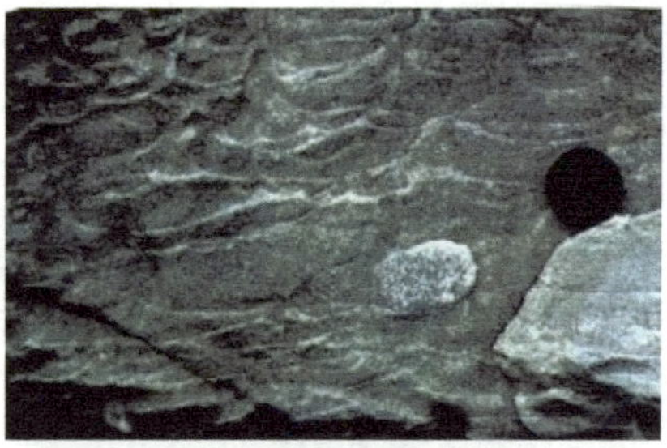

(b)沉积中的碟状构造
(西班牙北部帕萨亚，始新世浊积岩)

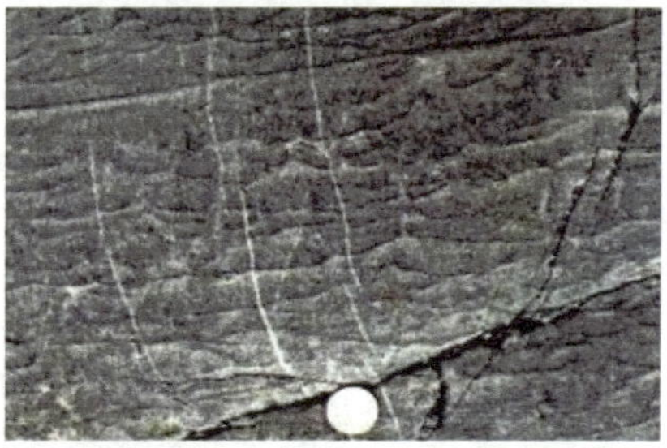

(c)垂直柱和管道穿过的碟状构造，起垂直排水管道作用(加拿大加斯佩，奥陶纪)

图 9.29　碟状构造示例

图 9.30　砂岩中的片状泄水构造（斯瓦尔巴特群岛卑尔根岛，早白垩世）

缺乏明显碟状的平坦区域具有穿透层向上的柱状构造［见图9.29（b）］。它们垂直延伸几厘米穿过几个水平区域和碟形区。它们的中心是干净的砂，边缘轮廓模糊，颜色较深，富含黏土，平面上呈圆形，直径为几厘米。

片状泄水构造为亚垂直片，宽度可达几毫米，通常以平行方式排列。在平面上是连续的线形，通常出现在无结构砂岩层顶部附近（见图9.30），不一定与碟状结构有关。

所有这些构造可能共存于一个地层内，有时与卷曲纹层和球枕构造有关。这套构造有时可能显示出粗糙的垂直分带性（见图9.31）。变形事件的顺序可能始于轻度卷曲层理的形成，在纹层上部的碟、柱和片结构之前，以及在纹层下部的卷曲层理的强烈变形的球和枕状构造之前。

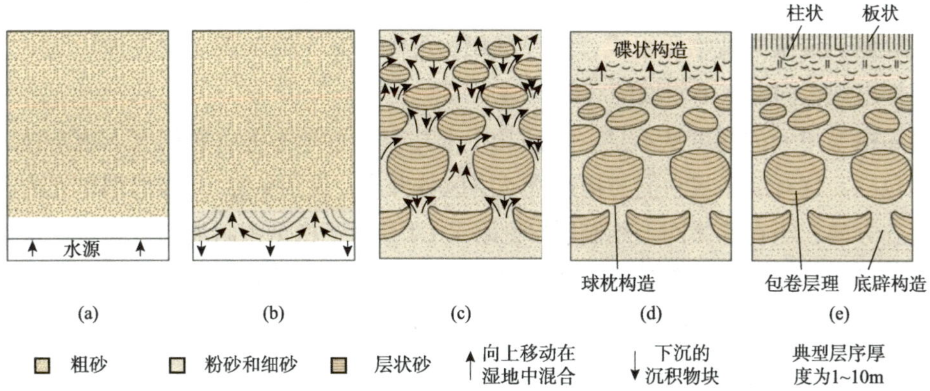

图 9.31 包卷层理、球枕构造和碟状构造的渐进发展模型［据 Cheel 和 Rust（1986），略修改］

注：超孔隙流体压力促使沉积物和水向上逸出。重力有助于较大完整块体的向下运动。

这3种类型的构造都是由于沉积后水从砂中逸出。垂直构造（片和柱状构造）是泄水管道，类似于砂岩脉和砂火山的补给管，但仅限于选择性地移动沉积物（见图9.8）。水向上运动的力会导致其通过的沉积物局部流态化，也会导致细颗粒的选择性分选，因此可以在柱和片状构造中看到稍微干净的砂。

碟状构造的形成过程不太明显，必须从结构本身推断。它们与柱状构造的紧密联系表明它们的起源是有联系的。碟状构造认为是由缓慢的水平水运动产生的，水平水运动受到半渗透、平坦屏障的限制和控制，这些屏障可能是从较弱的沉积层理开始的。沉积后不久，水通过松散堆积的砂向上运动受到纹层的阻碍，更多的细颗粒加入其中，进一步降低了它们的渗透性。一些溢出的水被水平地压在障碍物下面，直到它在柱或碟的上翻边缘找到一条更容易向上逃逸的通道。这种运动可能在快速沉积后很快发生，甚至在快速沉积期间发生，导致颗粒堆积非常松散和较高的初始孔隙度。

这些构造的稀少性限制了它们作为地层顶底指示的使用，尽管在存在的情况下，碟的向上凹可能会有所帮助。大多数块状砂岩中缺乏碟状和柱状构造，可能是缺乏黏土，而不是缺乏快速泄水。

碟状构造可能与槽的交错层理混淆，但不是每个“槽”中都存在前积纹层，且平面形状不同，因此通常可以避免这种“陷阱”。柱状和片状构造可能与垂直生物潜穴混淆，但侧翼层向上翘在潜穴中并不常见。

9.2.3 多层扰动

露头处可能会发现一些较大规模的构造，但较大规模的观测可能涉及测绘。对于由侧向块体运动导致的滑塌等构造，同样可以将其视为沉积或至少是“再沉积”成因。大型软沉积物扰动构造的变形时间很难确定。有时也很难区分构造变形和沉积物引起的变形。

1）滑塌：沉积褶皱

由滑塌引起的褶皱沉积物单元通常出现在含有大量细粒沉积物的夹层序列中。层序可能由碎屑岩或碳酸盐物质组成，细粒沉积物可能为黏土或灰泥。在各种环境中，滑塌单元通常出现在同期水下斜坡的底部。

滑塌褶皱单元的厚度从不足一米到几十米甚至几百米不等。它们上下通常被未扰动沉积物包围，这有助于将它们与构造扰动层区分开来（见图9.32）。在滑塌单元内，褶皱具有优选方向，当在立体网上绘制时（见附录1）有助于指示古斜坡的方向。记录褶皱的样式、规模、变形单元的整体厚度以及其中的岩层厚度很重要。系统记录和比较褶皱轴和轴面的方向与其他构造产生的构造（褶皱、劈理等）的方向有助于区分构造扰动和软沉积物扰动。

(a)工作面及滑塌底部的滑动面
(西爱尔兰，上石炭统罗斯组)

(b)厚粉质砂岩中的多个复合滑塌中出现强烈褶皱
(爱尔兰西部，上石炭统鸥岛组,正面约30m高)

(c)层内滑塌单元(威尔士，下志留世阿伯里斯特维斯砂砾)，图片由吉尔伯特·凯林提供

图 9.32　影响多个地层的软沉积物变形示例

斜坡上的松散沉积物变得不稳定，这可能是由于特定地层中的高孔隙流体压力造成的。然后，在重力作用下，该弱化层上方的沉积物可能会作为一个整体向下移动。在某些情况下，完整厚层会分离和移动。在其他情况下，当上坡端向下坡端移动时，下坡端可能保持固定。在这两种情况下，上坡端和下坡端的行为存在显著差异。上坡端主要受张应力作用，而下坡端主要受挤压应力作用。然而，滑塌沉积物中的变形很复杂，必须谨慎解释。滑塌褶皱通常反映下坡位置的压缩状态，褶皱轴垂直于运动方向。然而，褶

皱也是由横向压缩和滑塌复合体各组成部分之间以不同速率移动的内部剪切造成的。这种剪切通常导致褶皱轴旋转，使其与运动方向平行。即使褶皱是压缩性的，也要记住，大多数滑塌在平面上是朵叶状的，褶皱轴可以显示扩展方向。由拉伸应变控制的滑塌上坡带通常显示出不同的结构，如下所述。

滑塌褶皱有助于我们理解沉积时或沉积后不久的地质过程。滑塌产生的变形物质的侧向位移，可能与垂直下沉（荷载）和构造变形混淆。通常，垂直下沉褶皱轴很少或没有产生优选方向。构造形成的褶皱通常与区域内具有构造成因的大规模构造有关。

2）块体的旋转和位移

内部连续沉积物块之间的位移发生在各种规模、各种环境和几乎任何成分的沉积物中。尽管许多构造角砾岩和沉积角砾岩可归入本标题，且有许多大型实例为构造运动成因构造，但在此讨论的仅限于脱离滑动面的中小型实例。这些构造都可以归为同沉积断层，位移从厘米到数百米不等。

这类构造特征变化多端，不可能进行全面系统的描述。任何可疑示例的野外描述都应考虑几个问题。然而，在大多数情况下，这些问题不会得到完全和明确的答案。

（1）是早期、沉积后或同沉积成因的位移，还是成岩后构造产生的位移？在同沉积的情况下，扰动可能被限制在上方和下方的未扰动单元之间，运动表面非常陡，很少或没有角砾岩。成岩后产生的构造断层通常伴有石英或方解石脉和相关角砾岩。

（2）运动是否发生在靠近同期沉积物表面，从而形成特征地形？应寻找地形台阶的覆盖，或通过其侧面的上覆沉积物，厚度的横向变化和逐渐向上消失的起伏（见图9.33）。

(a)未扰动浊积砂岩层之间的滑塌粉砂岩褶皱。注意滑塌上表面快速恢复为水平表面的方式。滑动面位于底部厚砂岩的顶部(西爱尔兰，上石炭统罗斯组)

(b)薄层粉砂岩和细砂岩的高度扰动层段，层的不连续性与滑塌和滑动有关。正面约40m高(爱尔兰西部，上石炭统鸥岛组)

图 9.33　与滑动相关的大规模滑塌变形示例

（3）位移表面的形状、尺寸和间距是什么？特别注意表面的垂向和横向范围。它们是平面的还是向上凹的？许多小规模同沉积断层是平面的，具有小的倾斜度，而较大的断层，特别是在泥质或粉土易形成的序列中，是向上凹的，断层向下倾斜进入层理面。

（4）是否有证据表明在沉积过程中发生了移动，或者位移是一个离散事件，然后是后续沉积？在这里，有必要仔细观察断层厚度变化的样式（见图9.34）。

(a)沉积过程中断层一直持续运动

(b)早期断层运动到沉积表面形成地形，并被后期沉积物覆盖

图 9.34　同沉积断层剖面示意图

（5）在位移过程中块体是否发生旋转？仔细比较位移面两侧的倾角将有所帮助［见图9.35（a）、图9.35（b）］。

(a)三角洲层序内的沉积生长断层。断层上盘砂岩楔体变厚并褶皱，而在下盘上不存在。正上方重新形成了水平层，证明了断层作用的同沉积性质(西爱尔兰，上石炭统中克莱尔群。悬崖约35m高)

(b)推断的同沉积生长断层上盘中的砂岩。推断断层的位置就在照片的左侧。工作面下部的层理良好的砂岩向左加厚(向断层加厚)，并显示出平缓的褶皱，这是活动生长断层上盘的典型模式。工作面上部薄层砂岩透镜体远离断层变薄，并显示出低角度、大规模交错层理，记录了供砂停止后断层持续运动造成的凹陷进积充填(英国约克郡艾尔代尔，上石炭统米德尔顿砂砾。悬崖大约有20m高)

(c)砂岩层顶部同沉积正断层的弯曲痕迹。这种弯曲的痕迹是许多随深度变平的铲状断层的典型特征(斯瓦尔巴特群岛，白垩纪斯匹次卑尔根)

(d)网状小型同沉积正断层，类似于伸展盆地大规模裂谷断裂。泥底辟上升导致砂体两侧伸展而断裂。(西爱尔兰，上石炭统，中克莱尔群)

图 9.35　不同规模的同沉积断层

（6）是否存在有助于阐明运动性质的次要构造，如牵引褶皱和小断层？

（7）是否存在不同级别的断层，如果存在，小断层与大断层是否具有一致或相反的几何结构？

确保区分与断层运动相关的褶皱和断层活动之前的褶皱。一些滑塌体在韧性变形期间形成褶皱，因后期变脆而被断裂切割破坏。

同沉积断层的出现有多种原因，大多数正断层表明张应力。对这些结构发生的方式不可能进行详尽的说明，图9.35可能会有所帮助。

3）滑塌痕

早些时候有人建议，滑塌的上坡端是一个整体延伸区。如果滑片整体移动，将留下一个空的滑塌痕，随后沉积物填充将其覆盖（见图9.34）。然而，在许多滑塌痕处，会形成一系列滑动面，面间的沉积物只有很小的位移，并相对于原始坡度向上倾斜旋转［见图9.35（a）］。

4）小规模重力塌陷特征

砂和砂岩中的小规模断层是由砂中的物体滑塌而产生的。原木、大量植被或冰块可能腐烂或融化，然后砂塌陷产生小型伸展断层。

5）生长断层（Growth faults）

许多生长断层的规模太大在露头上看不见，通常需要探测才能识别，通常由地震反射揭示这些特征。在露头中已经认识到小规模的例子（见图9.35），其位移和厚度变化的典型模式如图9.34（a）所示。上盘楔体沉积物增厚、平缓旋转和褶皱是典型特征。这种类型的断层最常见于三角洲沉积物中，尤其是细粒沉积物比例较高的沉积物。高沉积速率导致埋藏泥中的高孔隙水压力，从而导致强度降低。

在大范围内，深埋在尼日尔河或密西西比河等主要三角洲之下超压沉积物，由于上覆沉积物的重量，它像挤牙膏一样流向海洋。这种韧性运动在上覆沉积物中产生拉伸应力，以脆性方式响应，形成向下扁平状进入韧性层的生长断层。在这个尺度上，整个沉积变形相互作用在数百万年的时间尺度上运行，断层规模只能使用地震反射剖面研究。

当超压发生在较浅深度时，较薄的上覆物向盆地移动，与滑塌的伸展部分成渐变关系。无论规模大小，沉积物的位移都沿着弯曲（铲形）断层面向下进入层理面断层。在沉积表面，穿过正断层的差异运动适应了上盘沉积物的增厚。当运动停止时，在重新建立更均匀的厚度模式之前，断层线可能被不同程度地覆盖（见图9.35~图9.37）。

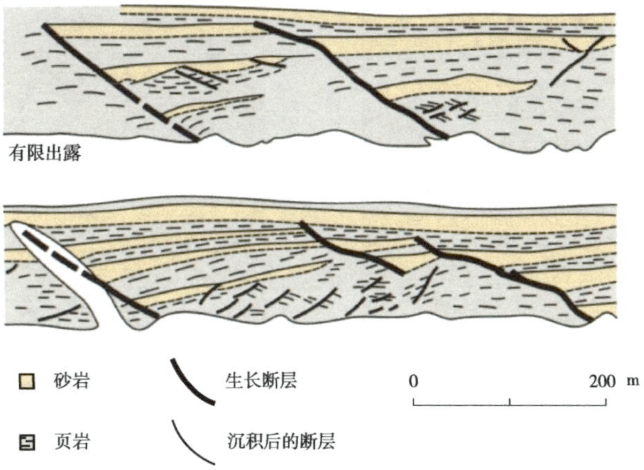

图9.36 悬崖露头沉积物中的生长断层系统［斯瓦尔巴群岛埃奇奥亚，三叠纪。据Edwards（1976）］

(a)厚砂岩层的大型旋转滑动。左侧的厚砂岩及其下伏细粒沉积物为原地沉积。右边的区块沿着一个狭窄的、凹面向上的剪切带滑动，并旋转回到剪切带中。人为比例尺(斯瓦尔巴特群岛斯匹次卑尔根，下白垩统)

(b)由碳酸盐台地前缘坍塌产生的石灰岩块体滑塌巨角砾岩。(阿塞拜疆大高加索，下白垩统。最大的2块直径约为12m)

图 9.37 因相干块体的旋转或移位而产生的物理变形示例

通过沿断层面脆性破坏的连贯沉积物块体位移通常与塑性、液化或流化变形密切相关，尤其是在互层序列的岩性具有不同能干性的情况下（例如砂泥岩互层）。因此，脆性断层可能起源于或向上进入包卷层理或砂球和枕状发育区（见图9.38）。此外，断层可充当流体逸出的管道，并发展成碎屑岩脉或砂火山或泥火山的补给管。

(a)密集正断层，断层向上延伸形成破碎的、完全液化的沉积物。上部液化区发育为砂球和枕状构造

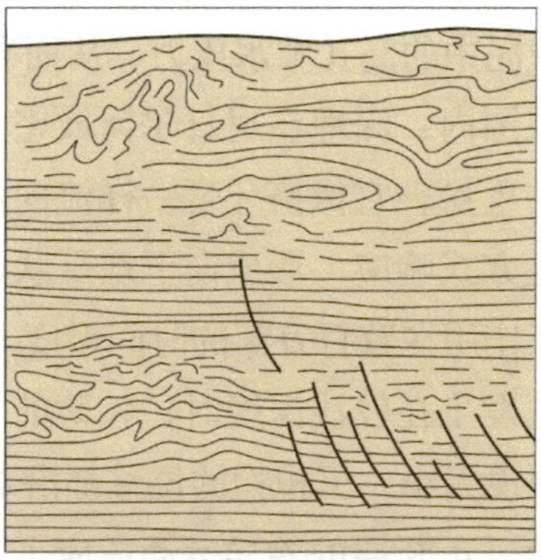

(b)具有砂球和枕状构造的限制变形层和一些断层作用。靠近表面的变形只涉及轻微的纹层扭动

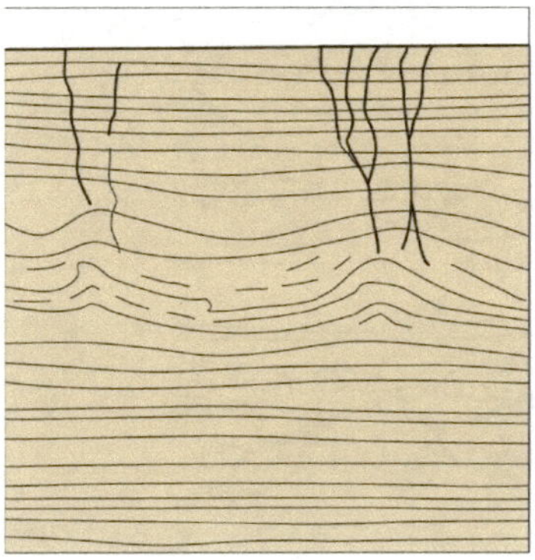

(c)初始(不连续)受限层变形，注入结构涉及液化物质向上移动

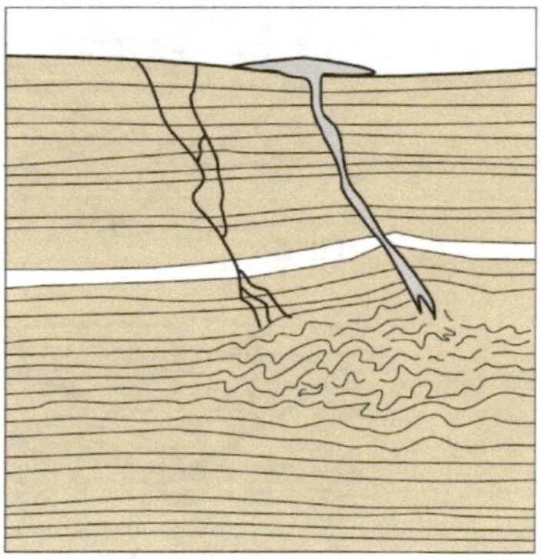

(d)火焰和裂缝结构

图 9.38 地震引起的软沉积物变形构造

注：这些类型的构造通常在由层状粉砂和砂组成的序列中发育。

6）大型重力滑塌构造——“混杂堆积”（Olistostromes）

与重力崩塌和下坡运动有关的大规模构造在海底斜坡环境最发育，产生的大量沉积物具有制图单元的程度，称为混杂堆积。混杂堆积的厚度从不足一米到几百米不等，最大的单位范围可达数百平方千米。混杂堆积由非常大的岩块组成，通常由石灰岩组成，单个碎屑的直径从几米到数百米不等［图9.37（b）］，块体通常有纹理。岩块为碎屑支撑和基质支撑，在泥质基质中无序排列。混杂堆积在细粒浊积岩互层序列最常见。如果岩块较小排列成一个粗层，有时使用“滑积岩”一词描述。很少有单元由称为滑动岩或滑动块的单个、非常大的显经历了从原始位置的位移的块体组成。

混杂堆积为重力崩塌驱动的海底滑坡系列沉积产物。大尺寸石块及众多的纹理面表明，它们在移动之前已经成岩。其与细粒（通常为浊积）沉积物互层，表明其发育于海洋斜坡或斜坡底部。如果块体为石灰岩，则可能包含贝壳动物和礁结构，表明原始浅水沉积环境。因此，许多混杂堆积通常被认为反映了浅海陆架外缘的重力崩塌和碎屑块滑入深水。通常发生在倾斜和地震活动更为明显的构造活动区。

7）底辟构造（Diapirs）

底辟是由于密度反转而形成的大规模构造，其中低密度层段位于高密度单元之下，而低密度单元由于强度损失而表现为塑性。相同的原则适用于第9.2.1小节中所述的负载和火焰结构的发展。然而对于底辟，下部低密度层的向上运动主导了底辟构造的发育，通常形成一个贯穿上覆层序的穹顶状结构。低密度移动单元有两种截然不同的类型。

在三角洲层序中，较厚的泥岩层段被粗粒沉积物迅速掩埋，由于保留的孔隙水较多，会产生超压并失去强度，密度低于上覆沉积物。这种不稳定模式可以通过泥向上挤（通常非常迅速）来解决，如泥底辟，宽度和高度约为10m。在现代一些三角洲环境中，泥底辟渗透到地表形成难长期保存的岛屿。在露头处可以看到古代的例子（见图9.39），上覆沉积物通常在底辟的侧面增厚，这表明沉积时间与底辟上升的时间大致相同。在现今或古代的例子中，泥浆常显示为厘米级正交裂缝。

(a)穿过上覆三角洲前缘砂岩的小型泥底辟。总厚度约15m

(b)小型泥底辟穿过三角洲前缘泥岩和粉砂岩，并被河口坝砂覆盖。底辟的侧面表现得很像带滚动褶皱的生长断层。悬崖约25m高

图9.39　泥底辟

注：均来自西爱尔兰克莱尔县，上石炭统中央克莱尔群。

发生在厚层蒸发岩段深埋时的底辟构造通常规模较大。随着压力和温度的升高，此类沉积物很容易移动，并且比上覆沉积密度低。由此产生的密度倒转本质上是不稳定的，蒸发岩（最常见的是盐岩）倾向于上升以穿透上覆地层序列，形成宽千米、高数百米的底辟构造，形状有的呈圆顶形，有的像墙。在底辟运动期间发生沉积的地方，地层在底辟的侧面区增厚，并在盐向斜发生褶皱；最好在地震剖面中研究这些模式。但在一些干旱的地区，盐丘穿透地表（见图9.40），由于发生了强烈的塑性变形，可以看到其内部结构高度扭曲。

(a)裸露的盐丘，上面的沉积物被剥落。在顶面上可以看到大约高100m的地形。盐的时代为中新世，但底辟盐穹隆的侵位时间较晚，可能在上新世(西班牙北部，卡多纳)

(b)盐丘的上表面上覆沉积物的显示褶皱。白色盐(石盐和石膏的混合物)属于宾夕法尼亚(上石炭世)时代。上覆的深红色沉积物(背景)为二叠纪至侏罗纪。橙色沉积物(前景)为更新世(美国犹他州，洋葱溪盐底辟)突出的红砂岩塔(右中)约200m高。图片由Steven Banham提供

(c)由于侵位期间的塑性流动，底辟内盐发生强烈而复杂的褶皱(西班牙北部，卡多纳)

图9.40　盐底辟和相关沉积物示例

9.3　化学成因扰动构造

沉积后化学活动产生的构造在其产状、矿物学以及化学反应的性质和时间上是可变的。理想情况下可以设想3种主要类型的过程：孔隙水矿物的沉淀、宿主沉积物和孔隙水之间的反应以及渗透水对沉积物的溶解。虽然这种细分理论上是可以接受的，但在

实践中，区分沉淀产物和反应产物存在实际困难，最好将这些过程产生的构造结合起来考虑。

9.3.1　沉淀和反应产物（瘤状和结核）（Nodules and concretions）

我们关注的不是一般的大规模固结和胶结作用，而是局部化学沉淀和反应，这些化学沉淀和反应产生了通常被称为瘤状或结核的构造。这两个术语可以互换使用。结核出现在几乎任何成分的宿主沉积物中。由于结核和宿主沉积物之间的胶结或成分不同，通常非常明显（见图9.41）。结核的形状和分布模式变化很大，从大直径（米）到1毫米，或更小。了解其形成过程可能有助于阐明沉积物沉积后化学条件的变化。

(a)黑色页岩中的大型铁结核(可能是菱铁矿)。(南威尔士彭布罗克郡阿姆罗斯，上石炭统煤系)

(b)煤系中的结核状菱铁矿。(南威尔士彭布罗克郡，上石炭统)

(c)沉淀白云石结核。(英国达勒姆县，上二叠统镁质石灰岩)

(d)三维出露中看到的粉砂岩中方解石胶结的结核。(英格兰约克郡，下侏罗统)

(e)同(d)一样

(f)同(c)一样

图 9.41　结核示例

(g)与(c)一样

(h)浅水成因清洁石灰岩中的燧石结核(5~10cm厚)。
(北威尔士安格西，下石炭统石灰岩群)

图 9.41 结核示例（续）

观察瘤状和结核构造时，需要考虑5组主要问题：

（1）结核是直接沉淀到原始孔隙空间的产物，还是宿主沉积物和孔隙水之间反应的结果？

（2）结核或结核的矿物成分是什么？

（3）是什么导致局部结核化？是特定的层产生的吗？它与根或生物潜穴等有机痕迹有关，还是与实体化石有关？结核是否随机分布？结核的垂向分布是否存在系统性变化？

（4）结核是否沉淀了以包裹宿主沉积物的颗粒（多晶生长）？它是否通过推开寄主沉积物而生长（驱替生长）？它是否在一个原始或再生的大孔隙中沉淀？

（5）相对于其他沉积后过程，这些过程是何时发生的？

1）沉淀与反应

结核是由沉淀或反应形成的吗？解决这个问题并不容易，特别是在野外，而且在实践中它并不总是重要的，因为许多结核是由各种过程的组合产生的。总的来说，碎屑序列中的结核更可能是由沉淀形成的，而碳酸盐和其他化学沉积物中的结核则有可能是由沉淀形成的（如蒸发岩、铁矿），或更可能是通过反应形成的。在这一领域，很少有明确的准则来进行区分，总是需要在实验室对薄片进行检查。

2）结核矿物学

形成或胶结结核物质的矿物学是结核生长期间孔隙水化学的最重要指示。对于沉淀的特定矿物，孔隙水必须被组成离子过饱和。其他化学条件，尤其是酸碱度（pH）和氧化或还原（Eh）也必须适当。图9.42显示了不同矿物形成的一般条件，但在应用时需要谨慎。最近，对稳定同位素（尤其是氧和碳）的研究使人们对某些结核的沉淀条件有了更深入的了解。以下是一些常见的、形成结核的矿物的产状和意义的简要说明。

（1）方解石（碳酸钙）

方解石是最常见的矿物之一。碳酸钙可能已经存在于沉积物中，例如，作为贝壳碎片，或者可能是从外部引入。碎屑沉积物中的许多方解石结核在碱性孔隙水中具有早期成岩成因。结晶方解石也填充较大的孔洞，尤其是在石灰岩中，如示顶底充填（见图8.14）。差异风化有时导致砂岩中的早期方解石结核被风化成孔洞，如周围的砂岩已被更耐风化的硅石胶结。

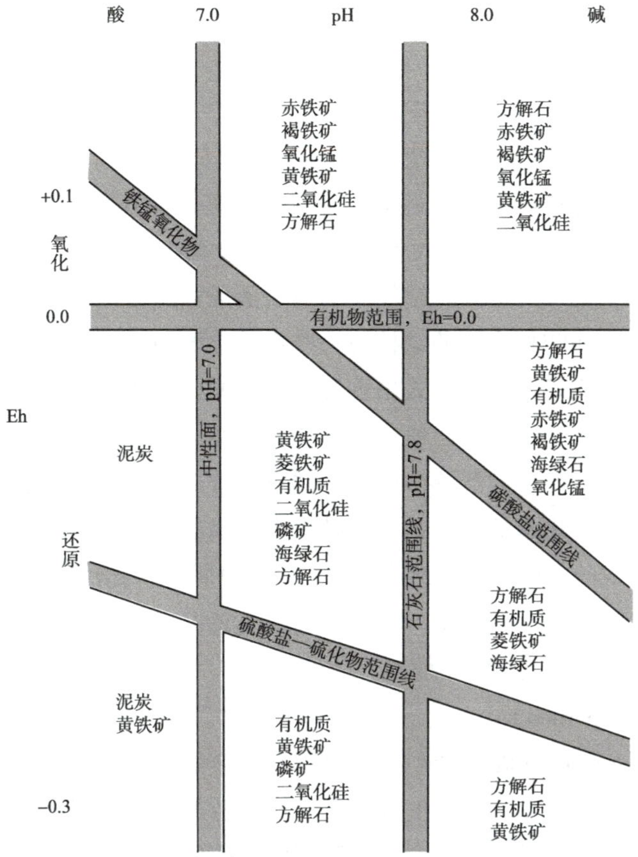

图 9.42 沉积岩中常见自生矿物的稳定性环境，以地下水的主要 Eh 和 pH 值表示，其阴离子成分与海水相当［据 Krumbein 和 Garrels（1952）］

（2）白云石－铁白云石－菱铁矿［$CaMg(CO_3)_2$–$CaM(MgFe)(CO_3)_2$–$FeCO_3$］

这类碳酸盐矿物形成一个连续系列，含铁量不同，通常出现在泥岩和粉砂岩中的结核中。其形成需要碱性还原条件，这有利于菱铁矿和铁白云石的沉淀（见图9.42）。早期成岩（预压实）成因的证据很常见，表明沉积后不久便形成了结核。在某些煤系泥岩中，菱铁矿占总厚度的很大一部分，通常以横向聚结结核或“层”的形式出现，这些结核或层以前作为低品位矿石开采，即所谓的“黏土铁矿”［见图9.41（b）］。

（3）黄铁矿和白铁矿（FeS_2）

黄铁矿和白铁矿是非常相似的硫化物矿物，常以结核形式出现在碎屑岩和碳酸盐岩中。在暗色细粒泥岩中尤其常见，通常与保存的有机质有关。

这两种矿物都反映了沉积物内，甚至在所谓的“静海相的”环境中沉积物表面的强烈还原条件。在沉积物中，孔隙水与上覆含氧水的有限混合以及氧还原细菌的作用会耗尽自由氧。随后硫酸盐还原菌产生游离硫化物离子，这些离子被铁固定，形成微细的黄铁矿或白铁矿。造成现今潮滩的细粒部分表层以下仅几厘米处的沉积物呈黑色。较大的黄铁矿结核通常表现出内部晶体径向生长的模式，并可能取代化石，例如在泥岩层段中保存的菊石。

（4）二氧化硅（SiO_2）

二氧化硅结核既存在于碳酸盐中也存在于砂岩中，在碳酸盐中二氧化硅通常是隐晶质的燧石［见图9.41（h）］，在砂岩中，石英加大生长在碎屑石英颗粒上。在石灰石中，燧石因其较深的颜色易被认出，它是碳酸盐的替代物，而不是孔隙的沉淀物。白垩中的燧石结核可能遵循特定的层位，也可能随机地分散。有些可能取代方解石化石，如海胆。在砂岩中，硅质胶结结核与周围胶结较少的砂岩形成强烈对比。确定硅质成岩作用的时间并不容易，但是一些陆相成因的结核与一些现今土壤中的硅质结核比较，认为是沉积后不久形成的。燧石除了以结核形式出现外，由于原生硅质软泥的成岩作用也在薄层单元中被发现。形成燧石和燧石的二氧化硅可能来自在成岩过程中溶解的海洋浮游生物的硅质骨架；二氧化硅从产生的溶液中析出。燧石通常形成于早期物质被沉淀的二氧化硅取代的地方。例如，硅化木的形成是由从枯木中渗出的液体中沉淀下来的二氧化硅取代原有的有机物而形成的，而一些方解石骨骼（例如海胆），则恰恰可以被燧石取代。一些类型的填砂洞穴（例如海链藻洞穴；见第9.4节）通常是燧石优先沉淀的地方，特别是在白垩沉积物中。二氧化硅沉淀需要弱碱性条件。

（5）蒸发岩（Evaporites）

石膏（$CaSO_4 \cdot 2H_2O$）和硬石膏（$CaSO_4$）都在现今的高碱性条件下以早期成岩成因结核的形式出现，例如在炎热、干旱的环境下，在短暂的湖泊和潮上平原的表面下。类似的构造在古代沉积物中很常见。宿主沉积物通常是碳酸盐，但蒸发岩结核也出现在碎屑沉积物中，特别是泥质粉砂岩中。对于成岩蒸发岩，沉淀与反应的问题特别重要，因为碳酸盐宿主沉积物是相对活泼的。石膏可以以不同的方式出现，包围着宿主沉积物的颗粒，而硬石膏以结核和层状发育，把宿主推到一边。在一些例子中，石膏跟随植物的根沉淀。在沙漠中，靠近沉积物表面形成石膏沙漠玫瑰（见图8.9）。

在古代沉积层中，即使蒸发岩矿物被燧石等更稳定的矿物取代，由蒸发岩矿物生长而形成的结构、组构和构造仍可被识别出来。

（6）赤铁矿（Fe_2O_3）

赤铁矿以结核状形式存在，更常见的是作为红色沉积物中的色素存在。在每种情况下，其沉淀都需要氧化条件，尽管形成后可以在轻微还原的碱性条件下持续存在（见图9.42）。结核状赤铁矿通常出现在红色或部分减少的序列中，并且出现在古土壤发育的剖面中。

（7）重晶石（$BaSO_4$）

重晶石是一种常见的局部胶结物，特别是在红色砂岩中，形成了良好的多晶体包裹着的砂粒。这种方式形成重晶石需要氧化条件和溶液中钡的供应。重晶石结核通常形成高尔夫球大小的球体（见图9.42），可以通过高比重来识别。

（8）褐铁矿（$2Fe_2O_3 \cdot 3H_2O$）

尽管许多铁矿物风化为褐铁矿，但如果地下水普遍氧化，这些矿物也会直接形成结核（见图9.42）。它最常见的形式是砂和砂岩中的结核，通常将未固结砂中岩化部分胶结。李泽冈环是一条色带，通常同心横切沉积层理，通常被褐铁矿染色。

3）结核的形式和位置

一个经常出现的问题是：结核为什么会在这个地方以这种特殊的形状形成？在某些情况下，答案是显而易见的。在其他情况下，只能做一般性的解释。这个问题暗示着，宿主沉积物中的某些物质使化学条件在一个地方适合某种特定的矿物，而在另一个地方却不适合。这里我们列出了最明显的对照，尽管许多结核似乎是随机分布的。

（1）大致顺层理的结核

在许多细粒碎屑岩序列中，在白垩和石灰石中，结核平行于层理出现。在某些情况下，结核层与含较少或不含结核层之间的岩性略有不同。个别结核与层理平行从而相当平坦，在极端情况下，结核横向合并成或多或少连续的“层理”。这种类型的常见例子是粉砂岩和泥岩序列中的菱铁矿结核，白垩中的燧石和均质灰岩中的燧石，可能是假变形的早期成岩蒸发岩（见图9.41）。

例如，有机物含量或渗透性的细微差异可能会控制此类结核的发展。成分差异可能会导致孔隙水中产生特定的化学条件，而渗透性将控制孔隙水通过沉积物的速率。个别结核的成核必须取决于沉积物中更细微的不均匀性。

（2）生物潜穴结核

细长且形状不规则的结核，特别是那些显示出分支样式并横切层理的结核，通常跟随洞穴痕迹，并且能从松散沉积物中提取已胶结的生物潜穴（见图9.43）。以生物潜穴为中心的结核通常为白垩和砂中胶结不良的褐铁矿。

（3）根系有关结核

在煤系地层的古土壤中，结核通常与穿层理的根系有关（图9.45），并趋向于沿层理伸长。大部分由菱铁矿组成，风化成褐铁矿，但也有小的黄铁矿晶体点缀在结核内。结核沿着较粗的根痕迹，而更常见的是细根保存为碳质薄膜。与碳质根的联系通常使根结核与潜穴结核区别开来。

在其他化石土壤中，出现褐铁矿、硅石、石膏方解石和/或赤铁矿结核，这些矿物也可能导致根部产生色斑［见图9.43（f）和图9.43（g）］。

（4）实体化石为中心的结核

化石有三种主要方式帮助确定结核的发展。首先，当结核物质交代并复制化石时，化石本身可能成为结核，例如，在黄铁矿化双壳类、腕足类、贝伦岩和菊石中［见图9.43（d）和图9.43（e）］，或在白垩中的燧石棘类中。其次，化石形成了结核的核心。当破裂时许多椭圆形或不规则的碳酸盐结核中心显示出化石。孔隙水中腐烂的生物体提供了有利于沉淀的局部化学条件。最后，更罕见的是，骨骼保持原状时，在动物软组织部分形成结核。例如，有时会在斑铜矿壁的一端即动物的软组织部分所在的位置发现不规则的黄铁矿块。快速沉积或一个相当不适宜居住的沉积表面让软组织在吃掉之前被掩埋。一旦掩埋，厌氧腐烂将带来黄铁矿沉淀所需的还原条件。

(a)动物潜穴周围的结核(可能是褐铁矿)。作为凝固过程的一部分，随后的成岩作用使潜穴得以完整挖掘。地点不详。图片由吉尔伯特·凯林提供

(b)在土壤中保存的根部周围形成的菱铁矿结核。(威尔士南部彭布罗克郡，上石炭统)

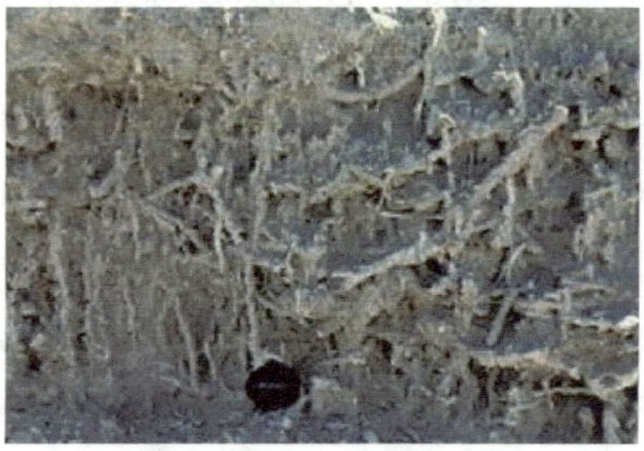

(c)植物根部结构周围的结核。(澳大利亚艾尔湖，上更新世)

(d)在壳碎片周围形成的黄铁矿结核，壳碎片被黄铁矿包裹。这表明沉积后存在强烈的还原条件。(英国兰开夏郡，上石炭统，哈普顿谷矿坑)

(e)富含石灰的泥岩中的黄铁矿结核集中分布在箭石外壳的末端。黄铁矿结核被认为是由于箭石衰变软组织部分周围的强烈还原条件造成的。(英国约克郡约克，下侏罗统上利亚斯)

(f)植物根部周围的赤铁矿结核，每个结核的中心留下有机物腐烂后的细管。(冰岛，全新世)

(g)石灰岩古土壤上树干周围形成的结核，早期包裹在碳酸盐风成沙中。(百慕大岩湾，更新世)图片由Brian Rosen提供

图 9.43　生物周围的结核示例

5）不同垂向剖面中的结核

结核尤其是方解石，可能明显地出现在红色粉砂岩和砂岩垂向剖面中，厚度从几分米到数米不等。石灰岩中也出现类似的剖面，通常与岩溶特征相关（见第8.4.2小节）。结核的尺寸通常为几厘米，形状不规则，但在许多情况下垂向伸长。一些剖面只有分散的结核，而另一些剖面则显示结核大小、丰度和合并程度并向上增加，通常为网格状和网状，并与矿脉连接（见图9.44、图9.45）。在相当罕见的例子中，剖面上部或多或少是

(a)成熟剖面，结核集中在根部周围。这对应于图9.45中的阶段(b)

(b)钙结砾岩结核在寄主沉积物的不同层中不同程度地发育。这两个例子都来自南威尔士彭布罗克郡，泥盆纪的老红砂岩

(c)靠近同时代裸露地表的突变接触面下方垂直根系下的碳酸盐结核。请注意，结核向下变小，反映了古土壤中原始根网络的样式。(美国犹他州，二叠纪，锡达台地砂岩)

(d)钙质结核，某些地方已发展到一定程度，形成横向拼合的“硬底层”层位。对应于图9.45中的阶段(c)。(美国犹他州，二叠纪未分化卡特勒群)

图 9.44　土壤形成过程而发育的碳酸盐结核，形成了钙质结核或钙质岩剖面

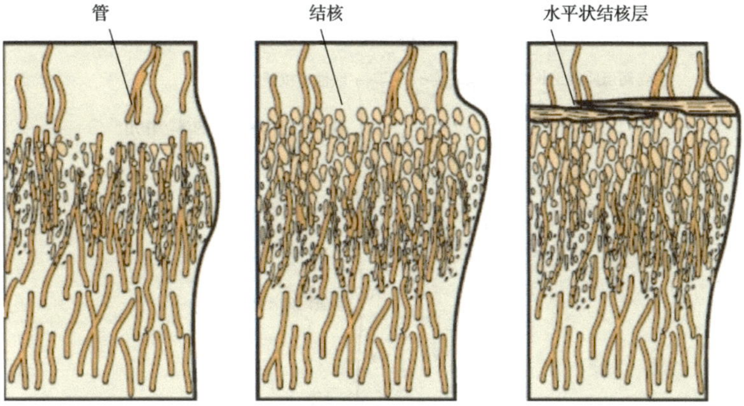

(a)初期结核生长

(b)大型结核的发展，尤其是在地下水位波动区

(c)嵌入结核，形成层状“硬底层”

图 9.45　土壤形成过程中发育的碳酸盐结核，形成钙质胶结或钙质岩剖面模式图（成熟剖面的发展阶段）

一个连续的石灰岩层，水平纹层粗糙。这些富含碳酸盐的地层往往横向连续，并保持其特征，因此有助于地层对比，至少在短距离和中距离上如此。在一些示例中，剖面的上表面显示宽尖碟形的垂向起伏，可能与欠垂向结核中的放射模式和结核网络中的凸出脉有关，这种构造被称为假背斜。

这些剖面和相关特征与一些半干旱地区的现代土壤，即所谓的钙结砾岩和钙质土进行了比较。这是由于向下运动的雨水和干燥蒸发条件下向上运动的水通过沉积物的垂向运动造成的。一些垂向结节可能反映原始植物根系（见图9.45），而其他可能在裂缝之后形成。连续的石灰岩纹层记录了剖面中硬质土层的发展。对于粉砂岩和砂岩中发育的钙砾岩，钙可能是风吹尘埃引入的，如碳酸盐或硫酸盐，而石灰岩中显然更可能来自内部。钙砾岩的发育要求沉积物表面暴露在陆上，在相当长的一段时间内（可能数千年）很少或没有沉积。剖面的相对成熟度反映了特定层序内非沉积层段的持续时间。识别这些剖面在环境和古气候恢方面很重要，尤其是土壤中受气候强烈控制下形成的结核（见图9.46）。剖面图不仅显示了当时的条件，而且还记录了沉积速率的波动。其他类似剖面包括硅质、赤铁矿和石膏结核，分别形成硅质结砾岩、铁质结砾岩和石膏结砾岩土壤（见图9.47）。

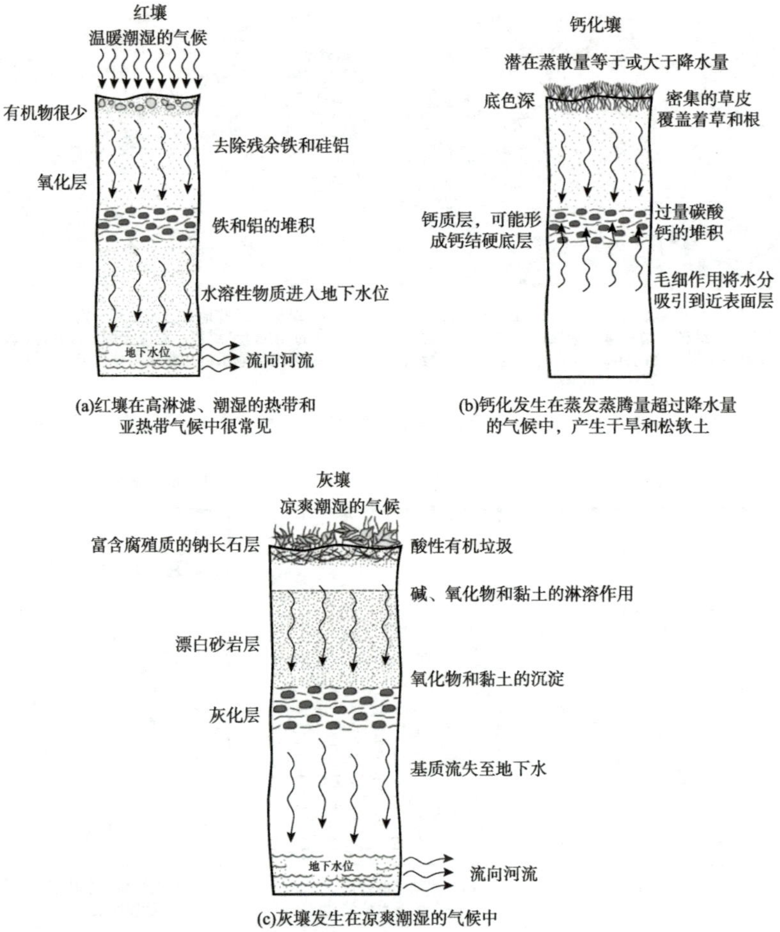

(a)红壤在高淋滤、潮湿的热带和亚热带气候中很常见

(b)钙化发生在蒸发蒸腾量超过降水量的气候中，产生干旱和松软土

(c)灰壤发生在凉爽潮湿的气候中

图 9.46　各种类型土壤剖面的发育模型［据 Allen（1997），略修改）］

(a)泥岩古土壤不同的区域显示不同的颜色，颜色反映了土壤发育过程中孔隙水氧化/还原状态的细微差异。这种颜色组合是潮湿环境中地下水位波动形成的土壤的典型特征。(英国斯塔福德郡，上石炭统伊特鲁里亚组)

(b)砂岩基质中高度成熟、强淋滤的古土壤。上部胶结层具有强硅质胶结物，而下部易碎物由于长石溶解而富含石英。这些古土壤反映了潮湿环境中长期的陆上暴露。(英国约克郡，上石炭统，马斯登组)

(c)具有上覆煤层的根土岩古土壤。古土壤的砂岩被碳质根穿透，并具有跟随较大根的菱铁矿结核。炭质和菱铁矿结核的保存表明，土壤是在还原、积水条件下形成的。(威尔士彭布罗克郡，上石炭统，煤系)

(d)一种多色古土壤，显示出无序的颜色组合，这是潮湿条件下形成的土壤的特征，是地下水位波动导致氧化/还原孔隙水的变化。(英格兰怀特岛，下白垩统，威塞克斯组)

图 9.47 古土壤中的颜色模式

尽管许多钙质古土壤出现在不同的剖面中，但其他古土壤显示出更分散的碳酸盐结核分布。这些增生古土壤记录了类似的土壤形成过程和条件，但不是连续的沉积，从而形成了清晰的剖面（见图9.48）。

图 9.48 厚层粉砂岩和泥岩中发育的多层叠置古土壤剖面序列，夹薄层砂岩

注：古土壤形成于河流漫滩环境。薄砂岩层代表决口扇，当附近的河道决口时，砂粒流入洪泛盆地。悬崖约 40m 高。美国犹他州，侏罗纪莫里森组。

4）结核生长的方式和时间

关于结核在宿主沉积物中生长的方式可以通过观察结核的内部特征推论得出。这些特征提供了结核形成的时间和沉积物经历的压实程度信息。结核的形成主要有4种方式。

（1）原始孔隙填充

原始孔隙充填的证据是通过结核内保存的原始沉积物颗粒和层理特征提供的，这种结核主要出现在碎屑岩序列中。在泥岩中，可以看到原始层理穿过结核，并与两侧宿主沉积物中的层理相连。发现这些后，就可以比较结核内部纹层的厚度与宿主沉积物中纹层的厚度，并注意宿主沉积物中纹层在结核周围的表现。结核内部的纹层通常比结核外部的纹层厚，并且宿主沉积物中的纹层在结核上下有一定距离。显然，在结核形成后进行了一定量的压实，比较薄层厚度有助于估计压缩大小。当压实度较大时，可以推断出沉积后不久便形成了结核。

在泥岩中的一些结核中，特别是含有碳酸盐胶结的结核，结核的中心部分显示出不规则的透镜状裂缝，其中充满了粗糙的方解石晶体，这些是孤立结核，裂纹反映了黏土矿物的脱水收缩（见图9.49）。在其他结核中，在边缘发现了一种奇怪的角状断裂，包括叠加的锥形断裂面，这是叠锥结构（见图9.50），反映了结核胶结物生长形成的应力场。

(a)外观特征

(b)内部结构

图9.49　孤立结核的例子

注：内部结构的透镜状裂缝中充满了粗方解石晶体。英格兰兰开夏郡，上石炭统，西尔斯登组（基尔大学收藏）。

在砂岩中，由于后期硅质胶结作用，早期碳酸盐结核会风化成孔洞。这使得结核比宿主体更容易风化。在不存在硅质胶结的部分风化碳酸盐结核中，可以获得更清晰的原始形状和砂粒堆积现象。

（2）驱替结核生长

在这里，当结核生长时，宿主沉积物被推到一边，很少或根本没有被合并到结核中。在内部，有时从结核的晶体结构可以明显看出，就像具有放射状结构的黄铁矿结核一样。驱替生长最常见的例子之一是石膏和硬石膏结核，它们以层状和不规则的形式出现。随着结核的生长，它们将宿主沉积物推开，直到结核之间只剩下很薄的残余物，形成所谓的鸡笼构造（见图9.51）。硬石膏层的生长会产生应力，使地层产生高度弯曲褶皱。

(a)基尔大学收藏

(b)利兹大学收藏

(c)利兹大学收藏

图 9.50　碳酸盐胶结泥岩中的叠锥结构（cone-in-cone structure）示例（英国，上石炭统煤系）

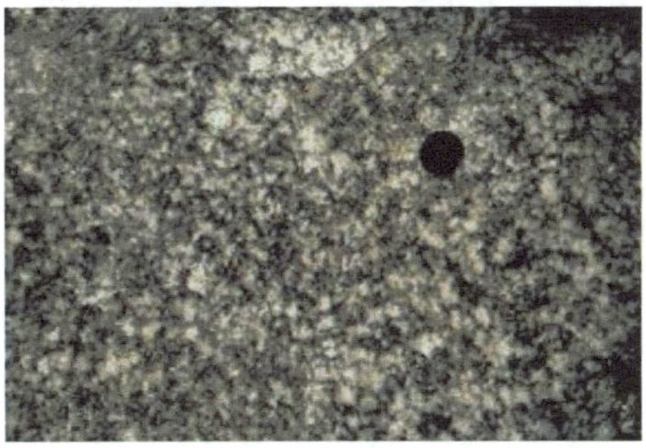

(a)西班牙东南部，中新世，莫哈卡尔

(b)格陵兰西北部华盛顿土地，奥陶纪，鲍尔森悬崖组

图 9.51　硬石膏结核生长异常，将寄主沉淀物推到结核之间的薄层上，形成所谓的“鸡笼”构造

（3）置换结核生长

该生长方式不容易识别，在某些情况下，置换与驱替生长有关，有时即使发生了完全置换，宿主沉积物内部结构的细节仍得以保留。除了显示原始纹层的痕迹外，置换结核有置换过程尚未完成反应边缘。如果置换完成，寄主沉积物和孔隙水反应形成的结核可能具有驱替结核的许多属性，并且这两个过程并不相互排斥。

（4）孔洞填充引起的结核

沉积物中的孔洞可能是原生或次生的，在石灰岩中最常见。原始孔洞的一个例子是有壳生物体的体腔，壳体的强度维持空腔，直到沉淀填充物。次生孔洞可能是某些物体的溶解或腐烂造成的，在寄主沉淀物成岩以支撑孔洞之后形成。孔隙填充物的特点是形成良好的纯晶体，从壁向内生长。同心区域显示从壁到中心尺寸不断增大的晶体。第八章讨论了两种特别重要的孔洞填充物，即示顶底充填和层状孔洞构造（见第8.3.1小节）。

9.3.2 溶解产物

除了与岩溶表面相关的大规模溶蚀特征（见图8.32、图8.33）外，石灰岩中最常见的是小规模溶蚀特征。

缝合线（Stylolites）

在某些岩层夹层上，尤其是在石灰岩中，砂岩中不太常见，可以看到高度锯齿状接触（见图9.52）。在石灰岩中，表面通常覆盖着一层薄薄的黏土，而在砂岩中表面通常覆盖着含碳物质。起伏通常只有几毫米，很少超过几厘米。在平面上出露高度不规则的小规模起伏。

(a)西班牙坎塔布连山脉拉维达，泥盆纪石灰岩

(b)威尔士彭布罗克郡，下石炭统，彭布罗克石灰岩群

(c)砂岩中的小规模缝合线，其表面有起伏，并以细粒碳质物质的结核为重点。(北海南部，上石炭统，岩心直径约12cm)

图 9.52 缝合线

注：锯齿状表面垂直于主压应力顺层理发育，通常显示不溶性残留物的结核。

缝合线是特定层理面上下岩层的溶解而形成的。由于垂向挤压，岩层相互生长。不规则的起伏提供了溶液中移除物质厚度的最小值，在某些情况下，可以代表原始岩石的比例。某些表面上出现的黏土和炭质碎片代表了溶解后的不溶残留物。

9.3.3 古土壤（Palaeosols）

古土壤是最初在陆上表面或浅层地下发育的岩化土壤剖面。古土壤很重要，因为它们提供了过去地表条件与气候有关的指示。它们通常呈水平或层状，通常与土壤发育的古地貌表面平行（见图9.44）。许多古土壤的最上层为物理改造的碎屑，而在某些情况下，古土壤的顶部可能是一个陡峭的侵蚀面。

许多古土壤含有植物根系痕迹，既可以是生物化石遗迹，也可以是土壤形成时植物从基质吸水时在根系周围形成的化学沉淀物［见图9.43（b）、图9.43（g）］。保存的植物根系结构的组成和丰度（如果存在）可以指示土壤的排水状态。保存的炭质物质［见图9.43（b）、图9.47（c）］表明处于积水状态，而保存的钙化根表明排水良好，通常在半干旱环境中（见图9.44）。

许多古土壤以丰富的结节为特征，土壤结构是在土壤发育过程中，随着地下水位的变化，黏土反复膨胀和收缩而形成的。一种常见的颗粒结构土壤类型代表有机物和黏土结合形成的结节。另一种常见的结节类型以黏土的块状收缩和膨胀为特征，有时伴有生物扰动。还有一种结节类型的特征是由黏土的收缩和膨胀形成的垂直方向的擦痕面。平行于陆地表面的板状沉积物记录宿主沉积物的遗迹层，是由于冻融作用或碳酸盐、二氧化硅或氧化铁层的沉淀形成。在许多古土壤中存在结核，例如方解石、铁、二氧化硅和蛋白石。

沉淀作用是沉积物通过机械、化学或生物过程逐渐向下（或很少向上）移动。岩屑由黏土、方解石、有机质、二氧化硅和氧化铁组成，是沉淀作用产生的古土壤中颗粒或结节的矿物覆盖层。

古土壤中明显的颜色是土壤发育过程中普遍存在的近地表条件的指标。橙色或红色古土壤通常表示氧化条件，与良好的排水和低水位有关［图9.44、图9.47（a）、图9.47（d）］。黑色或深灰色表示缺氧条件，通常与含碳物质的保存有关。绿灰色带状古土壤是典型的还原铁。

古土壤分类中使用的描述性术语来源于当今土壤编制方案。由于许多关键特征在埋藏成岩作用下无法保存，因此必须谨慎应用分类。钙溶胶富含沉淀作用产生碳酸钙或白云石。石膏土的特征是在渗流带中沉淀石膏或硬石膏。变性土通过植物根系活动（土壤扰动）表现出剖面的均匀化，同时黏土的收缩和膨胀形成垂直的光滑表面。潜育土保存有机物，并指示低氧化还原条件，例如许多沼泽是缺氧和高水位。有机质土富含不同类型煤的形式保存有机物。氧化土记录了不稳定矿物向棕色黏土的广泛化学变化。原生土是发育不良的土壤，土层发育较弱。

不同类型的古土壤记录了气候（降水、温度、湿度、含水量和季节性）、宿主沉积物（孔隙度、渗透性、化学成分）、生物活动（植物根系生长、动物的生物扰动、霉菌和细菌的作用）、地下水水文和排水状态（与地下水位高度相关的氧化还原条件）、土壤形成过程的持续时间、类型和强度等因素的差异。

许多古土壤显示出明显的垂向剖面，其中成土特征的系统变化发生在接近裸露地表的陡峭地形上边界下方（见图9.48）。剖面形成的程度取决于当时的条件和陆上暴露的持续时间。因此，层序内古土壤剖面的成熟度是非沉积期持续时间的指示［见图9.47（b）］。一些冲积泥岩或粉砂岩序列显示均匀地分散在沉积物中的成土特征。这种增生性古土壤反映了沉积作用和成土作用或多或少保持同步的条件。

9.4 生物沉积构造：遗迹化石

9.4.1 引言

遗迹化石（Trace fossils）研究（遗迹学Ichnology）涉及了解生物对沉积物的扰动，即生物成因的沉积构造。从1828年起，除了对脊椎动物（如恐龙）脚印的认识一致外，遗迹化石最初被归类为岩藻化石（化石海藻），它们的藻类起源也引起了激烈的争论。到20世纪70年代，遗迹化石在大多数地质学课程中基本上被忽视。在露头被视为“潜穴”或“蠕虫痕迹”，这表明它们对理解地球历史几乎没有贡献。事实上，恰恰相反，遗迹化石是沉积物沉积期间或沉积后不久在原地发生的生命和事件的记录，与许多滚动和衍生的实体化石不同。遗迹化石在没有保存实体化石的序列中很常见，例如在非海相红层中，或者在生物都是软体的序列中。

遗迹化石记录了实体化石和其他沉积构造无法直接记录的行为、生态和沉积学事件。因此，研究它们会改变人们对某个问题的看法，或将调查转向一个新的方向。在某些情况下，它们提供了沉积学问题的关键，例如块状层的起源。

即使在实体化石和沉积构造丰富的地方，也应该对遗迹化石进行适当的研究，因为它们提供的信息可以用来检验各种猜测和推断。它们可能会激发工作假说，否则就不会被考虑。鼓励从生物、生态和生物化学的角度研究沉积物，从而通过提供潜在的有价值的信息和想法来补充物理构造的研究。附录4推荐了多种简单但有效的观察和记录微量化石结构的技术。

9.4.2 遗迹化石的分类

对于描述和解释含有遗迹化石的沉积物这一复杂任务，我们强调一种实用而非理论的方法。此处考虑了3种主要的分类方法，最好结合使用：

（1）使用形态学方面进行分类。

（2）保存-沉积学分类。

（3）通过考虑行为和环境因素进行行为学分类。

在介绍下面的每一种方法时，我们提出了一系列问题，这些问题可以作为化石逐步分类的指南。问题1涉及遗迹化石形态的描述，问题2~8考虑保存的模式和过程，问题9~21考虑遗迹化石的行为模式。

1）形态学分类

非专家经常因为无法令人满意地确定遗迹化石而感到沮丧，尽管他们可能可以查阅适当的期刊、新书和相关论文。根据产生遗迹化石的生物的分类法对遗迹化石进行系统排序是可取的，但如何进行排序即使是专家意见也不同。问题是，一个遗迹化石“属”可能包含由几个不同生物形成的遗迹，而几个“属”可能由一个生物的不同活动形成。认识到这些困难后，1985年和1997年引入了新的生物命名代码，对国际生物命名代码进行了修改，以适应遗迹化石的命名（见参考列表）。在这方面，命名的基本单位是形态学上定义的遗迹属。较低的类别，即遗迹属种类，通常反映基本形态的大小、保存或轻微行为变化（见图9.53）。

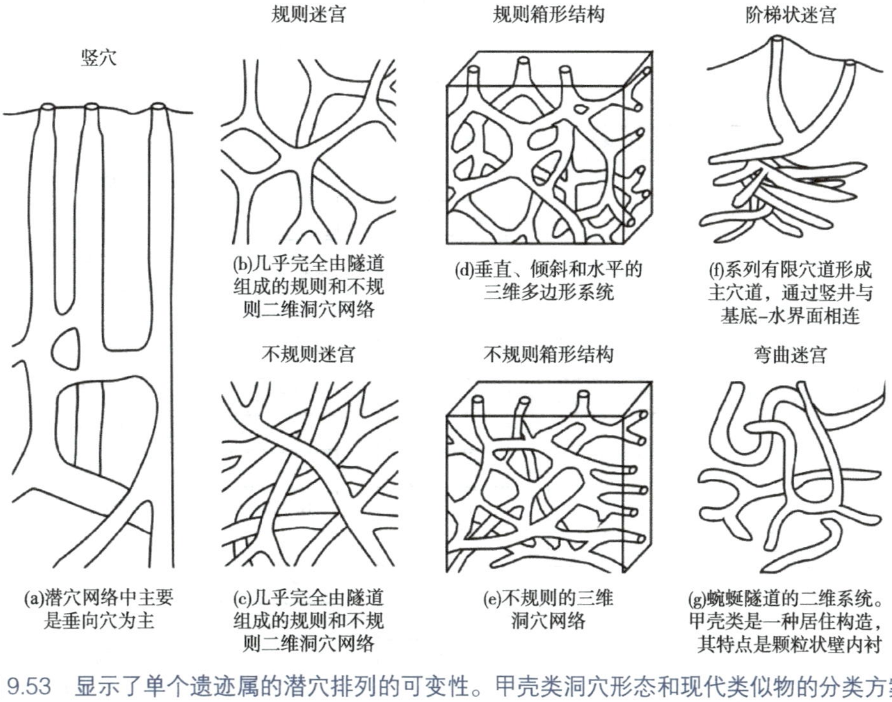

图9.53　显示了单个遗迹属的潜穴排列的可变性。甲壳类洞穴形态和现代类似物的分类方案［据Anderson和Droser（1998）、Frey等（1978），略修改］

鉴于拟命名的对象是生物成因的，5套完整的特征或遗迹化石通常用于遗迹化石的形态描述和分类。

（1）一般形式：描述形状和方向，存在潜穴、网络、螺旋弯曲、同心纹层（蹼状构造）等。

（2）潜穴边界的结构：描述是否存在衬里；灰尘膜、结构衬或分区充填、洞壁压实度；存在成岩晕的，洞壁装饰类型。

（3）潜穴分支：描述潜穴分叉的形式和方向、真通道或假通道的存在，后一种情况是由再次挖洞或洞穴的交叉造成的。

（4）填充物及其构造：描述构造是否因沉积物重力沉降或洞穴生物的活动而被动填充。

（5）重复的脚印和压痕：描述无脊椎动物和脊椎动物因行走、爬行、底部游泳而产生的任何运动形式和相关构造；在测量足迹时，测量足迹宽度、形态、重复模块、重复距离、对称性、倾角和连续度。

这些指南建议应考虑以下问题：

问题1：遗迹化石的形态是什么？是否存在可识别的生物体或其部分形状？特别是，请参考上面讨论的5个类型作为说明指南，并与图9.54结合使用。描述应考虑整体形式，

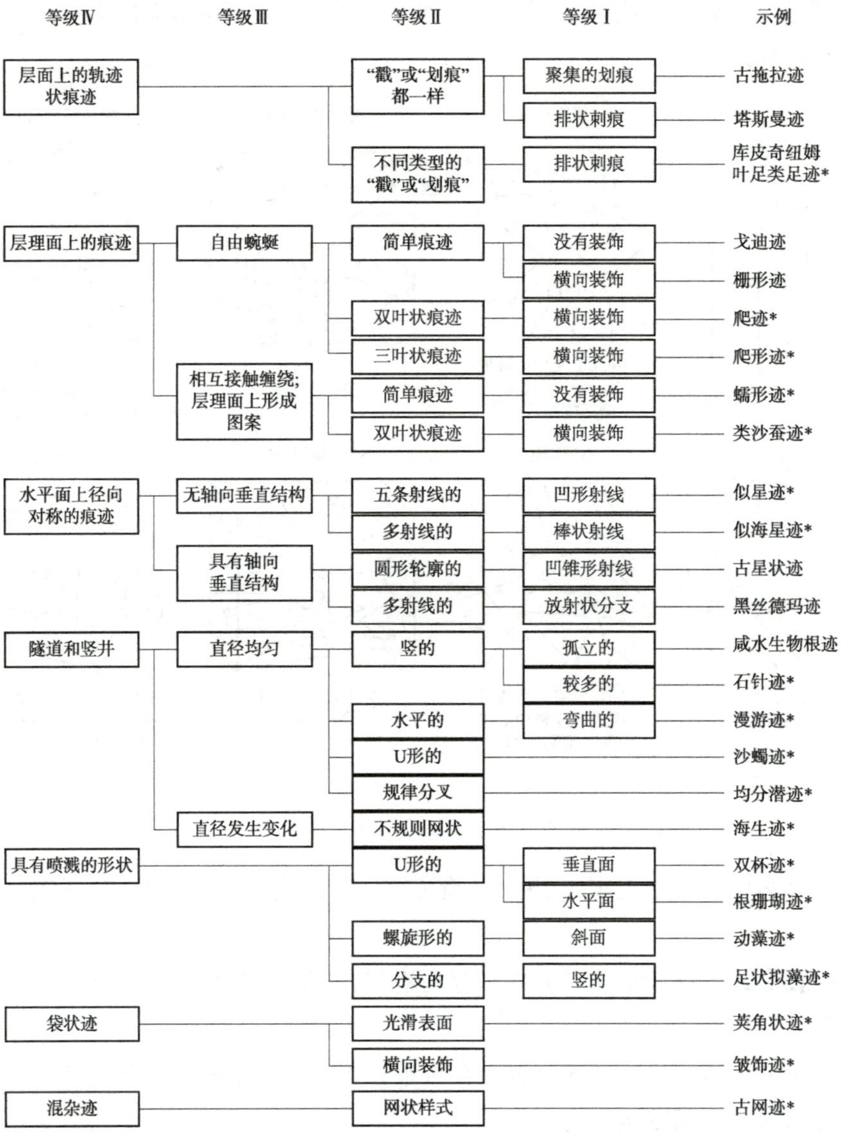

图9.54　一些常见无脊椎动物遗迹化石的形态分类［据Simpson，转引自Frey（1975），略修改。图中举例说明的例子用星号*标出］

穴壁的性质，分支的样式（如果有的话），填充类型和重复的表面图案的性质。

遗迹最好描述为：

（1）单一形状（如脚印，见图9.55）。

(a)两套脊椎动物(熊)脚印，父母和孩子。(美国犹他州，现代的白色峡谷)

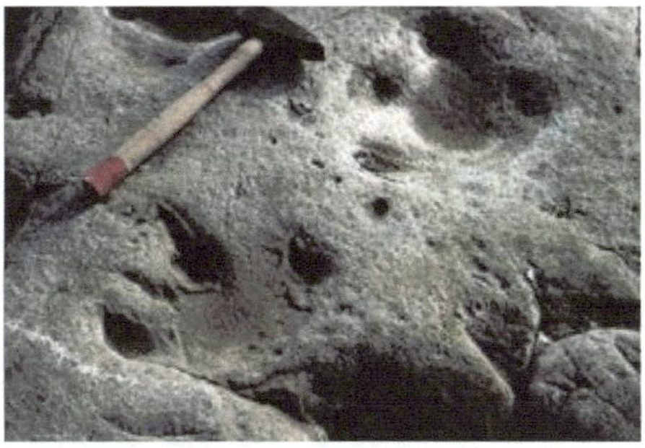

(b)砂岩层上表面的恐龙脚印。(斯匹兹卑尔根，下白垩统斯瓦尔巴特群岛)

(c)恐龙(蜥脚类动物)的脚印，脚部分深陷入未固结的泥中，自然铸型。(西班牙东部，侏罗纪，维拉尔德尔阿佐比斯波组)

图9.55 原始软沉积物表面上的足迹

（2）几个类似形状重复形成的样式（例如在移动过程中形成的足迹）。

（3）足迹（即在移动过程中形成的连续凹槽）。

（4）在层面上形成的径向对称形状（例如，海星休息迹）。

（5）隧道或竖穴，可能由寻找食物或避难所的穴居者造成。

（6）一系列密切相关的同心薄层（蹼状构造），通常为U形，由动物在其洞穴内生长或通过挖掘和回填向上、向下、向前或向后移动时移动位置引起（见图9.56）。

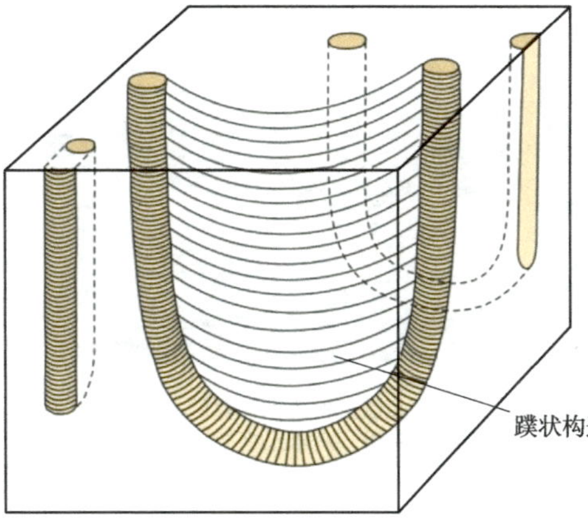

图9.56 带有蹼状构造的遗迹化石

注：U形管是生物体的居住潜穴。U形臂表明，这种生物通过清除潜穴底部的沉淀物并将其贴在天花板上，从而延长和加深了管道，形成一个同心的“蹼状构造”。这些蹼状构造是推进的，目前的潜穴位于先前形成的潜穴之下，是最后形成的。

（7）袋状，例如由双壳类动物休息引起的。

（8）网络模式，可能是由于某些系统性活动，如对沉积物表面或界面的放牧或耕作。

努力将图9.57中描绘的遗迹化石与这些可能性联系起来，将有助于分类。

(a)现代潮坪，荷兰哈林夫利特，阿雷尼科拉

(b)砂岩中的石针迹(格陵兰岛北部，下寒武纪)

(c)砂岩中的斯科因遗迹
(利兹大学收藏，位置未知)

(d)泥灰岩中的海生迹
(西班牙东南部尼加尔，中新世)

(e)在砂岩底面以自然铸型保存的海生迹
(美国犹他州，白垩纪奈斯琳组)

(f)洛基亚迹(Lockeia)，双壳类动物在较低层理面上停留痕迹的模型。(英格兰兰开夏郡，石炭纪哈斯林登旗)

图9.57　一些常见类型的遗迹化石示例

(g)由于垂直潜穴，具有可变的生物扰动的层间砂岩和粉砂岩；主要是洛基亚迹。(英国诺森伯兰，上石炭统，煤系)

(h)密集的洛基亚生物扰动。强烈的优选方向与古水流平行，因此这些痕迹是古水流的指示物。(英格兰兰开夏郡，上石炭统哈斯林登旗)

(i)浅层海相砂岩中的管穴。(纳米比亚，二叠纪)

(j)发育良好蹼状构造的管穴(位置未知)

(k)甲壳穴遗迹。(英格兰，怀特岛，下白垩统)

(l)甲壳穴遗迹。洞穴由沿着洞壁的褐铁矿胶结显示出来。(英国贝德福德郡，下白垩统沃本砂岩)

(m)根珊瑚级。(斯瓦尔巴群岛，斯匹次卑尔根，三叠纪)

(n)浊积钙质中的Paleodictyon迹。(西班牙东南部，中新世)

图 9.57 一些常见类型的遗迹化石示例（续）

(o)混浊性钙质中的尾蠕形迹。(西班牙东南部，中新世)

(p)斯科尼西亚迹，一种蜿蜒的回填洞穴，保存在西爱尔兰上石炭统克莱尔群中部砂岩层底面上。图片由Gilbert Kelling提供

(q)石楠，一种巨大的辐射痕迹。(西班牙比利牛斯，始新世赫科群)

(r)动藻迹。层理表面的强烈生物扰动，记录了一段非沉积期。(英国诺森伯兰，下石炭统，阿尔斯通组)

图 9.57　一些常见类型的遗迹化石示例（续）

2）根据保存方式分类

遗迹形式的多样性源于生活在不同沉积环境中具有不同行为模式的不同形状动物的活动。然而，当对遗迹化石进行沉积学分析时，很明显，尽管它们的形态反映了动物行为模式，但它们的保存是由相对较少的沉积和成岩过程造成的。与寄主沉积物有关的遗迹化石保存研究称为拓扑学。

了解常见的保存模式有助于从植物和动物活动的角度解释遗迹。在试图理解保存时，请记住，在通过独立方式确定了继承的方式后，系统地观察层下、层内和层顶，以及横切层理的特征。但是，通过物理过程生成沉积构造的时间关系不一定适用于遗迹化石；河床底部或其内部的特征可能是由潜穴形成的，这些潜穴的沉积时间比河床的沉积时间晚了很长一段时间，并且很难确定多个事件发生的时间（见图9.58、图9.59）。

3）遗迹化石保存模式的关键问题

下面的问题（问题1~7）是系统观察、描述、测量和记录遗迹化石保存方式的指南。问题1和问题2涉及遗迹化石保存的形式，而问题3~7则涉及保存的位置和过程。在考虑这些问题时，推测可能的生物体和产生这些痕迹的过程十分有用。以下问题可用于帮助确定图9.57所示遗迹化石的保存模式。

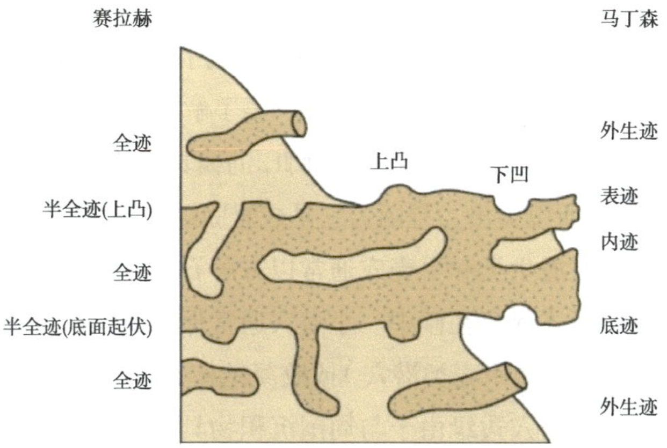

图 9.58　遗迹化石相对于砂质铸造介质的分类

[Seilacher (1964) 和 Martinsson (1965) 术语的比较。据 Bromley (1996)，略修改]

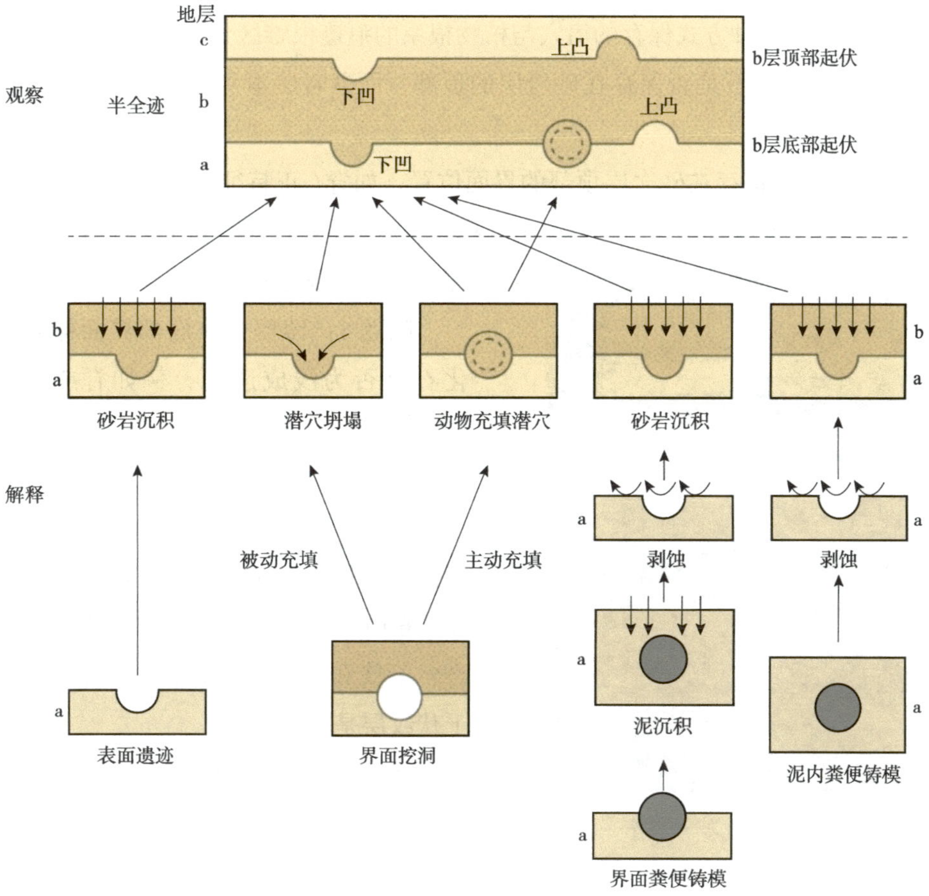

图 9.59　遗迹化石保存类型分类及其解释

[据 Seilacher (1964)、Webby (1969) 和 Hallam，转引自 Frey (1975)，略修改]

问题1：保存的铸模或印模是遗迹化石吗？

有机体的行为在其周围沉积物中留下的印记形成了印模。后续沉积（通过相邻地层的沉积物或矿物质沉淀）填充模具，产生铸件。要了解模具和铸型之间的区别，请在实验室中使用橡皮泥和牙科石膏制作（例如手或脚印的模具和铸型）。

问题2：遗迹化石之所以突出，是因为它是成岩固结的场所吗？

球粒陨石、根珊瑚、海生类和甲壳穴通常以方解石和菱铁矿结核的形式保存在页岩中，或以褐铁矿结核的形式保存在砂中。小潜穴通常保存黄铁矿，黄铁矿氧化成红棕色赤铁矿、燧石（例如白垩中的甲壳类潜穴）或胶凝结核（例如当今条件下的虾潜穴）。在成岩作用不太强的地方，潜穴边缘由于与周围沉积物具有不同的化学和物理成分而更显眼（见图9.57）。这种保存方式是由动物摄取黏土矿物并分泌富含钙、镁、钠和微量铜和铁的胶体有机化合物产生的，这些胶体有机化合物将砂粒和粪便黏土结合到潜穴壁上。或者，产生于在还原条件下产生的黑色页岩中，动物的排泄活动会在结核痕迹周围产生浅色的“晕”。以这种方式保存的潜穴与植物根系的痕迹很难区分。

问题3：遗迹化石是否保存在砂岩层的顶部，而砂岩层本身被另一个不同岩性的岩层覆盖？

遗迹化石可能保存在砂岩层顶部的界面位置，如脊（正特征）或凹槽（负特征）（见图9.58）。代表遗迹化石及其周围或宿主沉积物填充物的沉积物成分是什么？脊和槽的顶部或底部是否有遗迹？

图9.60 平坦、充满沉积物的水平潜穴系统（石斑藻），在层理表面上显示为正向特征和负向特征（西爱尔兰，上石炭统，中央克莱尔群，里斯坎纳旗）

问题4：铸模介质底部界面保存的遗迹化石是否为浅成遗迹，例如脊或槽（见图9.58）？

如果是，是否有证据表明形成遗迹时这是沉积/水界面？是否只有界面纹层变形？遗迹化石是否保存在沉积物界面（见图9.59、图9.60），若岩性可对比，可能在隐蔽处接合？下伏和上伏岩层的成分是什么？下伏和上伏纹层是否变形？

问题5：是否将保存在层内但在主砂体外部的遗迹化石作为一种外生遗迹（见图9.58）？

此处，一种岩性（如砂岩）的遗迹被隔离在不同的岩性（如页岩）中。充填物急剧向上尖灭，表明潜穴填充物与砂层之前有联系，但该砂层后来被侵蚀移除，即地层隐性连接。

问题6：铸模介质主体内部保存的遗迹化石是否为内遗迹（见图9.58）？

在这种情况下，遗迹化石的完整形态得以保存，包括砂基质内充满泥的潜穴和泥质基质中充满对比岩性的潜穴，是由生物活动产生的痕迹，或随后通过物理过程或化学沉淀过程填充。

问题7：侵蚀后掩埋保存的遗迹是什么，即它是衍生的痕迹化石吗？

当挖洞后发生侵蚀，水流将周围的软沉积物吹走，留下黏液结合的潜穴衬壁，作为沉积物填充的“手套”时会出现这种情况，与形成后被沉积物覆盖形成对比。或者，水流可能会冲刷出泥中的洞穴，然后用沙子填充。钻孔的卵石和钻孔的木块可能会被重新加工成碎屑，形成较新的沉积物。

4）保存潜力

沉积过程强烈影响保存下来的遗迹化石组合，从而产生物理诱导的偏差。大多数生物遗迹，特别是位于地面的表生遗迹，几乎没有保存化石的潜力。以地表或近地表遗迹为主的遗迹化石组合表明近连续沉积；在沉积物表面以下深度留下的遗迹占主导地位的遗迹表明不连续的沉积和分散的侵蚀期。然而，此处解释需要谨慎，因为在基底不同水平上同时发育多个鱼类属是很常见的（见生物分层，第9.4.3小节）。许多穴居生物挖掘和回填潜穴是它们生活过程的一部分。回填过程产生了称为蹼状构造（见图9.56）的弯曲、次平行纹层，该纹层在水平面或垂直面上对齐，并记录生物体通过基质的过程。突出的蹼状构造，标志着最后形成的潜穴填充层（见图9.56），反映了动物位置的调整，以响应沉积物表面的侵蚀或生长。在最后形成的潜穴覆盖所有先前的洞穴的地方，回缩的圆锥体标记了一组潜穴填充物，反映了随着动物向上移动，对持续沉积的调整。某些生物体所形成的微妙的个体结构的保存取决于无后来的生物扰动的干扰，可能被称为“精华”遗迹化石。在低能环境中，浅层或近地表遗迹的保存潜力最大。

为了巩固迄今为止形成的观点，尝试组合使用上述术语来描述并至少开始解释图9.61中描述的特征。试图描述和解释有助于保留图9.62所示遗迹的事件序列，包括识别前伸和后伸蹼状构造。

5）根据行为分类（行为学分类）

某些类型产生行迹的行为对某些生物群体来说是共同的。识别出12种一般行为模式，这些模式如图9.63所示，并在图9.64中定义，尽管基本类别之间存在一些重叠（见图9.65）。尽管如此，行为方面的考虑对于理解化石和近期遗迹的起源和相互关系是有用的。

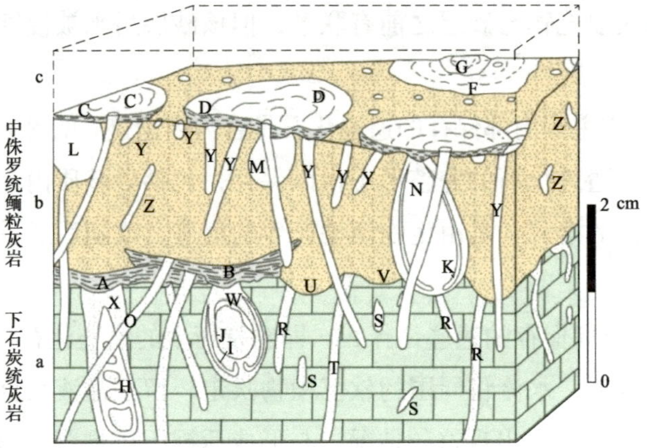

图 9.61　在固结基底上垂直截面图中描述一些遗迹化石保存模式的练习

注：（1）将实体化石鉴定到群水平。（2）使用图 9.58 所示的分类方案描述遗迹化石的形态。（3）使用图 9.58 和图 9.59 所示的分类方案描述遗迹化石的保存模式。（4）使用图 9.62~9.65 所示的分类方案描述遗迹化石的行为模式。用字母（a）~（c）确定图中描述的岩石的地层历史，用字母（A）~（Z）确定岩层，用字母（A）~（Z）确定实体和遗迹化石。据 Frey（1975），转引自 Bromley，略修改。

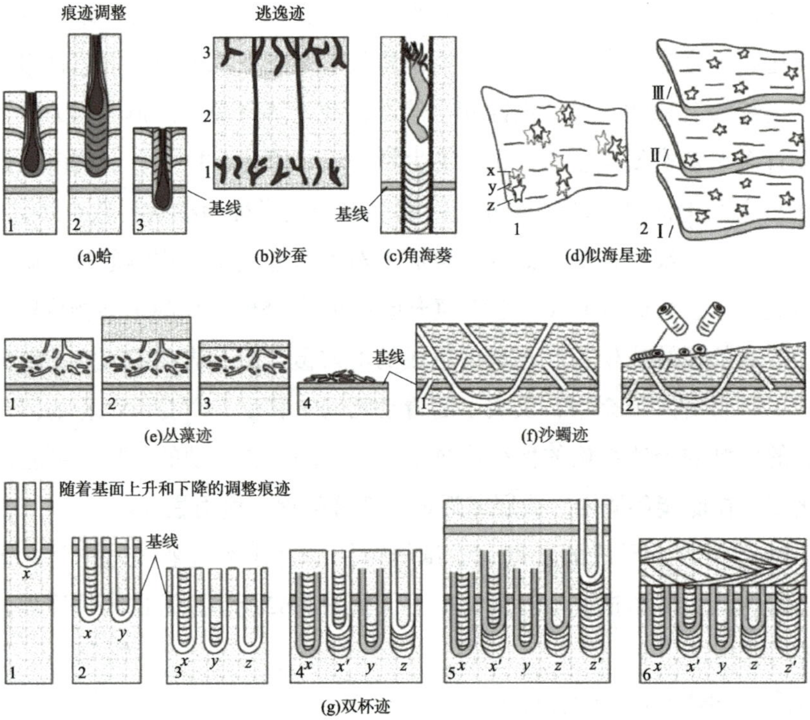

图 9.62　演示使用遗迹化石确定碎屑序列中沉积和侵蚀次数的练习

注：这些图表表示单个或密切相关的垂向序列。例如（a）~（g），解释导致每一组遗迹化石得以保存的事件顺序。在许多情况下，会显示岩性基准面（时间标记）。运动模式与以下有关：（a）双壳类有一个单虹吸管；（b）多毛蠕虫；（c）海葵，一种生活在单管中的生物，产生类似于斯科利托斯或单角羚等痕迹的模式；（d）海星的静止痕迹（海星）。1：具有多组痕迹的层理面；2：三个层面（最古老的 =i）；（e）丛藻迹的保存模式，被认为是沉积物摄食生物的工作；（f）沙蠋迹的保存模式，是一种悬浮取食生物，可能是一种蠕虫；（g）双杯运动模式为迹悠悠球（据 Goldring，1964）。据 Howard 转引自 Basan（1978），略修改。

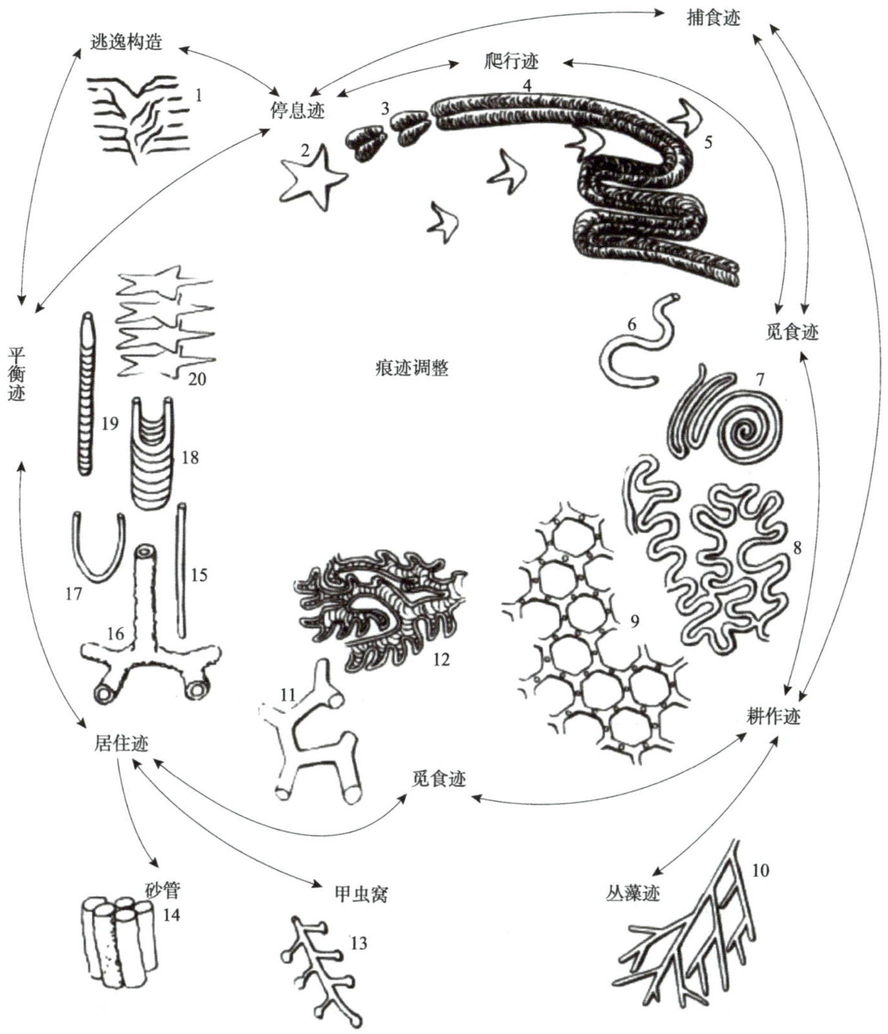

图 9.63 遗迹化石的行为学分类（用箭头表示 12 个主要群体之间的相互关系）

注：有争议的是化学共生体结构是否应归入耕作迹，或如本文建议的那样分离。代表性的鱼类属和其他遗迹化石有：(1) 逃逸构造；(2) 似海星迹；(3) 皱饰迹；(4) 爬行迹；(5) 两足脊椎动物遗迹；(6) 拟蠕形迹；(7) 蠕形迹；(8) 丽线迹；(9) 古网迹；(10) 丛藻迹；(11) 海生迹；(12) 藻管迹；(13) 甲虫窝；(14) 砂管；(15) 石针迹；(16) 蛇形迹；(17) 沙蠋迹；(18) 双杯迹；(19) 双壳类调整痕迹；(20) 垂直重复的似海星迹。据 Bromley (1996) 和 Goldring (1999)，略修改。

6）有关生物行为产生的关键问题

问题1~13关注可能的行为模式。这些都可以通过研究现代生物如何在一系列相互作用的因素下放牧、爬行、休息、挖洞、深食和逃逸的经验来检验。可能的控制因素包括粒度、能量水平、堆积、孔隙度、渗透率、pH值、Eh、盐度、胶结程度、有机质和营养物质的可用性以及捕食风险。

问题1：这些构造是否是植物根系的遗留物，其形式为根霉菌、根铸型或石化根（如表9.3、图9.64所示）？

表 9.3　无脊椎动物遗迹化石的行为学分类［据 Frey 和 Pemberton（1985），Pemberton 等（1992）］

定义	特征形态	例子
停息迹 动物在基质表面上定居或挖掘形成的浅洼地。重点是隐居，可能包括浅的、短暂的住所	槽状起伏，在一定程度上记录了动物的形态。理想情况下，构造是孤立的，但可能与爬行痕迹或逃逸结构相结合	菊石 洛克迹 皱饰迹
爬行迹 由游动生物形成的痕迹和层间或层内痕迹。重点是运动，尽管涉及次要活动	线形或弯曲结构，有些分枝。脚印或连续的凹槽，通常是环形的。可以保留完整的形状	丽线迹 爬行迹 双趾迹 环带迹
放牧迹 沟槽、有图案的坑和沟，其中许多是不连续的，由移动式沉积物喂食器或藻类食草动物在基质表面或其下形成。重点是类似于“露天采矿”的喂料行为	不分叉、不重叠、弯曲至紧密卷曲的图案或精细的蹼状构造主导。模式通常反映了食物资源的最大利用。可以保留下来完整的结构。整体结构趋向于平面	蠕形迹 绿藻 类沙蚕迹 螺旋菌
进食迹 由沉淀给料机建造的临时潜穴；这些结构也可以为生物体提供庇护所。重点是喂食行为类似于“地下采矿”。可能与居住构造有等级关系	单分支或不分支，圆柱形至弯曲轴或复杂U形洞穴，平行于同心洞穴（蹼状结构）。洞壁通常没有衬里，除非有黏液。以不同角度与层理相交	轮叶迹 觅食迹 罗塞尼迹
居住构造 潜穴、钻孔或居住管提供永久住所——主要为悬浮饲料和食肉动物。重点是居住，虽然次要活动也可能涉及	简单、分叉或U形结构，与层理垂直或以不同角度倾斜，或具有垂直和水平分量的分支潜穴或钻孔系统。潜穴壁通常有衬里	双杯迹 蛇形迹 石针迹 钻孔迹
逃生/调整构造 由于基质降解或沉积而产生的构造。重点在于逃逸或重新调整，以维持相对基线位置和痕迹之间的平衡。	垂直重复的静止痕迹。生物成因纹层呈梯队状或巢状漏斗状或人字形。蹼状构造潜穴和其他构造，反映动物相对于原始基底表面向上或向下的位移。可以保留完整的形态，尤其是在加积基底中	嵌套漏斗 蹼状构造向下 弯曲 薄层
耕作构造 固定模式的潜穴系统，其中永久居住和觅食活动相结合。重点是使用耕作或诱捕策略进行居住和喂养	以复杂、规则的几何模式组织的水平隧道，如弯曲、螺旋和六边形网格。可以保留完整的结构。	贝洛哈 古网迹 螺旋藻
捕食迹 捕食留下的痕迹，通常是在坚硬的生物材料（如贝壳、骨头或珊瑚）上产生的生物侵蚀结构。啃咬和其他咬痕也属于这一类。重点是捕食。可以辨别捕食者与猎物之间的关系	食肉腹足类或头足类在贝壳上钻的简单的圆形孔。水生爬行动物在菊石上留下的咬痕。被螃蟹攻击的腹足类和双壳类贝壳的缺口边缘的独特图案。构造往往是孤立的	棘头动物 奥伊奇努斯
基底上居住构造 建造在原始基底之上的结构，用作居住结构	从简单的管状到复杂的多室结构。黄蜂巢、白蚁丘等	萨贝勒管 白蚁巢
育种/幼年保育构造 在受保护的环境中繁殖和/或饲养幼体的构造	由简单到复杂的多种组成的潜穴，有供卵、幼虫或幼体使用的洞室	甲虫孵卵 潜穴 蜂巢和蚁巢
生物化学共生结构 受微生物-化学相互作用影响的结构，通常在低氧水平盛行的地方	复杂的多分支潜穴，通常有辐射结构	丛藻迹

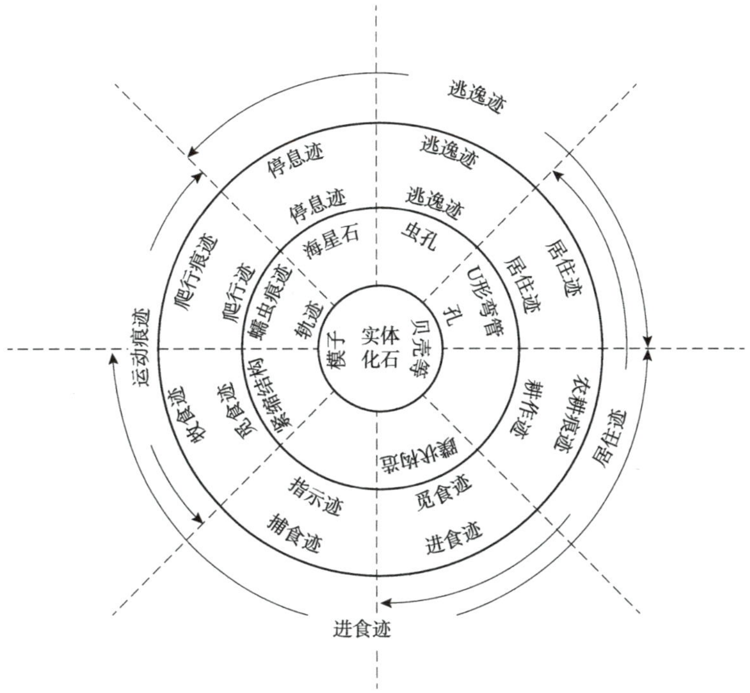

图 9.64　遗迹化石的行为学（行为）分类及其与身体化石的关系，类别的重叠承认了自然界固有的整合［据 Pemberton 等（1992），略修改］

注：本图中未提及的其他更专业的行为群体包括伊迪菲奇尼亚、卡利奇尼亚、化学奇尼亚和平衡奇尼亚（详见正文）。

乍一看，保存下来的一些植物根系构造与动物留下的遗迹相混淆。需要考虑宿主沉积物中可疑根的古环境，如这些构造是否为分支根网络的形式？是否有土壤形成（土壤形成）的物理或化学证据，包括风化、色斑、钙质沉淀、硅质沉淀或石膏胶结或结核的沉淀（见第9.3.1小节）？根系构造通常与浸水古土壤中的碳膜和煤层有关。这些构造是否与叶片印痕相伴？

问题2：这些遗迹是否是动物暂时在沉积物表面或其上方的运动，以休息或寻求庇护的结果？

孤立、浅、槽状凹陷可记录动物下表面的轮廓或形态，或因其挖掘或沉入基底的固定位置，或埋入沉积物表面下方而造成的痕迹。这种静止的遗迹被称为停息迹，是由表层底栖移动动物（如海星、双壳类、螃蟹等节肢动物和扁鱼）形成的。遗迹化石的例子有似海星迹、洛克亚迹、皱饰迹（见图9.67）。这些痕迹过渡到爬行、居住和逃生结构（见图9.64）。

问题3（a）：沉积物表面或界面上动物的移动是否会产生遗迹？

可能表明这一点的特征是脚印、轨道、凹槽、小径、水平、层间或层内洞穴。它们的线形、弯曲或分支形式反映了爬行或行走的四肢、鬃毛或其他附属物的运动，或身体的肌肉运动，或贝壳的拖曳。关于同一种动物行走、奔跑、飞奔、跳跃、爬行、半行走、半游泳或完全游泳时会留下不同但明显相关的痕迹吗？这些痕迹是否可能是由于一只动物在逆流中先迷失方向，然后又恢复了运动方向而偏离航道造成的？这两个问题，节肢动物和四足动物的踪迹提供了这种重复或移动遗迹的例子，例如双趾迹、鲎运动迹和（类犀牛）足迹（见图9.63、图9.64）。

问题3（b）：是否可以在沉积物表面下方，特别是在淤泥或砂子中留下痕迹？

这种食腐动物是由底栖生物和游泳底栖生物、捕食者、食腐动物和沉积物食肉动物（如蜗牛）组成的。例如旋草迹和爬迹［见图9.67（e）］。再沉积遗迹通常过渡到静止遗迹和地表放牧遗迹（见图9.63、图9.64）。

(a)保存在美国犹他州东南部宾夕法尼亚州河道地层下部中的硅化树干

(b)保存在美国犹他州东南部二叠纪雪松台地风成砂岩地层中钙化树根

(c)冰岛全新世平面中看到的植物根结构和铁结核

(d)英格兰兰开夏郡，上石炭统马斯登组，放射根树桩

(e)风成砂岩中的硅化树桩。美国犹他州，侏罗纪纳瓦霍砂岩

(f)河流漫滩成因粉砂岩中的硅化树桩。西班牙东部特鲁尔，侏罗纪维拉尔德尔阿佐比斯波组

图9.65　生物成因植物构造

(g)硅化植物茎碎屑，在河道沉积物底部形成层内滞后碎屑。(美国犹他州，二叠纪，卡特勒群)

(h)神经蕨，一种种子蕨类，保存在河流漫滩成因的泥岩中。标本的微妙性质表明它保存在一个非常低能的环境中。(西班牙坎塔布里亚，上石炭统斯蒂芬尼组)

图 9.65　生物成因植物构造（续）

问题4：这些遗迹可能是由有组织的表面或水平界面放牧造成的吗？遗迹是在水平表面上吗？它们是否显示出不连续的、系统化的蛇曲、环路、螺旋和网络，这些蛇曲、环路、螺旋和网络是非分支的，还是只是偶尔分支的？它们是否不重叠、弯曲到紧密卷曲、凹槽、凹坑和沟壑，是否与蹼状构造有关？

它们是否来自移动沉积物喂养或藻类降解动物的“露天开采”，以确保沉积物中食物资源的经济利用？这种地表放牧痕迹是由移动的表层底栖动物（例如捕食腹足动物，如帽贝、蠕虫、棘皮动物和节肢动物）形成的，被称为觅食迹。例如蠕形迹（见图9.57）、绿藻迹、蛇行迹、螺旋迹和平面动藻迹（见图9.67）。

(a)原位树桩作为方解石胶结砂岩保存在风成沙丘砂岩中。美国犹他州，侏罗纪，纳瓦霍砂岩

(b)风化出的树根，保存为方解石胶结砂岩

(c)原位树根作为模具在方解石胶结的砂岩边缘保存

(d)较小的原位植物根系被方解石晶体交代。端截面视图

图 9.66　通过化学交代保存的植物结构

注：示例 (b)、(c) 和 (d) 来自美国犹他州二叠纪的雪松台地砂岩。

问题5：这些遗迹可能是由动物系统地耕种洞穴系统两侧造成的吗？这些痕迹是否形成了系统化且不重叠的洞穴？永久居住和觅食活动是否结合在一起？

这种痕迹称为耕作和诱捕遗迹：耕作迹（见图9.63和图9.64）。复杂的、规则的弯曲、环状、螺旋、网和六边形、多边形分支模式（例如古网迹、丽线迹和旋线穴）就是一些例子（见图9.57、图9.67）。关于保存模式，由于后续侵蚀仅能切割至硬化洞穴填充平面，此类遗迹是否会出现在地层顶面或上覆事件层底部还有待验证。

问题6：这些遗迹是否可能是动物在沉积物中寻找食物时挖掘的洞穴？

支持这一观点的特征是单支、分支或不分支、圆柱形到弯曲、径向轴或U形洞穴，与层理成不同角度。也可能存在复杂的、平行于同心的、水平的重复洞穴（蹼状构造），且洞壁无衬里（见图9.63）。这些构筑物是由“地下矿工”动物短暂的穴居造成的，即基本上是沉积物饲养者。此外，它们还寻求安全的住所和避难所。一个重要特征是放射状或U形洞穴彼此不接触，因为动物通常会因其毒性而避免先前开采的沉积物。这些痕迹是由多毛类蠕虫等底栖和底栖沉积物食肉动物留下的，被称为觅食迹。这些遗迹与放牧（觅食迹）和居住（居住迹）结构有关（见图9.63、图9.64）。例如足节状藻迹、根珊瑚迹、动藻迹（见图9.67）、轮叶迹和罗塞尼迹。

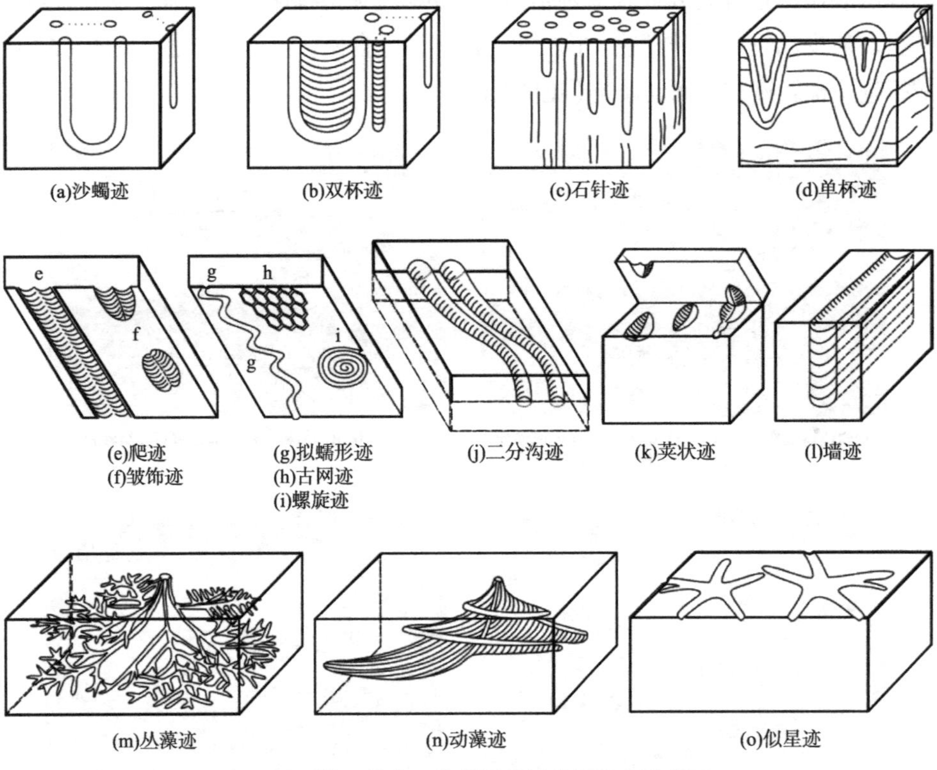

图9.67 练习找出一些常见遗迹化石的行为模式

注：描述每种遗迹化石的形态及其与发育基底的关系。将它们分为文本和图9.63、表9.3、图9.64中描述的一个或多个行为学（行为）组。分析产生每个痕迹的可能动物群。指出每一个遗迹化石是否可以作为一个顶底的指示。据Frey（1975）和Basan等（1978）。

问题7：这些建筑可能是悬浮进食者或食肉动物的住所吗？

表明这一点的特征是简单的、分叉的或与层理垂直或倾斜的U形洞穴，或具有垂直和水平分量的分叉洞穴。有些遗迹缺乏弹性，有黏液胶结的沙子、淤泥或黏土衬里的壁。它们可能是或多或少被悬浮食客或活跃食肉动物永久占据的钻孔或洞穴。这些动物通过给房屋加衬来加固墙壁，但没有回填。这些形式是由悬浮饲养（如虾），或由捕食管栖蠕虫或节肢动物清道夫（如螃蟹）建造的，被称为居住迹。它们与摄食和休息遗迹密切相关（图9.63、图9.64）。例如石针迹、沙蠋迹、双杯迹、海生迹、钻孔遗迹和蛇行迹（见图9.57、图9.67）。

问题8：这些构造是否是由于生物体在沉积物表面逃避不利条件而向上或向下移动造成的？遗迹是否大致呈圆柱形、亚垂直且缺少衬里？它们是垂直重复的静止遗迹，层板同心、成梯队还是形成U形或嵌套漏斗？

在洞穴或其他类型的结构中是否存在“U-in-U”蹼状构造，这可能反映了半固定式悬浮觅食器（例如双壳类动物）相对于原始沉积物表面向上或向下的位移，作为对侵蚀或沉积的响应。完整的形态可以保存在记录沉积事件的地层中。这些逃逸遗迹被归类为逃逸迹（见图9.63、图9.64），与休息迹和居住迹洞穴重叠，并罕见地过渡到觅食和放牧迹，尽管命名的遗迹不太可能揭示对界面位置变化的快速反应证据。例如，在双杯迹和荚状迹中，在单杯形体中，在具有漏斗或后倾基部的石针迹中，以及在细长的蛇形迹中发现（见图9.57、图9.58）。这种类型的行为与寻求平衡的遗迹制造者的行为有重叠，重点是重新调整基底中的位置（见下面的问题17）。然而，逃逸遗迹通常会保留指示快速疏散的证据。

问题9：这些痕迹是否是由于基质中的动物不断调整它们的洞穴，使其达到平衡水平，从而逐渐增加和降解海洋或湖泊的沉积物和水位？

这种调节痕迹是平衡痕迹（见图9.63）。例子包括双壳类调节遗迹、石针迹和双杯迹，它们显示出细微间隔的后伸或前伸痕迹（见图9.57、图9.58、表9.3、图9.67），暗示生物水平相对于床面的反复微小调节。

问题10：这些遗迹可能是由掠食者和被掠食者之间的关系造成的吗？也就是说，是由骨头、贝壳、珊瑚等坚硬物质的生物侵蚀造成的吗？它们能代表啃咬，或者是腹足动物或头足类动物在其他生物如双壳类动物的壳上钻的圆孔吗？

菊石上的咬痕可能是由水生爬行动物造成的，贝壳边缘的碎片可能是由螃蟹等生物攻击造成的。这些痕迹可能是由掠食者跟踪并捕捉猎物而产生的。例如，两组脚印，一组记录被捕食动物，另一组记录追逐的掠食者，这些被称为捕食迹（见图9.63、图9.64），应该与觅食迹相区别。

问题11：这些结构是否建造在原始基质之上，例如，作为泥巴蜂巢、白蚁群落，或作为某些海洋蠕虫（多毛类）的结构？

例如砂管（见图9.63）。在构造（如白蚁丘）胶结良好的地方，可以保存此类古代遗迹，以便在周围发生沉积时抵抗侵蚀，直至掩埋。

问题12：这些构造是否可以作为保护幼虫或养育幼崽的场所？

这些罕见的构造被称为孵化迹，例如蜜蜂卵、恐龙蛋巢或甲虫孵化洞穴（见图9.63）。

问题13：当氧气含量较低时，构造是否会受到微生物化学相互作用的影响？

这些遗迹被称为生物化学共生构造（见图9.63），可能与诱捕和园艺有关（耕作迹）。示例包括复杂的分支痕迹，如丛藻迹（见图9.67）。

为了熟悉这些术语、特征和问题，试着将图9.61、图9.62、图9.67中描绘的遗迹化石分类到一个或多个这些行为类别中，并在适当的时候解释一系列事件。然而，这不能代替在野外或实验室的工作。

9.4.3 遗迹分层

几种类型的遗迹化石经常被发现彼此紧密结合，表明了多组生物之间复杂的相互作用。在特定环境条件下，沉积物表面上下方发生的植物和动物活动的典型特征是产生痕迹生物体的集合，每个生物体在基底上或内部占据特定的位置或层次（见图9.68、图9.69）。为了适应不同的体型和数量，以及不同的进食、呼吸和生存方式，底栖动物层层占据宿主沉积物。当沉积物沉积发生时，生物体向上移动，根据新的“平衡”表面和条件重新生活。结果，一层层的遗迹向上移动，使较低的遗迹叠加在较早形成的遗迹上，从而早期形成的层套在更高的构造上。图9.70显示了分层生物扰动对不同假设状态的影响。在比较现代和古代环境时，重要的是要认识到，生物学家主要看到沉积物表面或沉积物表面正下方分层形成的活动遗迹。相比之下，地质学家认为岩石露头主要由遗迹化石构成，这些遗迹化石主要产生于深层，并有选择性地从深层保存下来。

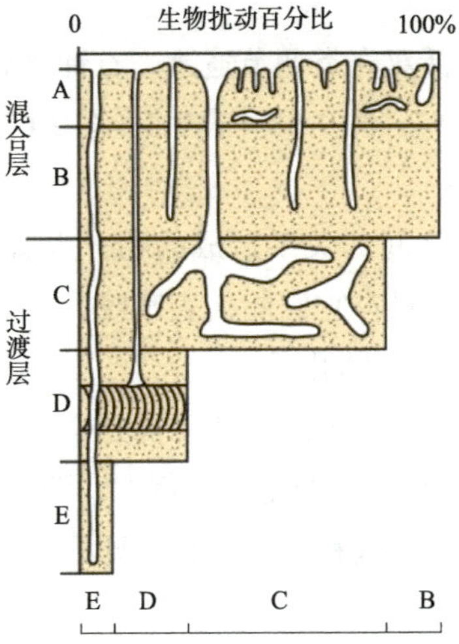

作用过程	活动层/%	生物体/遗迹
均质化	87	穴居者对表层底栖生物的扰动和均匀化
加工输送	5	专门吃沉积物的蠕虫
掘露天洞穴	4	以沉积物为食的甲壳动物
回填和蹼状构造	2	取食氧化还原水平线以下的营养物的深层沉积蠕虫
居住迹和倒转搬运沉积	2	开采硫化物井结构的寄居者

图9.68 表示5个活动级别的分层生物扰动模型（A–E）

注：对于每一层，建议了沉积物周转的数量和类型，每一层中活跃的占整个群落的比例，以及每一层中存在的生物体或遗迹类型。底部的比例表示各层中最终保存的遗迹结构。据 Bromley（1996），略修改。

你可以根据露头中看到的证据尝试以下方式构建分层图：

（1）仔细观察并绘制代表性露头剖面，特别注意所有交叉关系。

（2）在不同尺度上拍摄露头和单个地层。

（3）清理出露的岩层并打出手标本（注意不要打碎露头）。

（4）选择并安全地标记具有已知方向的关键岩块，以便在实验室进行剥离，但仅作为认真研究的一部分，并获得适当许可。

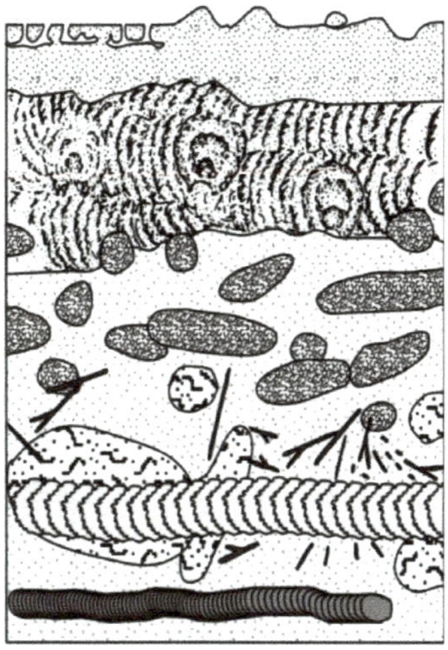

图 9.69　在非洲西北部近海 2~3.5 km 水深处采集的箱形岩心中发现的痕迹分层图，混合层中显示了地表痕迹和捕食痕迹［据 Wetze（1984），略修改］

9.4.4　遗迹组构和生物扰动

沉积单元中存在的遗迹化石及其相互关系构成了遗迹组构。生物扰动是对原始沉积物的改变，这是由生活在宿主沉积物上及内的动物和植物的活动引起的。因为遗迹化石是沉积构造，几乎在所有情况下，它们都是在发现的地方形成的，代表了它们对基质的物理、化学和有机性质的反应，因此是原始和后续环境条件的敏感指标。遗迹组构可以提供关于食物供应、沉积物性质及其沉积（粒度、分类、渗透性、孔隙度、沉积速率，特别是罕见事件的沉积速率）、温度、水深、波浪和水流强度、水流方向、间歇性但暂时侵蚀的时期、食肉动物、骨骼退化、氧气水平、盐度值和随后的成岩作用的宝贵信息。

在采用系统的方法来描述现有的遗迹组构类型时，可能会提出几个一般性的问题：

（1）潜穴分布是否密集，相互穿插？如果是这样，沉积物应该被称为具有生物扰动构造或遗迹组构。

（2）潜穴常见但不明显吗？如果是这样，潜穴斑点这个术语可能更合适（见图9.57）。

（3）构造是否保存完整（见图9.58）？

（4）铸体的壁与铸件主体的成分不同吗，就像在砂中的潜穴被一层或多层黏液或由泥制成的粪便颗粒所覆盖一样？

（5）遗迹是否包含内部构造，例如蹼状构造或回填薄层（见图9.56）？

（6）有没有区分交叉切割关系，并找出是根据洞穴演变还是同时生活在不同深度（层次）的不同群落来解释这种构造（见图9.70）？

（7）是否有通过使用生物扰动指数（见下文）或单个微量化石“物种”的数量（通过使用物种多样性度量——见图9.70和第9.4.5小节）来量化生物扰动的强度？

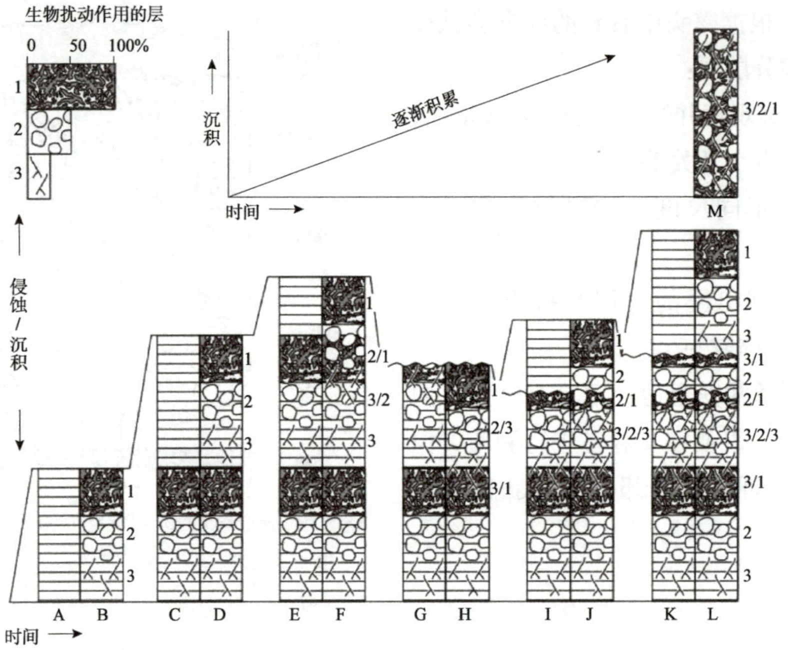

图 9.70　基于左上角显示的体系，不同沉积体系中分层生物扰动的影响

注：沉积是一系列离散事件的结果，会产生许多不同的影响。（A）、（B）快速沉积后不再沉积（遗漏）允许生物生长。（C）比生物扰动区厚的层快速掩埋，第一个生物扰动层可以保存。（D）新的生物生长。（E）、（F）薄层沉积导致生物叠加，并产生再生碎片。（G）、（H）侵蚀之后是非沉积，接着是侵蚀表面产生生物扰动。（I）轻微侵蚀，然后沉积。（J）侵蚀面不是生物活动稳定面，很大程度上被后来的生物扰动所消除。（K）和（L）由数字指示的叠加生物层。（M）逐渐增生的结果是具有特征性横切关系的遗迹组构的发育。据 Bromley（1996），略修改。

在某些沉积序列中，显示出很少继续存在的原生沉积构造并不罕见。相反，由于强烈或长期的动植物活动，会出现看似混乱的生物扰动遗迹构造（见图9.57）。为了观察、记录和解释这种明显的扰动构造，在描述和分类整个演替之前，有必要确定任何存留的原生构造，然后使用生物扰动指数（见表9.4）或遗迹组构指数（见图9.71）估计几个关键层面的生物扰动强度。

表 9.4　生物扰动指数，用于确定生物活动干扰原生（原始）沉积结构 / 构造的程度

［据 Taylor 和 Goldring（1993）；Goldring（1999），略修改］

生物扰动指数（BI）[a]	生物扰动百分数/%[b]	分类
0	0	未扰动
1	1~5	稀生物扰动：少量离散遗迹或逃生结构
2	6~30	低生物扰动：层理清晰，遗迹密度低，逃逸构造通常很常见
3	31~60	中度生物扰动：层理边界突变，遗迹离散
4	31~60	高度生物扰动：层理边界不明显，遗迹密度高，常见重叠
5	31~60	完全生物扰动：由于复杂叠加造成的沉积物再次活动
6	100	强烈的生物扰动：层理完全被扰动（仅可见），有限的再次活动，随后洞穴离散分布

[a] 每个级别都是根据原始沉积结构的清晰度、洞穴丰度和洞穴重叠量来描述。

[b] 使用百分比作为指导，而不是作为一个绝对的级别划分。

对于生物扰动指数的解释并不容易。总的生物扰动表明，基底为动植物提供了合适的环境，生物改造的速率超过了沉积速率，因此有时间充分混合（搅动）沉积物。除此之外，还可能应用了许多相互关联的因素：生物密度、水温、关键生物扰动物种的存在与否、其活动的类型和速率、生物体的生活层次。不同层次或生活方式的不同类型的可能导致总的遗迹混合。

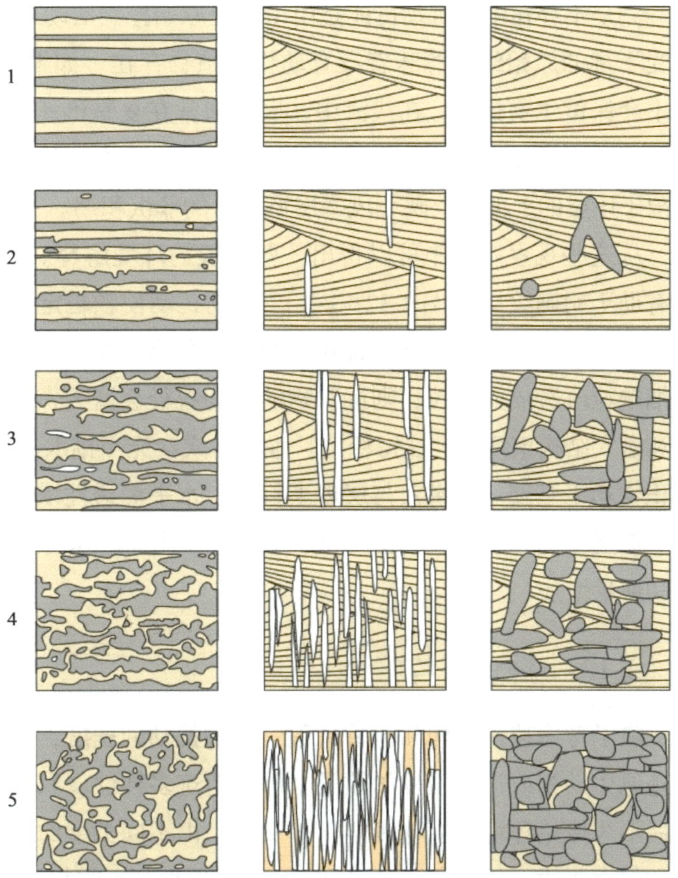

图 9.71　各种基底类型的遗迹组构和生物扰动强度指数（1~5）

注：左图：砂泥岩互层。中间：槽状交错层理砂岩。右图：以遗迹为主的槽状交错层理砂岩。据 Droser 和 Bottjer（1986），略修改。

不完全的生物扰动表明，应力因素阻止了更多的改造。这可能是更高的沉积速率和/或更具活力的沉积状态导致的（见图9.72），尽管存在其他因素，如影响生物多样性的盐度变化，或氧气、营养物的有限性。为了识别可能的负面因素，有必要识别和量化单个遗迹属，评估遗迹的质量，以及解释沉积物的性质和来源。

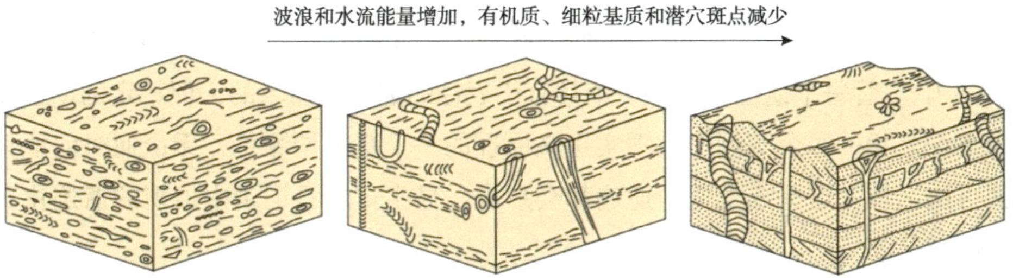

(a)具有高度斑驳纹理的粉砂岩；遗迹化石被压缩，可识别类型很少。层理面上形成的痕迹和踪迹很少

生物扰动指数：5~6

(b)非常细粒砂岩，大而丰富的斑点，包含单独可识别的发育良好的潜穴。在层理平面上形成的痕迹和踪迹

生物扰动指数：3~4

(c)干净粗粒砂岩，平面显示交错层理；无斑驳纹理；许多潜穴可辨认。在层理平面上形成的痕迹和踪迹

生物扰动指数：1~2

图 9.72　显示了生物扰动随沉积环境中能量增加而变化的模式

［据 Frey（1975）；Howard 引自 Basan（1978），略修改］

完全不存在生物扰动可能是由于缺乏原始挖洞活动或未能保存以前的生物结构所致。未受干扰的原始纹层意味着没有动物和植物存在。如果间歇性侵蚀比再沉积切割更深，则不会保留生物扰动。在浅海中，底层通常在夏季迅速受到生物扰动，但在冬季风暴的作用下，底层被完全改造成原始的物理构造。在存在风暴层的地方，最强烈的洞穴通常局限于该层的上部，反映了风暴层形成后的非沉积期。

从这些观察结果中可以得出一些一般的环境解释。生物扰动倾向于使粒度均匀化，这有助于明确纹层［图9.72（a）］。生物扰动使颗粒定向，改变了沉积物的孔隙度和渗透率结构。如果粗细纹层混合在一起，沉积物会保持较高的含水量，成岩会延迟。如果将细颗粒改造成粪球粒，则沉积物的平均粒径会增大，分选性也会增强。当沉积物被树根和潜穴结构束缚时会变得稳定。垂直潜穴会充当排水通道，垂直于层理的渗透性增加，沉积物趋于坚硬。当潜穴与层理平行时，水平渗透性增强。如果潜穴边缘有衬里，则会影响渗透率路径。开放的潜穴大大延长了沉积物-水界面，并导致基底内的地球化学反应和通量增加。

9.4.5　遗迹多样性

除了考虑遗迹组构和演替过程中生物扰动的程度，还需要通过计算单位时间间隔内遗迹原生动物或遗迹物种的数量来确定遗迹多样性。利用这一点，可以估计沉积时和沉积后不久原始环境的生物多样性。然而，由不同类型的生物和行为所产生的遗迹具有不同的保存潜力，因此保存下来的遗迹多样性可能不能完全反映环境的原始生物多样性。此外，要记住，同一生物体的不同行为可能产生不同的遗迹；相反，不同生物体的相似行为模式可能只产生一种遗迹。

9.4.6　化石遗迹相及其环境意义

遗迹相一词是指在时间和空间上重复出现的遗迹化石特征的组合，直接反映了环境条件，如水深、盐度和基底特征（例如软底、坚底和硬底）。已识别出多个不同的遗迹相（见表9.5）。尽管每个遗迹相都以一个具有代表性的遗迹属命名的，但特定的遗迹属并不一定存在于该相的每个实例中。现实主义原理的一个基本预测是，无论何时何地只要特定条件再次出现，这些或类似的遗迹都会形成，显生宙岩石记录中出现的遗迹化石似乎支持了这一点。

一旦解释了遗迹形成的有关过程，就可结合沉积学和遗迹学的观点，更好地确定遗迹形成的环境。例如，生物和其他环境因素不太容易推断，但可以从沉积物中的行为痕迹有把握地推断出基底坚实度和能量水平。

4种公认的遗迹相基于能量水平和海洋水深（见表9.5）。石针迹相反映高能滨面条件，爬迹遗迹相反映中等能量、砂质粉质泻湖/陆架，动藻迹遗迹相反映低能、从大陆坡至深海平原条件，类沙蚕迹遗迹相反映了在以泥为主的区域中受砂快速沉积影响的领域，例如，由于斜坡和深海平原环境底部的浊积沉积。J形迹遗迹相主要与沙质后滨和边缘海洋环境有关，而由于非沉积时期，以坚实地面到坚硬地面为特征的舌菌迹遗迹相主要出现在海洋领域。钻孔遗迹相是成岩（岩化）基底中钻孔的特征。船蛆迹遗迹相是林地的特征；例如，河流和三角洲平原环境以及河流–海洋过渡带中的木材堵塞。表9.5描述了这些遗迹相，鉴定它们的典型遗迹属组合，以及记录的主要环境条件。

斯柯茵迹遗迹相主要与大陆、淡水湖泊和河流环境相关，其中发育砂质粉土和泥质硬土。进一步提出了更多的非海相、更不常见的遗迹相；低能、松散和软地淡水浊积岩环境的梅米亚遗迹相，以及古土壤中昆虫洞穴的粪球类遗迹相（见表9.5）。此外，沙蠋迹遗迹相被认为是机会繁殖层，是湖泊或海洋环境中罕见的泥沙沉积事件的结果。

表 9.5 与环境背景有关遗迹相［据 Seilacher（1967）、Crimes（1975）、Frey（1975）、Basan（1978）、Frey（1975）、Pollard（1982），Pemberton 等人（1992）和 Hasitosis（2002）］

遗迹相	一般非海相	斯柯茵迹	钻孔	船蛆迹	舌菌迹
典型环境	冲积扇、河流及其泛滥平原、湖泊、风成沙丘和古土壤	短暂湖泊的海岸线，水流缓慢的河漫滩区域	坚硬底面、礁、石质海岸、海滩岩石和其他遗漏表面	木材碎片堆积的地点：河流、三角洲、湖泊、海岸	环境广泛，在坚固、未接触的基底上繁盛
能量（波浪/风）	从低到高	低到中等	高	中等	中高能，波混合频繁
Eh	氧化	氧化	氧化	氧化	氧化
盐度	淡水，可能少量是盐水	淡水，可能少量微咸	正常	正常	正常
温度	每日变化	每日变化	每日变化	每日变化	每日变化
光照	每日变化	每日变化	每日变化	每日变化	每日变化
基底（沉积物类型和硬度）	砂泥，松软地面，非常稳定	砂或泥，软地面至硬地面，非常稳定	岩石坚硬，稳定。钻孔壁切开硬底	木质或含碳量高的基底（林地）	砂子=泥、坚硬地面、再作用面、侵蚀面
生物多样性	低到中等	低	中等	低	低
丰度	低到中等	低	中等到高	低至高	高
优势生物和痕迹	水平洞、遗迹和踪迹 水平至近垂直近地表洞穴 多方位到多组分（带腔室）次表面钻孔 痕迹（根石）	小型、水平衬里、回填洞穴 弯曲到弯曲的进料穴 垂直无衬里圆柱形至不规则轴 蜿蜒爬行的痕迹和小径	圆柱形到花瓶形、撕裂形或U形到不规则的悬挂式喂食器或被动食肉动物的居住孔 海藻食草动物的锉齿和啃齿痕 垂直基底定向的钻孔	杆形钻孔，壁饰有主体基底的纹理（例如树轮压痕） 海洋环境中的短柱状至细长柱状开挖 在非海洋环境中进行较浅的蚀刻	节肢动物、软体动物、棘皮动物、珊瑚、“蠕虫” 垂直和倾斜的“耳形”洞穴 主要是悬挂式给料机 由于动物生长而引起的蹼状构造

续表

遗迹相	J形迹	石针迹	爬迹	动藻迹	类沙蚕迹
典型环境	后滨，海岸沙丘冲刷扇，潮坪	前滨和滨面，沙坝和沙嘴，一些潮汐三角洲和海底扇	晴朗波基面和近海过渡带的浅水	在基本上没有浊流的地区，经常低于风暴波基面，但变化不大	半深海至深海，安静但含氧环境
能量（波浪/风）	能量水平变化极端	高能、接近恒定混合波	低能量、频繁的波浪混合（风暴作用可能会引入石针迹）	低能，混合波非常罕见，密度流罕见	没有混合波浪，一些密度流，一些海流
Eh	氧化	氧化	氧化	氧气减少，有机物含量高	有限的氧气（来自密度流的输入），通常不缺氧
盐度	有变化：新鲜，微咸，正常海洋，很少高盐	大多正常	正常	正常	正常
温度	每日变化	每日变化	季节性变化	<10℃，无变化	2~10℃，无变化
光照	每日变化	每日变化	上部每日变化	无	无
基底（沉积物类型和硬度）	可变数量的砂和泥，软地面，再沉积，高度流动性	砂>泥，软地面，再沉积，高流动性松散颗粒基质	泥=砂，稳定的软地面，罕见的再沉积和波痕	泥，除滑动和密度流动外稳定	浮游泥占优势，除密度和洋流外，大部分稳定
生物多样性	低	低	高	低	中等（高于动藻迹）
丰度	低	高	高	低至高	低，但似乎更高，因为积累速度慢
优势生物和痕迹	无脊椎动物（捕食者或食腐动物）、脊椎动物（捕食者或食草动物） 垂直竖井，球根状，不规则的J形或U形聚居构造 无脊椎动物和脊椎动物爬行和觅食痕迹、脊椎动物足迹、粪化石	节肢动物、软体动物、棘皮动物、珊瑚、“蠕虫” 不分枝垂直洞穴 主要是悬挂式供给	节肢动物、软体动物、棘皮动物、珊瑚 水平爬行和放牧的痕迹比倾斜的洞穴更丰富 分层主要是沉积物供给	节肢动物、多毛类蠕虫、半脊索动物（如橡子蠕虫）、棘皮动物 复杂的水平放牧和浅食痕迹，倾斜的叶状、带状、螺旋状。 生物扰动泥沙搅拌器、供给者	节肢动物、多毛类蠕虫、半脊索动物（如橡子蠕虫）、棘皮动物 投射、爬行、掠迹、平面和曲面上的蹼状构造 沉积物食草动物、耕作迹

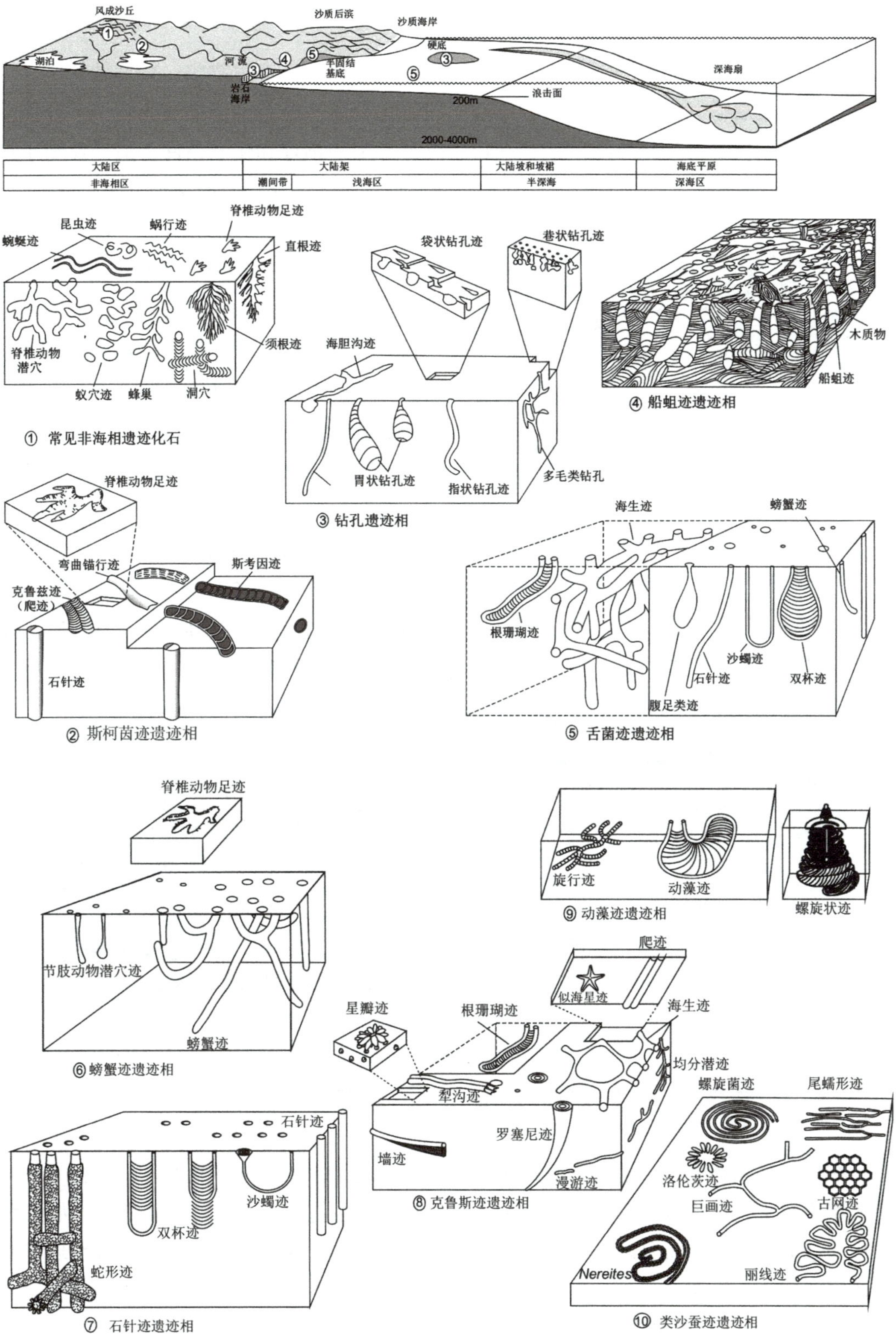
风成沙丘
沙质后滨
沙质海岸
湖泊
河流
硬底
半固结
基底
深海扇
岩石
海岸
浪击面
200m
2000-4000m
大陆区
大陆架
大陆坡和坡裙
海底平原
非海相区
潮间带
浅海区
半深海
深海区
蜿蜒迹
昆虫迹
蜗行迹
脊椎动物足迹
直根迹
脊椎动物
潜穴
蚁穴迹
蜂巢
洞穴
须根迹
① 常见非海相遗迹化石
袋状钻孔迹
巷状钻孔迹
海胆沟迹
胃状钻孔迹
指状钻孔迹
多毛类钻孔
③ 钻孔遗迹相
木质物
船蛆迹
④ 船蛆迹遗迹相
脊椎动物足迹
弯曲锚行迹
斯考因迹
克鲁兹迹
（爬迹）
石针迹
② 斯柯茵迹遗迹相
海生迹
螃蟹迹
根珊瑚迹
沙蠋迹
石针迹
双杯迹
腹足类迹
⑤ 舌菌迹遗迹相
脊椎动物足迹
节肢动物潜穴迹
螃蟹迹
⑥ 螃蟹迹遗迹相
旋行迹
动藻迹
⑨ 动藻迹遗迹相
螺旋状迹
爬迹
似海星迹
海生迹
星瓣迹
根珊瑚迹
均分潜迹
犁沟迹
罗塞尼迹
墙迹
漫游迹
⑧ 克鲁斯迹遗迹相
石针迹
双杯迹
沙蠋迹
蛇形迹
⑦ 石针迹遗迹相
螺旋菌迹
尾蠕形迹
洛伦茨迹
巨画迹
古网迹
Nereites
丽线迹
⑩ 类沙蚕迹遗迹相

表 9.5 附图

9.4.7 遗迹化石的用途

本节总结了遗迹化石在沉积中的主要用途，并讨论了在古生物学、构造地质学、大地构造学、地层学和应用地质学中的用途。遗迹化石越来越有助于描述当今许多环境条件，因为它们反映了生物体之间的相互作用以及特定的物理和化学条件。遗迹反映了许多过程，这些独特的生态过程和沉积环境是均变论和现实主义模型的基础。

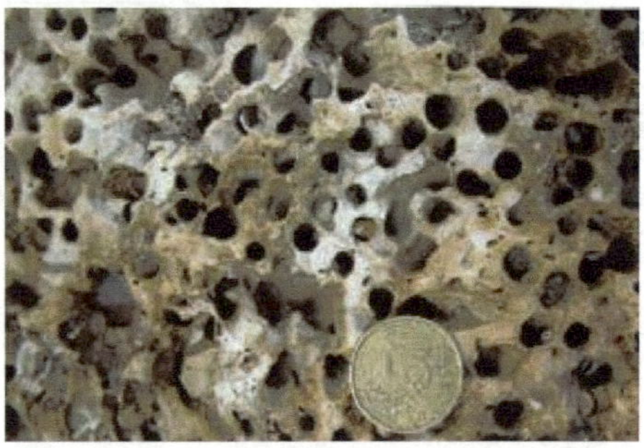

图 9.73 被石蛏强烈钻孔的白云石，一种钻入碳酸盐岩的海洋双壳类软体动物，由此产生的遗迹化石是胃形钻孔迹化石（英国达勒姆县，二叠纪，洛克组白云石钻孔，现代示例）

遗迹化石可以显示沉积是连续的（以相对缓慢或较高的速率）还是不连续的（以具有或不具有侵蚀的可变速率），如图9.62所示。它们可以指示基底硬度（见图9.61、表9.5）和活动时的通气程度，以及沉积物被重新改造的程度。一些遗迹化石是古水流的指标，如潜穴和停息迹具有优选方向，产生遗迹的生物体与水流一致，无论是为了觅食还是辅助稳定性［例如，定向形式的洛基亚迹，图9.57（h）、图9.67（k）］。钻孔表示生物钻入的硬底（见图9.73）。船蛆迹记录了生物体（某些双壳类物种）钻入林地的过程（见图9.74）。

(a)钻孔很深的木头化石

(b)部分钻孔的较大木块。木头长0.6m

图 9.74 白垩纪至现代海洋双壳类产生的带有动物钻孔、圆齿石铸型的木化石，它们附着在原位或木筏上（如漂流木）

注：这些遗迹化石表明底栖动物钻入木质基底（林地），在浅海、潮汐和三角洲成因的序列中很常见。这两个例子都来自美国犹他州白垩纪的奈斯伦地层。

在描述沉积环境时，遗迹化石提供了原地生命的记录，在许多情况下，保存下来的遗迹相是宿主沉积物沉积环境的一个有价值的指标。在有机活动破坏或掩盖了原始沉积结构的地方，遗迹化石是环境性质的唯一线索。从大陆到深海，几乎所有的沉积环境都形成了遗迹，但许多形式的狭窄环境范围反映了遗迹制作者对特定生态条件和基底偏好（见表9.5）。它们大量存在于碎屑岩中，通常缺乏实体化石，例如由于贝壳的溶解。这意味着古环境仍然可以根据有机活动来解释。显生宙中某些遗迹的时间范围广泛，允许比较不同时代的岩石古生态学。

在古生物和古生物学中，遗迹化石记录了灭绝生物的行为模式（例如三叶虫的觅食、移动和保护活动），这些信息不能从实体化石本身收集。此外，遗迹化石记录了只有柔软部分的生物的活动，因此没有留下其他记录。因此，它们增加了地质记录中已知化石组合的多样性。这为以前的生命形式提供了更广泛的样本，并促进了对化石行为进化的理解。遗迹化石也有助于阐明晚前寒武纪岩石中的问题，这些岩石中通常不存在实体化石，遗迹化石记录了后生动物出现等重要事件。对大陆沉积物中陆生节肢动物的独特遗迹和古土壤中的潜穴的了解，有助于认识生命史上的重要事件，如古生代早期动物入侵土地。粗颗粒沉积物中存在的遗迹，在磨损和风化（特别是氧化）活跃的地方，破坏了生物的硬部分和软部分，有助于弥合几个古生物的差距。脊椎动物，如蟾蜍兽（一种“手兽”——可能是下三叠纪早期的古龙）的生产者，只从它们的脚印和踪迹中得知，这为早期爬行动物的进化辐射和习性提供了重要的证据。事实上，许多爬行动物的证据只能从它们在风成沉积物中的遗迹中得知。

在构造地质学中，生物对重力和光线作出反应，向下生长或向上移动，并且在水平面上不对称，这使得它们的踪迹成为极好的小规模“顶底”指示器（见图9.67）。此外，压实和变形的定量估计取决于变形前对已知物体形状的识别（见图9.75）。洞穴是这样的，在使用时需要非常小心。当周围的泥浆被强烈压实时，一些填砂的洞穴在层面上变成扁平的薄膜。U形洞穴特别有用，因为可以重建应变椭圆，有助于定量估计压实、压缩、旋转和变形而产生的应变。

在大地构造学中，遗迹组合有助于确定动物大区。例如，北大西洋晚寒武世至早奥陶世的某些独特遗迹可归因于阿瓦隆省的三叶虫，其他的可归因于劳伦省。这一证据促成了目前关于这些省份当时被伊阿佩托斯海洋分隔的观点。

在地层学中，许多遗迹化石的时间范围很长，限制了它们在生物地层学或年代地层学中的应用，但短范围的形式，如某些类型的爬迹，可以用来确定下古生代硅质岩序列的年代。脊椎动物足迹为三叠纪的地层学提供了世界性的基础。这两个例子记录了在这段时间内的快速演变，因此产生的相关性很可靠。遗迹化石也有助于生成和控制各个地层时期的古地理重建。自20世纪70年代末以来，遗迹化石分析大大加强了层序地层学的概念和应用。遗迹组构和遗迹相的变化允许识别反映区域性沉积间断或海洋洪水事件的关键地层表面。

最后，遗迹化石在应用地质学中有相当大的用途，特别是在石油工业中。如果要对沉积环境以及烃源岩、储层和盖层的范围进行有价值的预测，对第9.4节中概述的概念和技术的理解很有用，甚至是至关重要的。幸运的是，遗迹化石在岩心中显示得很好，在岩心中观察它们的三维性质通常比在露头处更容易。认识到生物扰动是导致低孔隙度和低渗透率的块状砂岩的原因，在储层质量预测中很重要，并且潜穴可以改变一些储层的定向渗透率分布。

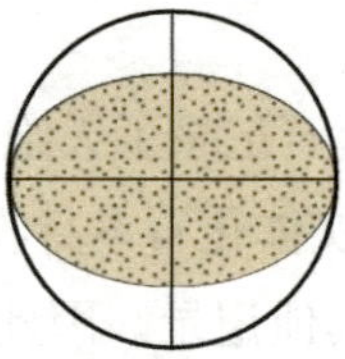

(a)潜穴的椭圆轮廓(点画)，可通过构造一个圆圈来确定压实百分比，以表示未变形潜穴的轮廓。然后可对未变形圆和椭圆的轴向长度进行比较。这种方法假设原始未变形洞穴的形状为圆形

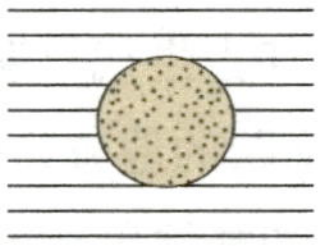

(b)挖洞后未压实

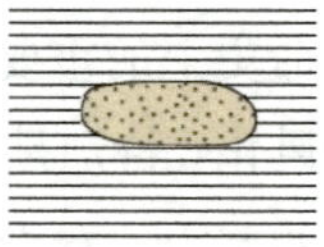

(c)测量潜穴压实度可确定宿主沉积物的压实度

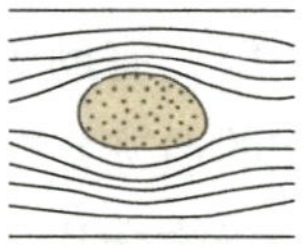

(d)寄主沉积物更为致密，洞穴周围的纹层变形；因此，在洞穴填充物为粗粒情况下，潜穴的压实值小于宿主沉积物的压实值

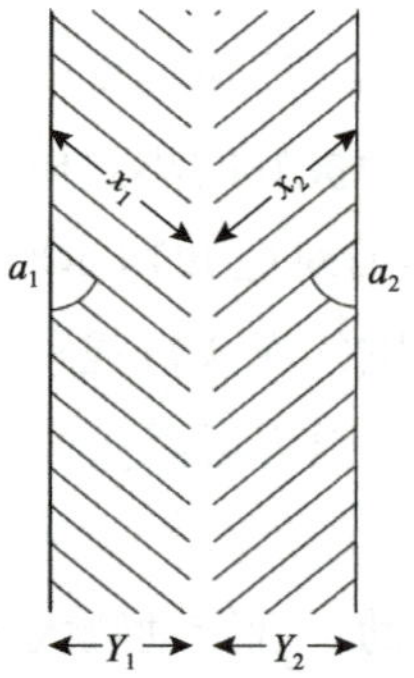

(e)构造变形对爬迹的影响。在未变形状态下，通常$x_1=x_2$；$a_1=a_2$；$Y_1=Y_2$。压缩或剪切的任何增量都会干扰相等性，并可用于在平面痕迹上量化二维变形。漫游迹、丛藻迹和比肯迹是研究中最常用的痕迹

图 9.75　使用遗迹化石研究变形［(Crimes 转引自 Frey (1975)]

9.4.8　遗迹与无机沉积构造的混淆

在某些情况下，遗迹可能与无机沉积的原生和次生构造相混淆。活跃的三叶虫留下的痕迹是一种遗迹化石；成年三叶虫死亡或甲壳撞击形成的痕迹是一种无机构造，即工具痕迹（跳跃铸型）。在涉及潜穴时，混淆尤其常见，因为它们与气坑（多毛类蠕虫的觅食痕迹）、空气逸出孔（端足类甲壳类沙虫的洞穴）、锥形断裂模式（觅食洞穴）有关，砂火山和火山熔岩——快速产生的沉积物构造。在其他情况下，障碍物冲刷被描述为遗迹化石芽生藻，细沟痕迹被描述为树状藻，蜿蜒的等级泥裂缝被描述为满洲藻，干扰波痕被描述为蝌蚪巢穴，卷曲或扭曲层理被描述为生物扰动。可能性是多种多样的；当发现一个明显新颖的遗迹化石时，重要的是要产生广泛的工作假设。

9.5 学习技巧

1）野外经验

由无机或有机干扰产生的构造几乎在任何环境中都可以找到，但是发现它们时，它们形成过程已经停止。沙滩和河流及河口沙洲是地质学家通过冲压使含水砂流化的好地方，改变颗粒堆积和孔隙水压力，使沉积物变得很快。通过实践，会产生砂火山。在干涸的池塘和静止的池塘中可以观察到干燥和同生裂缝（例如在潮间带或河流区域）。大规模的陆上滑坡很容易研究，可以与滑塌相比较。可以在许多温带和热带地区研究形成结核的土壤剖面。在潮滩广泛存在导致生物扰动的生物活动。

2）实验室经验

快速脱水与脱水相关的物理变形结构可以在实验室中产生，方法是用水饱和细粒（理想情况下为泥）沉积物部分填充一个狭窄的玻璃容器，深度为0.15~0.2m。快速添加0.15~0.2m厚的干砂或湿砂层，增加已经饱和水的细粒沉积物上的压力，产生负载和火焰结构、泥火山，以及片状脱水结构。

用饱和水的泥填充平底塑料托盘观察干裂缝的形成，深度为0.05~0.1m。将托盘放在温暖的位置（如窗台上），让沉淀物在几天内干燥。随着水的蒸发，沉积物表面的张力将增加，直到干燥裂缝开始发展。每12h拍摄一次沉积物表面，建立一个延时图像序列，作为裂纹生长的记录。重复实验，在沉积物表面切割出凹槽，以便“播种”裂纹的发展。用不同成分的粉质泥重复实验，并注意这是否会影响裂缝网络的形状。

生物变形构造（生物扰动）可以在实验室中通过用湿泥、淤泥和沙子（每层0.01~0.03m厚，最好是不同颜色的）交替填充在一个狭窄的（0.05m宽）玻璃池内，并放入活的无脊椎生物（理想是蚯蚓）来观察。在几天的时间里，观察生物的挖洞和搅动沉积物的活动及其如何使原本水平的沉积层变形。使用生物扰动和遗迹组构指数测量变形强度（见表9.4、图9.71）。大约一周后，沉淀物会变得完全均匀。每12h拍摄一次水箱侧面，建立一个延时图像序列，作为生物扰动进展的记录。

推荐参考文献

[1] Bromley, R. G. 1996. *Trace fossils: biology and taphonomy*. A very useful place to start understanding the assemblages and relationships of trace fossils.

[2] Frey, R. W. (ed.) 1975. *The study of trace fossils*. A classic of its time, with a series of well illustrated wide-ranging papers on all types of trace fossils.

[3] Goldring, R. 1999. *Field palaeontology*. Useful advice on how to observe and record trace fossils and bioturbation in the field.

[4] Hasiotis, S. T. 2002. *Continental trace fossils*. A simple and well illustrated guide to the study of non-marine

trace fossils.

[5] Jones M. E. & R. M. F. Preston (eds) 1987. *Deformation of sediments and sedimentary rocks*. Papers dealing with deformation at a wide range of scales, from microscopic fabrics to large-scale tectonics in particular settings.

[6] Knaust, D. & R. G. Bromley 2012. *Trace fossils as indicators of sedimentary environments*. Detailed yet accessible consideration of trace fossils and their palaeoenvironmental significance.

[7] Lowe, D. R. 1975. *Water escape structures in coarse grained sediments*. A good account of the mechanisms of formation, as understood at the time.

[8] Maltman, A. (ed.) 1994. *The geological deformation of sediments*. A series of review chapters on major aspects of soft-sediment and later deformation.

[9] Pemberton, S. G. 1992. *Applications of ichnology to petroleum exploration: A core workshop*. Possibly quite difficult to find, but a very good, practical guide to identification of trace fossils at a basic level.

[10] Retallack, G. J. 1997. *A colour guide to palaeosols*. A beautifully illustrated atlas of palaeosols showing both outcrop profiles and microscopic textures.

[11] Selles-Martinez, J. 1996. *Concretion morphology, classification, and genesis*. A comprehensive review.

[12] Wright, V. P. (ed.) 1986. *Palaeosols: their recognition and interpretation*. A thematic set of papers.

[13] Wright, V. P. & M. E. Tucker 1991. *Calcretes*. A detailed consideration of a type of carbonate soil that is common in sedimentary successions.

第十章

沉积构造组合与环境解释

10.1 引言

在前面的章节中，我们已经展示了与侵蚀、沉积和沉积后过程有关的沉积构造。这些术语解释沉积物本身显然是有用的，但将这些信息解释岩石记录的沉积环境更为重要。前几章有意很少提到沉积环境，目的在于突出一个事实，即许多构造和过程在多种环境中是相同的。然而，确定一组特定沉积构造的产生过程是环境解释的第一步。从解释沉积过程转向解释环境需要进一步分析，需要建立从沉积构造推断沉积过程的时空关系，有助于缩小环境的可能范围。了解沉积构造的方向性也很有用，有了方向信息，我们可以检测和修正我们的想法，因为流动和波浪运动的相对方向有助于确定特定环境的特征。方向信息也有助于确定古环境在空间上的方位，从而赋予其古地理意义。

10.2 现代环境的制图

在现代环境中绘制沉积构造图的主要目的是了解水流或风成环境中沉积物保存及分布情况，预测岩性和沉积构造的可能模式。另一个目标与均匀论原理在沉积岩解释中的应用特别相关。

调查河床形态分布的最常用方法是枯水期步行考察，例如在潮间带或河床上遇到的底床，这种方法的注释见附录3。虽然制图非常简单，但解释更复杂，因为在出露上观察到的模式可能是由一系列流动条件造成的。所有的床型都需要时间来适应水流的变化。如果水位和水流强度迅速下降，在强水流条件下产生的大型底床形态可能会搁浅。小型底床形态，如波纹，调整得更快，许多床型继续对水流做出及时反应，几乎到了出现的时候。因此，重要的是尝试根据不断演变的流动历史而不是一组特定的流动条件来解释暴露表面。

预测给定环境中运行的过程产生的沉积物的垂向序列需要回答几个问题：观察到的

床形中，哪一种最有可能产生保存完好的内部构造？这种床形在更广泛的环境底形中的分布情况如何？作为一个整体环境是如何随着时间而变化的？特别是，亚环境的系统迁移是否会随着时间的推移而发生？如果是这样的话，可以预测，在地形低洼地区发育的构造将以垂向顺序出现在低洼地带，来自连续较高地形区域的构造以与其水平分布相同的垂向顺序出现在上面（见图10.1）。这种将地表特征或亚环境的横向分布与岩性和沉积构造的垂向序列联系起来的方法是沃尔特的相序列原理，也是古沉积物环境解释的基本出发点之一（见第1.3节）。

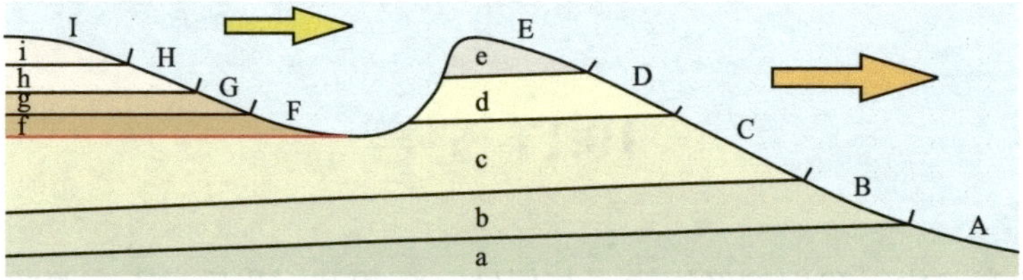

图 10.1　沃尔特岩相划分原理示意图

注：亚环境 A~E 位于向右延伸的斜坡表面上，形成岩性单元 A~E。包含亚环境 F~I 的河道被切割到该底形顶部，并通过同一方向的侧向堆积进行迁移；这就产生了岩性单元 f~i。岩性单元 c 和 f 之间的边界表示沉积中断。

在许多环境中，例如在潮间带中，一个重要的复杂因素是穴居动物的活动。生活在沉积表面以下的动物受到特定的水流、波浪或出露条件的影响，可能会将其洞穴向下延伸至沉积层中，沉积层的沉积条件与表面上普遍存在的沉积条件截然不同（见第9.4节）。当挖洞发生时，这些不同的条件可能已经从挖洞地点移动了一段距离。换句话说，洞穴可以横穿垂向序列，在特定沉积单元中产生洞穴的动物不能被认为生活在这些沉积物的条件下。

10.3　岩石序列剖面测量

许多沉积序列的环境解释很大程度上依赖于剖面测量（见图10.2）。这些剖面记录了随时间变化的沉积过程，是了解环境性质及其演化的重要线索。在第二章中，我们概述了剖面测量的重要性和注意的问题，并强调了其中的一两点。在对沉积剖面进行测井时，重要的是将其细分为明显不同的单元，其中的差异可能基于粒度、成分和沉积构造的组合。所选方案的简单性或复杂性将取决于地层本身、调查目的以及尝试解释的精细程度。

在建立了沉积学细分的基础之后，接下来需要描述和记录每个单元的厚度和内部特征，并确定其与上下单元接触或边界的性质。如果岩层在暴露范围内横向明显变厚或变薄，则在单个测量剖面上记录，或测量并关联多个横向等效剖面。将剖面绘制为图形日志时，记录每个单元的厚度，以便准确记录序列的总厚度。例如，当岩层明显呈透镜状时，重要的是记录单元的平均厚度，而不是最大值，因为记录最大值会引入系统误差，从而夸大总厚度。

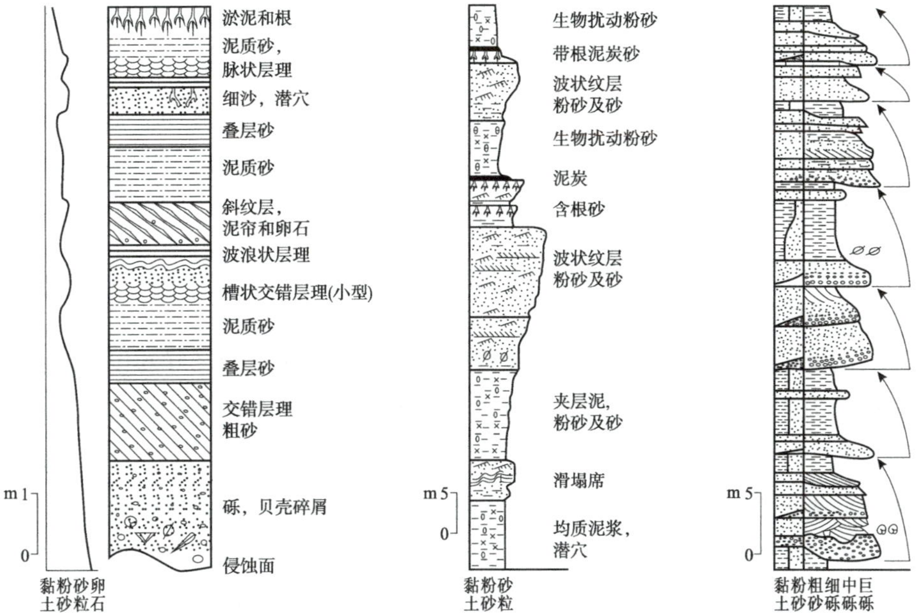

(a)以图形方式描绘的构造、岩性和附加构造的文字描述，粒度单独列。部分基于Greer（1975）

(b)构造、岩性和粒度均在一列中描述，必要时还提供附加的文字评论。部分基于Coleman和Wright（1975）

(c)构造和粒度如右栏所示，杂岩（混合）岩性中砂和泥的比例如左栏所示，整个序列中向上变细的单元（旋回）用箭头表示。部分基于Surlyk（1978）。所用符号指南见图A6.1

图 10.2　通过测量沉积物垂向序列的图形记录示例

记录的特征将明显随序列的性质和所需解释的细节而变化。没有绝对的描述标准，这一点再怎么强调也不为过。每项调查都有自己的目标和时间表，这些目标和时间表将决定描述的细节和细分标准。

有时可以忽略的测量剖面的一个重要特征是单元之间接触的性质。有些接触是渐进式的，有时甚至难以决定边界的确切位置。其他接触是突变的，有些明显具有侵蚀性，明显截断了下面的层理，或在表面上叠加了侵蚀结构。在第4.4.3小节中，我们提出了可能表明侵蚀接触的线索，即使这些特征缺失。当然，无论出现什么样的突变接触，都要考虑侵蚀的可能性，当然，并非所有突变接触都是侵蚀性的。

将信息记录为测量内容需要严格的工作方法。一些地质学家更喜欢在野外或岩心实验室直接绘制图形日志，可以在笔记本上，也可以在专门准备的表格上（见附录5）。其他人则基本上是口头描述，在适当的情况下辅以图纸和照片，并留下图形日志的绘制，以便以后在现场绘制详细的日志，这可能会耗费时间，减慢观察进度。然而，在野外工作时，日志可以帮助你了解相互关系。如何解决这个问题取决于个人。

在该领域主要通过书面日志进行描述时，重要的是要对其进行组织，以便以后可以轻松地提取信息，从而使缩放图、定向图、样本和照片能够轻松地与之相关。

柱状图中每一列都有独立的特征，如地层厚度、岩性和与上覆单元接触的性质要协调放好，还可以把标本和编号的照片以及测量的古水流方向添加到其他列里。

以图形日志的形式呈现测量结果是个人风格的问题。浏览任何沉积学杂志都会发现，图形日志的样式几乎和作者的样式一样多。这并没有错，因为它反映了不同作品的不同目的和重点。然而，图形日志的某些样式比其他样式更容易理解。图10.2显示了常用方案的示例。在其中两种情况下，粒度用列宽示意性地表示，岩性和沉积构造的符号在许多情况下是不言而喻的（这些示例中使用的符号指南见附录6）。单元之间接触的性质也得到了很好的展示。在出现薄互层砂岩–泥岩岩性的地方，在单独的“岩性”栏中显示其相对比例［图10.2（c）］。

古水流的测量最好记录在采集它们的地层单元旁边。一份绘制良好的包含所有这些特征的图形记录为环境解释提供了可靠的基础，其他人也能够利用这些数据提出新观点或更精细的解释。

当沉积序列表现出明显的横向变化时，需要多个垂直剖面。剖面位置和间距取决于变化的复杂性以及研究目的和时间。在地层侧向连续出露的情况下，记录岩性单元的完整二维形态是合适的，二维的全景照片有助于构建合适的图表。如果侵蚀表面或边界表面很明显，则必须尝试确定是否存在层次结构，然后将每个表面指定到适当的级别。最好通过建造缩放面板来实现，这些面板描绘了主要单元的几何形状和结构，以及它们边界表面的形式和相互关系（见图10.3）。

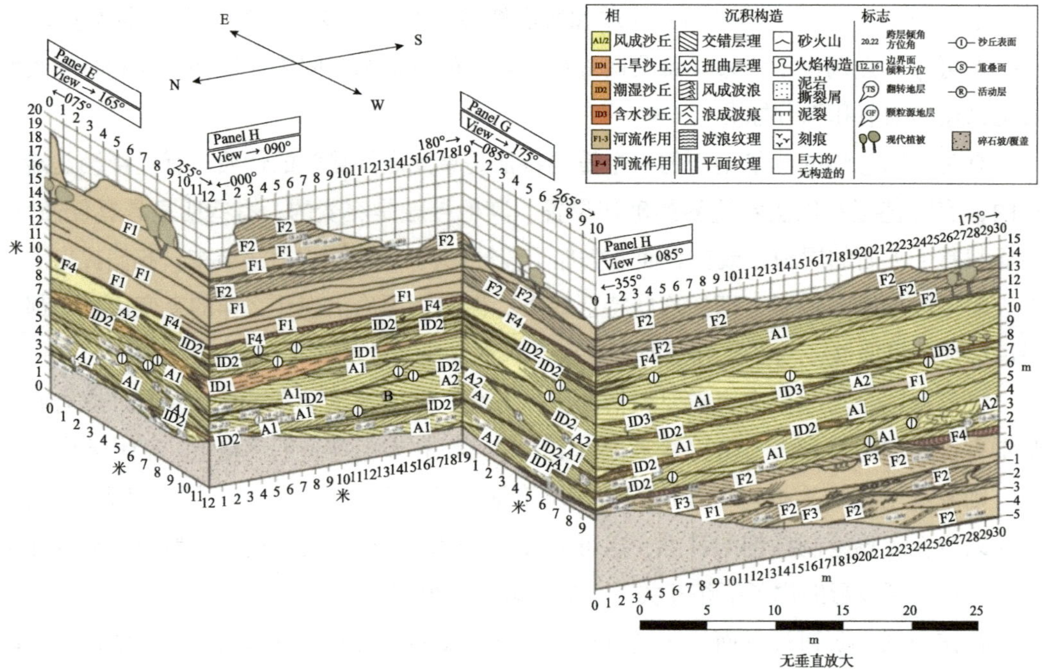

图 10.3　一系列二维比例图的例子［据 Mountney 和 Thompson（2002）］

注：该图描述了出露在悬崖边上的沉积序列结构。4幅独立的剖面相互倾斜便于描绘它们在三维空间中的相对方向。尽管这样的镶嵌构图很费时，但对于展示地层几何结构的横向变化和边界面的排列非常有用。

对于不连续露头，例如，对于一系列分散的采石场、溪流剖面或钻孔，通常只能通过关联最可靠的层理面来连接剖面。在对比砂岩或更粗粒的地层单元时，尤其是有证据表明是透镜状（如沟道化）的时候要特别小心。在一个地层序列中相似位置相似砂岩的对比会给人一种横向连续的错误印象。地层可能在观察到的部分之间从侧面消失了，而真正的模式可能是叠瓦状或弯曲透镜状。一般来说，将与深水或洪水相关的表面关联起来比将侵蚀表面关联起来更可靠（见第10.5节）。

10.4　岩石中垂向层序的解释

根据沉积环境来解释沉积序列是沉积学的主要目的之一。我们看到大多数沉积构造是如何解释侵蚀、沉积或沉积后蚀变过程的，以及有多少构造及其生成过程发生在一系列环境中。将讨论转向沉积环境解释的主要出发点之一是，从岩性和沉积构造的垂向序列推断出序列过程。

在详细考虑岩性和沉积构造的垂向序列之前，根据沉积序列的几个一般特征可以对沉积环境提出初步的看法。其中最明显的是有无实体和遗迹化石，如果有是什么类型。例如，它们在垂向序列中的相对丰度可以告诉我们，是深海、浅海、边缘海还是非海洋成因。

在某些情况下，可以使用实体化石对水深进行初步推断，但在推断之前应确定化石是原位死亡或死后搬运来的，这可以通过化石的关节状态、磨损以及它们在沉积物中的位置来判断（见图10.4）。例如，如果可以确信动物群或植物群化石是原地形成或没有被搬运很远，那么可以推断出较浅的“陆架”环境为某种贝壳动物群组合，以及较深水的环境为远洋动物群组合。这通常需要古生物学的专业知识才能将这些论点发展到更精细的水平。由于缺乏这些基本信息，前寒武纪沉积物的环境解释受到很大限制，在一些例子中甚至很难断定是陆相和浅海成因。沉积物表面的雨痕、泥裂和土壤剖面是地表暴露环境证据（见第九章），有助于缩小可能环境的范围。

图 10.4　具有滞后贝壳状碎屑沉积基底的砂岩层

注：许多贝壳破碎且随机排列（不在原地位置），表明它们是被运至堆积地点的，位置未知。

当广泛的环境背景经过判断集中时，可以根据垂向序列的性质进行更详细的分析。

叠加定律告诉我们，沉积物的垂向序列记录了当时沉积条件随时间的变化。发生这种变化有两个根本原因，一是整个环境基本上保持不变，但随着时间的推移，环境条件发生了变化，产生了一系列独特的沉积物单元。例如，从悬浮液中沉降细粒沉积物的深盆，其背景条件可能会被间歇性浊流打断而形成较粗的沉积层（见图10.5）；岩性的垂向变化并不反映环境的变化而是沉积过程的暂时变化。二是环境中条件或多或少发生变化，沉积了“正常”（背景）和“灾难”（事件）沉积物（见第2.2.3小节）。

(a) 威尔士，志留纪阿伯里斯特威斯。悬崖大约有30米高。照片由吉尔伯特·凯林提供

(b) 爱尔兰西部，石炭纪罗斯组。显示的序列约为15米厚

图 10.5　砂岩和页岩的互层序列被解释为由间歇性高能且短暂的浊流将砂粒由斜坡搬运进入安静的深水环境的结果

注：这些序列被推断为“正常”和“灾变”交替沉积的产物。

在第二种情况下，随着时间的推移，环境条件基本上保持不变，但整个环境中的沉积过程和沉积物有一个空间分带。随着时间的推移，环境的逐渐变化导致了岩性和沉积构造的垂向变化序列（见图10.6）。第二个例子说明了本章前面介绍的沃尔特相序列原理的应用，并通过简单的一般模型进行了说明（见图10.1）。在该系统向右迁移期间，亚环境A~E以相同的顺序生成沉积物单元A~E，且具有非侵蚀性和渐变接触。顶部的河道系统也会由于河道亚环境f~i的迁移，在侵蚀面上方产生其自身的沉积物单元f~i的序列。如果在图的左侧解释序列时不考虑单元之间接触的性质，人们可能会错误地推断，亚环境F与亚环境C相邻。因此，识别侵蚀面至关重要。当确定侵蚀面时，有必要在该面上重新应用沃尔特原理。

这个理想化的模型也可以用来介绍环境解释的另一个原则。除了识别沉积物及其沉积环境的空间关系外，通常的做法是寻找熟悉的（在某些情况下是重复的）属性系统垂向变化模式，如粒度、地层厚度和沉积构造。在图10.1所示的示例中，早期的单元序列（A~E）可能构成一个向上变粗单元，相关的沉积构造显示能量逐渐增加的证据。一种可能的解释是，该序列是通过海岸线的进积形成的，形成水体为浅水环境，尤其是在其他证据［如遗迹化石组合（遗迹相）］支持下。更全面地描述海岸线和水体将取决于，例如，更高能量过程（如波浪或洋流）的性质，以及化石和遗迹化石（如海洋或淡水）的组合。

(a)显示下部向上变粗的厚层序列，每个层段都有一个明确的表面，即泛洪（加深）表面。上部为主要河道砂岩，其侵蚀基底上有明显起伏，内部包含多个砂岩“层”（多层）。该序列总体上记录了一次主要的三角洲进积作用，每次洪水事件后都有轻微的进积作用，以及侵蚀下切的主要阶段，可能是由相对海平面下降造成的，从而形成了一个新的河谷。当相对基准面开始上升并形成可容纳空间时，就被粗粒河流砂岩沉积物填充。(爱尔兰西部，上石炭统，中克莱尔群)

(b)与相对海平面变化相关的显示粒度变化的海洋沉积物序列。较粗的沉积物颜色较浅；较细的沉积物颜色较深。最低的砂层是河口河道沉积物，上面覆盖着一系列互层的近海泥和砂层，砂层记录了相对海平面下降时海岸线的前进。顶部的厚黄沙含有丘状交错层理，是由海平面大幅度下降迅速引入的高能滨面沉积。布拉克勒沙姆和巴顿地层。(英国多塞特，始新世)

(c)主要是厚、块状、浊积砂岩层的序列，与薄泥岩或更薄的夹层包裹在一起的砂岩和泥岩（约6m厚）。整体上地层没有明显的厚度变化，局部存在轻微的侵蚀和层厚变化，一些厚层的隔层经过拼合后横向消失。(爱尔兰西部，上石炭统罗斯组)

(d)下部互层砂泥岩层被中等规模交错层理发育的厚砂岩单元快速覆盖。(英国约克郡，上石炭统全足砂砾)

图 10.6 可以解释沉积环境和控制作用的沉积序列实例

类似地，图 10.1（F~I）中侵蚀面上方的上部序列显示出向上变细的粒度模式，从沉积构造可以推断出水动力逐渐减弱。侵蚀面和沉积序列的组合表明，在较深的地方水流较强而在沉积面较高的区域水流较弱，这可能是河流的横向迁移导致的，也可能是河道、三角洲分流河道或潮汐汊道。然而，精确的解释将取决于构造的具体细节（例如，是否存在黏土层）、古水流的方向性（单向或双极）以及化石和遗迹化石的性质。

岩石记录中的几种可预测的有序岩层或岩相序列已被普遍认可，图10.7中给出了一些常见的例子。这些有序沉积序列被解释为一系列沉积环境中沉积演化的产物，每种情况下识别和解释它们所用的技术都是相同的。

(a)河流相序列(弯曲、侧向增生的河道)

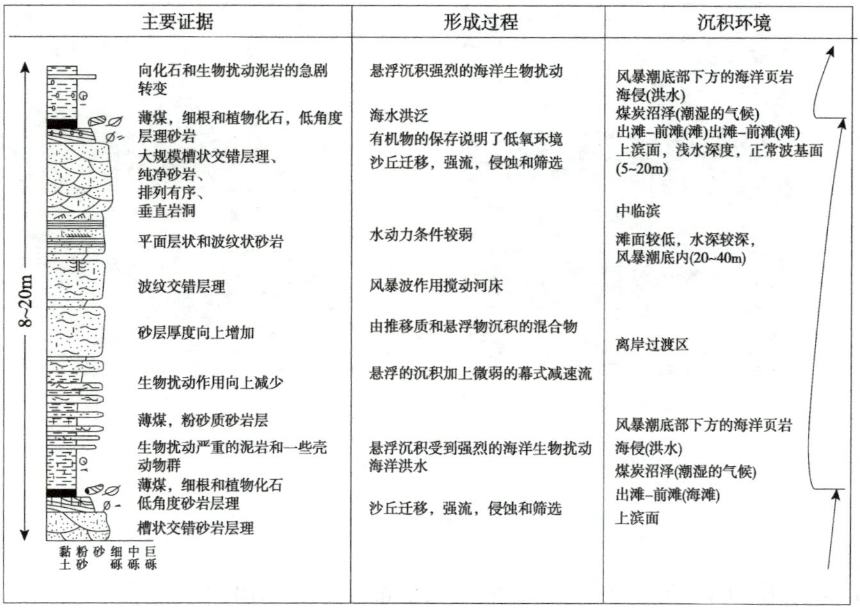

(b)向上变浅滨岸相序列

图 10.7　一些常见的沉积物垂向分布实例，显示了应用沃尔特原理（Walther's principle）对过程和环境的解释［（c）部分基于 Pratt 等（1992）。所用符号指南见图 A6.1］

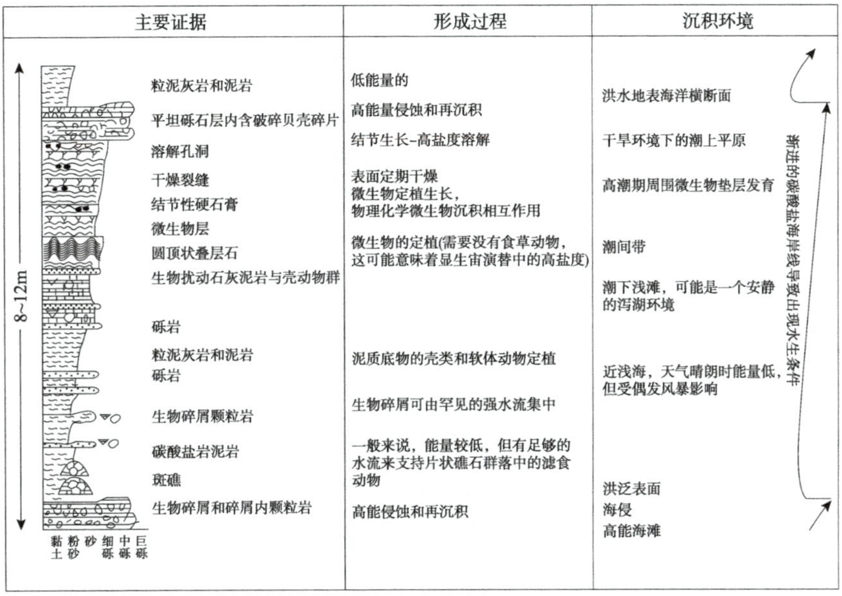

(c)向上变浅潮缘碳酸盐岩序列

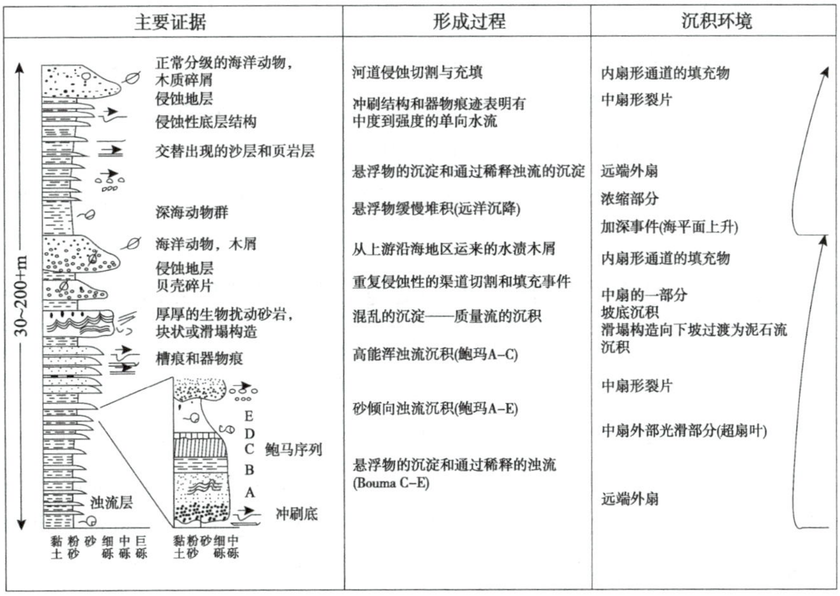

(d)深水浊积岩序列(海底扇系进积)

图 10.7 一些常见的沉积物垂向分布实例，显示了应用沃尔特原理（Walther's principle）对过程和环境的解释［（c）部分基于 Pratt 等（1992）。所用符号指南见图 A6.1］（续）

10.5 关键地层界面

除了局部侵蚀面（例如，由于河道底部的冲刷）外，还有其他表面会中断沉积序列，这需要重新使用沃尔特原理进行解释。其中一些面非常广泛，通常被称为“关键面”，可用于广泛的相关性。关键面通常是对沉积作用外部影响的响应，反映了海平面变化、构造沉降或隆起、沉积物供应以及气候变化（特别是在非海洋环境中）的综合作用结果。这些因素共同控制着“可容纳空间”的产生、一个地区的沉积物堆积能力以及沉积物填充可容纳空间的程度。这些相互作用非常复杂，在“层序地层学”的理论和实践中才能体现出来，对其的全面阐述超出了本书的范围。

几个例子用来说明关键面的范围。首先，在海平面上升或快速沉降迅速形成可容纳空间的地方，沉积物供应可能无法跟上，并且随着时间的推移，沉积环境可能会发生洪水沉积。这种洪泛面通常表现为粒径突然减小，从下面的砂到上面的泥有时有加深的迹象。一些洪水表面的强烈生物扰动反映了由于沉积或非沉积减少而产生的一段凝缩层（见第9.4节）。泛洪面横向范围可以很广，有些非常广泛，可能与海平面的升降（全球）变化有关。另一些则更为局部，仅限于因局部沉降或泥沙供应位置改变而淹没的海湾。如果可容纳空间被破坏，例如由于海平面下降或构造抬升，就会发生侵蚀，河流（如果存在）会深切形成河谷系统。这些山谷状的侵蚀面可能非常广泛，最终随着新的可容纳空间的再次形成而被掩埋，是“层序边界”的一种表现形式。各种控制变量的相互作用可以在泥砂供应和可容纳空间之间提供广泛的复杂平衡。研究结果表明，同一控制作用在某一特定时刻在沉积区的不同位置会产生不同的沉积样式。实际上应仔细考虑任何粒度突然变化的沉积面，评估其可能的意义，并考虑其地层含义。如果正确识别和解释这些表面，可以成为了解地层对比的关键基础和了解主要控制沉积作用的方法。

在层序地层学中，遗迹化石相对某些关键地层面的识别和解释具有重要的价值，尤其是与基准面下降（和层序界面的形成）相关的不整合面，与快速海侵导致的轻微侵蚀相关的表面（沟壑面），包含相当长时间的非沉积表面（省略表面）和由非常缓慢的沉积物堆积速率产生的凝缩层通常很难仅从其物理特征识别。然而，当这些表面形成时，它们通常被生物体占据，这些生物体在地层表面和下伏沉积物中都会留下特征性的痕迹。尽管不连续表面可能在地下或水下环境中产生，但它们通常在海洋影响下被动物占据。许多不连续面导致坚底和硬底的形成，坚底和硬底可能被认为是以舌状真菌遗迹相为主的薄层（见第9.4.6小节）。对不连续型面的解释可以通过考虑直接位于地表下方和上方的遗迹相类型来进行。例如，当沉积作用仅限于被淹没的大陆架区域时，深海环境中缺失与相对高海平面的时期相一致部分层面。在深水环境中，缺失前和缺失后的地表相序可能以动物化石遗迹相为特征，而缺失表面本身可能以舌状真菌遗迹相为特征。由不连续表面限定的时间间隔的持续时间可以控制任何生物挖洞的程度。理解不连续面的成因意义通常需要结合地层学、鱼类学和古生物学技术。

10.6 沉积岩横向关系解释

尽管垂向层序对解释岩石序列至关重要，但在许多情况下，横向关系也起着重要作用。在岩石记录横向变化的地方，需要改进环境模型或解决因只考虑单个垂向序列而存在的不确定性。例如，可以根据正常和事件沉积来解释一系列互层泥岩和侧向尖灭的砂岩层，但这种过程可能发生在各种环境条件下。如果发现层序在横向上相当于河道砂岩，显示出丰富的单向交错层理，则可以合理推断总体背景为河流。在洪水期间，层间层序可能会被解释为决口扇（决口）进入漫滩洪泛平原或湖泊。相反，如果层间层序被证明是高度生物扰动的砂岩，那么背景可能是一个浅海陆架，高能事件是风暴。在许多情况下，正是物理沉积构造的综合证据，加上化石和微量化石证据，才更有信心做出环境解释。

蜿蜒河道在漫滩上迁移时产生了大量的点坝沉积（见图10.8及第2.2.3小节）。蜿蜒河道的反复废弃导致弯曲增长、收紧并最终裁弯取直，导致许多点坝在冲积平原上发育。逐渐进行的沉降导致后期的点坝单元在较老的点坝上堆积，从而形成垂向堆积。向上变细的点砂坝沉积的叠加垂向序列往往作为的河床沉积序列出现。在许多情况下，点坝单元在垂向剖面上被细粒漫滩单元相互分离，这些单元通常记录细粒沉积物的低能非水道沉积。了解地表形态和过程（见图10.8）之间的关系，以及叠加构型元素（如点坝、漫滩）的地层排列，可以建立相模型（见图10.9）并作为沉积古环境重建的方法。

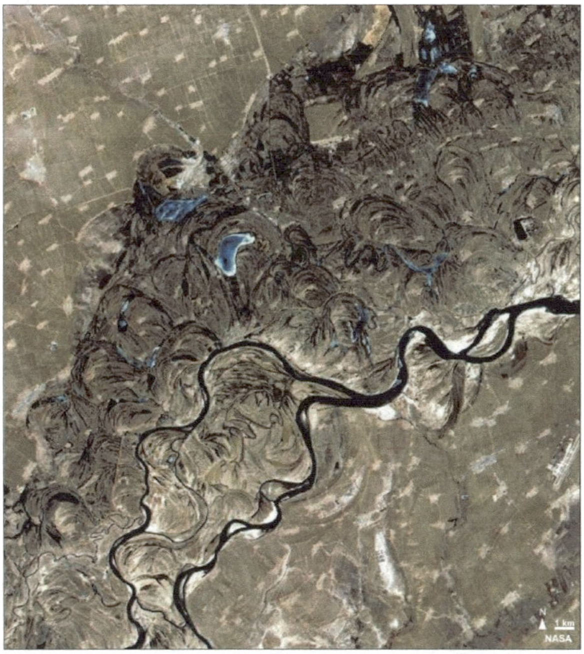

图 10.8 中国东北部松花江 ASTER 卫星图像

注：满洲平原的低坡度导致了河流蜿蜒流过的宽阔河道带的形成。随着河道在活动河道带上反复“梳理”，曲流环通过摆动和冲击作用增强。凹岸内侧的侧向加积是通过点坝（滚动坝）的迁移而产生的。多处决口和颈项取直事件形成许多废弃河段，牛轭湖众多。采用对多个水道段进行拆解和再加工的方式，有可能对水道带局部事件的先后顺序进行重建。几个较大的漫滩湖很明显，许多废弃曲流环的规模和形状相似，表明河流在颈项取直和决口之前已反复演变为类似的形式。图片由美国宇航局地球观测站提供。

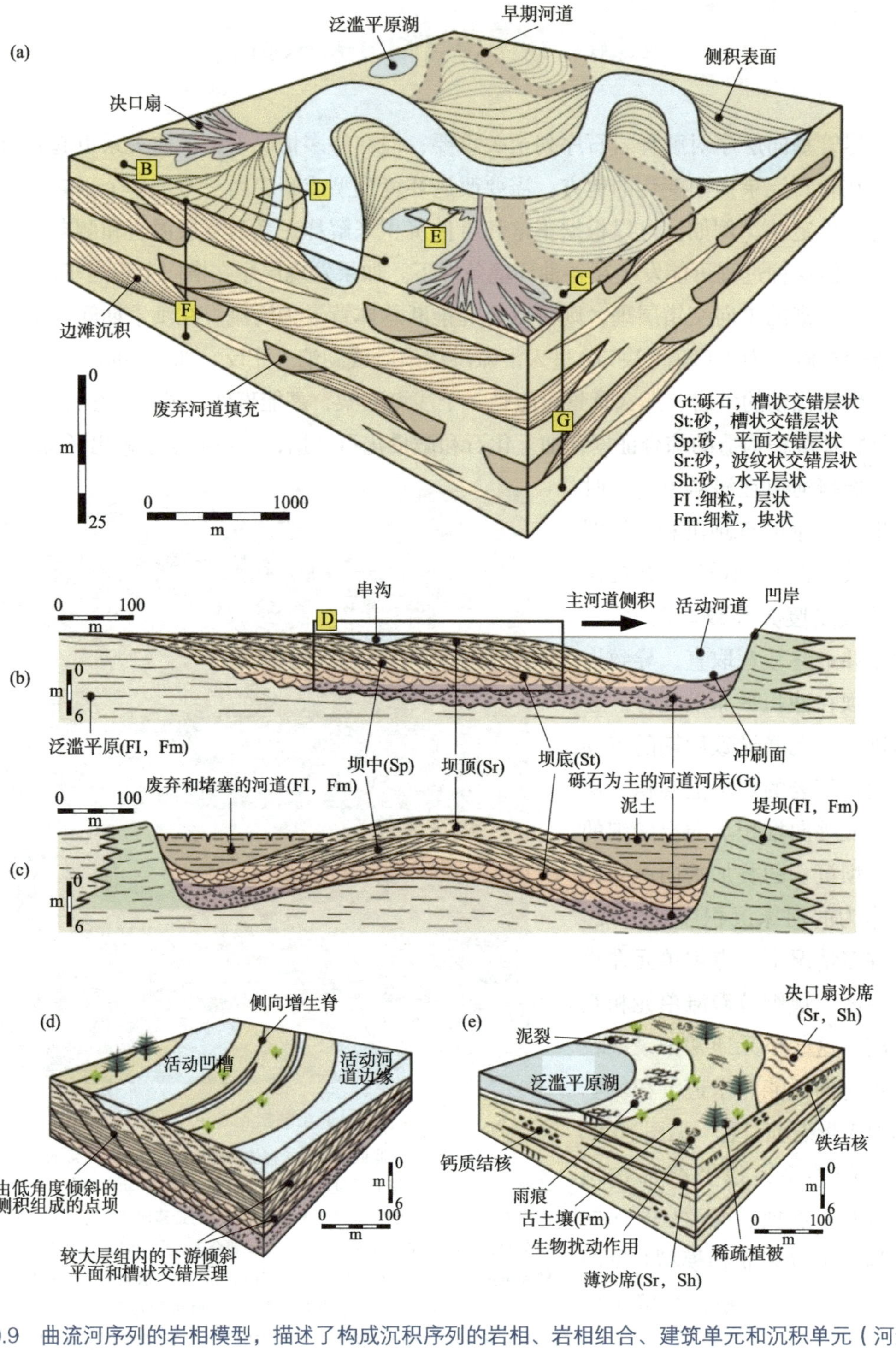

图 10.9　曲流河序列的岩相模型，描述了构成沉积序列的岩相、岩相组合、建筑单元和沉积单元（河道复合体和漫滩）叠加的层次和性质［据 Ghazi 和 Mountney（2009），略修改］

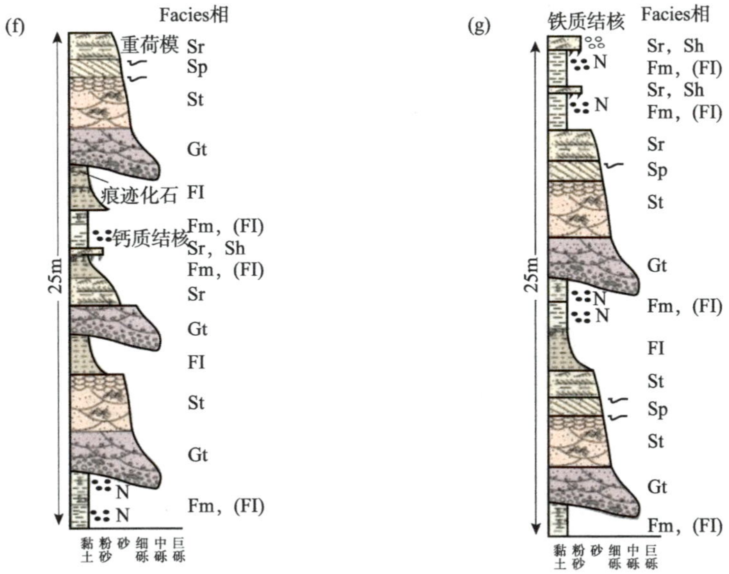

图 10.9 曲流河序列的岩相模型，描述了构成沉积序列的岩相、岩相组合、建筑单元和沉积单元（河道复合体和漫滩）叠加的层次和性质［据 Ghazi 和 Mountney（2009），略修改］（续）

注：曲流河沉积的整体保存结构由许多因素决定，主河道的深度和曲流的波长决定了累积点坝单元的厚度和宽度；摆动和冲刷的速率控制了点坝横向移动的速度和距离。曲流环从起始到颈项取直的演变规律决定了点坝横向迁移的距离。曲流环在漫滩上摆动的程度决定了活动河道带的总宽度。决口频率决定了一个单通道传送带在新传送带之前的活动时间间通道带启动。沉降速率决定了连续水道和点坝沉积物如何垂直堆叠在彼此的顶部。快速沉降将有利于保持垂向分离和空间孤立的点坝沉积，而缓慢沉降将有利于保持垂向拼合、相互连接的点坝沉积。所有这些控制参数的变化导致曲流河流堆积形成一系列复杂的可能结构。随着点坝的逐渐迁移，其内部的岩相范围（每一个都由可区分的沉积结构和构造表示）也随之迁移，这就产生了堆积并可能保存在地质记录中的特征相序列。这提供了一种使我们可以在古代岩石记录中识别曲流河沉积物的方法。出于经济原因，预测这些体系结构非常重要。例如，对砂体（如点坝沉积）大小和分布的有效预测决定了油气区的储层质量和地下水含水层的行为

另一个例子，我们可以看向上粒度变粗的三角洲层序上部沉积物的横向可变性（见图 10.10）。可变性的本质允许我们对进积类型作出更具体的推断，而不仅仅是一般的三角洲解释。如果上部有波浪构造，砂质沉积物横向上颗粒分选好，则表明砂质是在具有高强度的波浪作用的河口海岸处形成，因此，三角洲可能为横向连续进积浪控为主的弧形三角洲［见图 10.10（a）］。相比之下，如果进积单元的上部变化很大，一个地方有河道砂体，另一个地方有向上变粗砂岩和不稳定流动构造，其他地方存在互层砂泥岩，则可能是类似于密西西比现代三角洲的三角洲［见图 10.10（b）］。低能量盆地导致砂沉积在几乎没有改造的河口坝，同时泥质海岸线在分流间地区推进。分流河道穿过这些单元，形成了复杂的镶嵌结构。通过对现代三角洲及其沉积物中沉积构造分布的研究，可以对三角洲的基本类型进行分类（见图 10.11~图 10.13），然后地质学家可以建立沉积学标准，以识别保存在古代岩石记录中的此类沉积。

这些关于岩石序列中纵向和横向关系的解释的评论从开始讨论就超出本书所述的范围。此处的仅仅是介绍更复杂的相分析和古环境解释，通过地层学研究会进一步促使古地理和大地构造重建的发展。

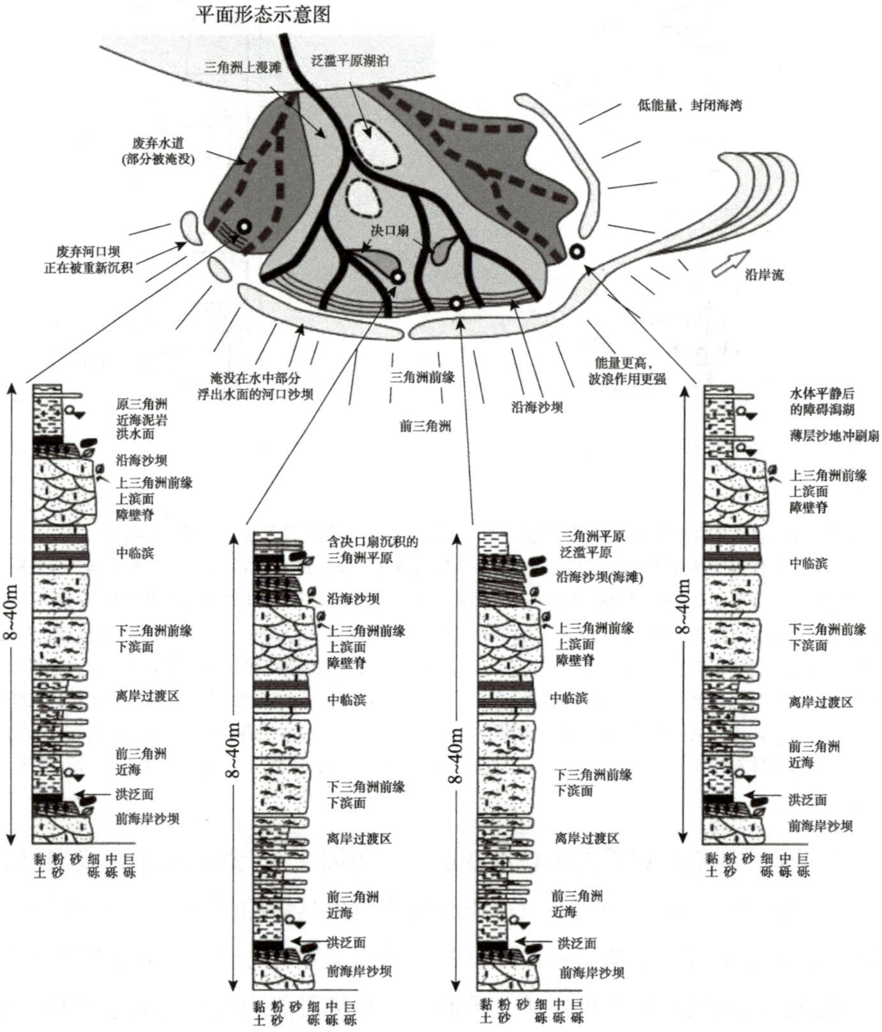

图 10.10（a）举例说明为了区分特定类型的沉积环境，对沉积序列中的横向变化进行评估的重要性［浪控三角洲模式。所使用的符号指南见图 A6.1］

注：浪控三角洲例子包括罗纳河和埃布罗河。

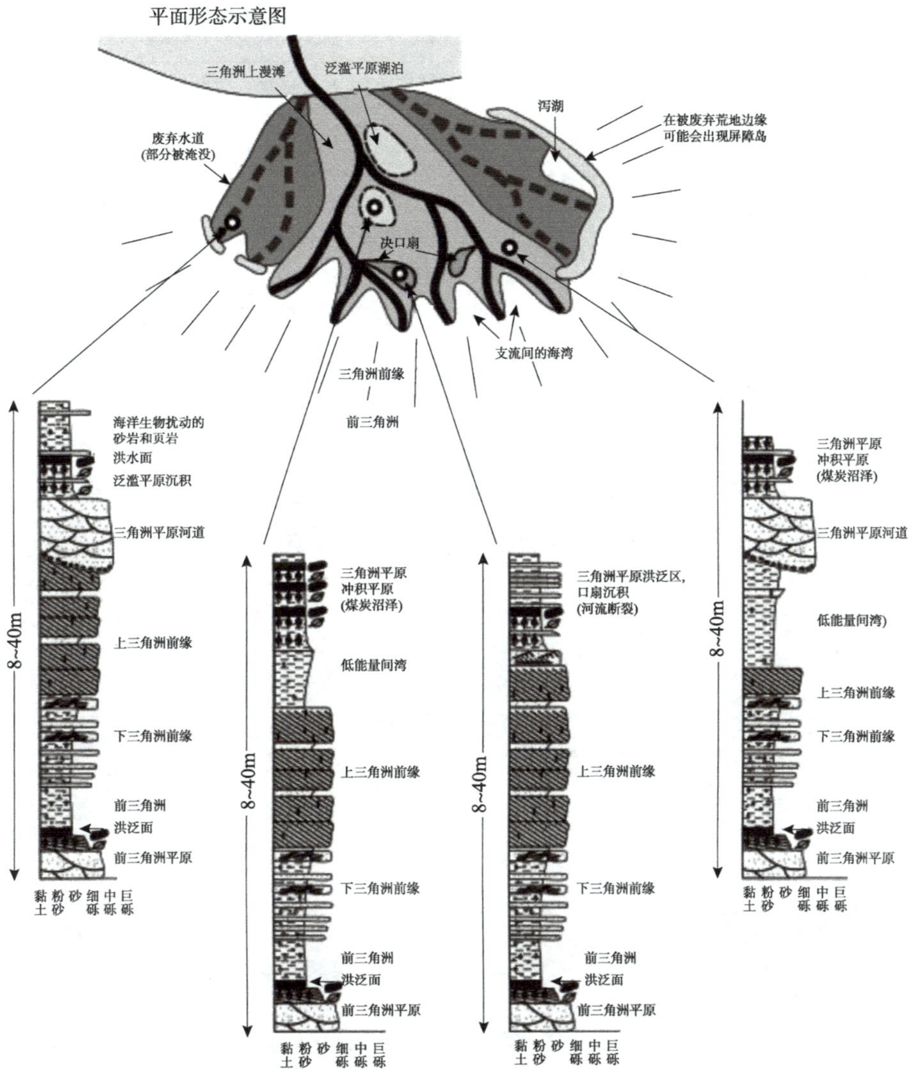

图 10.10（b）举例说明在沉积序列中评价横向变异性以区分特定区域的重要性沉积环境类型

［河控三角洲模式，所用符号指南见图 A6.1］

注：河控三角洲的例子包括密西西比河和麦肯齐河。

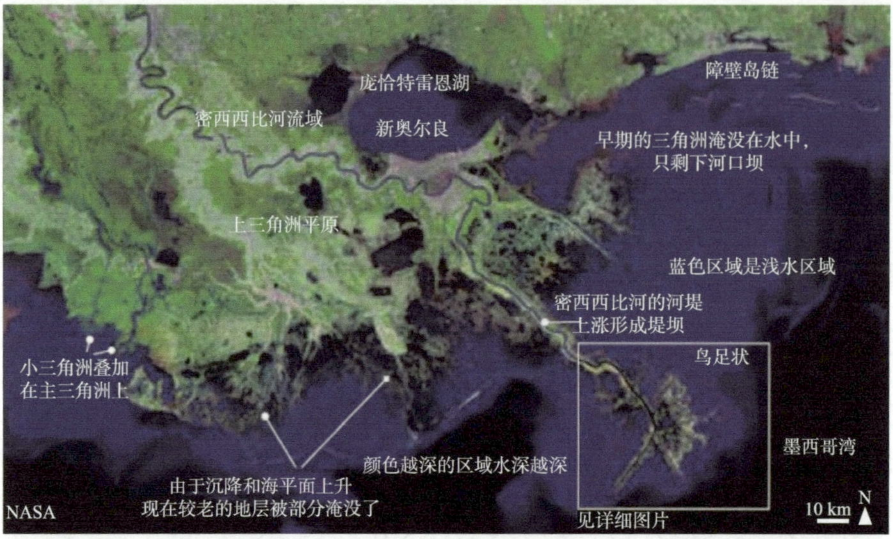

图 10.11　美国墨西哥湾海岸密西西比三角洲的卫星图像主要部分

注：该图显示了目前活跃的鸟足状朵体，即一系列较老的、大部分被淹没的朵体，只有河口坝沉积物出露，以及新奥尔良市周围的上三角洲平原。下图为细节（密西西比鸟足状的卫星图像），它代表了密西西比三角洲目前的活跃朵体，在过去的 500~600 年中才发展起来。主要分流河道的呈指状，指状形态是典型的河控三角洲，其主要沉积荷载为泥（主要以悬浮物形式携带）和细砂（主要以推移质形式携带）的混合物。图片由美国宇航局地球天文台提供。

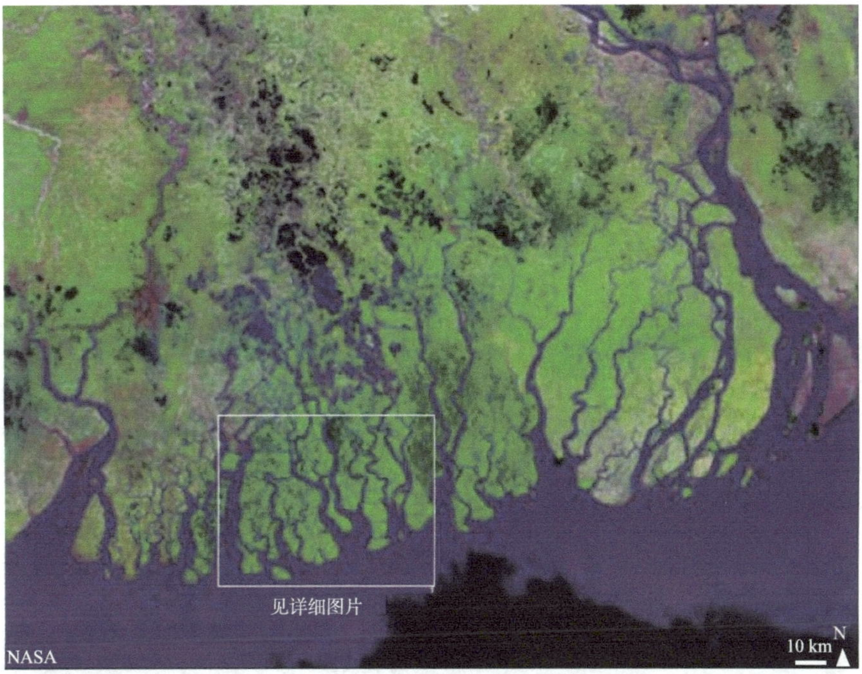

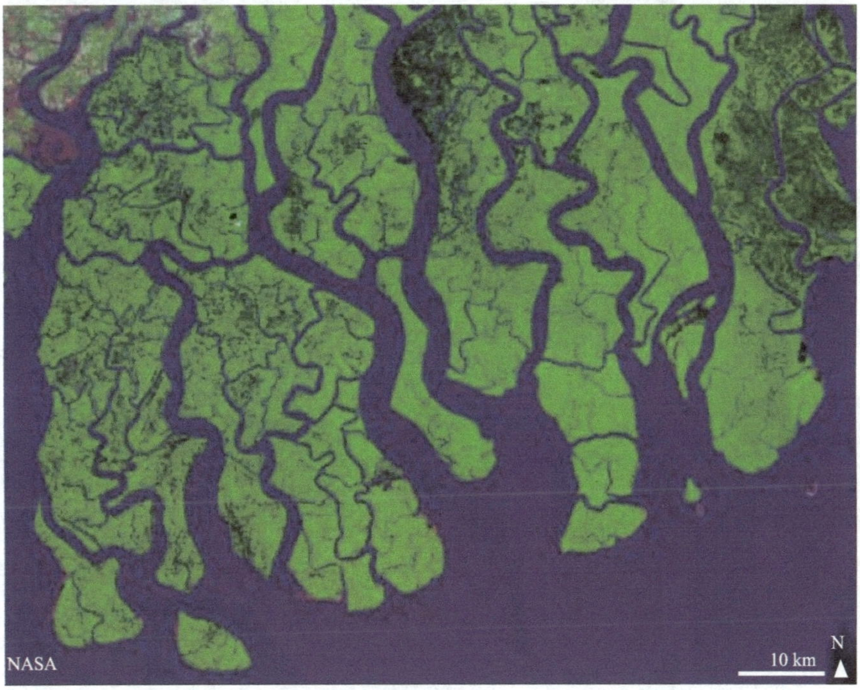

图 10.12 孟加拉国恒河三角洲的卫星图像主体特征

注：下图为细节图（下三角洲平原的潮汐水道），即所谓的“恒河河口”。河道呈现分形几何结构，其中连续较小的河道嵌套在由较大河道包围的三角洲平原部分内。水道呈网状，许多是两端连接到海岸中，蓝色突出了悬浮在水上的沉积物。图片由美国宇航局地球天文台提供。

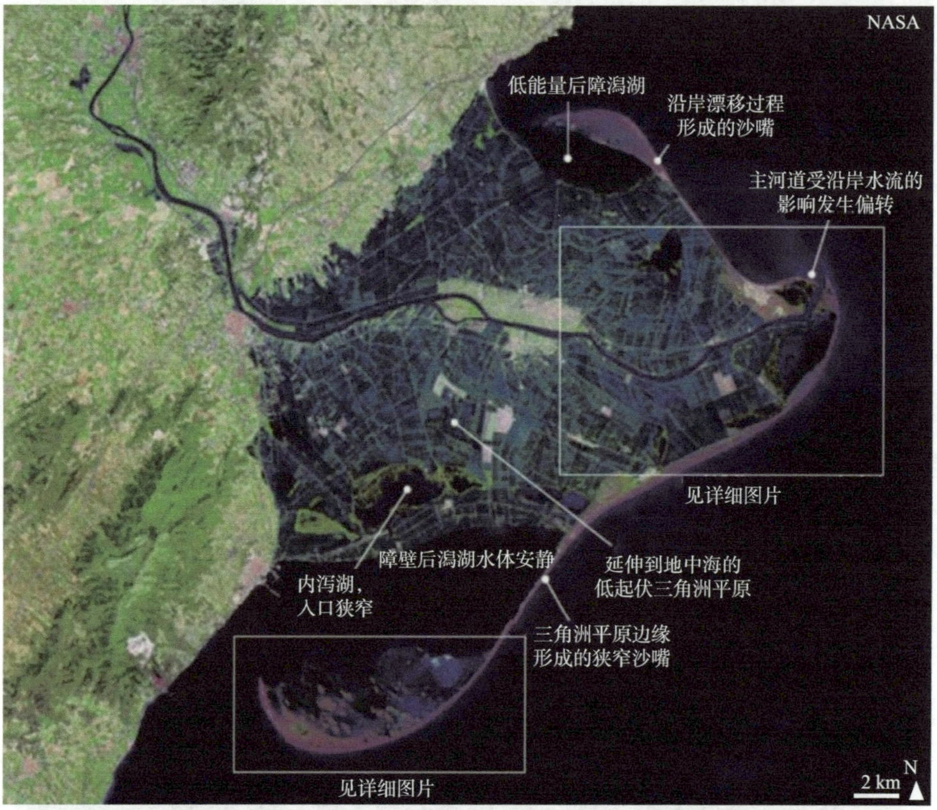

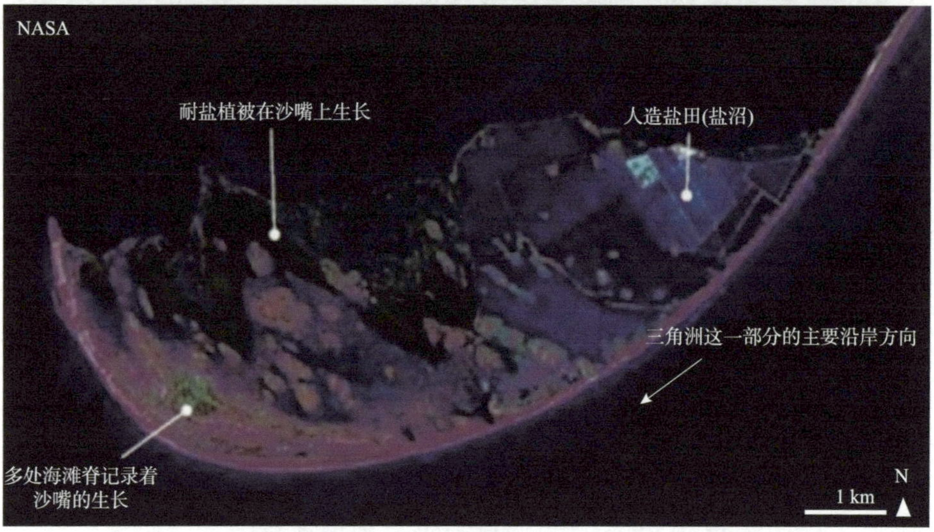

图 10.13　受海浪影响的西班牙埃布罗三角洲的卫星图像主体

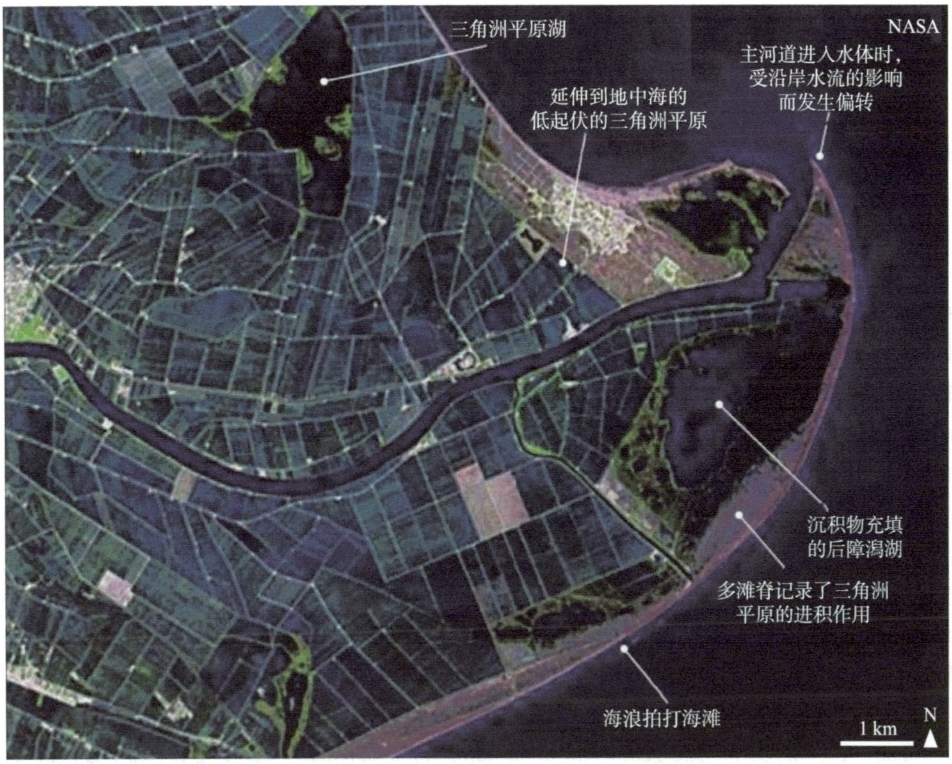

图 10.13　受海浪影响的西班牙埃布罗三角洲的卫星图像主体（续）

注：局部细节，埃布罗河进入地中海的主要通道。请注意，该体系中没有多个分流河道，部分原因是波浪作用和沿岸水流反复作用形成三角洲前缘的沉积物。这可防止河口沉积物阻塞主通道，从而减少决口频率。该通道也可防止决口。埃布罗三角洲南缘沿岸水流产生的浪控沙坝。请注意记录结构生长的多个弧形沙脊。主河道的终止，其向陆侧有相邻的浪控海滩障壁系统和后障潟湖。图片由美国宇航局地球天文台提供。

10.7　学习技巧

1）野外经验

单独操作或作为一个小组，学生应该练习从露头构建沉积测井曲线（自然海岸线和河岸段，以及路边露头和废弃采石场是理想的）。从同一地层层段建造多个测井曲线，横向间距为100~200m。比较每个绘制的测井曲线，找出它们之间的相似之处和差异。在野外时，尝试通过物理方式将突出的沉积物和沉积层边界从测井之间横向移出。底床是表现出明显的横向变化，还是连续且均匀？这对整个地区的沉积性质意味着什么？是垂向和水平方向上拍摄时主要关注的地方。

2）实验室经验

关于实地调查和数据分析的后续建议，见附录1~附录6。学生小组记录钻孔岩心尤其有用，有些系保留这些岩心用于教学。在一个小组中的所有人都完成了他们的测井之后，与导师的结果比较，找出差异，并对存在的差异进行讨论，会非常有启发。

推荐参考文献

[1] Bromley, R. G. 1996. *Trace fossils: biology and taphonomy*. A very useful place to start understanding the assemblages and relationships of trace fossils.

[2] Frey, R. W. (ed.) 1975. *The study of trace fossils*. A classic of its time, with a series of well illustrated wide-ranging papers on all types of trace fossils.

[3] Goldring, R. 1999. *Field palaeontology*. Useful advice on how to observe and record trace fossils and bioturbation in the field.

[4] Hasiotis, S. T. 2002. *Continental trace fossils*. A simple and well illustrated guide to the study of non-marine trace fossils.

[5] Jones M. E. & R. M. F. Preston (eds) 1987. *Deformation of sediments and sedimentary rocks*. Papers dealing with deformation at a wide range of scales, from microscopic fabrics to large-scale tectonics in particular settings.

[6] Knaust, D. & R. G. Bromley 2012. *Trace fossils as indicators of sedimentary environments*. Detailed yet accessible consideration of trace fossils and their palaeoenvironmental significance.

[7] Lowe, D. R. 1975. *Water escape structures in coarse grained sediments*. A good account of the mechanisms of formation, as understood at the time.

[8] Maltman, A. (ed.) 1994. *The geological deformation of sediments*. A series of review chapters on major aspects of soft-sediment and later deformation.

[9] Pemberton, S. G. 1992. *Applications of ichnology to petroleum exploration: A core workshop*. Possibly quite difficult to find, but a very good, practical guide to identification of trace fossils at a basic level.

[10] Retallack, G. J. 1997. *A colour guide to palaeosols*. A beautifully illustrated atlas of palaeosols showing both outcrop profiles and microscopic textures.

[11] Selles-Martinez, J. 1996. *Concretion morphology, classification, and genesis*. A comprehensive review.

[12] Wright, V. P. (ed.) 1986. *Palaeosols: their recognition and interpretation*. A thematic set of papers.

[13] Wright, V. P. & M. E. Tucker 1991. *Calcretes*. A detailed consideration of a type of carbonate soil that is common in sedimentary successions.

附录 1

定向数据：采集、展示、分析和解释

在前面的章节中，已经对某些沉积构造作为古水流指示的重要性进行了大量论述。在大多数情况下，特定构造的单个测量值只具有局部意义；为了确定具有广泛意义的方向，通常需要收集大量的测量数据。本附录介绍了收集、展示和分析此类数据的一些方法，以便为解释提供最具代表性和最可靠的依据。

一、数据的采集、恢复和表示方法

1.采集

从本书的各个章节中，应该清楚地知道如何从特定构造中测出方向数据。沉积构造揭示的古水流指示物有两种基本类型：平面特征，如交错层理前积层和交错层理；以及线性特征，如槽痕、槽交错层轴线或原生水流线理。对于现代沉积物和几乎没有构造位移的古代沉积物，可以直接收集和使用数据。

2.恢复

当岩石经历了相当大的构造倾斜时，有必要消除倾斜的影响并将原始层理恢复到水平位置来重新定向测量。在此过程中，作为古水流指示的地层内的构造将自身恢复（旋转）到沉积时的原始姿态。使用以下步骤进行恢复。

对于线性结构，如槽、水流线理、波峰线或槽交错层理组的轴线，小于20° 的构造倾角引起的偏差足够小到可以忽略。然而，当对交错层组的前积层进行测量时，会出现严重偏差。如果构造倾角仅大于5°，则需要重新定向。

为了将交错层恢复到原始状态，有必要在立体图或专门计算机程序中绘制和处理数据，这就需要前积层以及整个序列（局部构造倾角）的倾角大小和方向。此处概述的流程仅适用于可忽略褶皱倾伏角的情况。倾伏褶皱流程更复杂。在赤平投影上绘制前积和层理的极点（法线）如图A1.1（a）所示。旋转这些点，直到地层的极点位于投影的大圆上［见图A1.1（a）、图A1.1（b）］。为了使地层恢复水平，必须将该点移到投影的中心。进行该移动时，必须沿其所在的小圆将磁极移动到前积相同的角距离［见图A1.1（b）］。该点的新位置显示了沉积时前积的极点，可以转换回倾角的方向和大小［见图A1.1（c）］。该方向（前向方位角）可作为古水流方向的指示。

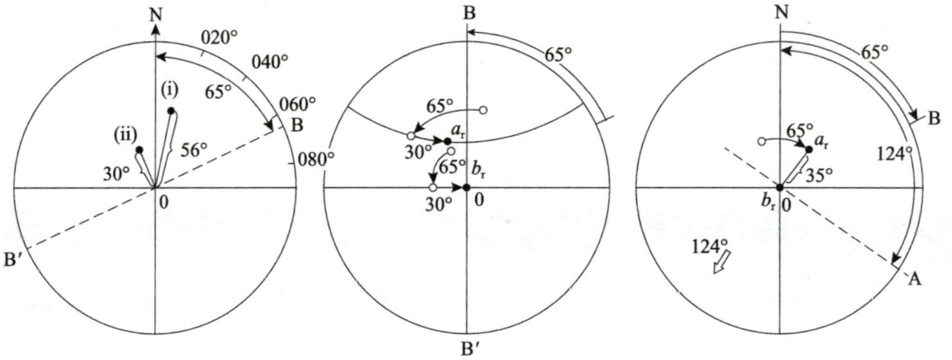

(a)观测数据
层理走向=65°，倾角=30°东南
X层理走向=102°，倾角=56°西南
B-B′=层理走向
(i) =交错层理极点
(ii) =地层极点

(b)层理和交错层理的旋转
b_r=极点至地层旋转30°至零度倾斜
a_r=极点至交错层理旋转30°
沿着小圆的同一方向

(c)恢复与北方相关的a_r以产生结果
a_r=交错层理的原始倾角35° 西南
A=交错层理的原始走向(124°)
原始河床迁移至214°

图 A1.1　校正构造倾斜平面交错层理数据以确定原始古水流方向的流程（层理和交错层理在下半球立体图上绘制为极点到平面）

注：虚线圆圈表示计算前立体网上地层和交错地层的极点原始位置；虚线圆圈表示计算中途的位置，填充的黑色圆圈表示旋转计算完成后的极点位置。请参阅文本以获得更全面的解释。

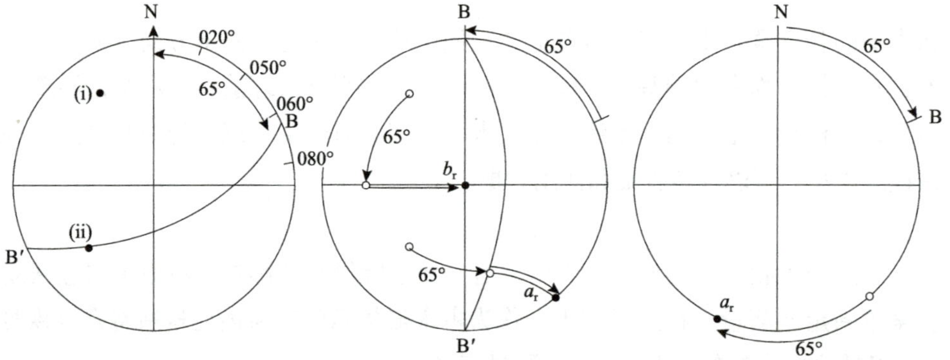

(a)观测数据
层理走向=65°，倾角=60°东南
槽内倾角=34°，方位角=224°
B-B′=层理走向
(i) =交错层理极点
(ii)=沟槽的倾斜度和方位角

(b)地层和沟槽模的旋转
b_r=电杆至垫层旋转60°至零倾斜
a_r=沿小圆向同一方向旋转60°
至立体网边缘的槽模线

(c)恢复与北方相关的a_r以产生结果
a_r=平坦层面上沟槽模的
原始趋势(25°~ 205°)
通常无法从槽模中辨别方向

图 A1.2　校正构造倾斜线性数据（如沟槽模）以确定原始古水流方向或趋势的流程

注：为了便于说明，在下半球立体网上，将层理数据绘制为平面和该平面的极点。线性数据绘制为插入和插入方向（方位角）。有关说明，请参见正文。

对于陡倾斜岩层中的线性数据，在立体图上绘制空间线理的产状［见图A1.2（a）］，并如上所述将磁极旋转至层理和线理［见图A1.2（b）］。这将使层理和层理上的线理恢复到构造倾斜之前的原始状态。恢复线理的方向可用于指示古水流方向［见图A1.2（c）］。

该恢复程序的原理最好通过实践掌握，本附录末尾提供了一个练习例子。

3.表示方法

一旦方向测量值恢复到其原始方向，以图形方式显示效果较好。这可以通过几种方式实现。选择的方法取决于收集构造数据的质量和多样性。编辑不可避免地会导致一些信息的丢失，横向和纵向都有，特别是取样序列中有不同方向数据。编制方向数据是可视化模式的一种有用方法，但当练习的目的是环境解释时，它不能替代将方向与测量剖面中的特定构造相关联。绘制清晰区分沉积构造类型的图是很重要的，古水流数据是从这些沉积构造中测量出来的。这可以通过为每种构造类型绘制单独的图或在组合图上为每种结构类型使用清晰的符号、颜色或设计来实现。同样重要的是，一些构造可以记录单一流向，而其他构造仅给出流向趋势。第二组例子必须在演示中显示为双端线或扇区。

当数据较少且仅从几种类型的构造中收集时，可以将每次测量绘制为圆形辐条图上固定长度的辐射线（见图A1.3）。如果从交错层前积记录了倾角方向（方位角）和倾角幅度（倾角），则在立体图上绘制前积的极点（法线）可能比仅绘制前积方位角更可取。

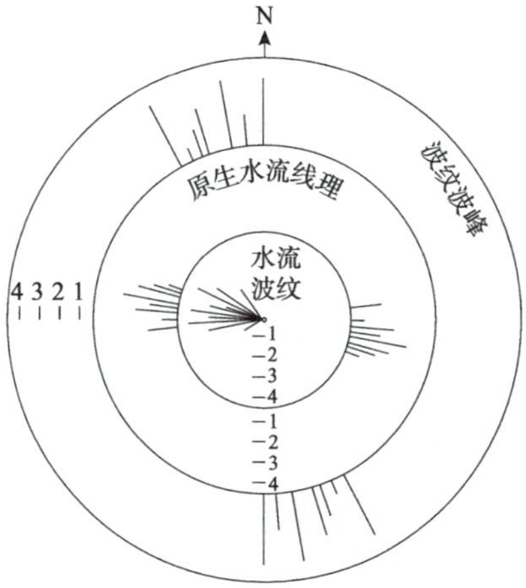

图 A1.3　单个水流方向显示为径向“轮辐”图

注：不同类型的构造是如何分开的，以及那些只提供趋势而不提供流向的构造是如何绘制为双端线的。

当数据较多时，轮辐图变得非常杂乱，数据最好以圆形直方图或“玫瑰图”的形式分组（见图A1.4）。尽管10°、15°、20°和30°是最常用的，但此类图表的等级间隔可以设置为任何大小，具体取决于方向的量和分布。在数据丰富的情况下，较小的类间隔可以更好地显示详细结构。然而，对于很少的数据，小的类间隔可能会给人一种复杂的假象。此外，“玫瑰图”通常采用丰度和半径之间的线性关系，这一事实可能会夸大更丰富类型的重要性。模式分类可能看起来比实际更丰富、定义更明确。已经有人试图通过设计方案来克服这一问题，方案中的丰度与分区有关，但这些方案没有得到广泛应用。如果个别数据点落在分区边界上，最好将这些点平均分配到边界两侧。注意，仅产生古水流趋势的构造应绘制为双端扇区［见图A1.4（a）］，而产生方向的构造可绘制为搬运方向上的单端扇区［见图A1.4（b）］。

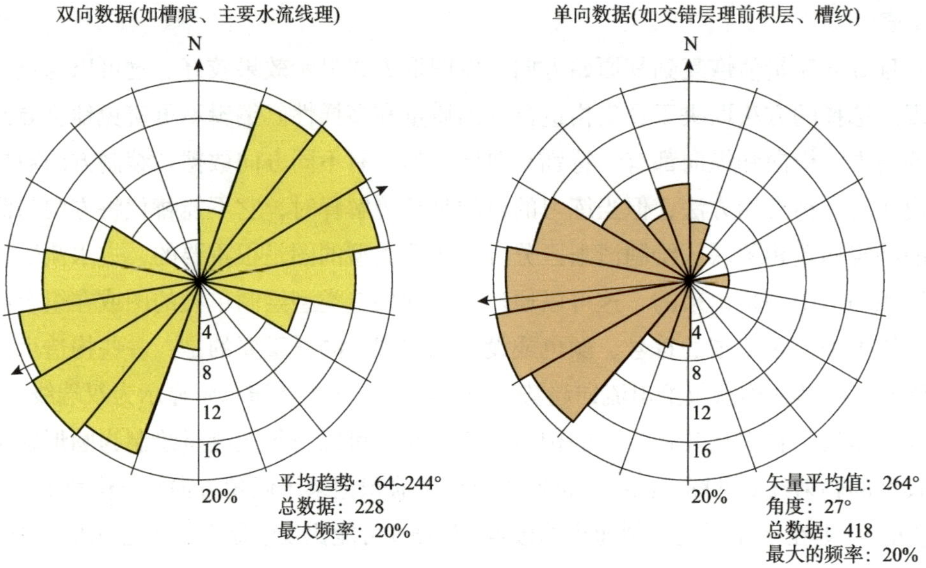

图 A1.4　水流方向以 20 度间隔的“玫瑰图”表示

注：不同类别构造的数据显示在单独的图表上，只给出趋势而不给出流向的构造绘制为双端扇区。玫瑰图”可以根据所有观察值的百分比（如此处所示）或实际观察值的数量进行缩放。箭头表示矢量平均方向。

二、数据的分析和解释

当对玫瑰图或放射线图所示的水流方向模式进行初步评估时，至少要考虑4个问题：

（1）图案是单峰、多峰还是没有任何明显的优选方向？

（2）主流方向或平均方向是什么？

（3）关于平均值的方向分布有多广（方向的分布情况如何）？

（4）不同类型构造的方向是否存在系统性差异？

1. 样式的模式

方向数据最重要特征是其优选方向的样式。在岩石序列中，这可以提供沉积环境和区域古斜坡方向的信息。单峰模式更常见，但某些环境会生成双峰甚至多峰模式。在某些情况下，模式方向源自不同类型的构造（例如，一些浊积岩层序位于底模和波痕之间）。在其他情况下，来自同一类结构的构造可能是多模态的（例如，某些河流沉积物中的板状交错层理）。一种特殊的模式是指示潮汐环境双向交错层理（两种模式截然相反）。

2. 平均方向

如果方向明显为单峰分布，则可以计算平均方向。然而，计算双峰总体的单一平均值，尤其是具有双向模式的群体是毫无意义的。在这种情况下，单个计算平均值很可能与两个主要模态方向成直角，因此完全没有意义。

由于数据方向围绕一个圆分布，因此360° =0°，平均值的计算不是简单的平均问题。例如，当平均值明显为360°时，通过简单平均法，靠近北但任一侧的两个方向（例如

350° 和10° ）的平均值为180° 。这个可以通过使用假原点克服。毕竟，在北方标度是一种惯例。如果选择了记录方向范围之外的原点，则可以计算与假原点偏差的简单算术平均值。然后可以将其恢复为真正的方位。

这种方法对于紧密分组的数据效果较好。然而，更常用的方法是将方向视为向量，并通过应用以下公式解析向量分量给出向量平均值：

$$\tan\theta\overline{\varphi}=\frac{\sum\sin\varphi}{\sum\cos\varphi} \tag{A1.1}$$

式中，$\overline{\varphi}$ 为矢量平均值；$\sum\sin\varphi$ 和 $\sum\cos\varphi$ 为单个读数的正弦和余弦之和。在此类计算中，必须考虑三角函数的符号，并通过检查判断平均值的大致方向。

3. 方向发散

关于平均值的方向聚类可能非常接近或更广泛地发散。在许多情况下，通过检查玫瑰图定性地描述分散是可以接受的。在某些情况下，更定量地表示分散度可能更合适。最常用于表示这一点的参数是矢量强度，对于单向古水流数据（例如前积倾角方位角），该参数由以下等式给出：

$$S=\frac{\sqrt{\left(\sum\sin\varphi\right)^2+\left(\sum\cos\varphi\right)^2}}{n} \tag{A1.2}$$

式中，n是读数的数量，值高表示发散窄，值低表示发散宽。

具有环境意义的样式模式的一个明显例子是潮汐沉积物的双极性特征。然而，需要注意的是，因为并非所有潮汐环境都会产生并保持具有对称双极模式的沉积结构。如果退潮或洪流占主导地位的比例很小，则可能会出现不对称的双极模式，甚至是单峰模式。

在一些砂质辫状河沉积物中，板状交错层理组可能显示出围绕平均方向对称分布的双峰模式，这可能与槽状交错层理衍生的单峰分布的平均值一致。

如果古层序中河流砂岩单元的交错层理的平均方向显示出高度发散，则建议使用曲河流；低发散意味着更直的河道。

在风成沙丘沉积中，风向不受地形坡度的控制，可以将多个有效风向记录为交错层理模式。特别是，线形沙丘形成的交错层理组通常呈现双峰模式，而金字塔形沙丘通常产生多峰分布。

4. 方向上的差异

同一序列中不同类型构造记录的方向模式差异可以通过检查玫瑰图来检验，很少用统计检验。对差异的解释因情况而异。在岩石记录中，可以识别波浪和水流方向的差异，或弯曲峰顶沙丘（槽交错层理）和直峰顶沙丘和沙坝（板状纹层组）运动模式的差异。一些潮间带、流量范围大的河床和大型风成沙漠的一个特征是，较大的构造（通常为沙丘）往往反映高水位或峰值流量，且分布非常狭窄。在下降阶段形成的相关较小构造（通常为波痕）的方向分布更广泛，反映了这些水流在较大型河床周围迁移的趋势。

5.古水流恢复演示和分析练习

为了熟悉本附录中介绍的方法，请尝试以下练习。使用表A1.1中的数据，将交错层理和浪成波痕波峰线测量重新定位到构造倾斜之前的位置。将恢复的数据绘制为两个玫瑰图，一个显示交错层理指示的古水流方向，另一个显示浪成波痕波峰线的趋势。对于交错层理，描述数据的传播；分布是单峰、双峰还是多峰？使用式（A1.1）计算向量平均值，和使用式（A1.2）的数据得出离散度（矢量强度）。

表A1.1在构造倾斜（50/330SW）的层理面上观察到的交错层理前积的倾斜度和倾斜度，以及浪成波痕波峰线的倾斜度和线理。（使用附录1中概述的程序将交错层理和浪成波痕波峰重新定向到其构造前方向）

表 A1.1

交错层理的倾向和倾向方向	倾斜度/线理波纹波峰线
70/320 SW	25→309
28/314 SW	27→310
67/317 SW	23→312
72/324 SW	25→308
30/316 SW	22→309
74/318 SW	24→305
68/322 SW	28→316
26/312 SW	26→315
32/317 SW	23→310
30/310 SW	22→309

附录 2

松散沉积物的取样和保存

从松散沉积物中收集和保存沉积结构（以供实验室进一步研究）需要特殊技术。包括沉积物的人工固结，可以使地层和层理变得更加明显。主要有两种方法：用盒子取心和做漆皮。下面列出了一些这样做的想法，但如果没有现成的特制设备，通常可以制作。

1.用盒取心

为了获取箱式岩心，需将简单的金属或塑料盒推入沉积物中，然后小心地移除，以获取相对未受干扰的样品。然后可以直接在现场或稍后在实验室用胶水或树脂浸渍该样品。如果浸渍胶或树脂分布均匀，则会根据各层和薄片之间孔隙度和渗透率的微小差异渗透到不同深度。

最简单的取心器是所谓的“森克伯格盒”，一个矩形盒，一侧有一个可拆卸的滑动门板。在现今的地面上，把它垂直推入沉积物中，再在盖盖后挖出。在坑或沟渠的垂直面上，它被水平推入，处于直立位置。在对箱子顶部进行轻微挖掘后，将盖子垂直滑动到位。

更复杂、更难使用的取心器是逐渐变细的“赖内克盒”。这在浅水区或地下水位太高，不允许使用森克伯格盒的情况下有用。取心器被垂直推入沉积物中，然后盖上盖子。盒子的法兰和盖子侧面的凹槽将取心器的两部分固定在一起，但沉积物会阻碍法兰的滑动。然后将盒子和盖子从沉淀物中垂直拉出，形成一个向下逐渐变细的楔形心，随后该心被树脂浸渍。在树脂硬化后小心移除盖子后，可通过厚纸板黏合到出露表面来进一步加强样品。设置好后，如有必要，可通过切割盒子边缘将样品从盒子中取出。通过轻轻刷洗或吹扫，可清除新暴露表面上的任何松散沉积物。当样品干燥时，应多次进行此操作。如纹层间存在渗透率差异，则应在磨具内挑出纹层。

一些胶水可溶于各种溶剂，例如，对分析特定薄片的粒度分布就很有用。从盒心上切下薄片，用合适的溶剂溶解胶水，可以得到适合筛分和测量其他粒度的松散颗粒。但是，请注意，有机溶剂可能会对健康造成危害，应采取适当的预防措施。

2.漆皮

可以从沟槽的墙壁或地板上取下漆皮，表面应仔细刮平，然后使用花园喷雾器，用适当树脂的稀释溶液进行喷涂。通常使用挥发性有机溶剂（如丙酮）的油漆，在这种情况下，喷涂后，采用适当的预防措施点燃表面，导致沉淀物变干，油漆渗透更深。环氧树脂现在更常用，主要用于胶结和硬化表面。但是，为了去除该层，必须对其进行加固。通过在表面上小心地涂抹几层树脂浸泡的绷带或纱布来完成的。当树脂完全固化后，通常在刚性板的支撑下小心地去除剥离物。然后可从暴露表面去除松散沉积物，并通过进一步喷涂固定表面。与盒式心相比，漆皮具有更取样大面积和携带更轻的优点。然而，这项准备工作对实地时间提出了更高的要求。

附录3

现今环境的研究方法

可以对当今的沉积物表面进行多种类型的观测，并应用多种记录数据的方法。例如，为了理解和描述潮滩、海滩或裸露河床的特征，首先可以快速形成整体印象，然后对被认为是“典型”或“代表”的选定区域进行系统调查。在某些情况下，单个导线测量是合适的，而在其他情况下可能需要更详细的制图。一般来说，要记录和绘制的特征是预先确定的，主要问题与导航和定位有关，特别是在广阔、低洼和无特色的区域，如潮滩或宽阔海滩。这些问题有时可以通过使用无人机来克服，或者在研究开始时拍摄一系列航空照片，或者在研究期间交互使用。此类调查应在获得适当许可并遵守相关规定的情况下进行。

在潮间带作业时，尽可能在落潮期间作业。沉积特征不仅更新鲜，而且更安全。如果在涨潮期间工作，请确保了解涨潮的方式，并让一个人专门负责安全。始终留出足够的安全空间，并在不熟悉的区域听取当地的建议。不要在潮间带单独工作。

如果要沿直导线进行观测，则在导线一端放置两个相距一定距离且与之成直线的观察柱。步行或乘船时保持它们在一条直线上。随着价格合理的全球定位系统（GPS）接收器和带摄像头的无人机的出现和越来越多的可用性，在没有特征的地形中，沿导线确定位置不再那么困难。然而，如果有一张比例尺适当的地形图，那么即使在没有GPS的情况下也可以进行定位。在远离剖面线的已知位置的附近特征上的罗盘方位可以在长距离穿越时提供良好的固定。磁带或测距仪可用于较短距离的测量或更详细的工作。

绘制一个区域的地图则更复杂。在小范围内，可以标记出测量的网格；在更大的范围内，可以通过地图区域边缘周围的标记柱建立一系列横切导线，就像为单个导线设置的标记柱一样。手持式GPS接收器或无人机都可用于确定位置。在没有此类装置的情况下，有必要对周围的固定点进行方位或其他角度测量。六分仪是一种精确而有效的测量仪器。在任意三个固定点之间测量的两个角度可以非常精确地确定位置。

徒步测量时，松散沉积物上的表面特征很容易被脚印破坏，因此应在早期阶段拍摄照片，无论是徒步还是无人机拍摄。出于同样的原因，尝试使用一些战略途径。在船上作业时，扰动问题不太严重，但可能不太利于观察沉积物表面。在浅而清澈的水域中，玻璃底的盒子非常有用，偏光太阳镜有助于减少反射。在较深或较浑浊的水域中，回声测深等间接观测方法变得至关重要。

沉积物表面的描述可以在不同的层次上进行，从河床类型的定性描述到特定构造的尺寸、方向和分布密度的详细测量。数据表有助于系统记录，可以在每个地方完成。建立适当的数据表可能需要在主要研究之前进行初步勘察。潮坪环境如图 A3.1 所示。

地点: 亚环境编号及类型: 无地图调查 按比例缩小的图号 样品袋	样本研究地点: 平面图编号 视频编号 水样编号	地图参考: 草图编号 照片编号 笔记本页码

特征	样本地点的观测		邻近地区的观测	
沉积物类型和条件 颗粒大小(mm或ϕ) 矿物成分(按百分比分类) 颜色(孟塞尔或戈达德比例) 组构–纹理 酸碱度 Eh–还原层深度 盐度 温度–空气：基板	平均　模式(s) 方向 水样		平均　模式(s) 方向 水样	
原生构造–底床 表层：间距(波长)、振幅或高度、波痕指数、对称性指数、平行度指数1、平行度指数2、直线度指数、连续性指数、方向(波峰)、倾斜(背风处)、新月形、分叉度 内部：前积倾角、前积方位角、泥帘 二级构造和其他构造	1　2　3　4　5	图片/ 草图	1　2　3　4　5	图片/ 草图
生命形式 (1) 永久形式–生命集合 (a)植物群 (b)表土动物 (c)大型底栖动物群 小型底栖动物 (0. 5~0. 05mm) 微型动物 (2) 临时形式–生命集合 (a) 海上的 (b) 陆地的 专性(取决于潮间带) 叠加(不依赖于潮间带) (3) 漂流形态–死亡集合	类型: 深度、频率、方向、浮游生物、残遗种、底栖生物(游走、固着、群居、独居、表生)、附着、游离、穴居、钻孔、食草动物、食肉动物、食腐动物、杂食动物、沉积物饲养者、捕集者、吞食者、悬浮饲养者、过滤者、候补者。	图片/ 草图		图片/ 草图
(4)行为学关系 捕食者–猎物、共生等 食物链，食物网				
(5)鱼类观察 形态的 保存的 行为的	轨迹、痕迹、放射状轨迹、洞穴通道、蹼状构造、袋状物、表迹、外切面、内切面、休息、居住、进食、放牧、爬行、移动、逃跑、重新调整、定向。			
一般的评论				

图 A3.1　系统记录潮滩等环境观测数据样本的数据表示例

方向数据的表示在附录1中进行了讨论。生成的“玫瑰图”等可以以多种方式显示在地图或剖面图上。“玫瑰图”可以叠加在地图上。可以根据床形高度和间距、砾石大小或潜穴分布密度等参数绘制地图轮廓。此外，定性特征（如生物类型、底形平面图形状或不同类型底形的叠加）可能会显示在地图上。

现代沉积物内部的检查可以通过探槽或取浅层岩心来实现（见附录2）。侧面干燥清洁的探槽比新挖表面更突出纹层。当时间较短或地下水位过高，无法挖探槽时，可通过将箱子或管子推入沉积物中获得相当长的岩心。取岩心时，注意记录岩心的方向。在实验室中，岩心可以用树脂浸渍以永久保存，并更清楚地显示构造。附录2中给出了收集和浸渍浅岩心的程序。

附录4
遗迹化石研究技术

对遗迹化石的研究需要人们将零碎的、二维模式与各种生物留下的复杂的三维行为记录联系起来。虽然已经开发出了广泛的技术，但我们在这里专注于更便宜、更简单的技术，有利于将经验迅速扩大。

1.野外和实验室对遗迹化石的观察和记录

在现今的地表和潮间带环境中，直接和“事后”观测是可能的。在水下环境中，由于需要潜水设备、专业技术和/或水下摄像机，观测成本更高。河口为各种案例研究提供了可接近的位置，但请记住附录3中强调的安全问题。

在处理岩石中的遗迹化石时，用粉笔（不是永久性墨水）勾勒出不显眼的特征有助于绘制成比例的野外图表和遗迹摄影。通过用水、甘油、石蜡或轻质矿物油润湿岩石表面，可能会加剧潜穴和其他类型的不明确分层（因此，污渍的吸收受孔隙率的差异控制）。细部构造可用粉笔或氯化铵粉刷，并在强光斜照下拍摄。

许多简单的技术可用于研究出露层理表面上遗迹化石（以及其他沉积构造）的分布。这些技术也可用于研究现代沉积物表面（如海滩）上的动物痕迹。常用的技术包括平面图绘制、截面对齐、样调查选址、不同亚环境取样，以评估形式的丰度或多样性的变化，记录活动类型、按比例拍摄证据、确定数据方向、绘制比例图以及收集和管理样本。在现代沉积环境中特别适用的其他有用技术包括采用箱形岩心、使用油漆、聚酯树脂和环氧树脂进行垂直和水平剥离，以及在陆上和水下铸造洞穴（附录2）。

无论环境如何，确定研究问题并设计适当的采样、描述和分析方案是很重要的。剖面图形日志应包括出现的与其他沉积特征相关的遗迹化石和分布数据［图10.6（b）］。

2.增强构造可见性的方法

在实验室中，根据设施和研究目的，以下程序较为合适。它们有助于揭示似乎不存在的构造痕迹。一些巨大岩层具有强烈的生物扰动，即最大而非最小的有机活动。这一点，再加上成岩作用，可能会增强其均质性。

（1）在岩心盒上制作漆皮。

（2）用有机染料（如茜素红、亚甲基蓝或印度墨水）对富含细粒碳酸盐和黏土矿物的岩石进行染色。

（3）抛光切割表面并用酸蚀刻，然后涂上丙酮，并用可剥离的醋酸片覆盖，从而形成醋酸片。

（4）对 1cm 厚的沉积岩切片（无论是自然胶结还是浸渍）进行 X 射线照相或红外线和紫外线照相。紫外线摄影最好应用于含铁很少的石灰石。

（5）红外摄影成本低廉，因为它只需要特殊的胶片和滤光片，尽管切割较薄的平板（0.5 cm）很难获得最佳效果。曝光时间应与岩石的有机物含量成比例，砂质岩石比泥质岩石更透明。

（6）使用喷砂设备在短时间内对较均质的岩石进行人工风化，喷砂设备中的砂磨料略细于岩石粒度。

（7）制作铸体沉积物或岩石的薄片。应使其比正常尺寸更大（约 5cm × 5cm），略厚（0.04mm），因此可将其安装在幻灯机中或扫描到计算机中。薄切片染色效果良好（见上文）。

3. 了解遗迹化石行为方面的实验方法

这种方法涉及在野外或实验室研究影响生物体行为的因素以及由此产生的痕迹形式。主要涉及无脊椎动物，而不是脊椎动物或植物。研究通常集中于穴居生物、双壳类以及它们破坏原始沉积构造和形成生物构造的方式。对试图将动物的功能形态与其行为和潜穴联系起来的人，研究不同于简单观察沉积物表面移动生物留下的痕迹，或将给定生物置于特定成分和黏度序列（例如砂泥互层）上的潜穴。更复杂的研究可以尝试更接近自然条件，描述挖洞行为、对基底的影响以及与侵蚀和沉积过程的相互作用。实例，见布 Bromley（1996）和 Goldring（1999）。

附录5

沉积测井技术

沉积学家记录和交流数据的主要手段之一是测井，它用图逐层描述了层序中遇到的各种岩性和构造。尽管有不同类型的测井方法（见图10.2），每种类型都有各自的相对优点，但我们在此提供了一些关于如何以测井形式表示沉积序列的建议。测井模板如图A5.1所示，副本可在现场使用。

1.在开始测井记录训练前

（1）对要记录的露头进行勘测，以确定层序的新老方向以及待研究地层中的最低点和最高点。

（2）确定对露头的哪一部分测井。合适的部分需要充分出露，以便能够生成连续的测井曲线，并且可以随时踏勘。在理想情况下，选择一个可以通过研究部分进行单个连续记录的位置。然而，如果不可能，则应准备好建造几个横向上相互重叠的测井曲线，以便形成一个完整剖面的测井曲线。理想的测井地点包括沟壑、干河床、阶梯式山坡、海岸悬崖和波浪侵蚀平台。在岩层构造上倾斜的区域，通常可以通过沿悬崖线底部横向穿越来建造良好的测井剖面。

（3）确定测井作业的比例尺。这将取决于地层的复杂性、层理的规模或厚度、露头的质量、要记录的剖面厚度、可用时间和项目的总体目标等因素。

（4）为了合理描述研究部分，确定需要测井位置的数量。一个测井可以满足横向变化较小的简单层序，然而，横向复杂和多变层序研究将需要多个测井。

（5）在开始测井作业时，选择一个突出的河床作为起点，并准确记录其地理位置及海拔高度。

2.测井训练

（1）记录的地层厚度应为真实层厚。这不一定与出露岩层厚度相同，尤其是在山坡上测井或岩层在构造上倾斜时。

（2）测井中包含的信息量将由测井记录的比例决定。对于详细的测井，包括小于5~10cm的单个岩层，而对于更大比例的测井，将一组类似岩层组合在一起作为一个单元记录就足够了。如果合适可在主河床边界之间以更精细的比例绘制示意图，如纹层。

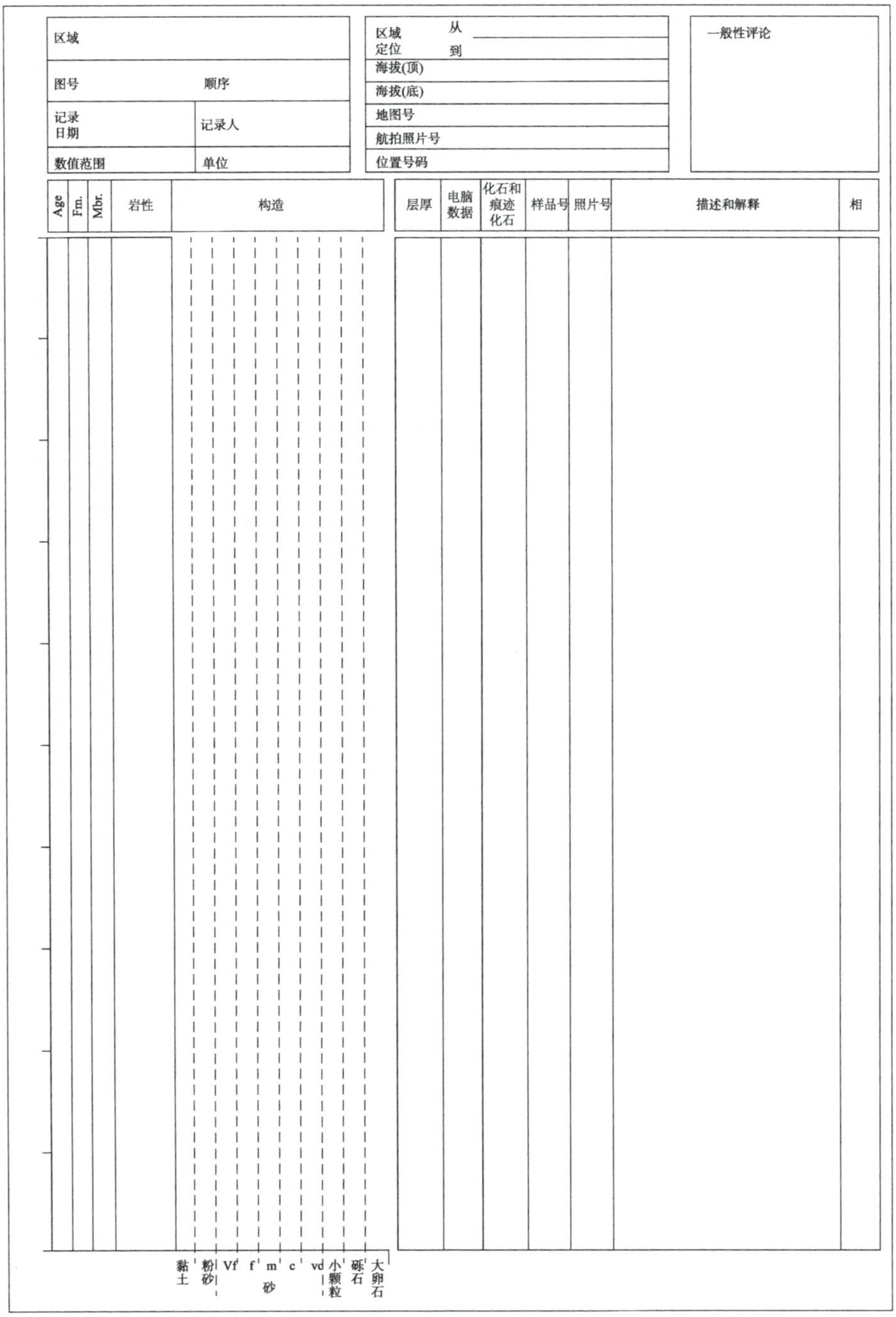

图 A5.1　沉积岩层序垂向层序记录测井图示例

（3）如果河床边界面不规则，则应在测井剖面上以图形方式记录边界面。例如，侵蚀性的水道底部应向下切割下部单元，透镜体应在末端逐渐变细。对于每一层，重要的是记录其厚度，如果横向追踪时层厚度变化明显，则要标注注释。

（4）注意层内及相邻层之间的粒度。应随身携带粒度卡片和放大镜并经常使用。注意正粒序或反粒序的地层。岩层之间细微的粒度变化对于识别厚度超过数十米的逐渐变细或变粗序列非常重要，这表明沉积过程中能量状态的逐渐变化。

（5）对于每一层，仔细查看剖面和出露层理表面上的沉积构造，有些可能保存在层的下侧，每一层采取系统的搜索方法。如果构造明显，则应使用标准符号（见附录6）以图形方式将其画在日志中。此外，尽可能详细地记录，必要时进行测量、拍照和绘制草图，特别是不确定它们的来源。特别注意化石和遗迹化石，因为它们是古环境的有用指示。

（6）在构造可用于确定地层顶底或古水流的地方做额外注释。在单独列中记录古水流数据，平面数据（如交错层理）可以记录倾角大小和方向（方位角），对于线性特征（如沟槽模），可以记录倾斜度和倾斜度方向。在构造变形序列中，还应记录整个层理的倾角和走向，以便将古水流数据恢复到真实方向（见附录1）。

（7）在描述其他潜在重要特征的测井旁边单独记录，包括侵蚀或沉积过程性质的临时推断。事实上，在测井的过程中，你可能会对可能的沉积环境产生想法。然而，虽然工作思路有用，但在记录阶段不要过于关注任何一个猜测，因为这可能会使你的观察方式产生偏差。

（8）在完成测井作业时，选择一个突出的河床作为终点，并准确记录其地理位置及海拔高度。

附录 6

常见沉积岩性和构造的图例

大多数沉积学家在绘制沉积日志或面板图时，都会在图表中添加表示遇到的各种岩性和沉积构造的符号。尽管没有描述这些特征的正式方案，但表示常见岩性和结构的符号已基本标准化，图A6.1中罗列了一组常用符号的示例。这些符号可进行调整，以适合所调查的沉积物或岩石；应设计其他符号来表示此处未列出的特征。以日志或面板的形式呈现图形沉积数据时，务必包含所有使用符号的完整说明图例。必要时，应在日志上对图形符号进行鉴定，并附上书面说明和对沉积过程或沉积环境的初步解释。

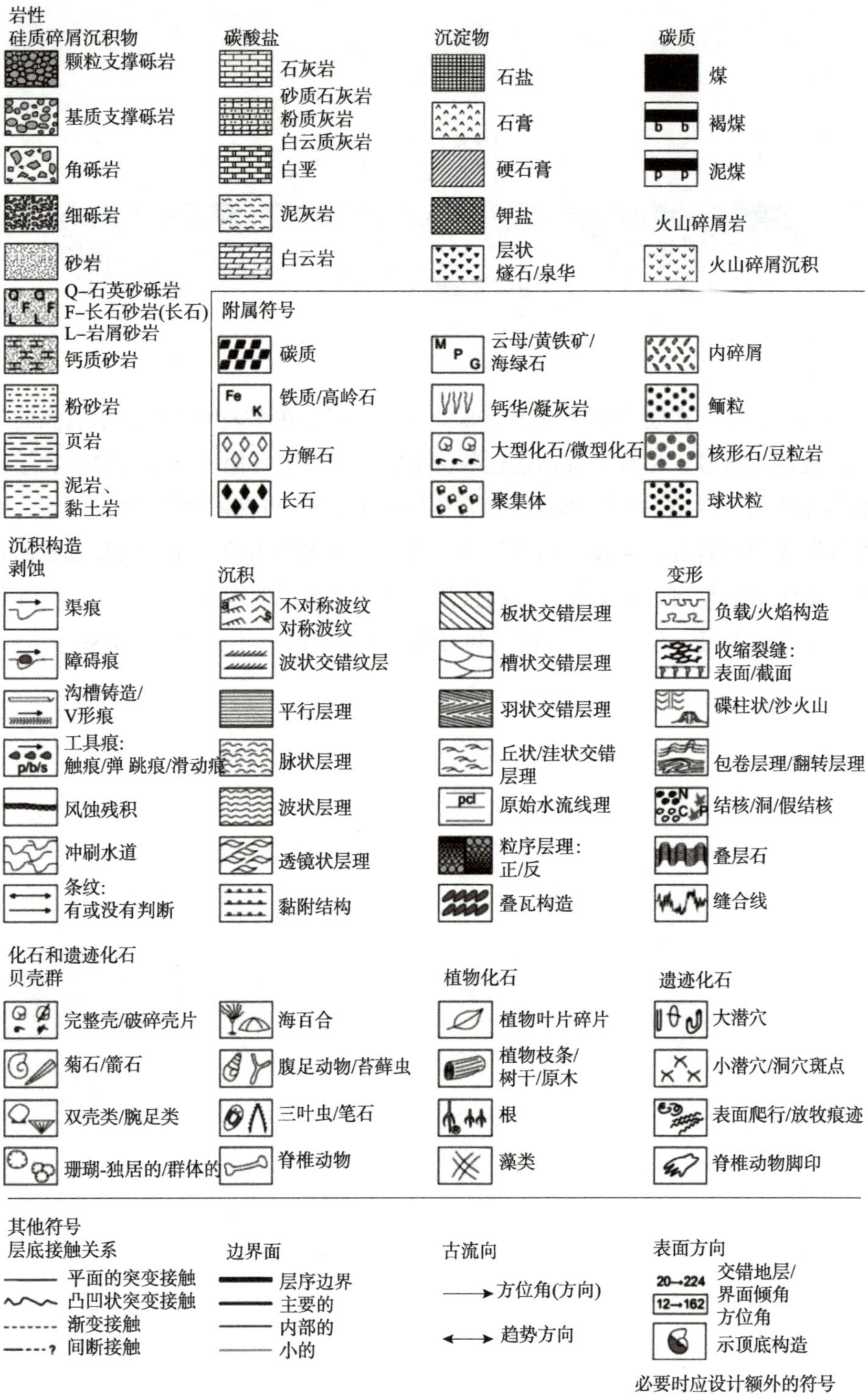

图 A6.1　沉积日志和面板中岩相、沉积构造、化石和遗迹化石的图形描述图例

《沉积构造（第四版）》后记

这本经过彻底修订的《沉积构造（第四版）》通过彩色照片和插图增强了其作为地质学主要教科书的地位。自1982年首次出版以来，沉积构造已确立并保持其作为卓越资源的地位，为理解现代沉积物和沉积岩动力过程及产物提供了清晰的方法学和哲学。

这本经典教科书的第四版以易于理解的方式介绍了侵蚀、沉积和沉积后的沉积过程。它展示了如何根据这些过程，在广泛的尺度上解释沉积构造。

侵蚀、沉积和沉积后变化产生的沉积构造都得到了清楚的解释，并与形成它们的过程有关。讨论了水下和风成底床发育的水动力和空气动力控制作用，以及沉积后沉积物可能受到的变形类型。解释和说明了由化学和生物影响过程引起的沉积特征构造，化学变化的复杂影响，以及沉积后改变沉积物的动物和植物活动。本书最后介绍了环境解释的方法和原则，前面的章节为其提供了宝贵的基础。

沉积构造主要用于本科，对于在整个学位学习期间阅读地质学、地球科学、自然地理和环境科学的学生非常有价值。它还吸引大学和学校的热情学生，以及希望了解沉积过程和沉积产物的业余地质学家。此外，这本书对学术研究人员和行业专业人士都有参考价值。第四版涵盖了该主题的所有主要最新发展。它的特点是有丰富的信息插图和照片例子，并首次采用彩图。

这个版本是在David Thompson生前直接参与的情况下首次编写的，是在原有基础上进行的重写，特别关注风成过程和底床形的理解以及对遗迹化石的解释方面的最新进展。进一步发展了环境解释导论，以反映地层学思想的最新进展，从而使沉积学家能够更容易地将沉积构造组合的出现联系起来。沉积构造强调一种实用的、亲身实践的方法。对于那些对沉积构造研究有着浓厚兴趣的人来说，它仍然是不可或缺的，不仅是其本身的迷人特征，而且也是重建过去环境的关键指标。

John Collinson，以前是挪威卑尔根大学沉积学教授，直到最近才创办了自己的地质咨询公司。Nigel Mountney是利兹大学地球环境学院沉积学教授，他是河流和风成沉积研究小组的负责人；此外，他还是著名学术期刊沉积学的前主编。

参考文献

[1] Adams, A. E., MacKenzie, W. S. and Guilford, C. 1984. *Atlas of sedimentary rocks under the microscope.* Longman.

[2] Ager, D. V. 1981. The nature of the stratigraphical record. (2nd edn) McMillan Press.

[3] Alexander J. & Fielding C. 1997. Gravel antidunes in the tropical Burdekin River, Queensland, Australia. Sedimentology 44, 327–37 (7) .

[4] Alexander J., Bridge J. S., Cheel R. J. & Leclair S. F. 2001. Bedforms and associated sedimentary structures formed under supercritical water flows over aggrading sand beds. Sedimentology 48, 133–52 (6) .

[5] Allen, J. R. L. 1964. Studies in fluviatile sedimentation : six cyclothems from the Old Red Sandstone. Sedimentology 3, 163–98 (4, 10) .

[6] Allen, J. R. L. 1968. Current ripples : their relations to patterns of water and sediment motion. North Holland (3, 6) .

[7] Allen, J. R. L. 1970. Physical processes of sedimentation. Allen & Unwin (3) .

[8] Allen, J. R. L. 1977. Physical processes of sedimentation, an introduction. George, Allen and Unwin, Earth Science Series, 1, (4th Impression with Revised Readings) .

[9] Allen, J. R. L. 1971. Transverse erosional marks of mud and rock : their physical basis and geological significance. Sedimentary Geology 5, 167–384.

[10] Allen, J. R. L. 1977. The possible mechanics of convolute lamination in graded sand beds. Journal of the Geological Society of London, 134, 19–31 (9) .

[11] Allen, J. R. L. 1980. Sand waves : A model of origin and internal structure. Sedimentary Geology 26, 281–328.

[12] Allen, J. R. L. 1982. Sedimentary structures : their character and physical basis. Developments in Sedimentology 30. Elsevier (3, 4, 6, 7) .

[13] Allen, J. R. L. 1985a. Experiments in physical sedimentology. Allen & Unwin (3) .

[14] Allen, J. R. L. 1985b. Principles of physical sedimentology. Allen & Unwin (3) .

[15] Allen, J. R. L. 1991. The Bouma Division–A and the possible duration of turbidity currents. Journal of Sedimentary Petrology 61, 291–95 (6) .

[16] Allen, J. R. L. & Banks N. L. 1972. An interpretation and analysis of recumbent–folded deformed cross–bedding. Sedimentology 19, 257–83 (9) .

[17] Allen, P. A. 1997. Earth Surface Processes. Blackwell Science (3) .

[18] Allen, P. A. and Allen, J. R. 2005. Basin analysis. Principles and applications. (2nd edn) Blackwell Science.

[19] Amy, L., McCaffrey, W. D. and Talling, P. (eds.) 2009. Sediment gravity flows–recent insights into their dynamic and stratified/composite nature. Marine and Petroleum Geology, Special Thematic Set, 26, 1897–2043.

[20] Anderson B. G. & Droser M. L. 1998. Ichnofabrics and geometric configurations of Ophiomorpha within a sequence stratigraphic framework: an example from the Upper Cretaceous US western interior. Sedimentology 45, 379–96 (9).

[21] Arnott R. W. & Southard J. B. 1990. Exploratory flow–duct experiments on combined–flow bed configurations and some implications for interpreting storm–event stratification. Journal of Sedimentary Petrology 60, 211–19 (6).

[22] Arthurton, R. S. 1973. Experimentally produced halite compared with Triassic layered halite–rock from Cheshire, England. Sedimentology 20, 145–60 (8).

[23] Ashley, G. M., Southard J. B. & Boothroyd J. C. 1982. Deposition of climbing ripple beds: a flume simulation. Sedimentology 29, 67–79 (6).

[24] Ashworth, P. J., Bennett, S. J., Best, J. L. and McLelland, S. J. (eds.) 1996. Coherent flow structures in open channels. John Wiley and Sons.

[25] Ashworth, P. J., Best, J. L. and Parsons, D. R. 2015. Fluvial–tidal sedimentology. Developments in Sedimentology, 68, Elsevier.

[26] Assereto, R. L. A. M. & Kendall C. G. 1977. Nature, origin and classification of peritidal tepee structures and related breccias. Sedimentology 24, 153–210 (9).

[27] Audemard, F. A. & Santis F. de. 1991. Survey of liquefaction structures induced by recent moderate earth quakes. Bulletin of the International Association of Engineering Geologists, 44, 5–16 (9).

[28] Baas J. H. 1999. An empirical model for the development and equilibrium morphology of current ripples in fine sand. Sedimentology 46, 123–38 (6).

[29] Bagnold, R. A. 1941. The physics of blown sand and desert dunes. Methuen (6).

[30] Basan, P. B. (ed.) 1978. Trace fossil concepts. Short–course Notes 5, Society of Economic Paleontologists and Mineralogists (9).

[31] Bathurst, R. G. C. 1975. Carbonate sediments and their diagenesis, (2nd edn): Elsevier (8).

[32] Best J. L. 1996. The fluid dynamics of small–scale alluvial bedforms. In Advances in fluvial dynamics and stratigraphy. P. A. Carling & M. R. Dawson (eds.) 67–125, John Wiley & Sons (6).

[33] Best J. L., Ashworth P. J., Bristow C. S. & Roden J. 2003 Three–dimensional sedimentary architecture of a large, mid–channel sand braid bar, Jamuna River, Bangladesh. Journal of Sedimentary Research 73, 516–30 (6).

[34] Blatt, H., Middleton G. V. & Murray R. C. 1980. Origin of sedimentary rocks. (2nd edn). Prentice–Hall (1, 2, 3, 4, 5, 6, 7, 8, 9).

[35] Bluck, B. J. 1967. Sedimentation of beach gravels: examples from South Wales. Journal of Sedimentary Petrology 27, 128–56 (7).

[36] Boersma, J. R. 1970. Distinguishing features of wave–ripple cross–stratification and morphology. Doctoral thesis, University of Utrecht, The Netherlands, 65 pages. (Fig6.13).

[37] Boggs, S. Jr. 1987. Principles of sedimentology and stratigraphy. Merrill.

[38] Boggs, S. Jr. 2009. Petrology of sedimentary rocks. Cambridge University Press.

[39] Boggs, S. Jr. 2016. Principles of sedimentology and stratigraphy. (5th edn), Pearson.

[40] Bouma, A. H. 1962. Sedimentology of some flysch deposits. Elsevier (4, 6).

[41] Branney, M. J. and Kokelaar, P. 2002. Pyroclastic density currents and the sedimentation of ignimbrites.

Geological Society of London, Memoir, 27.

[42] Brenchley, P. J. & Williams B. J. P. (eds) 1985. Sedimentology : recent developments and applied aspects. Geological Society of London Special Publication 18, (2, 10).

[43] Bridge, J. S. 2003. Rivers and floodplains : forms, processes and sedimentary record. Blackwell Science (3, 6, 10).

[44] Bridge J. & Best J. 1997. Preservation of planar laminae due to migration of low-relief bed waves over aggrading upper-stage plane beds : comparison of experimental data with theory. Sedimentology 44, 221–51 (6).

[45] Bridge, J. S. and Demicco, R. V. 2008. Earth surface processes, landforms and sediment deposits. Cambridge University Press.

[46] Bristow, C. S., Bailey S. D. & Lancaster N. 2000. The sedimentary structure of linear sand dunes. Nature 406, 56–59 (6).

[47] Broadhurst, F. M. & Simpson I. M. 1967. Sedimentary infilling of fossils and cavities in limestone at Treak Cliff, Derbyshire. Geological Magazine 104, 443–8 (2, 9).

[48] Bromley, R. G. 1990. Trace fossils. biology and taphonomy. Special Topics in Palaeontology. Unwin Hyman.

[49] Bromley, R. G. 1996. Trace fossils : biology and taphonomy. (2nd edn). Chapman and Hall (9).

[50] Bromley, R. G. and Ekdale A. A. 1986. Composite ichnofabrics and tiering of burrows. Geological Magazine 123, 59–65 (9).

[51] Brookfield, M. E. 1977. The origin of bounding surfaces in ancient aeolian sandstones. Sedimentology 24, 303–32 (6).

[52] Brookfield, M. E. 1992. Eolian Systems. In Facies models : Response to Sea Level Change, (3rd edn), R. G. Walker & N. P. James (eds), 143–156. Geological Association of Canada (6).

[53] Brookfield, M. E. 2003. Principles of stratigraphy. Blackwell Science (10).

[54] Brookfield, M. E. & Ahlbrandt T. S. 1983. Eolian sediments and processes. Elsevier (6).

[55] Buck, S. G. 1985. Sand-flow cross-strata in tidal sands of the Lower Greensand (Early Cretaceous), Southern England. Journal of Sedimentary Petrology 55, 895–906 (6).

[56] Busson, G. 1980. Evaporites. Illustration and interpretation of some environmental sequences. Éditions Technip.

[57] Byers, C. W. 1974. Shale fissility : relation to bioturbation. Sedimentology 21, 479–84 (5, 9).

[58] Campbell, C. V. 1967. Laminae, lamina set, bed and bedset. Sedimentology 8, 7–26 (2).

[59] Cant, D. J. & Walker R. G. 1978. Fluvial processes and facies sequences in the sandy braided South Saskatchewan River, Canada. Sedimentology 25, 625–48 (10).

[60] Carling P. A. 1996. Morphology, sedimentology and palaeohydraulic significance of large gravel dunes, Altai Mountains, Siberia. Sedimentology 43, 647–64. (6, 7).

[61] Cartigny, M. J. B., Postma, G., van den Berg, J. H. & Mastbergen, D. R. 2011. A comparative study of sediment waves and cyclic steps based on geometries, internal structures and numerical modelling. Marine Geology, 280, 40–56 (6).

[62] Cas, R. A. F. & Wright J. V. 1987. Volcanic successions, modern and ancient. Allen & Unwin (7).

[63] Chamberlain, C. K. 1978. Recognition of trace fossils in core. Society of Economic Paleontologists and Mineralogists, Short Course No. 5, 119–66 (9).

[64] Cheel, R. J. & Rust B. R. 1986. A sequence of soft-sediment deformation (dewatering) structures in Late Quaternary subaqueous outwash near Ottawa, Canada. Sedimentary Geology 47, 77-93 (9).

[65] Chowns, T. M. & Elkins J. E. 1974. The origin of quartz geodes and cauliflower cherts through the silicification of anhydrite modules. Journal of Sedimentary Petrology 44, 885-903 (9).

[66] Clari, G. & Ghibaudo G. 1979. Multiple slump scars in the Tortonian type area (Piedmont Basin, northwestern Italy). Sedimentology 26, 719-30 (9).

[67] Clemmensen, L. B. & Abrahamsen K. 1983. Aeolian stratification and facies association in desert sediments, Arran Basin (Permian), Scotland. Sedimentology 30, 311-39 (6).

[68] Clifton, H. E., Hunter R. E. & Phillips R. L. 1971. Depositional structures and processes in the nonbarred, high-energy nearshore. Journal of Sedimentary Petrology 41, 651-70 (6, 10).

[69] Coe, A. L. (ed.) 2010. Geological field techniques. Wiley-Blackwell.

[70] Coe, A. L. 2003. The Sedimentary record of sea-level change. The Open University, Cambridge University Press.

[71] Coleman, J. M. & Wright L. D. 1975. Modern river deltas: variability of processes and sand bodies. In Deltas: models for exploration, M. L. Broussard (ed.), 99-149. Houston Geol Soc. (Fig. 10.2).

[72] Collinson, J. D. 1968. Deltaic sedimentation units in the Upper Carboniferous of northern England. Sedimentology 10, 233-54 (6).

[73] Collinson, J. D. 1970. Bedforms of the Tana River, Norway. Geografiska Annaler 52A, 31-56 (6).

[74] Collinson, J. D. & Lewin J. (eds) 1983. Modern and ancient fluvial systems. Special Publication 6, International Association of Sedimentologists (6, 7, 10).

[75] Collinson, J. D. 1994. Sedimentary deformational structures. In: The Geological Deformation of Sediments. A. Maltman (ed.), 95-125, Chapman and Hall (9).

[76] Conybeare, C. E. B. & Crook K. A. W. 1968. Manual of sedimentary structures. Australian Dept. Nat. Dev. Bur. Mines Resources, Geol. & Geophys. Bull. 102 (2, 4, 6, 7, 9).

[77] Cooke, R., Warren A. & Goudie A. (1993). Desert geomorphology. UCL Press, (4, 6).

[78] Covault, J. A., Kostic, S., Paull, C. K., Ryan, H. F. & Fildani, A. 2014. Submarine channel initiation, filling and maintenance from sea-floor geomorphology and morphodynamic modelling of cyclic steps. Sedimentology, 61, 1031-1054 (6).

[79] Crabaugh, M. & Kocurek G. 1993. Entrada Sandstone: An example of a wet aeolian system. In: The Dynamics and environmental context of aeolian sedimentary systems, K. Pye (ed.), 103-126. Special Publication, Geological Society of London, 72 (6).

[80] Crimes, T. P. & Harper J. C. (eds) 1970. Trace fossils. Special Issue 6, Geological Journal, Seel House Press (9).

[81] Crimes, T. P. & Harper J. C. (eds) 1977. Trace fossils 2. Special Issue 9, Geological Journal, Seel House Press (9).

[82] Crowe, B. M. & Fisher R. V. 1973. Sedimentary structures in base-surge deposits with special references to cross-bedding: Ubehebe craters, Death Valley, California. Bulletin of the Geological Society of America, 84, 663-82 (7).

[83] Curran, H. A. (ed.) 1985. Biogenic structures: their use in interpreting depositional environments. Society of Economic Paleontologists and Mineralogists, Special Publication 35, Tulsa: (9).

[84] Dalrymple, R. W. 1984. Morphology and internal structure of sandwaves in the Bay of Fundy. Sedimentology 31, 365–82 (6).

[85] Dalrymple, R. W., Makino Y. & Zaitlin B. A. 1991.Temporal and spatial patterns of rhythmite deposition on mud-flats in the macrotidal, Cobequid Bay–Salmon River estuary, Bay of Fundy, Canada. In: Clastic Tidal Sedimentology, D. G. Smith, G. E. Reinson B. A., Zaitlin & R. A. Rahmani (eds). Canadian Society of Petroleum Geologists Memoir, 16, 137–160 (6).

[86] Davies, I. C. & Walker R. G. 1974. Transport and deposition of re-sedimented conglomerates: the Cap Enrage Formation, Cambro-Ordovician, Gasp, Quebec.Journal of Sedimentary Petrology 44, 1200–1216 (7).

[87] Davies, J. C., Davis, P. K., and Davis, H. 2002. Statistics and data analysis in geology. (3rd edn) John Wiley and Sons.

[88] De Boer, P. L., van Gelder A. & Nio S. D. 1988. Tideinfluenced sedimentary environments and facies (Sedimentology and petroleum geology). D. Reidel (6).

[89] DeCelles, P. G., Langford R. P. & Schwartz R. K. 1983. Two new methods of palaeocurrent determination from trough cross-stratification. Journal of Sedimentary Petrology 53, 629–42 (6).

[90] Degens, E. T. 1965. Geochemistry of sediments. : PrenticeHall(2, 8,).

[91] Dennison, J. M. and Ettensohn, F. R. (eds.), 1994. Tectonic and eustatic controls on sedimentary cycles. Society for Sedimentary Geology (SEPM), Concepts in Sedimentology and Paleontology, 4.

[92] Derbyshire, E., Gregory K. J. & Hails J. R. 1979. Geomorphological processes. : Butterworth (Figs. 7.12 & 7.15).

[93] Donovan, R. N. & Foster R. J. 1972. Sub-aqueous shrinkage cracks from the Caithness flagstone series (Middle Devonian) of northeast Scotland. Journal of Sedimentary Petrology 42, 309–17 (9).

[94] Dowdswell, J. A. & Sharp M. 1986. Characterization of pebble fabrics in modern terrestrial glacigenic sediments. Sedimentology 33, 699–710 (7).

[95] Doyle, P., Bennett M. R. & Baxter A. N. 2001. The key to Earth history: An introduction to stratigraphy. (2nd edn). Wiley (2, 10).

[96] Drewry, D. 1986. Glacial geologic processes. : Edward Arnold (7).

[97] Droser, M. L. & Bottjer D. J. 1986. A semiquantitative field classification of ichnofabric. Journal of Sedimentary Petrology 56, 558–9 (9).

[98] Dunbar, C. O. & Rodgers J. 1957. Principles of stratigraphy. John Wiley (1, 2).

[99] Dunham, R. J. 1962. Classification of carbonate rocks according to depositional texture. In: Classification of Carbonate Rocks, W. E. Ham (ed.). American Association of Petroleum Geologists Memoir, 1, 108–21 (8).

[100] Edwards, M. B. 1976. Growth faults in Upper Triassic deltaic sediments, Svalbard. American Association of Petroleum Geologists, Bulletin 60, 341–55 (9).

[101] Elders, C. A. 1975. Experimental approaches in neoichnology. In The study of trace fossils, R. W. Frey (ed.), 513–36. Springer (9).

[102] Ekdale, A. A., Bromley R. G. & Pemberton S. G. 1984. Ichnology: the use of trace fossils in sedimentology and stratigraphy. Short-course Notes 15. Society of Economic Paleontologists and Mineralogists (9).

[103] Elliott, T. 1976. Upper Carboniferous sedimentary cycles produced by river-dominated, elongate deltas.

Journal of the Geological Society of London, 132, 199–208 (10).

[104] Emery, D. and Myers, K. J. 1996. Sequence stratigraphy, Blackwell Science.

[105] Eyles, N. & Clark B. M. 1985. Gravity-induced soft-sediment deformation in glaciomarine sequences in the Upper Proterozoic Port Askaig Formation, Scotland. Sedimentology 32, 789–814 (9).

[106] Fairbridge, R. W. and Bourgeois, J. (eds.) 1978. The encyclopedia of sedimentology. Dowden, Hutchinson and Ross.

[107] Farrow, G. E. 1975. Techniques for the study of fossil and recent traces. In Trace fossils, R. W. Frey (ed.), 537–54. Springer (9, Appendix).

[108] Fisher, R. V. 1966. Rocks composed of volcanic fragments and their classification. Earth Science Reviews 1, 287–9 (7).

[109] Franks, P. C. 1969. Nature, origin and significance of cone-in-cone structures in the Kiowa Formation (early Cretaceous), north central Kansas. Journal of Sedimentary Petrology 39, 1438–54 (9).

[110] Frey, R. W. (ed.) 1975. The study of trace fossils. Springer (9).

[111] Frey, R. W. & Pemberton S. G. 1985. Biogenic structures in outcrops and cores. I. Approaches to ichnology. Bulletin of Canadian Petroleum Geologists, 33, 72–115 (9).

[112] Frey, R. W., Howard J. D. & Pryor W. A. 1978. Ophiomorpha: its morphologic, taxonomic and environmental significance. Palaeogeography, Palaeoclimatology, Palaeoecology 23, 199–229 (9).

[113] Friedman, G. M. & Sanders J. E. 1978. Principles of sedimentology. John Wiley (1, 2, 10).

[114] Frost, S. H., Weiss M. P. & Saunders J. B. 1977. Reefs and related carbonates: ecology and sedimentology. Studies in Geology 4, American Association of Petroleum Geologists (8).

[115] Fryberger, S. G. 1979. Dune forms and wind regime. In: A study of global sand seas. E. D. McKee (ed.). United States Geological Survey Professional Paper, 1052, 137–169 (6).

[116] Fryberger, G. S. & Schenk C. J. 1981. Wind sedimentation tunnel experiments on the origin of eolian strata. Sedimentology 28, 805–21 (6).

[117] Fryberger, S. G., Al-Sari A. M. & Clisham T. J. 1983. Eolian dune, interdune, sand sheet, and siciliclastic sabkha sediments of an offshore prograding sand sea, Dharan Area, Saudi Arabia. American Association of Petroleum Geologists, Bulletin 67, 280–312 (6, 8).

[118] Ghazi, S. and Mountney, N. P. 2009. Facies and architectural element analysis of a meandering fluvial succession: the Permian Warchha Sandstone, Salt Range, Pakistan. Sedimentary Geology, 221, 99–126.

[119] Ghinassi, G., Colombera, L., Mountney, N. P. and Ressink, A. J. H. (eds.) 2019. Fluvial meanders and their sedimentary products in the rock record. International Association of Sedimentologists, Special Publication, 48.

[120] Gibling M. R. & Tandon S. K. 1997. Erosional marks on consolidated banks and slump blocks in the Rupen River, north-west India. Sedimentology 44, 221–51 (3, 7).

[121] Gilbert G. K. 1885. The topographic features of lake shores. Annual Report, U. S. Geological Survey. 5. 75–123 (6).

[122] Gilbert, G. K. 1914. Transportation of debris by running water. United States Geological Survey Professional Paper 86 (3, 6).

[123] Gingras M. K., Pemberton S. G. & Saunders T. 2000. Firmness profiles associated with tidal-creek

deposits : the temporal significance of Glossifungites assemblages. Journal of Sedimentary Research, 70 1017–25 (9).

[124] Ginsburg, R. N. (ed.) 1975. Tidal deposits : a casebook of recent examples and fossil counterparts. Springer (5, 6, 10).

[125] Glennie, K. S. 1970. Desert sedimentary environments. Elsevier (6, 7).

[126] Gluyas, J. and R. E. Swarbrick. 2003. Petroleum geoscience. Blackwell Science (1, 10).

[127] Goldring, R. 1999. Field palaeontology, (2nd edn). Pearson Education Limited (9).

[128] Goudie, A. 1973. Duricrusts in tropical and subtropical landscapes. Oxford University Press (9).

[129] Greer, S. A. 1975. Sand body geometry and sedimentary facies at the estuary–marine transition zone, Ossabaw Sound, Georgia ; a stratigraphic model. Senckenbergiana Maritima 7, 105–35 (Fig. 10.2).

[130] Griffiths, J. C. 1961. Measurements of the properties of sediments. Journal of Geology 69, 487–98 (2, Appendix).

[131] Gruhn, R. & Bryan A. L. 1969. Fossil ice wedge polygons in southeast Essex, England. In The periglacial environment, T. L. Péwé (ed.), 351–63. Arctic Institute of North America (Fig. 9.19).

[132] Hallam, A. 1967. Siderite–and calcite–bearing concretionary nodules in the Lias of Yorkshire. Geological Magazine 104, 222–7 (9).

[133] Hallam, A. 1981. Facies interpretation and the stratigraphic record. W. H. Freeman and Company, Hamblin, W. K. and Howard, J. D. 1995. Exercises in physical geology. (10th edn) Prentice–Hall.

[134] Hand B. 1997 Inverse grading resulting from coarse–sediment transport lag. Journal of Sedimentary Research 67, 124–9 (6).

[135] Hand, B. M., Wessel J. M. & Hayes M. O. 1969. Antidunes in the Mount Toby Conglomerate (Triassic), Massachusetts. Journal of Sedimentary Petrology 39, 1310–16 (6).

[136] Harms, J. C., Southard J. B., Spearing D. R. & Walker R. G. 1975. Depositional environments as interpreted from primary sedimentary structures and stratification sequences. Short–course Notes 2, Society of Economic Paleontologists and Mineralogists (10).

[137] Harrison, S. S. 1967. Low–cost flume construction. Journal of Geological Education 15, 105–8 (3, 6).

[138] Hasiotis, S. T. 2002. Continental trace fossils. SEPM Short Course Notes No. 51. Society of Economic Paleontologists and Mineralogists (9).

[139] Haughton, P., Davis, C., McCaffrey, W. & Barker, S. 2009. Hybrid sediment gravity flow deposits Classification, origin and significance. Marine and Petroleum Geology, 26, 1900–1918 (6).

[140] Hein, F. J. & Walker R. G. 1977. Bar evolution and development of stratification in the gravelly, braided Kicking Horse River, British Columbia. Canadian Journal of Earth Science 14, 562–70 (7).

[141] Hein, F. J. & Walker R. G. 1982. The Cambro–Ordovician Cap Enrage Formation, Quebec, Canada : conglomeratic deposits of a braided submarine channel with terraces. Sedimentology 29, 309–29 (7).

[142] Hendry, H. E. & Stauffer M. R. 1977. Penecontemporaneous folds in cross–bedding : inversion of facing criteria and mimicry of tectonic folds. Bulletin of the Geological Society of America, 88, 809–12 (9).

[143] Higham, N. 1963. A very scientific gentleman : the major achievements of Henry Clifton Sorby. Pergamon Press (1).

[144] Hiscott, R. N. 1994. Traction–carpet stratification in turbidites fact or fiction ? Journal of Sedimentary Petrology 64, 204–8 (6).

[145] Horowitz, D. H. 1982. Geometry and origin of large-scale deformation structures in some ancient wind-blown sand deposits. Sedimentology 29, 155–80 (9) .

[146] Howard, J. D. 1978. Sedimentology and trace fossils. In : Trace fossil concepts, P. B. Basan (ed.), SEPM Short Course No. 5. Society of Economic Paleontologists and Mineralogists 11–42 (9) .

[147] Howell, J. A. 1992. Sedimentology of the Rotliegend Supergroup of the UK Southern North Sea. PhD thesis. University of Birmingham.

[148] Hsu, K. J. & Jenkyns H. C. (eds) 1974. Pelagic sediments on land and under the sea. Special Publication 1, International Association of Sedimentologists (5) .

[149] Hunter, R. E. 1977. Basic types of stratification in small aeolian dunes. Sedimentology 24, 361–87 (6) .

[150] Hunter, R. E. 1985. Sub-aqueous sand-flow cross-strata. Journal of Sedimentary Petrology 55, 886–94 (6) .

[151] Hunter, R. E., Richmond B. M. & Alpha T. R. 1983. Stormcontrolled oblique dunes of the Oregon Coast. Bulletin of the Geological. Society of America, 94, 1450–65 (6) .

[152] Ingram, R. L. 1954. Terminology for the thickness of stratification and parting units in sedimentary rocks. Bulletin of the Geological Society of America, 65, 937–8 (2) .

[153] Inman, D. L. & Bowen A. J. 1963. Flume experiments on sand transport by waves and currents. 8th Conference on Coastal Engineering, Proceedings, 137–50. American Society of Civil Engineers, Reston, Virginia (6) .

[154] James, N. P. 1979. Shallowing-upward sequences in carbonates (facies models 10) . In Facies models, R. G. Walker (ed.), 109–19. Geological Association of Canada (8) .

[155] James N. P. &. Kendall A. C. 1992. Introduction to carbonate and evaporite facies models. In Facies models : Response to sea level change, (3rd edn), R. G. Walker & N. P. James (eds), 265–275. Geological Association of Canada (8) .

[156] James, N. P. and Dalrymple, R. W. (eds) 2010. Facies models 4. Canadian Sedimentology Research Group, Geological Association of Canada. GEO text 6.

[157] James, N. P. and Jones, B. 2015. Origin of carbonate sedimentary rocks. Wiley-Blackwell.

[158] Jerram, D. A. 2001. Visual comparators for degree of grain size sorting in 2-D and 3-D. Computers in Geosciences 27, 485–92 (2) .

[159] Johnson, H. D. 1977. Sedimentation and water escape structures in some late Precambrian shallow marine sand stones from Finnmark, North Norway. Sedimentology 24, 389–411 (9) .

[160] Jones, C. M. 1979. Tabular cross-bedding in Upper Carboniferous fluvial channel sediments in the southern Pennines, England. Sedimentary Geology 24, 85–104 (6) .

[161] Jones M. E. & Preston R. M. F. (eds) 1987. Deformation of sediments and sedimentary rocks. Special Publication 29, Geological Society of London (9) .

[162] Jones, S. 2015. Introducing sedimentology. Dunedin Academic Press.

[163] Jopling, A. V. 1965. Angle of repose box suitable for either class use or research. Journal of Geological Education 13, 143–4 (6) .

[164] Jopling, A. V. 1965. Hydraulic factors controlling the shape of laminae in laboratory deltas. Journal of Sedimentary Petrology 35, 777–91 (6) .

[165] Jopling, A. V. & Walker R. G. 1968. Morphology and origin of ripple-drift cross-lamination, with

examples from the Pleistocene of Massachusetts. Journal of Sedimentary Petrology 38, 971–84（6）.

[166] Jopling, A. V. & McDonald B. C.(eds) 1975. Glaciofluvial and glaciolacustrine sedimentation. Society of Economic Paleontologists and Mineralogists, Special Publication 23(6, 7).

[167] Julien, P. Y. 2010. Erosion and sedimentation.(2nd edn) Cambridge University Press.

[168] Kaneko, A. 1980. The wavelength of oscillation sand ripples. Report of the Research Instituute of Applied Mechanics. Kyushu University. 28, 57–71（6）.

[169] Kawakami G. & Kawamura M. 2002. Sediment flow and deformation (SFD) layers: evidence for intrastratal flow in laminated muddy sediments of the Triassic Osawa Formation, Northeast Japan. Journal of Sedimentary Research 72, 171–81（9）.

[170] Kennedy, J. F. 1961. Stationary waves and anti–dunes in alluvial channels. Report KH–R–Z, W. M. Keck Laboratory of Hydraulics and Water Resources. California Institute of Technology (Fig. 6.90).

[171] Kennedy, W. J. & Juignet P. 1974. Carbonate banks and slump beds in the Upper Cretaceous (Upper Turonian Santonian) of Haute Normandie, France. Sedimentology 21, 1–42(8, 9).

[172] King, C. A. M.(ed.) 1976. Periglacial processes. Dowden, Hutchinson & Ross(7, 9).

[173] King, C. J. H. 1980. A small cliff–bound estuarine environment: Sandyhaven Pill in South Wales. Sedimentology 27, 93–105(6, 10).

[174] King, C. H. J. 1980. Experimental sedimentology for advanced level students using a motorized wave tank. Geology Teaching 5, 44–52（6）.

[175] Klein, G. de V.(ed.) 1976. Holocene tidal sedimentation. Dowden, Hutchinson & Ross（6）.

[176] Kleinhans M. G., Wilbers A. W. E., Swaaf A. D. & Van den Berg J. H. 2002 Sediment supply–limited bedforms in sand–gravel bed rivers. Journal of Sedimentary Research 72, 629–40(6, 7).

[177] Knaust, D. and Bromley, R. G. 2012. Trace fossils as indicators of sedimentary environments. Elsevier, Developments in Sedimentology, 64.

[178] Kneller B. 1995. Beyond the turbidite paradigm: physical models for deposition of turbidites and their implications for reservoir prediction. In: Characterization of deep marine clastic systems. A. J. Hartley & D. J. Prosser(eds), 31–50. Special Publication Geological Society of London. 94(6, 10).

[179] Kneller B. & Branney M. J. 1995. Sustained high–density turbidity currents and the deposition of thick massive sands. Sedimentology 42, 607–16（6）.

[180] Kocurek, G. & Dott R. H. 1981. Distinctions and uses of stratification types in the interpretation of eolian sand. Journal of Sedimentary Petrology 51, 579–95（6）.

[181] Komar, P. D. 1976. Beach processes and sedimentation. Prentice–Hall(3, 6, 7).

[182] Koster, E. H. & Steel R. J.(eds) 1984. Sedimentology of gravels and conglomerates. Memoir 10, Canadian Society of Petroleum Geologists（7）.

[183] Kranck, K. 1975. Sediment deposition from flocculated suspensions. Sedimentology 22, 111–23（5）.

[184] Krumbein, W. C. & Garrels R. M. 1952. Origin and classification of chemical sediments in terms of pH and oxidation/reduction potentials. Journal of Geology 60, 1–33（8）.

[185] Kuenen, P. H. & Migliorini C. I. 1950. Turbidity currents as a cause of graded bedding. Journal of Geology 58, 91–127（6）.

[186] Lajoie, J. 1972. Slump fold axis orientations: an indication of palaeoslope? Journal of Sedimentary Petrology 42, 584–6（9）.

[187] Lajoie, J. 1979. Volcaniclastic rocks. In : Facies models, R. G. Walker (ed)(1st edn), 183–190. Geological Association of Canada (7) .

[188] Lambert, A. & Hsu K. J. 1979. Non–annual cycles of varve–like sedimentation in Walensee, Switzerland. Sedimentology 26, 453–61 (5) .

[189] Lancaster, N. 1988. Controls on eolian dune size and spacing. Geology 16, 972–975 (6) .

[190] Lancaster, N. 1995. Geomorphology of desert dunes. Routledge (6) .

[191] Langhorne, D. N. 1982. A study of the dynamics of a marine sandwave. Sedimentology 29, 571–94 (6) .

[192] Larsen, F. D. 1968. A tank for demonstrating alluvial processes. Journal of Geological Education 16, 53–5 (6, 7) .

[193] Leclair S. F. 2002. Preservation of cross–strata due to the migration of subaqueous dunes : an experimental investigation. Sedimentology. 49, 1157–80 (6) .

[194] Leclair S. F., Bridge J. S. & Wang F. 1997 Preservation of cross–strata due to migration of subaqueous dunes over aggrading and non–aggrading beds : comparison of experimental data with theory. Geoscience Canada, 24, 55–66 (6) .

[195] Leeder, M. R. 1980. On the stability of lower stage plane beds and the absence of current ripples in coarse sand. Journal of the Geological Society of London, 137, 423–9(3, 6) .

[196] Leeder, M. R. 1981. Sedimentology, processes and product. George, Allen and Unwin.

[197] Leeder, M. R. 1999. Sedimentology and sedimentary basins : From Turbulence to Tectonics. Blackwell Science.

[198] Leeder, M. R. 2011. Sedimentology and sedimentary basins, (2nd edn) Wiley–Blackwell.

[199] Leeder, M. and Pérez–Arlucea, M. 2006. Physical processes in earth and environmental sciences. Blackwell Science.

[200] Lindholm, R. 1987. A practical approach to sedimentology. Allen & Unwin.

[201] Ljunggren, P. and Sundborg Å. 1968. Some aspects of fluvial sediments and fluvial morphology, ii : a study of some heavy mineral deposits in the valley of the river Lule Älv. Geografiska Annaler 50A, 121–35 (6) .

[202] Logan, A. 1975. A modified Bagnold–type wind tunnel for laboratory use. Journal of Geological Education 23, 114–15 (6) .

[203] Loope, D. B. 1985. Episodic deposition and preservation of eolian sands–a late Paleozoic example from south eastern Utah. Geology 13, 73–6(4, 6) .

[204] Lowe, D. R. 1975. Water escape structures in coarse grained sediments. Sedimentology 22, 157–204(9) .

[205] Lowe, D. R. 1976. Sub–aqueous liquified and fluidized sediment flows and their deposits. Sedimentology 23, 285–308 (9) .

[206] Lowe, D. R. 1982. Sediment gravity flows : 2. Depositional models with special reference to the deposits of high–density turbidity currents. Journal of Sedimentary Petrology. 52, 279–97 (3) .

[207] Lowe, D. R. & Lopiccolo L. D. 1974. The characteristics and origins of dish and pillar structure. Journal of Sedimentary Petrology 44, 484–501 (9) .

[208] Lowe, J. J. and Walker, M. J. C. 1997. Reconstructing Quaternary environments. (2nd edn) Prentice–Hall.

[209] Lowenstein, T. K. & Hardie L. A. 1985. Criteria for the recognition of salt–pan evaporites. Sedimentology

32, 627–44（8）.

[210] Lyell, C. 1830–1833. Principles of geology, being an attempt to explain the former changes of the earth' s surface by reference to causes now in operation. John Murray（1）.

[211] Maejima, W. 1982. Texture and stratification of gravelly beach sediments, Enju Beach, Kii Peninsula, Japan. Osaka City University Journal of Geosciences 25, 35–51.(Fig7.14).

[212] MacKenzie, W. S. and Adams, A. E. 1994. A colour atlas of rocks and minerals in thin section. CRC Press.

[213] Major J. J. 2000. Gravity–driven consolidation of granular slurries: implications for debris–flow deposition and deposit characteristics. Journal of Sedimentary Research 70, 64–83(3, 6).

[214] Maltman A.(ed.)1994. The geological deformation of sediments. Chapman and Hall（9）.

[215] Manz, P. A. 1978. Bedforms produced by fine, cohesionless, granular and flakey sediments under subcritical water flows. Sedimentology 25, 83–103（6）.

[216] Maroulis J. C. & Nanson G. C. 1996. Bedload transport of aggregated muddy alluvium from Cooper Creek, central Australia: a flume study. Sedimentology 43, 771–90(5, 6, 10).

[217] Marszalek, D. S. & Hay W. W. 1968. Marine aquaria for palaeontology. Journal of Geological Education 16, 159–63(8, 9).

[218] Martinsen, O. 1994. Mass movements. In: The Geological Deformation of Sediments. A. Maltman (ed).127–165. Chapman and Hall（9）.

[219] Matthews, R. K. 1974. Dynamic stratigraphy. Prentice–Hall.

[220] McCabe, P. J. 1977. Deep distributary channels and giant bedforms in the Upper Carboniferous of the central Pennines, northern England. Sedimentology 24, 271–90(4, 6).

[221] McCaffrey, W. D., Kneller, B. C. and Peakall, J.(eds.)2001. Particulate gravity currents. International Association of Sedimentologists, Special Publication, 31.

[222] McCave, I. N. & Geiser A. C. 1979. Megaripples, ridges and runnels on intertidal flats of the Wash, England. Sedimentology 26, 353–69（6）.

[223] McKee, E. D. 1966. Structure of dunes at White Sands National Monument, New Mexico. Sedimentology 7, 1–70（6）.

[224] McKee, E. D.(ed.)1979. A study of global sand seas. United States Geological Survey Professional Paper 1052,(6).

[225] McKee, E. D. & Tibbitts G. C. 1964. Primary structures of a seif dune and associated deposits in Libya. Journal of Sedimentary Petrology 34, 5–17（6）.

[226] McKee, E. D. & Weir G. W. 1953. Terminology for stratification and cross–stratification in sedimentary rocks. Geological Society of America, Bulletin 64, 381–90(2, 6).

[227] McKee, E. D., Douglass J. R. & Rittenhouse S. 1971. Deformation of lee–side laminae in eolian dunes. Geological Society of America, Bulletin 82, 359–78（9）.

[228] Miall, A. D. 1973. Markov chain analysis applied to an ancient alluvial plain succession. Sedimentology 20, 345–64(10).

[229] Miall, A. D. 1977. A review of the braided river depositional environment. Earth Science Reviews 13, 1–62（6, 7, 10）.

[230] Miall, A. D.(ed.)1978. Fluvial sedimentology. Memoir 5, Canadian Society of Petroleum Geology,(6, 7, 10).

[231] Miall, A. D. 1982. Recent developments in facies models for siliciclastic sediments. Journal of Geological Education 30, 222–40 (10) .

[232] Miall, A. D. 1996. The geology of fluvial deposits : Sedimentary facies, basin analysis and petroleum geology. Springer–Verlag (4, 6, 7) .

[233] Miall, A. D. 2014. Fluvial depositional systems, Springer.

[234] Miall A. D. & Jones B. G. 2003. Fluvial architecture of the Hawkesbury Sandstone (Triassic) , near Sydney, Australia. Journal of Sedimentary Research 73, 531–545. (610) .

[235] Middleton, G. V. 1966–7. Experiments on density and turbidity currents. Parts Ⅰ–Ⅲ. Canadian Journal of Earth Science 3, 523–46, 627–37 ; 4, 475–505 (3, 6) .

[236] Middleton, G. V. 1973. Johannes Walther' s law of correlation of facies. Bulletin of the Geological Society of America, 84, 979–88 (1, 10) .

[237] Middleton, G. V. 1976. Hydraulic interpretation of sand size distribution. Journal of Geology 84, 405–426 (3, 6) .

[238] Middleton G. V. (ed.) 2003. Encyclopedia of sediments and sedimentary rocks. Kluwer Academic Publishers.

[239] Middleton, G. V. & Bouma A. H. (eds) 1973. Turbidites and deepwater sedimentation. SEPM Short–course Notes. Society of Economic Paleontologists and Mineralogists. (Pacific Section) (3, 5, 6, 10) .

[240] Middleton, G. V. & Hampton M. A. 1976. Sub–aqueous sediment transport and deposition by sediment gravity flows. In Marine sediment transport and environment management, D. J. Stanley & D. J. P. Swift (eds) , 197–218. John Wiley (3) .

[241] Middleton, G. V. & Southard J. B. 1984. Mechanics of sediment movement. Society of Economic Paleontologists and Mineralogists. Short–course Notes No. 3. SEPM (Eastern Section) (3, 4, 5, 6) .

[242] Midtgaard H. 1996. Inner shelf to lower shoreface hummocky sandstone bodies with evidence for geostrophic induced combined flow, Lower Cretaceous, West Greenland. Journal of Sedimentary Research 66, 343–353 (6) .

[243] Miller M. C. & Komar P. D. 1980. Oscillation sand ripples generated by laboratory apparatus. Journal of Sedimentary Petrology 50, 173–82 (6) .

[244] Miller, M. F., Ekdale A. A. & Pilard M. D. (eds) 1984. Trace fossils and paleoenvironments : marine carbonate, marginal marine terrigenous and continental terrigenous settings. Journal of Paleontology 58, 283–598 (9) .

[245] Miller, R. L. and Kahn, J. S. 1962. Statistical analysis in the geological sciences. John Wiley and Sons.

[246] Millot, G. 1970. Geology of clays. Springer (5) .

[247] Millot, G. 2014. Geology of clays. (soft–cover reprint of 1979 edition) , Springer (5) .

[248] Morton J. B. 1996. Morphology and paleoenvironmental significance of Quaternary sand veins, sand wedges, and composite wedges, Tuktoyaktuk coastlands, western Arctic Canada. Journal of Sedimentary Research 66, 17–25 (9) .

[249] Moseley, F. 1981. Methods in field geology. W. H. Freeman (2) .

[250] Mountney N. & Howell J. 2000. Aeolian architecture, bedform climbing and preservation space in the Cretaceous Etjo Formation, NW Namibia. Sedimentology 47, 825–49 (6) .

[251] Mountney, N. P. & Jagger A. J. 2004. Stratigraphic evolution of an aeolian erg margin system : the Permian

Cedar Mesa Sandstone, SE Utah, USA. Sedimentology 51, 713–43 (6, 10).
[252] Mountney, N. P & Thompson D. B. 2002. Stratigraphic evolution and preservation of aeolian dune and damp/ wet interdune strata : an example from the Triassic Helsby Sandstone Formation, Cheshire Basin, UK. Sedimentology 49, 805–34 (10).
[253] Mulder, T. & Alexander J. 2001. The physical character of subaqueous sedimentary density flows and their deposits. Sedimentology 48, 269–99 (3).
[254] Mutti. E. 1992. Turbidite sandstones. San Donato Milanese : AGIP (4, 6, 7, 9).
[255] Myrow P. H., Fischer W. & Goodge J. W. 2002. Wavemodified turbidites : combined–flow shoreline and shelf deposits, Cambrian, Antarctica. Journal of Sedimentary Research 72, 641–56 (6).
[256] Nemec, W. & Steel R. J. 1984. Alluvial and coastal conglomerates : their significant features and some comments on gravelly mass–flow deposits. In Sedimentology of gravels and conglomerates, E. H. Koster & R. J. Steel (eds), 1–31. Memoir 10, Canadian Society of Petroleum Geology, Calgary (3, 7).
[257] Nichols, G. 1999. Sedimentology and stratigraphy. Blackwell Science.
[258] Nissenbaum, A. 1980. Hypersaline brines and evaporitic environments. Developments in Sedimentology 28, Elsevier (8).
[259] Noffke N., Gerdes G., Klenke T. & Krumbein W. E. 2001. Microbially induced sedimentary structures–A new category within the classification of sedimentary structures. Journal of Sedimentary Research 71, 649–56 (8, 9).
[260] Nøttvedt A. & R. D. Kreisa. 1987. Model for combined–flow origin of hummocky cross–stratification. Geology, 15, 357–61 (6).
[261] O'Brien, N. R. 1970. The fabric of shale–an electron microscope study. Sedimentology 15, 229–46 (5).
[262] Owen, G. 1987. Deformation processes in unconsolidated sands. In Deformation of sediments and sedimentary rocks, M. E. Jones and R. M. F. Patterson (eds.), Special Publication, Geological Society of London 29, 11–24 (9).
[263] Owen G. 1995. Soft–sediment deformation in Upper Proterozoic Torridonian sandstones (Applecross Formation) at Torridon Northwest Scotland. Journal of Sedimentary Research, 65, 495–504 (9).
[264] Owen G. 1996. Experimental soft–sediment deformation : structures formed by the liquefaction of unconsolidated sands and some ancient examples. Sedimentology 43, 279–93 (9).
[265] Paik I. S. & Kim H. J. 1998. Subaerial lenticular cracks in Cretaceous lacustrine deposits, Korea. Journal of Sedimentary Research 68, 80–87 (9).
[266] Park, R. K. 1976. A note on the significance of lamination in stromatolites. Sedimentology 23, 379–93(8).
[267] Park, R. K. 1977. The preservation potential of some recent stromatolites. Sedimentology 24, 485–506(8).
[268] Paru, W. C. & Schot E. H. 1968. Stylolites : their nature and origin. Journal of Sedimentary Petrology 38, 175–91 (9).
[269] Paterson, W. S. B. 1994. The Physics of Glaciers. (3rd ed). Pergamon Press (3).
[270] Pemberton, S. G. 1992. Applications of ichnology to petroleum exploration. A core workshop. Society of Economic Paleontologists and Mineralogists. Core Workshop No. 17, Calgary, Canada (9).
[271] Peterson, J. A. and Osmond, J. C. (eds.) 1961. Geometry of sandstone bodies. American Association of Petroleum Geologists.
[272] Pettijohn, F. J. 1975. Sedimentary rocks, (3rd edn). Harper & Row.

[273] Pettijohn, F. J. & Potter P. E. 1964. Atlas and glossary of sedimentary structures. Springer.

[274] Pettijohn, F. J., Potter P. E. & Siever R. 1972. Sand and sandstone. Springer(4, 6) .

[275] Petts, G. and Calow, P. (eds.), 1996. River flows and channel forms. Blackwell Science.

[276] Picard, M. D. and High, L. R. 1973. Sedimentary structures of ephemeral streams. Elsevier, Developments in Sedimentology, 17.

[277] Piper, D. P. & Rogers P. J. 1980. Procedure for the assessment of the conglomerate resources of the Sherwood Sandstone Group. Mineral Assessment Report of the Institute of Geological Sciences. No. 56(Fig 7.2) .

[278] Plint, A. G. 1986. Slump blocks, intraformational conglomerates and associated structures in Pennsylvanian fluvial strata of eastern Canada. Sedimentology 33, 387–99 (7) .

[279] Posamentier, H. W. and Allen, G. P. 1999. Siliciclastic sequence stratigraphy – concepts and applications. Society for Sedimentary Geology (SEPM), Concepts in Sedimentology and Paleontology, 7.

[280] Posamentier, H. W. and Walker, R. G. (eds.), 2006. Facies models revisited. Society for Sedimentary Geology (SEPM), Special Publication, 84.

[281] Postma, G. 1983. Water escape structures in the context of a depositional model of a mass flow dominated conglomeratic fan delta (Abrioja Formation, Pliocene ; Almeria Basin, S. E. Spain) . Sedimentology 30, 91–103(7, 9) .

[282] Potter, P. E. and Pettijohn, F. J. 1963. Paleocurrents and basin analysis. Springer.

[283] Potter, P. E., Maynard J. B. & Pryor W. A. 1980. Sedimentology of shale. Springer (5) .

[284] Pratt, B. R. & James N. P. 1982. Cryptalgal–metazoan bioherms of Early Ordovician age in the St George Group, western Newfoundland. Sedimentology 29, 543–69 (8) .

[285] Pratt, B. R., James N. P. & Cowan C. A. 1992. Peritidal carbonates. In Facies models : Response to Sea Level Change, (3rd edn), R. G. Walker & N. P. James (eds), 303–322. Geological Association of Canada(8, 10) .

[286] Pretious, E. S. & Blench T. 1951. Final report on special observations of bed movement in the lower Fraser River at Ladner Beach during 1950 freshet. National Research Council of Canada (6) .

[287] Preiss, W. V. 1976. Basic field and laboratory methods for the study of stromatolites. In Stromatolites, M. R. Walter(ed.), 5–13. Elsevier (8) .

[288] Price, R. J. 1973. Glacial and fluvioglacial landforms. Longman(4, 7) .

[289] Prothero, D. R. and Schwab, F. 2014. Sedimentary geology. An introduction to sedimentary rocks and tratigraphy. (3rd edn) W. H. Freeman.

[290] Pye, K. (ed.), 1994. Sediment transport and depositional processes. Blackwell Scientific Publications.

[291] Raaf, J. F. M. de, Reading H. G. & Walker R. G. 1965. Cyclic sedimentation in the Lower Westphalian of north Devon, England. Sedimentology 4, 1–52 (10) .

[292] Raaf, J. F. M. de, Boersma J. R. & Van Gelder A. 1977. Wave generated structures and sequences from a shallow marine succession, Lower Carboniferous, County Cork, Ireland. Sedimentology 24, 451–83 (6) .

[293] Raiswell R. & Fisher Q. J. 2000. Mudrock–hosted carbonate concretions : a review of growth mechanisms and their influence on chemical and isotopic composition. Journal of the Geological Society of London. 157, 239–51 (9) .

[294] Reading H. G. (ed.) 1986. Sedimentary environments and facies. (2nd edn), Blackwell Scientific.

[295] Reading, H. G.(ed.) 1996. Sedimentary environments: processes, facies and stratigraphy (3rd edn) Blackwell Science (10).

[296] Reineck, H. E & Singh I. B. 1973. Depositional sedimentary environments, Berlin, Springer (2).

[297] Reineck, H. E. & Singh I. B. 1980. Depositional sedimentary environments, (2nd edn). Springer.

[298] Reineck, H. E. & Wunderlich F. 1968. Classification and origin of flaser and lenticular bedding. Sedimentology 11, 99–104(5, 6).

[299] Retallack, G. J. 1997. A colour guide to palaeosols. John Wiley and Sons (9).

[300] Ricci–Lucchi, F. 1970. Sedimentografia. Zanichelli(4, 6, 7, 9).

[301] Rider, M. H. 1978. Growth faults in Carboniferous of western Ireland. Bulletin of the American Association of Petroleum Geologists, 62, 2191–213 (9).

[302] Riding, R. 1979. Origin and diagenesis of lacustrine algal bioherms at the margin of the Ries crater, Upper Miocene, Southern Germany. Sedimentology, 26, 645–80 (8).

[303] Ringrose, P. 1988. Palaeoseismic (?) liquefaction event in late Quaternary lake sediment at Glen Roy, Scotland. Terra Nova, 1, 57–62 (9).

[304] Roberts, H. H., Cratsley D. W. & Whelant T. 1976. Stability of Mississippi delta sediments as evaluated by analysis of structural features in sediment borings. Paper OTC 2425, Offshore Technological Conference (4).

[305] Rossetti D. de F. 1999. Soft–sediment deformation structures in late Albian to Cenomanian deposits, São Luís Basin, northern Brazil: evidence for palaeoseismicity. Sedimentology 46, 1065–81 (9).

[306] Rubin, D. M. 1987. Cross–bedding, bedforms and palaeocurrents. SEPM Concepts in Sedimentology and Paleontology 1 SEPM (6).

[307] Rubin, D. M. & Hunter R. E. 1982. Bedform climbing in theory and nature. Sedimentology 29, 121–38 (6).

[308] Rubin, D. M & Hunter R. E. 1983. Reconstructing bedform assemblages from compound crossbedding. In: Eolian sediments and processes. M. E. Brookfield & T. S. Ahlbrandt (eds), Developments in Sedimentology, 38, 407–427. Elsevier (6).

[309] Rubin, D. M. & R. E. Hunter 1985. Why deposits of longitudinal dunes are rarely recognized in the geological record. Sedimentology 32, 147–57 (6).

[310] Rubin, D. M. and Carter, C. L. 2006. Cross–bedding, bedforms and paleocurrents in animation. Society for Sedimentary Geology (SEPM), Atlas, 2.

[311] Ruffell A. & Wach G. 1998. Firmgrounds – key surfaces in the recognition of parasequences in the Aptian Lower Greensand Group, Isle of Wight (southern England). Sedimentology 45, 91–107 (9).

[312] Schaefer, W. 1972. Ecology and paleoecology of marine environments. University of Chicago Press (8, 9).

[313] Schmincke, H. U., Fisher R. V. & Waters A. C. 1973. Antidune and chute and pool structures in basesurge deposits of the Laacher See area, Germany. Sedimentology 20, 553–74(6, 7).

[314] Scholle, P. A., Bebout D. G. & Moore C. H.(eds) 1983. Carbonate depositional environments. Memoir 33. Tulsa: American Association of Petroleum Geologists (8).

[315] Scholle, P. A. & Spearing D.(eds) 1982. Sandstone depositional environments. Memoir 31. Tulsa: American Association of Petroleum Geologists (10).

[316] Schreiber, B. C. 1978. Environments of sub–aqueous gypsum deposition. In Marine evaporites, W. E. Dean

and B. C. Schreiber (eds) , 43–73. Society of Economic Paleontologists and Mineralogists, Shortcourse Notes 4 (8) .

[317] Schreiber, B. C. 1986. Arid shorelines and evaporites. In : Sedimentary environments and facies (2nd edn) . H. G. Reading (ed.) , 189–228. Blackwell Scientific Publications (8) .

[318] Scoffin, T. P. 1971. The conditions of growth of the Wenlock reefs of Shropshire, England. Sedimentology 17, 173–219 (8) .

[319] Scoffin, T. P. 1987. An introduction to carbonate sediments and rocks. Blackie (8) .

[320] Seilacher, A. 1964. Sedimentological classification and nomenclature of trace fossils. Sedimentology 3, 253–6 (9) .

[321] Seilacher, A. 1967. Fossil behaviour. Scientific American 217, 72–84 (9) .

[322] Seilacher, A. 1967. Bathymetry of trace fossils. Marine Geology 5, 413–28 (9) .

[323] Selles–Martinez J. 1996. Concretion morphology, classification, and genesis. Earth Science Reviews 41, 177–210 (9) .

[324] Selley, R. C. 1976. An introduction to sedimentology. Academic Press (10) .

[325] Selley, R. C. 1988. Applied sedimentology. Academic Press (10) .

[326] Selley, R. C 1995. Ancient sedimentary environments and their subsurface diagnosis. Routledge.

[327] Sengupta, S. 1966. Studies on orientation and imbrication of pebbles with respect to cross–stratification. Journal of Sedimentary Petrology 36, 362–9 (7) .

[328] Shanley, K. W. and McCabe, P. J. 1998. Relative role of eustasy, climate and tectonism in continental rocks. Society for Sedimentary Geology (SEPM) , Special Publication, 59.

[329] Shearman, D. J. 1971. Marine evaporites : the calcium sulfate facies. Seminar, American Association of Petroleum Geologists, University of Calgary, Canada (8) .

[330] Shearman, D. J. 1978. Evaporites of coastal sabkhas. In : Marine evaporites, W. E. Dean & B. C. Schreiber (eds) , 6–42. Society of Economic Paleontologists and Mineralogists, Short Course 4, (8) .

[331] Simpson, J. 1985. Stylolite–controlled layering in a homogeneous limestone : pseudo–bedding produced by burial diagenesis. Sedimentology 32, 495–505 (9) .

[332] Simpson, J. E. 1987. Gravity currents : In the environment and the laboratory. Ellis Horwood/Wiley (3) .

[333] Smith, N. D. 1974. Sedimentology and bar formation in the Upper Kicking Horse River, a braided outwash stream. Journal of Geology 82, 205–23 (7) .

[334] Smith R. M. H., T. R. Mason, J. D. Ward. 1993. Flash–flood sediments and ichnofacies of the Late Pleistocene Homeb Silts, Kuiseb River, Namibia. Sedimentary Geology 85, 579–599 (9) .

[335] Sorby, H. C. 1908. On the application of quantitative methods to the study of the structure and history of rocks. Quarterly Journal of the Geological Society of London, 64, 171–233.

[336] Sohn Y. K. 1997. On traction–carpet sedimentation. Journal of Sedimentary Research, 67, 502–9 (3, 6, 7) .

[337] Sohn Y. K., Kim S. B., Hwang I. G., Bahk J. J., Choe M. Y. & Chough S. K. 1997. Characteristics and depositional processes of large–scale gravely Gilbert–type foresets in the Miocene Doumsan fan delta, Pohang Basin, SE Korea. Journal of Sedimentary Research, 67, 130–41 (7) .

[338] Southard J. B., Lambie J. M., Federico D. C., Pile H. T. & Weidman C. R. 1990. Experiments on bed configurations in fine sands under bi–directional purely oscillatory flow, and the origins of hummocky cross–stratification. Journal of Sedimentary Petrology. 53, 1–17 (6) .

[339] Southgate, P. N. 1982. Cambrian skeletal halite crystals and experimental analogues. Sedimentology 29, 391–407（8）.

[340] Sparks, R. S. J., Self S.& Walker G. P. L. 1973. Products of ignimbrite eruptions. Geology 1, 115–8（7）.

[341] Steel, R. J. & Thompson D. B. 1983. Structures and textures in Triassic braided stream conglomerates ("Bunter" Pebble Beds) in the Sherwood Sandstone Group, North Staffordshire, England. Sedimentology 30, 341–67（7）.

[342] Stokes, S. L. 1968. Multiple parallel–truncation bedding planes – a feature of wind deposited sandstone for mations. Journal of Sedimentary Petrology 38, 510–15（6）.

[343] Stow, D. A. V. 1992. Deep–water turbidite systems. International Association of Sedimentologists, Reprint series, 3.

[344] Stow, D. A. V. 2005. Sedimentary rocks in the field. A colour guide. Manson Publishing.

[345] Stow, D. A. V. & Piper D. J. W. (eds) 1984. Fine grained sediments; deep–water processes and facies. Special Publication 15, Geological Society of London（5）.

[346] Stow, D. A. V., Reading H. G. & Collinson J. D. 1996. Deep Seas. In Sedimentary environments: Processes, facies and stratigraphy (3rd edn). H. G. Reading (ed), 395–453. Blackwell Science（6）.

[347] Sugden, W. 1964. Origin of faceted pebbles in some recent desert sediments of southern Iraq. Sedimentology 3, 65–74（4）.

[348] Summerson, C. H. (ed.) 1976. Sorby on sedimentology, a collection of papers from 1851 to 1908 by Henry Clifton Sorby. Miami Comparative Sedimentology Lab. Miami University (1).

[349] Sundborg, Å. 1956. The river Klarälven: a study of fluvial processes. Geografiska Annaler 38, 127–316（3, 6）.

[350] Surlyk, F. 1978. Submarine fan sedimentation along fault scarps on tilted fault blocks (Jurassic/Cretaceous boundary, east Greenland). Grønlands Geol. Unders, Bull. 128. (Fig10.2).

[351] Suthren, R. J. 1985. Facies analysis of volcaniclastic sediments: a review. In Sedimentology: recent developments and applied aspects, P. J. Brenchley & B. J. P. Williams (eds), 123–46. Special Publication of the Geological Society of London. 18 (7).

[352] Swift D. J. P., Figueiredo A. G. Jr., Freeland G. L. & Oertel G. F. 1983. Hummocky cross–stratification and megaripples: a geological double standard? Journal of Sedimentary Petrology. 53, 1295–317（6）.

[353] Talbot, M. R. 1985. Major bounding surfaces in aeolian sandstones – a climatic model. Sedimentology 32, 257–65（6）.

[354] Talling, P. J., Masson, D. G., Sumner, E. J. & Malgesini, G. 2012. Subaqueous sediment density flows: depositional processes and deposit types. Sedimentology, 59, 1937–2003.

[355] Tanner P. W. G. 1998. Interstratal dewatering origin for polygonal patterns of sand–filled cracks: a case study from late Proterozoic metasediments of Islay, Scotland. Sedimentology, 45, 71–89（9）.

[356] Tanner, W. F. 1962. Inexpensive models for study of helical flow in streams. Journal of Geological Education 10, 116–8（3）.

[357] Taylor, A. M. & Goldring, R. 1993. Description and analysis of bioturbation and ichnofabric. Journal of the Geological Society of London 150, 141–8（9）.

[358] Tennekes, H. and Lumley, J. L. 1972, A first course in turbulence. MIT Press.

[359] Thompson, D. B. 1969. Dome–shaped aeolian dunes in the Frodsham Member of the so–called "Keuper"

Sandstone (Scythian- ? Anisian : Triassic) at Frodsham, Cheshire (England) . Sedimentary Geology 3, 263-89 (6) .

[360] Thompson, D. B. 1975. Types of geological fieldwork in relation to the objectives of teaching science. Geology 6, 52-61 (1, 2) .

[361] Till, R. 1974. Statistical methods for the earth scientist : an introduction. Macmillan (10, Appendix) .

[362] Toomey, D. F. (ed.) 1981. European fossil reef models. SEPM Special Publication 30, Tulsa : SEPM (8) .

[363] Tritton, D. J. 1988. Physical fluid dynamics. (2nd edn) . Oxford Science Publications.

[364] Tucker, M. E. 1985. Shallow-marine carbonate facies and facies models. In Sedimentology : recent developments and applied aspects, P. J. Brenchley & B. P. J. Williams (eds), 147-69. Special Publication of the Geological Society of London. 18, (8) .

[365] Tucker, M. E. 1988. Techniques in sedimentology. Blackwell Scientific Publications (10) .

[366] Tucker, M. E. 2001. Sedimentary petrology. Blackwell Science (1, 2, 3, 4, 6, 7, 8) .

[367] Tucker, M. E. 2003. Sedimentary rocks in the field. Wiley (1, 2, 10) .

[368] Tucker M. E. & V. P. Wright. 1990. Carbonate sedimentology. Blackwell Scientific Publications (8) .

[369] Visher, G. S. 1969. Grain size distributions and depositional processes. Journal of Sedimentary Petrology 39, 1074-106 (3) .

[370] Walford, N. 2011. Practical statistics for geographers and earth scientists. Wiley-Blackwell.

[371] Walker, G. P. L. 1971. Grain size characteristics of pyroclastic deposits. Journal of Geology 79, 696-714 (7) .

[372] Walker, R. G. 1978. Deep-water sandstone facies and ancient submarine fans : models for exploration for stratigraphic traps. Bulletin of the American Association of Petroleum Geologists, 62, 932-66 (10) .

[373] Walker, R. G. 1979. Facies Models (1st edn) . Geological Association of Canada (10) .

[374] Walker, R. G. & James N. P. (eds.) 1992. Facies models : Response to sea level change. (3rd edn) . Geological Association of Canada (10) .

[375] Walter, M. R. (ed.) 1976. Stromatolites. Elsevier (8) .

[376] Waltham, D. 1999. Mathematics : a simple tool for geologists. Chapman and Hall.

[377] Walther, J. 1894. Einleitung in die Geologic als Historische Wissenschaft, Bd 3 : Lithogenesis der Gegenwart [Vol. 3 : Modern lithogenesis] . Jena : Fisher, 535-1055 (1, 10) .

[378] Warren, J. 1999. Evaporites, their evolution and economics. Blackwell Science.

[379] Wasson, R. J. & Hyde, R. 1983. Factors determining desert dune type. Nature 304, 337-9 (6) .

[380] Webby, B. D. 1969. Trace fossils (Pascichnia) from the Silurian of New South Wales, Australia. Paläontologische Zeitschrift 43, 81-94 (9) .

[381] Weiler, Y., Sass E. & Zak I. 1974. Halite oolites and ripples in the Dead Sea, Israel. Sedimentology 21, 623-32 (8) .

[382] West, I. M. 1975. Evaporite and associated sediments of the basal Purbeck formation (Upper Jurassic) of Dorset. Geologists' Association, Proceedings 86, 205-25 (8) .

[383] Wetzel, A. 1984. Bioturbation in deep-sea fine-grained sediments : influence of sediment texture, turbidite frequency and rates of environmental change. In Fine-grained sediments : deep water processes and facies. D. A. V. Stow & D. J. W. Piper (eds), 595-608. Special Publication of the Geological Society of London15..

[384] Whitaker, J. H. McD. 1974. "Guttercasts", a new name for scour and fill structures: with examples from the landoverian of Ringerike and Malmoya, Southern Norway. Norsk Geologisk Tidsskrift 53, 403–17(4).

[385] Whitfield, W. B. 1979. The development and educational uses of a motorized wave tank. Geology Teaching 4, 64–8 (3).

[386] Williams, H. & McBirney A. R. 1979. Volcanology. Freeman, Cooper (7).

[387] Wilson, I. G. 1972. Aeolian bedform – their development and origins. Sedimentology 19, 173–210 (6).

[388] Wilson, I. G. 1973. Ergs. Sedimentary Geology 10, 77–106 (6).

[389] Wilson, J. L. 1975. Carbonate facies in geologic history. Springer (8).

[390] Wolfenden, E. B. 1958. Palaeo–ecology of the Carboniferous reef complex and shelf limestones in north–west Derbyshire, England. Bulletin of the Geological Society of America, 69, 871–98 (8).

[391] Woodcock, N. H. 1979. The use of slump structures as palaeoslope orientation estimators. Sedimentology 26, 83–99 (9).

[392] Wright, A. E. & F. Moseley (eds) 1975. Ice ages, ancient and modern Special issue 6, Geological Journal (7).

[393] Wright, J. V., A. L. Smith, S. Self. 1980. A working terminology of pyroclastic deposits. Journal of Volcanology and Geothermal Research 8, 315–36 (7).

[394] Wright, V. P. (ed.) 1986. Palaeosols: their recognition and interpretation. Blackwell Scientific Publications (9).

[395] Wright, V. P. & M. E. Tucker. 1991. Calcretes. Reprint Series Volume 2 of the International Association of Sedimentologists. Blackwell Scientific Publications (9).

[396] Yan, N., Mountney, N. P., Colombera, L. and Dorrell, R. M. 2017. A 3D forward stratigraphic model of fluvial meander–bend evolution for prediction of point–bar lithofacies architecture. Computers and Geosciences, 105, 65–80.

[397] Yalin, M. S. 1977. Mechanics of sediment transport. Pergamon Press.

[398] Yoxall, W. H. 1983. Dynamic models in earth–science instruction. Cambridge University Press (2, 3).